# 分子气体动力学

**Molecular Gas Dynamics**

张　俊　杨　浩　马启涵　著

科学出版社

北　京

## 内 容 简 介

本书共 11 章。第 1 章介绍了分子气体动力学的工程需求、发展历程及其科学内涵。第 2 章和第 3 章分别介绍了分子动理论的基本概念以及围绕玻尔兹曼（Boltzmann）方程展开的核心理论。第 4 章介绍了直接模拟蒙特卡洛（DSMC）方法及其应用。第 5 章和第 6 章聚焦于分子气体动力学中的两个典型场景：自由分子流和滑移流。第 7 章和第 8 章介绍了多原子分子的内能模型和化学反应模型，以及它们在 DSMC 方法中的实现。第 9 章和第 10 章聚焦于本领域的最新研究进展：多尺度粒子方法和低噪声粒子方法。第 11 章探讨了由分子热运动引发的热涨落效应。

本书内容适合从事气体动力学的研究人员阅读，亦可作为航空航天及相关领域工程设计人员的工具书和参考书。对于高年级本科生和研究生而言，本书内容是对连续介质力学课程内容的有益补充，阅读本书可以扩展其知识体系。

**图书在版编目(CIP)数据**

分子气体动力学 / 张俊，杨浩，马启涵著. -- 北京 ：科学出版社，2025. 6.
ISBN 978-7-03-080808-0
I. O354
中国国家版本馆 CIP 数据核字第 20247E6H09 号

责任编辑：赵敬伟　田轶静 / 责任校对：彭珍珍
责任印制：赵　博 / 封面设计：无极书装

科学出版社 出版
北京东黄城根北街 16 号
邮政编码：100717
http://www.sciencep.com

北京中科印刷有限公司印刷
科学出版社发行　各地新华书店经销
*
2025 年 6 月第　一　版　开本：720×1000　1/16
2025 年11月第二次印刷　印张：17
字数：342 000

**定价：168 元**
(如有印装质量问题，我社负责调换)

# 前言

基于连续介质假设的气体动力学在航空航天等领域得到了广泛应用。然而，随着现代技术的飞速发展，越来越多的气体动力学现象超出了这一理论的适用范围。例如，在超低地球轨道卫星的在轨飞行、航天器再入、临近空间高超声速飞行及微纳器件等问题所涉及的气体流动中，稀薄效应和非平衡效应变得尤为显著。在这些气体流动中，必须采用基于分子动理论的知识进行分析和计算，这一领域通常称为稀薄气体动力学。

本书旨在介绍并探讨稀薄气体动力学的基础理论，重点阐述基于分子描述的计算方法。特别是，书中详尽介绍了作者团队近年来发展的多尺度粒子方法和低噪声粒子方法，并展示了这些方法的实际应用。本书取名为《分子气体动力学》，旨在强调，本书涉及的理论、方法不仅适用于通常认为的稀薄气体流动领域，也同样适用于连续流动领域。本书从分子水平出发，借助于分子动理论和统计力学搭建了一个涵盖稀薄和连续流动领域的理论框架，希望为稀薄气体流动、高超声速气体流动、微尺度流动等问题的研究提供新的解决方案，推动这一领域的进一步发展。

本书共 11 章。第 1 章介绍了分子气体动力学的工程需求、发展历程及其科学内涵。第 2 章介绍了分子动理论的基本概念。第 3 章深入分析了分子动理论的核心——玻尔兹曼 (Boltzmann) 方程，为理解分子气体行为提供了关键的理论框架。第 4 章详细介绍了当前分子气体动力学领域中应用最广泛的粒子模拟方法——直接模拟蒙特卡洛 (DSMC) 方法。书中不仅提供了该方法的基本算法，还包含了具体的代码示例及其典型应用案例，帮助读者从理论走向实践。第 5 章和第 6 章分别聚焦于分子气体动力学中的两个典型流动场景：自由分子流和滑移流。这两章结合实际案例，讨论了自由分子流在超低地球轨道卫星气动特性分析中的应用，以及滑移边界条件的推导。第 7 章和第 8 章介绍了多原子分子的内能模型和化学反应模型，以及它们在 DSMC 方法中的具体实现。第 9 章和第 10 章聚焦于本领域在计算方法方面的最新研究进展：多尺度粒子方法和低噪声粒子方法。这两种创新性方法克服了传统粒子方法中的两个关键瓶颈——时空步长限制和统计涨落问题，从而显著提升了粒子方法的计算效率，拓展了应用场景。第 11 章探讨了由分子热运动引发的热涨落效应，进一步介绍了热涨落与流体宏观性质的联系，以及其对湍流输运性质的影响。

本书内容适合从事气体动力学，特别是稀薄气体动力学的研究人员阅读，亦可作为航空航天及相关领域工程设计人员的工具书和参考书。对于高年级本科生和研究生而言，本书内容是对连续介质力学课程内容的有益补充，阅读本书可以扩展其知识体系。

本书的相关研究内容得到了国家自然科学基金项目 (编号: 92052104、12272028、92371102) 的资助。在撰写过程中，参考了沈青的专著《稀薄气体动力学》、G. A. Bird 的专著 *Molecular Gas Dynamics and the Direct Simulation of Gas Flows*，以及 T. Schwartzentruber 和 I. Boyd 的专著 *Nonequilibrium Gas Dynamics and Molecular Simulation*。同时，本书融入了作者在稀薄气体动力学领域近 20 年的科研积累与近 5 年的教学经验，并展示了作者课题组近年来的最新研究成果，包括超低轨卫星的气动阻力计算与分析、气固相互作用模型与滑移边界条件、多尺度和低噪声粒子方法，以及热涨落等。特别感谢课题组的博士生们对本书的贡献：蒋亦凡参与了第 5 章的撰写，栾鹏参与了第 6 章的撰写，田鹏参与了第 7 章的撰写，陈明佳参与了第 8 章的撰写，冯凯凯和崔子琦参与了第 9 章的撰写。感谢科学出版社的大力支持和帮助。由于时间仓促和作者学识有限，书中难免存在疏漏，恳请广大读者批评指正。

张 俊 杨 浩 马启涵

2024 年 6 月于北京航空航天大学

# 目　　录

# 第 1 章 绪　　论

常规的流体力学研究是建立在局部平衡假设和连续介质假设之上的，相应的控制方程是纳维–斯托克斯 (Navier-Stokes，NS) 方程，但适用前提是无量纲参数——克努森数 (Knudsen 数，简记为 $Kn$，定义为分子平均自由程与流动特征长度之比) 较小。通常，根据该定义得到的 $Kn$，可以将流动划分为连续流域 ($Kn < 0.001$)、滑移流域 ($0.001 < Kn < 0.1$)、过渡流域 ($0.1 < Kn < 10$) 和自由分子流域 ($Kn > 10$)[1]。现代工业不断向更高、更快、更精方向发展，伴随出现的流体力学问题不再局限在小 $Kn$ 范围内，比如稀薄气体环境下的流动和微纳尺度下的流动，这两个问题分别由于分子平均自由程很大以及流动特征长度很小而导致 $Kn$ 很大，因此产生强烈的非平衡或非连续性效应。

对于非平衡和非连续性流动，传统的流体力学理论，如 Navier-Stokes 方程，以及基于此的计算流体力学 (computational fluid dynamics，CFD) 方法在处理此类问题时往往不够准确，甚至可能完全失效。在这种情况下，基于分子尺度的描述方法更为适用，这就引出了分子气体动力学的研究，其理论基础通常被称为分子动理论 (kinetic theory)。分子动理论通过分析分子的速度分布、碰撞频率和动能等微观特性来推导出气体的宏观性质，如压力、温度和黏度等。玻尔兹曼 (Boltzmann) 方程则是在分子动理论框架下建立的一个重要方程，它描述了气体分子的速度分布函数在时间和空间上的演变，在整个流域都是适用的，如图 1.1 所示。

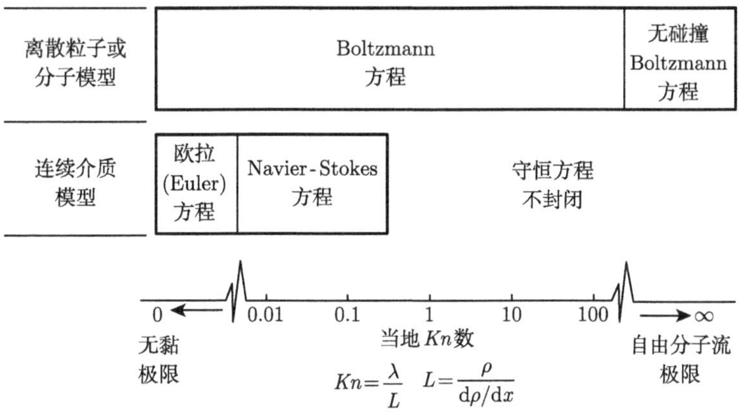


图 1.1　流域划分和相应的控制方程

## 1.1　分子气体动力学的工程需求

分子气体动力学的发展与工程需求密切相关，已经应用到了各个领域。下面将从临近空间高超声速飞行、超低轨卫星、微尺度气体流动、真空技术等方面进行介绍。

1. 临近空间高超声速飞行

传统的航空飞行，飞行高度在 20 km 以下，飞行器周围的流场都处于连续区。近几十年来，面向临近空间 (地面以上 20～100 km) 持续飞行的高超声速 (马赫数 ($Ma$) 大于 5) 技术呈现加速发展态势，各类新型高超声速飞行器不断涌现 [2]。其具体形式主要包括滑翔再入高超声速飞行器 (如美国的 HTV)，高超声速吸气巡航飞行器 (如美国的 X-43A)，低轨再入飞行器 (如美国的 X-37B)，离地入轨飞行器 (如英国的 “云霄塔”)，以及高超声速飞机等 [3]。凭借其特殊的飞行空域和较高的飞行速度，高超声速飞行器可以完成精确打击、情报收集等军事任务，以及快速运输、对地观测等民用任务，具有重要的战略意义和经济价值。

对高超声速气动特性的精确预测是临近空间高超声速飞行器开发研制的基础保障 [3,4]。与低速流动不同，高超声速流动包含了多种复杂的物理化学现象，如黏性干扰、稀薄气体效应、高温真实气体效应等 [5,6]。美国在 2010 年和 2011 年进行的两次 HTV-2 飞行试验均以失败告终，后续研究报告指出：一个主要的失败原因是对高超声速飞行的某些机理和规律认识不足，甚至还可能存在科学上的盲区 [6]。周恒院士和张涵信院士 [7] 在 2015 年发表的评述性文章中指出，“在空气稀薄处，高速空气动力学物理理论基础还不够坚实，存在新的空气动力学问题。”Hirschel[8] 在其专著中分析了不同类型高超声速飞行器面临的主要气动问题，指出稀薄气体效应和高温气体效应是两个至关重要的因素。

随着飞行高度的增加，大气密度降低，分子平均自由程 (分子相邻两次碰撞间的平均距离) 增大，稀薄气体效应变得愈发重要。具体而言，若选取飞行器机翼的特征长度为 0.1 m，根据美国 1976 年标准大气数据 [9]，在海平面，大气的密度约为 1.225 $kg/m^3$，分子平均自由程约为 60 nm，此时 $Kn$ 为 $6\times10^{-7}$，处于连续流域；当飞行高度增加到 52 km 时，大气密度降低为 $7.67\times10^{-4}$ $kg/m^3$，分子平均自由程约为 $10^{-4}$ m，$Kn$ 变成 $10^{-3}$，流动开始进入滑移区；当飞行高度增加到 85 km 时，大气密度降低为 $6.77\times10^{-6}$ $kg/m^3$，分子平均自由程约为 $10^{-2}$ m，$Kn$ 变成 0.1，流动开始进入过渡区；当飞行高度增加到 112 km 时，大气密度降低为 $8.47\times10^{-7}$ $kg/m^3$，分子平均自由程约为 1.0 m，$Kn$ 变成 10，流动为自由分子流，分子的个体行为占据主导地位。

在高超声速飞行中，由于任务需求多样化，飞行器可能通过多次变轨来改变飞行高度，从而可能跨越不同流域。在同一飞行高度，飞行器不同部位的周围流场也可能出现不同的非平衡状态。由于高升阻比和高机动性的要求，临近空间高超声速飞行器一般采用尖头薄翼的外形设计，其前缘曲率半径和翼尖厚度可小至毫米量级。因此，对于此类飞行器，即使某一飞行高度对应的全局 $Kn$ 较小，在尖化前缘等局部区域也会存在稀薄气体效应，如图 1.2 所示。另一方面，高超声速飞行器需要克服严重的气动加热问题，为容纳不同结构间的热膨胀效应，飞行器表面留有许多小尺度的缝隙，这些缝隙处的局部流动同样可能存在稀薄气体效应。

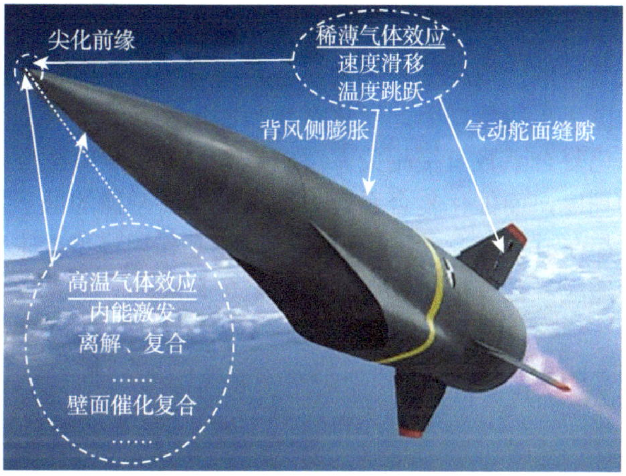


图 1.2 高超声速飞行器 (概念图) 面临的空气动力学问题：稀薄气体效应和高温气体效应

前述提到的高温气体效应是高超声速飞行中面临的另一重要问题。当飞行器以高超声速在大气层内飞行时，其前缘将会产生一道强激波。在激波和黏性摩擦的作用下，飞行器壁面周围空气温度急剧升高，形成严酷的气动加热环境。与此同时，空气的主要成分——氮气和氧气将出现振动激发、离解甚至电离等一系列物理化学变化。此时，传统的 “完全气体” 假设不再成立，基于该假设的模型方程也会随之失效。气体的这种热化学性质的改变对流场及飞行器气动性能的影响一般被称为 “高温真实气体效应”[5,6]。高温真实气体效应与稀薄气体效应既有区别，又有联系。从分子动理论的观点来看，分子的转动能和振动能激发、化学反应都是由分子之间的碰撞引起的。在稀薄情况下，分子碰撞频率降低，振动激发和化学反应的特征时间变长，更难以达到平衡状态。

稀薄气体效应和高温气体效应会严重影响气动力和气动热，给高超声速飞行器的气动预测带来困难。在气动力方面，孙泉华等 [10] 总结了多种气动外形的临近空间飞行器在不同 $Kn$ 下的升阻比数据，发现升阻比均随着稀薄程度的增加而明显下降。在气动热方面，王智慧 [11] 的研究表明，由于稀薄气体效应和高温真实气体效应，尖化前缘的驻点温度相对于基于连续介质理论的 Fay-Riddell 公式给出的预测结果显著下降。

需要强调的是，高超声速情况下的非平衡效应不仅存在于气体流动过程，也存在于气体和固体壁面的相互作用过程，如图 1.3 所示。Candler[12] 在 2019 年指出，在高超声速条件下，有两类有限速率的气固相互作用过程对气动特性至关重要。第一类是壁面滑移效应，包括速度滑移和温度跳跃，归属于稀薄效应。第二类是壁面催化效应，可归属于高温气体效应，具体而言，在高温流场中离解产生的氧原子和氮原子在热防护材料的催化作用下，可能会复合生成氧气和氮气分子，同时释放出结合能，对气动热产生显著影响。从分子动理论的观点来看，固体壁面的滑移效应和催化效应都是由气体分子或原子与固体壁面原子的相互作用过程引起的，如图 1.3 所示，因此滑移系数和催化反应速率分别与气体在壁面处的适应系数和催化复合系数直接相关。适应系数表征了从壁面反射的气体分子适应壁面宏观量的程度，而催化复合系数表征了与壁面碰撞的原子复合成分子的概率，两者的数值都在 0 到 1 之间。目前，气固相互作用模型尚未完善，通过实验方法测量得到的适应系数和催化复合系数也十分有限。

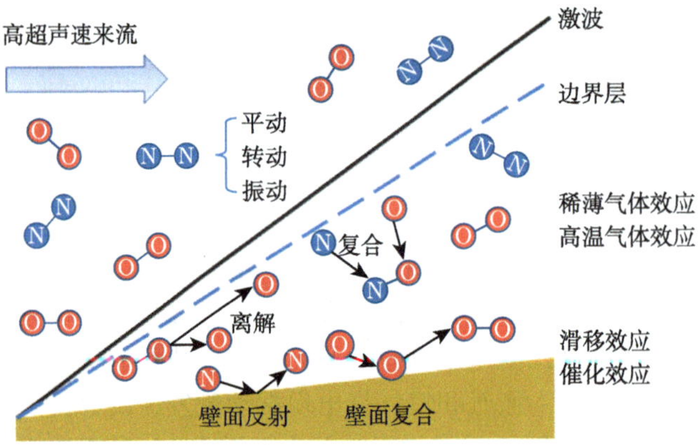


图 1.3　高超声速非平衡气体流动和气固相互作用的示意图

2. 超低轨卫星

近年来，超低地球轨道 (very low earth orbit，VLEO) 卫星成为空间技术领域的研究热点。超低地球轨道通常被定义为轨道高度在 350 km 以下的空间环境 [13,14]。相比于传统卫星，超低轨卫星具有许多显著的优点，例如提高对地观测分辨率、改善数据传输速率、减少有效载荷尺寸与质量、降低卫星开发和发射成本，以及减小碎片碰撞风险等 [15]。此外，超低轨卫星编队在导航增强、星群打击等领域也有重要应用。因此，各国已竞相开展了相关的研究项目或计划。例如，欧洲空间局 (ESA) 于 2009 年发射了地球重力场和稳态海洋环流探测卫星 (GOCE)[16]，日本宇宙航空研究开发机构 (JAXA) 于 2017 年发射了用于研究超低轨环境中原子氧效应的超低空测试卫星 (SLATS)[17] 等。在国内，中国科学院力学研究所于 2016 年成功发射了稀薄大气科学实验卫星“力星一号”，是迄今为止以近圆轨道运行的高度最低的人造地球卫星。

然而，超低轨卫星也有其固有劣势。如图 1.4 所示，在超低轨环境下，大气分子与卫星表面之间碰撞所引起的大气阻力不可忽略，直接影响卫星运行的姿态、轨道和寿命，给卫星长期在轨运行带来了挑战。在超低轨环境下，大气阻力是卫星所受扰动的主要来源，这种扰动会对卫星的姿态控制产生重要影响。因此，对于超低轨卫星，特别是重力梯度测量卫星，实现精确测量的前提是消除大气阻力等非地球重力因素带来的扰动 [16]。大气阻力也是确定和预测卫星轨道的关键影响因素。对气动阻力的准确预测可以提高卫星任务分析和轨道预测的准确性，这将有助于更好地确定和跟踪卫星的轨道，从而避免卫星与空间碎片碰撞 [18]。此外，大气阻力是决定超低轨卫星使用寿命的关键因素。在超低轨道环境下，一旦维持轨道的燃料耗尽，卫星将在大气阻力的作用下迅速脱轨，最终重返大气层并烧毁 [19]。因此，为了提高超低轨卫星气动阻力的预测精度，延长其在轨使用寿命，超低轨卫星气动阻力的计算分析与减阻设计成为目前需重点关注的关键问题。

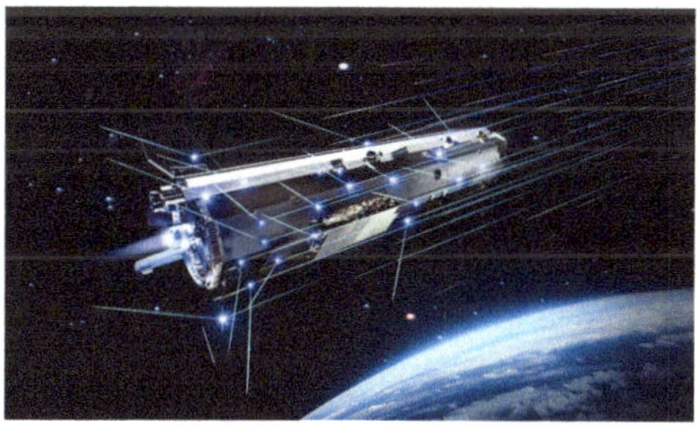

图 1.4 超低轨卫星所受大气阻力的示意图

对于超低地球轨道环境，大气足够稀薄，气体流动属于自由分子流领域 [20]。一般认为，在大约 130 km 的高度以上，气体分子平均自由程达 10 m，对于特征长度为 1 m 的卫星，其飞行绕流均属于自由分子流 [21]。因此，超低轨卫星气动阻力的计算属于自由分子流空气动力学的范畴，具体可参见本书的第 5 章。

3. 微尺度气体流动

微尺度气体流动广泛存在于微尺度器件中。早在 1959 年，Feynman[22] 在美国物理学会年会的演讲中就设想了利用芯片加工技术制造微小器件的可能性。随着微电子工业的不断发展，微加工技术日益成熟，在 20 世纪 80 年代末形成了微

机电系统 (micro-electromechanical system，MEMS) 的概念 [23]。MEMS 不仅具有运动、探测等功能，还嵌有用于控制的电子线路，两者相辅相成。MEMS 的空间分辨率在微米量级，时间分辨率在微秒或更小量级。现有的 MEMS 装置在人类的生活和工作中发挥着积极作用。例如，基于 MEMS 技术的安全 “气囊” 已在汽车中广泛采用，有效地降低了交通事故中的人员伤亡。

伴随 MEMS 出现的微流控系统 [24]，包括微流体的传感、输送、检测和控制，通常由微型泵、微型阀和微型传感器构成，可控制流体的压力、流量和流动方向。电子工业中的微流控芯片内部设置有各种微型通道和微型阀门，通过对通道内流体的精确控制，可实现芯片上试样的分离分析。微流控系统还可以应用到航天领域的微型发动机、电推进系统内的流动控制。例如，田立成等 [25] 在其研制的 LHT-100 霍尔电推进系统中大量采用了微流量控制阀，以保证电推进系统对流量精确控制的需求。

微尺度气体流动应用的另一个实例是微型气体轴承。气体轴承 [26] 以周围环境的气体为润滑介质，具有结构简单、免维护、可靠性高和适应性强等优点。目前，气体轴承已广泛应用于高转速精密工程、透平机械、空间技术、医疗器械设备和电子精密仪器等领域。随着微型飞行器的推进系统、燃料电池的空气补给管理系统、各类机器人的涡轮发电机等微型涡轮机械和微动力机电系统的发展，关于微型气体轴承的研究也得到了巨大的发展 [27]。相对于宏观尺寸轴承来说，微型轴承的作用机理更为复杂，因为其尺寸较小，转速极高，需要从分子水平出发进行考虑分析。

近几十年来，作为最重要的数据载体的硬盘存储技术得到了较快的发展。磁头/磁盘形成的空气轴承界面是硬盘驱动器中最关键的部位，因为在该界面处直接发生读/写过程，而该过程是整个硬盘系统的主要功能。为了提高硬盘的存储密度，降低磁头与磁盘间的间隙是一种直接而有效的方法。目前，磁头与磁盘之间的间隙已经达到了纳米级别，不到气体分子自由程的 1/10，分子的个体行为变得愈发重要。

对于以上提到的 MEMS 装置和气体轴承，当特征长度达到微米量级时，稀薄气体效应影响显著。实验发现，稀薄气体效应对器件的气动力、热有显著影响，这使得普通尺寸装置的设计经验不能直接应用。如何利用稀薄气体理论指导 MEMS 和气体轴承的设计，无疑是当前和未来相当长时间内的重要问题 [28]。

微尺度气体流动还广泛存在于各种多孔介质中。近二十年来，页岩气已成为日益重要的天然气资源，得到了全世界众多国家的广泛关注，有望大幅度增加全球能源供给。当前的页岩气开采技术仍有巨大的改进空间，提高采收率是工程界亟待解决的关键问题。页岩的孔隙尺度在微纳米量级，给传统的多孔介质理论提出了挑战。一个典型的例子是表征页岩气运移快慢的实际表观渗透率与传统的达西定律不符，需要考虑微纳尺度下的稀薄气体效应。在其他的多孔介质，如用于高超声速热防护的多孔材料中，气体流动同样存在稀薄效应。

微尺度气体流动的研究可以追溯到 20 世纪初，著名的工作有克努森平面槽道流动的质量流量实验和密立根 (Millikan) 的油滴阻力系数实验。1909 年，克努森在平面槽道气体流动实验中发现，无量纲质量流量的最小值出现在分子平均自由程与槽道高度之比等于 1 附近。这个现象已被后来的实验所证实，但与 Navier-Stokes 方程预测的无量纲质量流量随 $Kn$ 增加而单调下降的趋势有很大不同，因此被称为克努森佯谬。这一现象基于分子气体动力学的理论和计算分析可以得到很好的解释，具体可参见 4.4.3 节。

4. 真空技术

从 20 世纪 60 年代开始，真空技术广泛应用在各个领域，如电子和半导体工业、材料加工和涂层、航空航天、医疗设备、食品包装、能源环境等。真空技术的发展与稀薄气体动力学密切相关。例如，真空工业的主要任务之一是在封闭的系统中创造低压或无压的真空环境，稀薄气体动力学为实现这一目标提供了重要的理论基础。了解气体分子在真空中的行为，如运动、碰撞和扩散，有助于工程师设计和操作真空系统，以确保所需的真空水平。同时，稀薄气体动力学的知识有助于设计和选择适当的真空密封技术，以防止气体渗透或泄漏。了解气体分子在密封区域中的行为，有助于优化密封性能。

另一方面，真空技术的发展使得人们可以在低压或无压环境下开展科学研究和工业生产，一个典型的例子是采用物理气相沉积方法进行薄膜制备。相比于其他化学方法，采用物理气相沉积方法制备薄膜适用范围更广，但薄膜厚度的均匀性和薄膜性能的可靠性较难控制。物理气相沉积的基本过程主要包括三个步骤: ① 利用高能电子束将块体材料气化为蒸气原子或分子；② 蒸气原子或分子在真空室内运动；③ 部分原子或分子到达基片表面，在适当的条件下吸附、成核、形成薄膜。樊菁团队在实验基础上，对整个过程进行了计算和分析，前两个步骤的 DSMC 计算结果与实验符合得甚好 [29,30]，已能满足工艺参数定量设计的要求；第三个步骤则与原子和分子的化学反应密切相关，需要分子动力学 (molecular dynamics, MD) 的计算和分析 [31]。

## 1.2 分子气体动力学的发展历史

分子气体动力学的发展历史经历了从古代哲学观点到现代实验和理论的演化过程，樊菁 [32] 在综述论文中对其发展历史进行了详细阐述，这里借鉴了该文献的相关内容。早在古希腊时期，原子论哲学家，如德谟克利特 (公元前 460 年 ～

前 370 年) 就提出了物质是由不可分割的微小粒子组成的概念。虽然这一概念缺乏实验证据，但它为分子动理论奠定了思想基础。到 18 世纪末至 19 世纪初，科学家开始尝试将分子模型应用于解释气体行为。伯努利 (Bernoulli) 最早采用分子动理论解释了玻意耳定律，即在恒温条件下，气体的压力与密度成正比。伯努利认为，气体对器壁的压力是由分子与器壁碰撞，并传递动量给器壁而产生的。对于一个立方体容器，假设其中的分子只沿前后、左右、上下三个方向运动，各占总数的三分之一，通过计算单位面积器壁因气体分子碰撞并反射而产生的动量变化所受的力，就可以得到压力。这个压力与气体的密度和气体分子的均方根速度成正比。在恒温条件下，分子均方根速度是个定值，因此压力仅取决于密度。

在伯努利之后，大约经过了一个世纪，由于几位杰出科学家的贡献，分子动理论的基础最终被夯实。第一位科学家是克劳修斯 (Clausius)，他提出了分子平均自由程的概念，构建了简明而直观的分子运动模型。第二位是麦克斯韦 (Maxwell)，他以电磁领域的科学贡献而闻名，对分子动理论的发展同样起到了至关重要的作用。他于 1859 年引入了速度分布函数，以概率的方式描述了分子运动，并得到了平衡态下的分子速度分布函数，即 Maxwell 分布函数；此外，他将这一理论与平均自由程的概念相结合，定性上揭示了宏观输运系数与微观分子运动之间的关系。第三位是 Boltzmann，他建立了气体分子速度分布函数的微分–积分方程，即著名的 Boltzmann 方程，描述了分布函数随着时间、空间的变化过程。

分子气体动力学理论的大部分内容都是建立在 Boltzmann 方程基础上的。尽管 Boltzmann 方程现在已被广泛接受并应用到了多个领域，但在 Boltzmann 刚提出时，遭到了同时代物理学家和数学家的强烈反对。到 20 世纪初，当布朗、爱因斯坦等科学家通过观察可见的花粉微粒在液体中的扩散现象，推算出看不见的分子运动特性，并与佩兰在显微镜下的实验观测相一致时，分子动理论和 Boltzmann 方程才被科学界广泛接受。

稀薄气体动力学早期的研究是从低速问题开始的，如著名的克努森平面槽道流动的质量流量实验、密立根油滴阻力系数实验等。20 世纪 50 年代之后，随着洲际导弹、返回式卫星、载人飞船和航天飞机的研制，再入过程中飞行器的气动特性是不能回避的问题，稀薄气体动力学在高速问题中得到了广泛应用。需要强调的是，钱学森对稀薄气体动力学的发展作出了重要贡献。早在 1946 年，他发表了关于稀薄气体流动的论文 [33]。钱学森写道：“随着最近火箭作为推进动力装置的完善，情况有了很大的改变，飞行器能够达到的高度应该是没有限制的，甚至有迹象表明远程火箭飞行器的最佳飞行高度大约在 60 英里 (mi)①。在这样以及更高的高度上，空气的密度是如此之低，使得流体必须看作具有粗粒结构，而不是

① 1 mi=1.609 km。

通常流体力学中的连续介质。”“除了高空飞行中的应用，超级空气动力学还在包含低密度气体的工业过程中有许多应用。超级空气动力学的知识在改善这些过程的效率上应有非常宝贵的帮助。” 在这篇文章中，钱学森根据 $Kn$ 数的大小，将稀薄气体流动划分成了滑移流域、过渡流域和自由分子流域，这一基本判据沿用至今。

20 世纪后半叶至今，分子气体动力学的理论不断完善和改进，更重要的是，随着计算机内存和速度的数量级提高，以 DSMC 方法 [34] 为代表的计算模拟在稀薄气体动力学的发展中发挥了重要的作用。DSMC 方法的起源可以追溯到 1963 年，由澳大利亚学者 Bird 提出。这一方法代表了 20 世纪下半叶稀薄气体动力学领域的重要成就，其重要性可与 Boltzmann 方程媲美。DSMC 方法最初成功应用于研究强激波结构。在 1966 年，Muntz 等科学家使用电子束荧光技术测量了氦气激波结构中的分子速度分布函数，但由于与 Boltzmann 方程的莫特–史密斯 (Mott-Smith) 解不一致，因此未发表这一研究结果。然而，二十多年后，同一研究小组采用 DSMC 方法对实验条件下的激波结构进行了分析，结果与实验数据高度吻合，最终在 *Science* 杂志上发表了这一重要成果 [35]。DSMC 方法实际应用方面的成功例子有很多，例如美国航天飞机升阻比计算与飞行测量数据的出色相符 [36]、我国长征-4B 火箭末子级剩余推进剂在轨排放扰动力矩的成功预测 [37] 等。

DSMC 方法的物理基础是在一个时间步长内将分子的运动和碰撞解耦计算。为保证流动物理上的准确性，要求它的时间步长小于分子平均碰撞时间，网格尺度小于分子平均自由程。这一要求对于连续区的计算是极其苛刻的，在目前的计算资源条件下，直接采用 DSMC 方法研究工程实际的三维高超声速连续/近连续流不太现实。近十年来，学者们发展了更高效的多尺度粒子模拟方法 [38]，旨在解决从稀薄到连续的跨流域模拟难题，这方面的进展将在本书第 9 章进行介绍。另一方面，DSMC 方法是一种粒子统计模拟方法，不可避免地存在统计噪声，在低速模拟时统计噪声问题变得十分严重，严重影响了计算效率。为降低 DSMC 方法的统计噪声，樊菁和沈青提出了信息保存 (information preservation，IP) 方法 [39]，将统计效率提高了几个数量级，该方面的进展将在本书第 10 章进行介绍。

## 1.3 分子气体动力学的科学内涵

传统的空气动力学研究是建立在连续介质假设基础之上的，以宏观控制方程，如无黏的欧拉 (Euler) 方程和考虑黏性的 Navier-Stokes 方程作为理论依据；而分子气体动力学是以微观的分子运动和碰撞作为出发点，基于分子的个体行为进行统计平均而得到气体的宏观行为。两者具有明显的区别，但同时又有联系。例如，

Boltzmann 方程在平衡态下的解，即为 Maxwell 分布，对应的宏观方程为欧拉方程；它的一阶近似解，即查普曼–恩斯库格 (Chapman-Enskog) 分布 (由此可得到气体输运系数的准确表达式)，对应的宏观方程为 Navier-Stokes 方程。因此，基于分子气体动力学的理论，可以推导出宏观气体动力学的一些结论。在本书的第 3 章将对该内容进行详细描述。

分子气体动力学涉及分子动理论、量子力学和统计力学的知识。分子动理论是一种经典的物理学理论，它基于经典力学的原则，描述构成物质的微观粒子 (如分子和原子) 的运动和相互作用，并用以解释物质的宏观性质和统计行为，如气体的热力学性质和输运性质。分子动理论结合统计力学的一些基本概念，在经典体系下，可以建立微观的分子运动和碰撞与宏观的流动和传热之间的关系。本书的第 2~6 章属于这部分内容，不考虑分子内部结构的细节，也无须考虑量子力学的内容。

如果要考虑多原子分子的内部结构和能量分配，则需要借鉴量子力学的知识。量子力学引入了波函数、不确定性原理和波粒二象性等概念，以解释微观粒子的性质和行为。对于氧气、氮气等双原子分子，以及二氧化碳等多原子分子，其转动能、振动能及电子能级需要考虑分子的内部结构。在本书的第 7 章将介绍多原子分子的内能模式，以及分子碰撞过程如何重新在内能模式中分配能量，这部分内容需要量子力学和统计力学的结合。

## 参 考 文 献

[1] 沈青. 稀薄气体动力学. 北京: 国防工业出版社, 2003.
[2] 闵昌万, 付秋军, 焦子涵. 史记 • 高超声速飞行. 北京: 科学出版社, 2019.
[3] 艾邦成. 临近空间高超声速飞行器计算空气动力学. 北京: 科学出版社, 2020.
[4] 叶友达. 高超声速空气动力学研究进展与趋势. 科学通报, 2015, 60(12): 1095-1103.
[5] Anderson J D. Hypersonic and High Temperature Gas Dynamics. 3rd ed. New York: American Institute of Aeronautics and Astronautics, 2019.
[6] Bertin J J, Cummings R M. Critical hypersonic aerothermodynamic phenomena. Annual Review of Fluid Mechanics, 2006, 38: 129-157.
[7] 周恒, 张涵信. 空气动力学的新问题. 中国科学: 物理学 力学 天文学, 2015, 45(10): 104-108.
[8] Hirschel E H. Basics of Aerothermodynamics. New York: Springer, 2015.
[9] US Standard Atmosphere. National Oceanic and Atmospheric Administration, 1976.
[10] 孙泉华, 樊菁, 刘宏立, 等. 稀薄气体效应对高速飞行器气动性能的影响. 第一届高超声速科技学术会议论文集, 2008: 14-19.
[11] 王智慧. 尖化前缘气动加热受稀薄气体效应和非平衡真实气体效应的工程理论. 北京: 中国科学院研究生院, 2011.

[12] Candler G V. Rate effects in hypersonic flows. Annual Review of Fluid Mechanics, 2019, 51: 379-402.

[13] Crisp N H, Roberts P C E, Romano F, et al. System modelling of very low Earth orbit satellites for Earth observation. Acta Astronautica, 2021, 187: 475-491.

[14] Livadiotti S, Crisp N H, Roberts P C E, et al. A review of gas-surface interaction models for orbital aerodynamics applications. Progress in Aerospace Sciences, 2020, 119: 100675.

[15] Crisp N H, Roberts P C E, Livadiotti S, et al. The benefits of very low earth orbit for earth observation missions. Progress in Aerospace Sciences, 2020, 117: 100619.

[16] Jin X, Huang F, Cheng X, et al. Monte Carlo simulation for aerodynamic coefficients of satellites in Low-Earth Orbit. Acta Astronautica, 2019, 160: 222-229.

[17] Fujita K, Noda A. Aerodynamics of satellites on a super low earth orbit//AIP Conference Proceedings. American Institute of Physics, 2008.

[18] Prieto D M, Graziano B P, Roberts P C E. Spacecraft drag modelling. Progress in Aerospace Sciences, 2014, 64: 56-65.

[19] Jiang Y, Zhang J, Tian P, et al. Aerodynamic drag analysis and reduction strategy for satellites in Very Low Earth Orbit. Aerospace Science and Technology, 2023, 132: 108077.

[20] Vallado D A, Finkleman D. A critical assessment of satellite drag and atmospheric density modeling. Acta Astronautica, 2014, 95: 141-165.

[21] Crisp N H, Roberts P C E, Livadiotti S, et al. In-orbit aerodynamic coefficient measurements using SOAR (Satellite for Orbital Aerodynamics Research). Acta Astronautica, 2021, 180: 85-99.

[22] Feynman R P. There's plenty of room at the bottom [data storage]. Journal of Micro-Electromechanical Systems, 1992, 1(1): 60-66.

[23] Ho C M, Tai Y C. Micro-electro-mechanical-systems (MEMS) and fluid flows. Annual Review of Fluid Mechanics, 1998, 30(1): 579-612.

[24] 李战华, 吴健康, 胡国庆, 等. 微流控芯片中的流体流动. 北京: 科学出版社，2012.

[25] 田立成, 胡向宇, 程彬, 等. LHT-100 霍尔电推进系统集成测试研究. 推进技术, 2018, 39(1): 220-230.

[26] 王云飞. 气体润滑理论与气体轴承设计. 北京: 机械工业出版社，1999.

[27] Ehrich F, Jacobson S. Development of high-speed gas bearings for high-power density microdevices. J. Eng. Gas Turbines Power, 2003, 125(1): 141-148.

[28] 樊菁, 沈青. 微尺度气体流动. 力学进展, 2002, 32(3): 321-336.

[29] Fan J, Boyd I D, Shelton C. Monte Carlo modeling of electron beam physical vapor deposition of yttrium. Journal of Vacuum Science & Technology A: Vacuum, Surfaces, and Films, 2000, 18(6): 2937-2945.

[30] 李帅辉, 舒勇华, 樊菁. 电子束物理气相沉积钇钛合金薄膜的组分和厚度分布. 中国科学: E 辑, 2008, 38(7): 1106-1117.

[31] Zhang J, Liu C, Shu Y, et al. Growth and properties of Cu thin film deposited on

Si (001) substrate: A molecular dynamics simulation study. Applied Surface Science, 2012, 261: 690-696.

[32] 樊菁. 稀薄气体动力学: 进展与应用. 力学进展, 2013, 43(2): 185-201.

[33] Tsien H S. Superaerodynamics, mechanics of rarefied gases. Journal of the Aeronautical Sciences, 1946, 13(12): 653-664.

[34] Bird G A. Molecular Gas Dynamics and Direct Simulation of Gas Flows. Oxford: Clarendon, 1994.

[35] Pham-Van-Diep G, Erwin D, Muntz E. Nonequilibrium molecular motion in a hypersonic shock wave. Science, 1989, 245(4918): 624-626.

[36] Bird G. Application of the direct simulation Monte Carlo method to the full shuttle geometry. AIAA-Paper, 1990: 1692.

[37] 樊菁, 刘宏立, 蒋建政, 等. 火箭剩余推进剂排放过程的分析与模拟. 力学学报, 2004, 36(2): 129-139.

[38] Fei F, Zhang J, Li J, et al. A unified stochastic particle Bhatnagar-Gross-Krook method for multiscale gas flows. Journal of Computational Physics, 2020, 400: 108972.

[39] Fan J, Shen C. Statistical simulation of low-speed rarefied gas flows. Journal of Computational Physics, 2001, 167(2): 393-412.

# 第 2 章　分子动理论基础

气体是由大量气体分子组成的，气体的宏观性质，如密度、速度、压强、温度、黏性、导热、扩散等，以及它们在时间和空间上的变化，都是气体分子的集体行为的表现，都可以用分子微观量 (如质量、动量、动能以及分子间作用力等) 来描述。分子动理论的核心目标是建立微观层面上的分子行为与宏观气体动力学之间的联系。

在分子层面上，构成气体的分子以相对较高的速度做着永不停息的随机运动，每个分子都具有动量与动能。此外，分子之间存在着相互作用的吸引力 (范德瓦耳斯 (van der Waals) 力) 和排斥力 (分子的外层电子云重叠)，导致了分子势能的存在 [1]。当分子间距离较远 (约 $10^{-9}$ m) 时，分子间作用力会变得十分微弱，因此，在气体的密度较低时，气体分子间的平均距离较大，分子之间对彼此的力可以被忽略。此时，在大部分时间内，分子会彼此独立地进行高速的直线运动。只有当分子运动到足够近时才会发生分子间碰撞。在碰撞过程中，分子间作用力会改变参与碰撞的分子的运动速度及轨迹。当分子势能相比其动能可以被忽略时，这种气体称为理想气体 (ideal gas) 或稀薄气体 (rarefied gas)。反之，分子势能不可忽略的气体称为真实气体 (real gas) 或稠密气体 (dense gas)。

## 2.1　分子运动与碰撞的特征物理量

下面介绍分子运动和分子间碰撞过程中的一些基本概念。

### 1. 分子直径

如果将分子简化为一个球体，则分子的尺寸可以用分子直径 $d$ 来表示。由于真实分子的形状和大小会受到分子结构以及电子云分布的影响，分子直径只是一个近似度量。典型气体分子的有效直径大致为

$$d \approx 4.0 \times 10^{-10}\ \mathrm{m} \tag{2.1}$$

分子直径可以用于描述气体分子相互作用的特征尺寸，即分子在碰撞时所占据的物理空间范围的大小。图 2.1 为典型分子间作用力的示意图。分子间作用力在两分子相距较近时表现为斥力，距离较远时表现为引力。平衡位置 (分子间作用力为 0 的分子间距) 与分子直径相当，量级为 $10^{-10}$ m。而当分子间距离达到

$10^{-9}$ m，即远大于分子直径时，分子间作用力会变得十分微弱，此时分子势能相对于动能可以忽略不计。

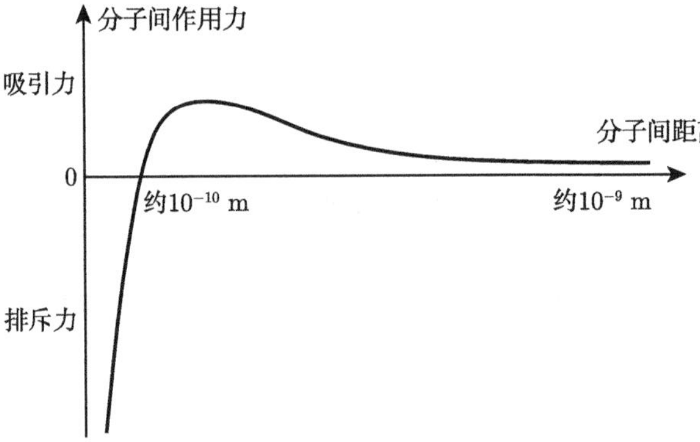


图 2.1　典型分子间作用力示意图

2. 分子间距

分子间距 (图 2.2) 是指气体分子之间的平均距离，与气体状态有关。下面对标准状态 ($p_0 = 100$ kPa，$T_0 = 273.15$ K) 下气体分子间距进行估计。根据理想气体状态方程，$p = nk_{\mathrm{B}}T$，其中 Boltzmann 常量 $k_{\mathrm{B}} = 1.38066 \times 10^{-23}$ J/K，可求得标准状态下气体的数密度，即 1 $\mathrm{m}^3$ 气体包含的分子数量为

$$n_0 = p_0/k_{\mathrm{B}}T_0 = 2.652 \times 10^{25}\ \mathrm{m}^{-3} \tag{2.2}$$

假设气体分子均匀分布，那么每个分子所占据的小立方体体积为 $1/n_0$。小立方体的边长即为气体分子间距：

$$\delta = \frac{1}{\sqrt[3]{n_0}} = 3.354 \times 10^{-9}\ \mathrm{m} \tag{2.3}$$

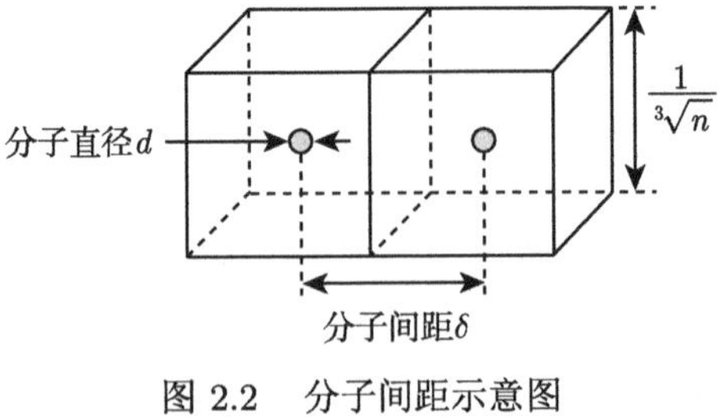


图 2.2　分子间距示意图

### 3. 分子平均自由程

分子平均自由程 (mean free path) 是指分子在两次相继碰撞之间走过的平均距离。下面用最简单的分子硬球模型来阐明平均自由程的概念。考察一个直径为 $d$ 的试验分子以平均相对速度 $\overline{c_\mathrm{r}}$ 在一群静止分子中运动，如图 2.3 所示。当其他分子的中心位于以试验分子中心为球心、以 $d$ 为半径的球内时 (图 2.4)，即发生碰撞。在 $\Delta t$ 时间内，该球体扫过的体积为 $\pi d^2\overline{c_\mathrm{r}}\Delta t$。这一体积内的分子数 $n(\pi d^2\overline{c_\mathrm{r}}\Delta t)$ 即为试验分子在 $\Delta t$ 内的碰撞数。而试验分子在这段时间内实际走过的距离为 $\overline{c'}\Delta t$，其中 $\overline{c'}$ 为分子的平均热运动速度。分子平均自由程即可表示为试验分子在这段时间内走过的距离与碰撞次数的比值：

$$\lambda = \frac{\overline{c'}}{n\pi d^2\overline{c_\mathrm{r}}} \tag{2.4}$$

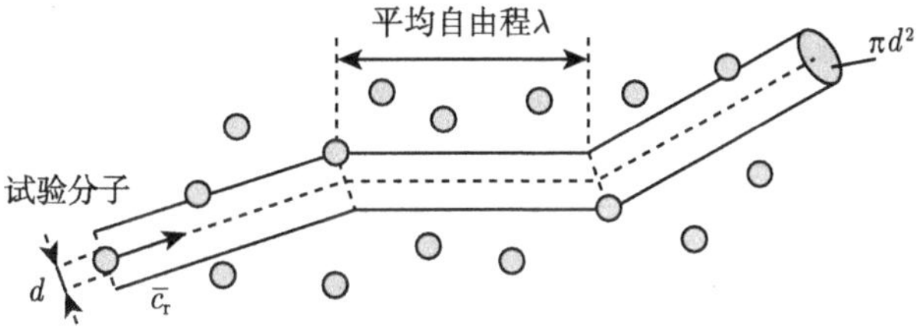


图 2.3 分子平均自由程示意图

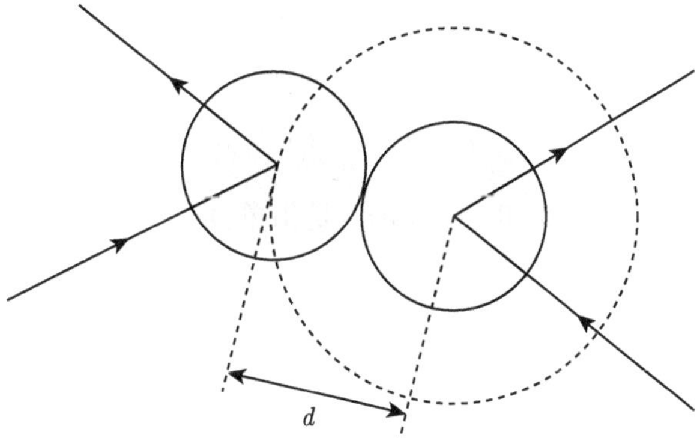


图 2.4 两直径为 $d$ 的硬球间的碰撞

如果气体处于平衡态，有 $\overline{c_\mathrm{r}} = \sqrt{2}\overline{c'}$(见式 (2.100))。因此可以得到平均自由程的表达式为

$$\lambda = \frac{1}{\sqrt{2}n\pi d^2} \tag{2.5}$$

在标准状态下，若取典型分子有效直径 $d = 4.0 \times 10^{-10}$ m，即可估算气体分子的平均自由程为

$$\lambda = 5.3 \times 10^{-8}\ \text{m} \tag{2.6}$$

可以看出，分子直径、标准状态下的分子间距和平均自由程三者的大小关系为

$$d = 0.4\ \text{nm} \ll \delta = 3.3\ \text{nm} \ll \lambda = 53\ \text{nm} \tag{2.7}$$

一方面，分子间距 $\delta$ 比分子直径 $d$ 大很多，因此分子间作用力可以忽略不计，分子相互独立地进行热运动。另一方面，分子平均自由程 $\lambda$ 比分子间距 $\delta$ 大很多。这是因为尽管分子以间距 $\delta$ 相对密集地分布着，但分子直径很小，测试分子很容易从分子间的空隙穿过而不会与其他分子发生碰撞。

### 4. 分子平均碰撞时间与碰撞频率

分子平均碰撞时间 (mean collision time) 是指分子在两次相继碰撞之间走过的平均时间。平均碰撞时间可以表示为平均自由程与平均热运动速度之比：

$$\tau = \frac{\lambda}{\overline{c'}} = \frac{1}{\sqrt{2}n\pi d^2\overline{c'}} = \frac{1}{n\pi d^2\overline{c_\text{r}}} \tag{2.8}$$

考虑到平衡态下分子平均热运动速度 (见式 (2.91))

$$\overline{c'} = \sqrt{\frac{8k_\text{B}T}{\pi m}} \tag{2.9}$$

其中，取分子质量 $m \approx 4.8 \times 10^{-26}$ kg，可以估算标准状态下分子平均碰撞时间：

$$\tau = 1.98 \times 10^{-10}\ \text{s} \tag{2.10}$$

分子碰撞频率 (mean collision rate) 是指单位时间内分子的碰撞次数，其为分子平均碰撞时间的倒数：

$$\nu = \frac{1}{\tau} = n\pi d^2\overline{c_\text{r}} \tag{2.11}$$

### 5. 分子碰撞数

分子碰撞频率考虑的是单位时间内单个分子的碰撞次数。如果考虑单位体积内所有气体分子，其数量为数密度 $n$，则每个分子与其他分子在单位时间内的碰撞次数为碰撞频率 $\nu$。因而单位时间、单位体积内气体分子总的碰撞次数为

$$N_\text{c} = \frac{1}{2}n\nu = \frac{1}{2}n^2\pi d^2\overline{c_\text{r}} \tag{2.12}$$

## 2.2 宏观量的表达

气体的宏观流动性质都可以用微观层面上的分子行为解释。本节主要关注简单气体 (simple gas)，即单组分的单原子分子组成的气体，对其密度、速度、压强、温度等宏观量与分子微观量之间的关系进行探讨。考虑体积为 $V$ 的气体，其中包含了 $N$ 个直径为 $d$、质量为 $m$ 的气体分子，各分子的位置为 $\boldsymbol{r}_i = (x_i, y_i, z_i)^{\mathrm{T}}$，速度为 $\boldsymbol{c}_i = (c_{xi}, c_{yi}, c_{zi})^{\mathrm{T}}$，其中 $i = 1, 2, \cdots, N$。设 $Q_i$ 为与上述物理量相关的某一分子微观量，气体的宏观量可表示为 $Q_i$ 的统计平均值

$$\overline{Q} = \frac{1}{N}\sum_{i=1}^{N} Q_i \tag{2.13}$$

1. 密度

气体的数密度 (number density) $n$ 是指单位体积内的分子数量：

$$n = \frac{\sum\limits_{i=1}^{N} 1}{V} = \frac{N}{V} \tag{2.14}$$

而气体的质量密度 (mass density) $\rho$ 是指单位体积内的分子质量，可表示为

$$\rho = \frac{\sum\limits_{i=1}^{N} m}{V} = nm \tag{2.15}$$

2. 速度

气体分子进行着永不停息的随机运动，其运动速度 $\boldsymbol{c}$ 的大小和方向是随机的。气体的宏观流动速度 (stream velocity) 表现为这些分子微观运动速度的平均值

$$\boldsymbol{u} = \bar{\boldsymbol{c}} = \frac{1}{N}\sum_{i=1}^{N} \boldsymbol{c}_i \tag{2.16}$$

气体分子的运动可分解为两部分，包括跟随着当地其他分子集体进行的运动，即气体的宏观流动，以及各个分子独立进行的随机运动，即分子热运动。因此，每个气体分子的速度 $\boldsymbol{c}$ 也可以分解为两部分，一部分是气体的宏观流动速度 $\boldsymbol{u}$，另一部分为分子热运动速度 (thermal velocity)$\boldsymbol{c}'$：

$$\boldsymbol{c} = \boldsymbol{u} + \boldsymbol{c}' \tag{2.17}$$

由宏观流动速度的定义式 (2.16) 可知，分子热运动速度 $\boldsymbol{c}'$ 的平均值为 0：

$$\overline{\boldsymbol{c}'} = \frac{1}{N}\sum_{i=1}^{N}\boldsymbol{c}'_i = 0 \tag{2.18}$$

3. 压强

气体的压强 (pressure) 是指气体分子在热运动过程中对单位面积壁面的撞击力。为了研究气体压强与分子热运动速度的关系，这里考虑处于静止状态，即宏观流动速度为零的气体。为了简单起见，假设在体积 $V = L^3$ 的立方体内有处于平衡态 (气体宏观状态不随时间和空间变化) 的气体，如图 2.5(a) 所示。同时，忽略气体分子间的碰撞，并假设气体分子与壁面碰撞后发生镜面反射，反射后分子速度的法向分量反向，切向速度保持不变。如图 2.5(b) 所示，分子 $i$ 连续两次与 $x$ 方向上右侧壁面碰撞的时间间隔为

$$\Delta t_i = \frac{2L}{c_{xi}} \tag{2.19}$$

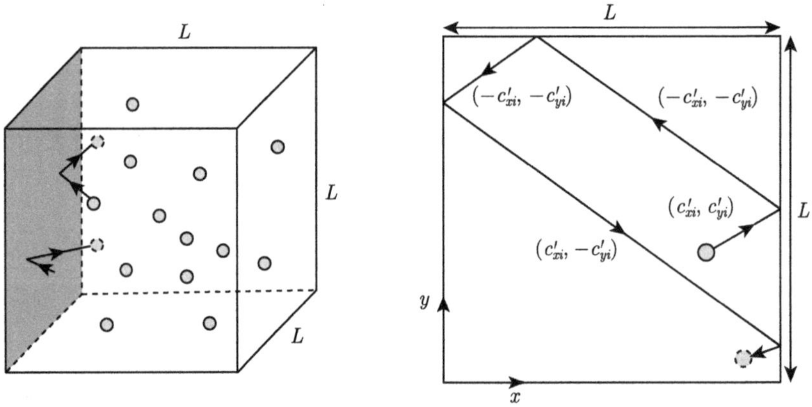


(a) 气体压强示意图　　(b) 分子运动轨迹示意图

图 2.5　气体压强与分子运动示意图

该分子与壁面碰撞前后的动量分别为 $mc'_{xi}$ 和 $-mc'_{xi}$，根据动量定理，该分子对右侧壁面产生的作用力为

$$F_i = -\frac{(-mc'_{xi}) - mc'_{xi}}{\Delta t_i} = \frac{mc'^2_{xi}}{L} \tag{2.20}$$

对立方体内所有分子进行求和，可以求出气体对右侧壁面的压强

$$p = \frac{1}{L^2}\sum_{i=1}^{N}F_i = \frac{m}{L^3}\sum_{i=1}^{N}c'^2_{xi} = \rho\overline{c'^2_x} \tag{2.21}$$

当气体分子处于平衡态时，气体的宏观状态具有各向同性。此时，三个方向上分子热运动速度的均方值相等，即

$$\overline{c_x'^2} = \overline{c_y'^2} = \overline{c_z'^2} = \frac{1}{3}\overline{c'^2} \tag{2.22}$$

气体的压强可表示为

$$p = \frac{1}{3}\rho\overline{c'^2} \tag{2.23}$$

当气体分子处于非平衡态时，气体在不同方向上的压强可能不同。可以将式 (2.23) 推广为应力张量 (stress tensor)：

$$\boldsymbol{p} = \begin{bmatrix} p_{xx} & p_{xy} & p_{xz} \\ p_{yx} & p_{yy} & p_{yz} \\ p_{zx} & p_{zy} & p_{zz} \end{bmatrix} = \begin{bmatrix} \rho\overline{c_x'^2} & \rho\overline{c_x'c_y'} & \rho\overline{c_x'c_z'} \\ \rho\overline{c_y'c_x'} & \rho\overline{c_y'^2} & \rho\overline{c_y'c_z'} \\ \rho\overline{c_z'c_x'} & \rho\overline{c_z'c_y'} & \rho\overline{c_z'^2} \end{bmatrix} = \rho\overline{\boldsymbol{c}'\boldsymbol{c}'} \tag{2.24}$$

或采用指标形式表示：

$$p_{ij} = \rho\overline{c'_i c'_j}, \quad i, j = 1, 2, 3 \tag{2.25}$$

从式 (2.24) 可以看出，应力张量 $\boldsymbol{p}$ 为对称张量，其中主对角线上的元素 $p_{xx}$、$p_{yy}$、$p_{zz}$ 为气体分子在不同方向上的正应力。一般地，气体压强可以表示为气体分子应力张量中不同方向正应力的平均值：

$$p = \frac{1}{3}\left(p_{xx} + p_{yy} + p_{zz}\right) = \frac{1}{3}p_{ii}, \quad i = 1, 2, 3 \tag{2.26}$$

另外，在气体动理学中通常会引入黏性应力张量 (viscous stress tensor) 的概念，其可以表示为从应力张量的法向分量中减去压强 $p$ 的负值：

$$\tau_{ij} = -\left(\rho\overline{c_i'c_j'} - p\delta_{ij}\right), \quad i, j = 1, 2, 3 \tag{2.27}$$

其中，$\delta_{ij}$ 为克罗内克 (Kronecker) 符号，

$$\delta_{ij} = \begin{cases} 1, & i = j \\ 0, & i \neq j \end{cases} \tag{2.28}$$

4. 平动能与温度

1) 平动能

各分子在热运动时具有的平动能 (translational kinetic energy) 为

$$\varepsilon_{\mathrm{tr},i} = \frac{1}{2}mc_i'^2 = \frac{1}{2}m\left(c_{zi}'^2 + c_{yi}'^2 + c_{zi}'^2\right) \tag{2.29}$$

因此，考虑体积 $V$ 内所有分子总的平动能量为

$$E_{\mathrm{tr}} = \sum_{i-1}^{N} \varepsilon_{\mathrm{tr},i} = \frac{1}{2} N m \overline{c'^2} \tag{2.30}$$

气体的比平动能 (specific translational kinetic energy) 为

$$e_{\mathrm{tr}} = \frac{E_{\mathrm{tr}}}{mN} = \frac{1}{2} \overline{c'^2} \tag{2.31}$$

2) 温度

温度 (temperature) 在宏观上是表示物体的冷热程度的物理量，下面对其微观物理含义进行讨论。结合压强的表达式 (2.23) 与理想气体状态方程 $p = \rho RT$，可以得到温度与分子速度的关系：

$$T = \frac{1}{3R} \overline{c'^2} = \frac{2}{3R} e_{\mathrm{tr}} \tag{2.32}$$

其中，$R$ 为气体常量 (gas constant)，与分子种类有关。这里的气体常量 $R$ 需要与普适气体常量 $R_0$ 进行区分。普适气体常量适用于满足理想气体假设的任何气体

$$R_0 = k_{\mathrm{B}} N_{\mathrm{A}} = 8.3145\ \mathrm{J/(mol \cdot K)} \tag{2.33}$$

其中，$N_{\mathrm{A}} = 6.0221 \times 10^{23}\ \mathrm{mol}^{-1}$ 为阿伏伽德罗 (Avogadro) 常量。$R_0$ 的物理含义为 1 mol 理想气体等压膨胀时温度升高 1 K 对外界所做的功。而 $R$ 为单位质量的气体常量：

$$R = \frac{R_0}{M} = \frac{k_{\mathrm{B}}}{m} \tag{2.34}$$

其中，$M$ 为摩尔质量。因此，式 (2.32) 也可以表示为

$$\frac{3}{2} k_{\mathrm{B}} T = \frac{1}{2} m \overline{c'^2} \tag{2.35}$$

从式 (2.35) 可以看出，温度是分子平均平动能量的标志，反映了分子热运动的剧烈程度。分子平动运动的自由度为 3，当气体处于平衡态时，根据能量均分定理 (equipartition theorem)，每个自由度的分子平均平动能为 $\frac{1}{2}k_{\mathrm{B}}T$。对于非平衡流动，可以定义各速度分量对应的温度

$$\frac{1}{2}k_{\mathrm{B}}T_x=\frac{1}{2}m\overline{c_x'^2},\quad \frac{1}{2}k_{\mathrm{B}}T_y=\frac{1}{2}m\overline{c_y'^2},\quad \frac{1}{2}k_{\mathrm{B}}T_z=\frac{1}{2}m\overline{c_z'^2} \tag{2.36}$$

三者之间满足

$$\frac{1}{3}\left(T_x+T_y+T_z\right)=T \tag{2.37}$$

$T_x$、$T_y$、$T_z$ 相对 $T$ 偏离得越多，表明气体平动模态的非平衡程度越大。

3) 比热

基于对分子平动能和气体温度关系的讨论，可以得到简单气体的定容比热 (specific heat at constant volume)

$$c_v=\frac{\partial e_{\mathrm{tr}}}{\partial T}=\frac{3}{2}R \tag{2.38}$$

定压比热 (specific heat at constant pressure) 则可根据迈耶 (Meyer) 公式得到

$$c_p=c_v+R=\frac{5}{2}R \tag{2.39}$$

因此，单原子单组分气体的比热比为

$$\gamma=\frac{c_p}{c_v}=\frac{5}{3} \tag{2.40}$$

#### 5. 通量的一般形式

在研究气体流动问题时，当我们想要了解某一特定体积内气体质量、动量以及能量的变化时，首先需要考虑穿过其边界的相应宏观量的通量 (flux)。从微观角度上看，该体积内气体宏观量的变化源于分子的运动。当分子进出边界时，它们所携带的质量、动量和能量随着其运动而进行着空间上的转移，因而引起了气体宏观质量、动量和能量的传递。因此，气体宏观量的通量与分子穿过界面时所携带的相应微观量的通量紧密相关。下面将讨论与分子速度相关的任意微观量 $Q(\boldsymbol{c})$ 在单位时间内通过一定微元面积的通量。

考虑如图 2.6(a) 所示的一个微元面积 $\mathrm{d}S$，其法向量为 $\boldsymbol{n}$。穿过 $\mathrm{d}S$ 分子的速度可能各不相同，为简单起见，假设分子速度包含了 $N_{\mathrm{c}}$ 个不同取值：$\boldsymbol{c}_i$，$i=1,2,\cdots,N_{\mathrm{c}}$。每个速度取值对应的分子数密度记为 $n_i$，且满足 $n_1+n_2+\cdots+n_{N_{\mathrm{c}}}=n$。在 $\Delta t$ 时间内，以速度 $\boldsymbol{c}_i$ 通过 $\mathrm{d}S$ 的分子包含在如图 2.6(b) 所示的柱体内。这一柱体的体积为 $(\boldsymbol{c}_i\cdot\boldsymbol{n})\Delta t\mathrm{d}S$，其中包含了 $n_i(\boldsymbol{c}_i\cdot\boldsymbol{n})\Delta t\mathrm{d}S$ 个速度为 $\boldsymbol{c}_i$ 的分子。因此，以速度 $\boldsymbol{c}_i$ 通过 $\mathrm{d}S$ 的分子所携带微观量 $Q(\boldsymbol{c}_i)$ 的分子通量为

$$\varGamma_{Qi}=\frac{n_i\left(\boldsymbol{c}_i\cdot\boldsymbol{n}\right)\Delta t\mathrm{d}SQ(\boldsymbol{c}_i)}{\Delta t\mathrm{d}S}=n_iQ(\boldsymbol{c}_i)\left(\boldsymbol{c}_i\cdot\boldsymbol{n}\right) \tag{2.41}$$

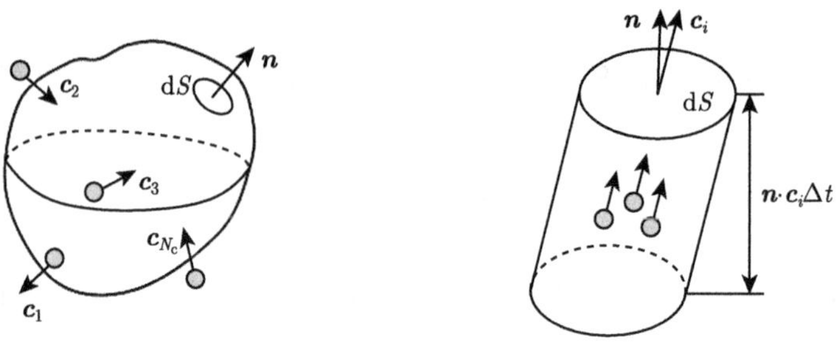


(a) 分子进出控制体引起的质量、动量和能量的变化　　(b) $\Delta t$时间内以速度$c_i$穿过d$S$的分子所占体积

图 2.6　控制体内质量、动量和能量的变化与分子通量

而总通量则需要考虑分子速度的所有可能取值

$$\Gamma_Q = \sum_{i=1}^{N_c} \Gamma_{Q_i} = n \sum_{i=1}^{N_c} \frac{n_i}{n} Q(\boldsymbol{c}_i)\,(\boldsymbol{c}_i \cdot \boldsymbol{n}) = n\overline{Q(\boldsymbol{c})\,(\boldsymbol{c} \cdot \boldsymbol{n})} \tag{2.42}$$

式 (2.42) 给出的 $Q$ 在单位时间内通过单位面积的通量依赖于所取微元面积 d$S$ 的法向量。注意到，$\Gamma_Q = n\overline{Q\,(\boldsymbol{c} \cdot \boldsymbol{n})} = n\overline{Q\boldsymbol{c}} \cdot \boldsymbol{n}$，则可以提取出与所选单位面积方向无关的宏观量，即 $Q$ 的通量矢 (flux vector)：

$$\boldsymbol{\Gamma}_Q = n\overline{Q\boldsymbol{c}} \tag{2.43}$$

若分别取 $Q$ 为分子质量 $m$、动量 $m\boldsymbol{c}$ 以及平动能 $\frac{1}{2}mc^2$，则可得到气体的质量通量、动量通量和平动能量通量

$$\boldsymbol{\Gamma}_m = \rho\bar{\boldsymbol{c}}, \qquad \boldsymbol{\Gamma}_p = \rho\overline{\boldsymbol{c}\boldsymbol{c}}, \qquad \boldsymbol{\Gamma}_{\varepsilon_t} = \frac{1}{2}\rho\overline{c^2\boldsymbol{c}} \tag{2.44}$$

前面讨论过，分子运动可分解为气体宏观流动和分子热运动两部分，因而式 (2.44) 中考虑的通量实际上也是气体宏观流动和分子热运动共同作用的结果。将分子速度的分解式 (2.17) 代入式 (2.44) 可得

$$\boldsymbol{\Gamma}_m = \rho\bar{\boldsymbol{c}} = \rho\boldsymbol{u} \tag{2.45}$$

$$\boldsymbol{\Gamma}_p = \rho\overline{\boldsymbol{c}\boldsymbol{c}} = \rho\boldsymbol{u}\boldsymbol{u} + \rho\overline{\boldsymbol{c}'\boldsymbol{c}'} \tag{2.46}$$

$$\Gamma_{\varepsilon_t} = \frac{1}{2}\rho\overline{c^2\boldsymbol{c}} = \frac{1}{2}\rho u^2\boldsymbol{u} + \frac{1}{2}\rho\overline{c'^2}\boldsymbol{u} + \rho\overline{\boldsymbol{c}'\boldsymbol{c}'} \cdot \boldsymbol{u} + \frac{1}{2}\rho\overline{c'^2\boldsymbol{c}'} \tag{2.47}$$

式 (2.45) 表明，在单组分气体中，质量通量仅由气体宏观流动产生，而分子热运动并不会导致质量的宏观输运。这是因为从不同方向穿过某一界面的分子所引起

的质量通量会相互抵消。而从式 (2.46) 可以看出，动量通量包含气体宏观运动的动量输运以及分子热运动产生的应力张量 (式 (2.24)) 两部分。此外，式 (2.47) 表明平动能量通量包含四个组成部分：气体宏观运动对宏观运动动能的输运、对热运动平均动能的输运、应力张量做功，以及由分子热运动引起的能量输运。特别地，最后一项即为分子热流：

$$\boldsymbol{q} = \frac{1}{2}\rho\overline{c'^2\boldsymbol{c}'} \tag{2.48}$$

以上有关通量的讨论有助于我们推导宏观输运方程。控制体积内某一宏观量 $\overline{Q}(\boldsymbol{r},t)$ 是其中所有分子相应微观量 $Q(\boldsymbol{c})$ 的统计平均。这一宏观量的变化一方面来源于分子运动过程中进出边界产生的通量 $n\overline{Q\boldsymbol{c}}$，另一方面来源于包括分子碰撞、化学反应、外力驱动或辐射作用在内的过程，可以将它们的贡献记为产生项 $\dot{Q}_{\text{gen}}(\boldsymbol{r},t)$。控制体积内宏观量 $\overline{Q}$ 的变化满足以下积分型控制方程：

$$\frac{\partial}{\partial t}\iiint n\overline{Q}\mathrm{d}V = -\oiint n\overline{Q\boldsymbol{c}}\cdot\boldsymbol{n}\mathrm{d}S + \iiint n\dot{Q}_{\text{gen}}\mathrm{d}V \tag{2.49}$$

或写为微分型方程

$$\frac{\partial n\overline{Q}}{\partial t} = -\nabla\cdot\left(n\overline{Q\boldsymbol{c}}\right) + n\dot{Q}_{\text{gen}} \tag{2.50}$$

式 (2.50) 给出的宏观输运方程是基于宏观量守恒律给出的，主要考虑了由分子运动带来的质量、动量、能量传递。其中的产生项 $\dot{Q}_{\text{gen}}$ 包含了其他微观细节，仍是未知的。3.2.1 节将从 Boltzmann 方程出发，严格地推导出宏观输运方程的表达式。

6. 输运过程

在之前关于密度、速度、温度和压强等气体宏观性质的讨论中，我们主要考虑了处于热力学平衡 (thermodynamic equilibrium) 状态[①]的气体，即所有宏观性质在空间和时间上都是均匀的情况。然而，当气体的某些宏观量 (如速度、温度和

① 此处的平衡态需要与后面章节中提到的平衡态概念区分开来。这里的热力学平衡状态是指在不受外界影响下，系统的宏观性质在时间和空间上都能够保持均匀稳定的理想情况。但是，在气体流动问题当中，由于受到边界、初始条件、外力以及辐射等外界复杂因素的影响，气体宏观性质难以在时空上保持完全的均匀稳定。因此，在气体动理论中更适用的平衡态概念是局部热力学平衡 (local thermodynamic equilibrium)。

在局部热力学平衡下，尽管非均匀系统未能达到整体上的热力学平衡，但由于系统内部快速的相互作用，系统各个部分在局部范围内能够保持宏观性质的稳定。此时各个部分在局部小尺度上可以被视为是平衡的，并且不同部分间的相互影响可以被忽略。从微观角度看，分子在不同空间区域接受了非均匀的宏观性质的信息，并通过分子的运动将这些信息传递，将气体推向非平衡。而分子间的碰撞 (可视为瞬时发生在一空间点上) 会促使携带不同信息的分子相互作用进而形成均匀稳定的宏观性质，使气体趋向于平衡态。在分子平均自由程以及平均碰撞时间都很小的情况下，携带非平衡信息的分子仅仅运动很短的距离就会与其他分子发生碰撞，因而能够在当地形成稳定的宏观性质。这是气体局部热力学平衡状态的微观解释。

组分等) 在空间上呈现非均匀分布时，由气体分子运动引发的动量、能量和质量传递将会导致一些额外现象的发生，如黏性 (viscosity)、热传导 (heat conduction) 和扩散 (diffusion) 等，这些现象被称为输运过程。

简单来看，不同空间位置上的分子会携带反映当地宏观性质的不同特征，它们在随机热运动中将不同空间区域的宏观性质进行输运。如果这些宏观性质是非均匀分布的，则分子在运动到新位置时会将原始位置的宏观特征引入，使新位置偏离原来的平衡状态。此时，如果分子与新位置的其他分子发生碰撞并交换彼此的动量和能量，就会在两个不同位置间实现宏观性质的关联与传递。这些宏观性质可以包括气体的速度、温度和组分，分别对应的是黏性、热传导和扩散的输运过程。

下面通过动理论的观点对输运过程进行初步的定量分析。假定宏观量的非均匀性在 $y$ 方向上。设 $\overline{Q}(y)$ 是气体的某一宏观属性，分子运动将会引起 $\overline{Q}$ 值在空间上的输运。如图 2.7 所示，当某一分子运动穿过截面 $y=y_0$ 时，其输运的 $\overline{Q}$ 值主要取决于分子在穿越截面前最后一次发生碰撞时所处的位置。记从下往上 (正向) 通过截面的分子所携带的 $\overline{Q}$ 值为 $\overline{Q}(y-\delta y_1)$，而从上往下 (负向) 通过截面的分子所携带的 $\overline{Q}$ 值为 $\overline{Q}(y+\delta y_2)$。这里的 $\delta y_1$ 和 $\delta y_2$ 代表了这两种分子从最后一次发生碰撞的位置到截面的平均距离，两者大致与当地的分子平均自由程相当，即 $\delta y_1,\delta y_2\sim\lambda$。同时，从两侧通过截面的分子数通量 (单位时间通过单位面积的分子数) 正比于 $n\overline{c'}$，其中 $n$ 为分子数密度，$\overline{c'}$ 为分子热运动的平均速率 (见后文中式 (2.91))。因此，通过截面 $y=y_0$ 的 $\overline{Q}$ 的净通量可表示为

$$\Gamma_Q\propto n\overline{c'}\left[\overline{Q}(y-\delta y_1)-\overline{Q}(y+\delta y_2)\right]\approx n\overline{c'}\left[\overline{Q}(y-\lambda)-\overline{Q}(y+\lambda)\right] \tag{2.51}$$

当分子平均自由程 $\lambda$ 很小时，可以对式 (2.51) 做一阶泰勒展开，得到

$$\Gamma_Q\propto-2n\overline{c'}\lambda\frac{\partial\overline{Q}}{\partial y} \tag{2.52}$$

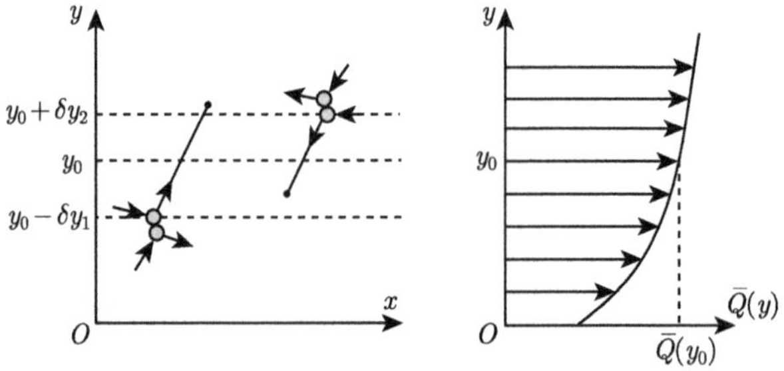


(a) 分子穿过截面 $y=y_0$　　(b) $\bar{Q}$ 在 $y$ 方向上的分布

图 2.7　输运性质分析的假想情况

式 (2.52) 即为气体的输运性质表达式，其中通量与相应宏观量梯度之间的比例系数称为输运系数 (transport coefficient)。下面考虑不同的宏观量具体的输运性质。

1) 黏性

黏性与气体分子对动量的输运有关。取 $\overline{Q} = mu_x$($m$ 为分子质量，$u_x$ 为 $x$ 方向上气体的宏观流动速度) 即可得到连续介质力学中牛顿切应力定律：

$$\tau_{xy} = -\mu \frac{\partial u_x}{\partial y} \tag{2.53}$$

其中，$\tau_{xy}$ 为切应力；$\mu \propto -2mn\lambda\overline{c'}$ 为黏性系数 (viscosity coefficient)。通过更深入的气体动理学分析可以给出，对于单原子的硬球分子，黏性系数中的比例系数为 $\frac{5\pi}{64}$，因此

$$\mu = \frac{5\pi}{32} mn\lambda\overline{c'} = \frac{5}{16}\frac{1}{d^2}\sqrt{\frac{mk_{\rm B}T}{\pi}} \tag{2.54}$$

其中用到了平衡态下硬球分子平均自由程 $\lambda$ 的表达式 (2.5) 以及热运动平均速率 $\overline{c'}$ 的表达式 (2.91)。

2) 热传导

热传导与气体分子对能量的输运有关。取 $\overline{Q} = \frac{3}{2}k_{\rm B}T = c_v T$ 即可得到傅里叶 (Fourier) 导热定律：

$$q_y = -\kappa \frac{\partial T}{\partial y} \tag{2.55}$$

其中，$q_y$ 为热流；$\kappa \propto 3nk_{\rm B}\overline{c'}\lambda$ 为热传导系数 (coefficient of thermal conductivity)。通过更深入的动理学分析可以给出，对于单原子的硬球分子，热传导系数中的比例系数为 $\frac{25\pi}{128}$，因此

$$\kappa = \frac{75\pi}{128} nk_{\rm B}\overline{c'}\lambda = \frac{75}{64}\frac{k_{\rm B}}{d^2}\sqrt{\frac{k_{\rm B}T}{\pi m}} \tag{2.56}$$

根据黏性系数与热传导系数的表达式 (2.54) 和式 (2.56) 可以得到单原子分子气体的普朗特 (Prandtl) 数为

$$Pr = \frac{\mu c_p}{\kappa} = \frac{4}{15}\frac{\gamma}{\gamma - 1} = \frac{2}{3} \tag{2.57}$$

3) 扩散

严格来说，扩散现象发生在存在浓度梯度的多组分气体中，源于不同组分气体分子的质量输运。但是为了简单起见，仍然可以只考虑单组分气体的情况。通过假设每个分子携带有一个“标签”，可以假想化地对单组分气体中的同类分子进行区分。这种携带假想标签的同类分子扩散也被称为自扩散 (self-diffusion)。假设一部分分子被标记为“A”，另一部分被标记为“B”，并且这两类分子在空间上存在浓度梯度。通过取 $\overline{Q} = \dfrac{n_{\mathrm{A}}}{n}$ 即可得到菲克 (Fick) 定律：

$$J_y = -D_{\mathrm{AA}} \frac{\partial n_{\mathrm{A}}}{\partial y} \tag{2.58}$$

其中，$J_y$ 为“A”类分子的数通量；$D_{\mathrm{AA}} \propto 2\overline{c'}\lambda$ 为自扩散系数 (coefficient of self-diffusion)。通过更深入的动理学分析可以给出，硬球分子自扩散系数中的比例系数为 $\dfrac{3\pi}{32}$，因此，

$$D_{\mathrm{AA}} = \frac{3\pi}{16}\overline{c'}\lambda = \frac{3}{8}\frac{1}{nd^2}\sqrt{\frac{k_{\mathrm{B}}T}{\pi m}} \tag{2.59}$$

需要注意的是，气体宏观输运性质的表达式 (2.53)、式 (2.56) 和式 (2.59) 要求分子平均自由程 $\lambda$ 远小于流动特征尺度，因而只能适用于近平衡态或满足连续介质假设的气体。如果分子平均自由程 $\lambda$ 很大，则式 (2.53)、式 (2.56) 和式 (2.59) 给出的切应力、热流以及数通量表达式将会失效。

## 2.3　分子速度分布函数

在研究气体流动问题时，气体分子的数量往往是巨大的，例如，在标准状态下，1 $\mathrm{m}^3$ 的气体体积内约含有 $10^{25}$ 个气体分子，并且每个分子都在进行随机的热运动。因此，采用确定性方法，对每个分子的位置、速度等细节进行追踪是不现实的。然而，通常关心的并不是每个气体分子的个体行为，而是大量分子所表现出的集体性质，则可以使用统计学方法来有效地研究由大量分子组成的气体的流动问题。其中，分子速度分布函数 (velocity distribution function) 是最核心的概念之一，其不仅可以为分子的微观运动状态提供统计学描述，还能够方便地将分子的微观量与气体流动的宏观量联系起来。

与拉格朗日 (Lagrangian) 观点中追踪每个分子的位置 $\boldsymbol{r}_i = (x_i, y_i, z_i)^{\mathrm{T}}$ 以及速度 $\boldsymbol{c}_i = (c_{xi}, c_{yi}, c_{zi})^{\mathrm{T}}$ 随时间的演变过程不同，速度分布函数的引入需要采用欧拉观点。在时刻 $t$，考察物理空间 (physical space) 上某一固定位置 $\boldsymbol{r}$ 附近的体积元 $\mathrm{d}\boldsymbol{r} = \mathrm{d}x\mathrm{d}y\mathrm{d}z$，如图 2.8(a) 所示。该物理空间体积元内包含了数量为 $n\mathrm{d}\boldsymbol{r}$

的分子，其分子速度是随机的，取值在速度空间 (velocity space) $\boldsymbol{c} \in \mathbb{R}^3$ 上连续变化。若进一步考察速度处于体积元 $\mathrm{d}\boldsymbol{c} = \mathrm{d}c_x\mathrm{d}c_y\mathrm{d}c_z$ 的分子，则其数量可定义为

$$f(\boldsymbol{c}, \boldsymbol{r}, t)\mathrm{d}\boldsymbol{c}\mathrm{d}\boldsymbol{r} \tag{2.60}$$

其中，$f(\boldsymbol{c}, \boldsymbol{r}, t)$ 即为分子速度分布函数。需要注意的是，速度分布函数中的变量 $\boldsymbol{r}$ 与 $t$ 是人为指定的流场坐标，是确定变量。而变量 $\boldsymbol{c}$ 是对应的时空观测点下不可预测的分子速度，是随机变量。若考虑分子速度 $\boldsymbol{c}$ 的所有可能取值，即对 $f(\boldsymbol{c}, \boldsymbol{r}, t)$ 在 $\boldsymbol{c}$ 空间上进行积分，可以得到气体在物理空间上的数密度

$$n(\boldsymbol{r}, t) = \int_{-\infty}^{\infty} f(\boldsymbol{c}, \boldsymbol{r}, t)\mathrm{d}\boldsymbol{c} \tag{2.61}$$

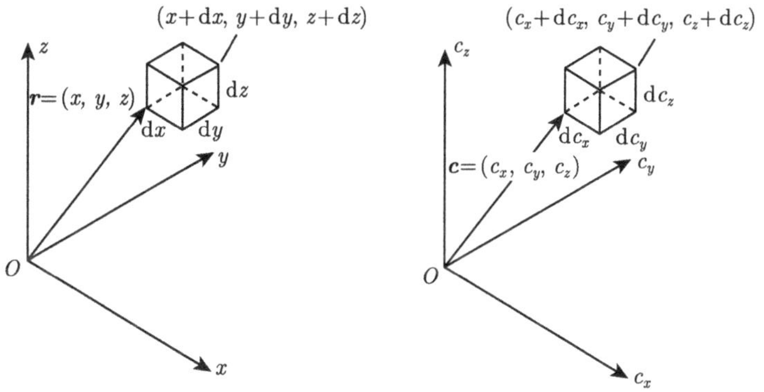


(a) 物理空间内 $\boldsymbol{r}$附近体积元$\mathrm{d}\boldsymbol{r}=\mathrm{d}x\mathrm{d}y\mathrm{d}z$　(b) 速度空间内 $\boldsymbol{c}$附近体积元$\mathrm{d}\boldsymbol{c}=\mathrm{d}c_x\mathrm{d}c_y\mathrm{d}c_z$

图 2.8　物理空间与速度空间

### 2.3.1　宏观量的表达

气体的宏观量都可以通过对速度分布函数求矩得到。对于分子速度的任意函数 $Q(\boldsymbol{c})$，其对分布函数的矩记为

$$\overline{Q}(\boldsymbol{r}, t) = \frac{1}{n}\int_{-\infty}^{\infty} Q(\boldsymbol{c})f(\boldsymbol{c}, \boldsymbol{r}, t)\mathrm{d}\boldsymbol{c} \tag{2.62}$$

气体的密度可以表示为

$$\rho(\boldsymbol{r}, t) = \int_{-\infty}^{\infty} mf(\boldsymbol{c}, \boldsymbol{r}, t)\mathrm{d}\boldsymbol{c} = mn \tag{2.63}$$

宏观流动速度可以表示为

$$\boldsymbol{u}(\boldsymbol{r},t)=\bar{\boldsymbol{c}}=\frac{1}{n}\int_{-\infty}^{\infty}\boldsymbol{c}f(\boldsymbol{c},\boldsymbol{r},t)\mathrm{d}\boldsymbol{c} \tag{2.64}$$

应力张量、气体压强及温度可以分别表示为

$$\boldsymbol{p}(\boldsymbol{r},t)=\rho\overline{\boldsymbol{c}'\boldsymbol{c}'}=\int_{-\infty}^{\infty}m\left(\boldsymbol{c}-\boldsymbol{u}\right)\left(\boldsymbol{c}-\boldsymbol{u}\right)f(\boldsymbol{c},\boldsymbol{r},t)\mathrm{d}\boldsymbol{c} \tag{2.65}$$

$$p(\boldsymbol{r},t)=\frac{1}{3}\rho\overline{c'^2}=\frac{1}{3}\int_{-\infty}^{\infty}mc'^2f(\boldsymbol{c},\boldsymbol{r},t)\mathrm{d}\boldsymbol{c} \tag{2.66}$$

$$T(\boldsymbol{r},t)=\frac{1}{3R}\overline{c'^2}=\frac{2}{3k_{\mathrm{B}}}\int_{-\infty}^{\infty}\frac{1}{2}mc'^2f(\boldsymbol{c},\boldsymbol{r},t)\mathrm{d}\boldsymbol{c} \tag{2.67}$$

热流可以表示为

$$\boldsymbol{q}(\boldsymbol{r},t)=\frac{1}{2}\rho\overline{c'^2\boldsymbol{c}'}=\int_{-\infty}^{\infty}\frac{1}{2}mc'^2\boldsymbol{c}'f(\boldsymbol{c},\boldsymbol{r},t)\mathrm{d}\boldsymbol{c} \tag{2.68}$$

### 2.3.2　平衡态分布——Maxwell 分布

1. Maxwell 分布及宏观量

气体的平衡态是通过气体分子之间频繁的碰撞或相互作用而加以建立和维持的。平衡态下，分子处于最无序的运动状态。任何可能引起系统微观态变化的有序过程都会被碰撞中的逆向过程抵消掉从而维持系统微观态的动态平衡，即细致平衡。因此，系统在宏观上建立的平衡态是由微观上实现的细致平衡来维持的，这一规律被称为细致平衡原理 (principle of detailed balance)。这一原理要求：在宏观可观测的时间内，在气体的任意区域任意方向上都有相同数量的分子在运动；每个方向上，离开和进入该区域的同一速率的气体分子数目相等。根据这一物理图像，Maxwell 推导出了平衡态下分子的速度分布函数，这里进行简单的介绍。

细致平衡原理可以简化为两个假设。首先，分子热运动速度的各个分量是相互独立的

$$f(\boldsymbol{c}')\mathrm{d}\boldsymbol{c}'=n\phi_x(c_x')\phi_y(c_y')\phi_z(c_z')\mathrm{d}c_x'\mathrm{d}c_y'\mathrm{d}c_z' \tag{2.69}$$

其次，热运动速度的分布具有各向同性，即 $f(\boldsymbol{c}')$ 仅依赖于热运动速度的大小 $c'=\sqrt{c_x'^2+c_y'^2+c_z'^2}$。根据这两个假设，可以得到

$$\phi_x(c_x')\phi_y(c_y')\phi_z(c_z')=\varPhi(c') \tag{2.70}$$

其中，$\phi_x$、$\phi_y$、$\phi_z$ 以及 $\varPhi$ 均为未知函数。对式 (2.70) 取对数有

$$\ln\varPhi(c')=\ln\phi_x(c_x')+\ln\phi_y(c_y')+\ln\phi_z(c_z') \tag{2.71}$$

注意到，$\dfrac{\partial}{\partial c_i'}=\dfrac{\partial}{\partial c'}\dfrac{\partial c'}{\partial c_i'}=\dfrac{c_i'}{c'}\dfrac{\partial}{\partial c'}$，$i=x,y,z$，将式 (2.71) 依次对 $c_x'$、$c_y'$ 和 $c_z'$ 求导可得

$$\frac{1}{c'}\frac{\mathrm{d}\ln\varPhi(c')}{\mathrm{d}c'}=\frac{1}{c_x'}\frac{\mathrm{d}\ln\phi_x(c_x')}{\mathrm{d}c_x'}=\frac{1}{c_y'}\frac{\mathrm{d}\ln\phi_y(c_y')}{\mathrm{d}c_y'}=\frac{1}{c_z'}\frac{\mathrm{d}\ln\phi_z(c_z')}{\mathrm{d}c_z'} \tag{2.72}$$

式 (2.72) 表明，$c'$、$c_x'$、$c_y'$、$c_z'$ 四个独立变量的函数有着相同的取值。唯一可能的情况是这些函数均为一常数，表示为

$$\frac{1}{c_i'}\frac{\mathrm{d}\ln\phi_i(c_i')}{\mathrm{d}c_i'}=A_1,\qquad i=x,y,z \tag{2.73}$$

因此，

$$\phi_i(c_i')=A_2\exp\left(\frac{1}{2}A_1c_i'^2\right),\qquad i=x,y,z \tag{2.74}$$

式 (2.74) 中的待定常数可以通过归一性条件与平衡态下的能量均分定理 (或式 (2.36)) 给出

$$\int_{-\infty}^{\infty}\phi_i(c_i')\mathrm{d}c_i'=1,\qquad \int_{-\infty}^{\infty}\frac{1}{2}mc_i'^2\phi_i(c_i')\mathrm{d}c_i'=\frac{1}{2}k_\mathrm{B}T,\qquad i=x,y,z \tag{2.75}$$

因此可以得到分子热运动速度分量的分布函数

$$\phi_i(c_i')=\left(\frac{m}{2\pi k_\mathrm{B}T}\right)^{\frac{1}{2}}\exp\left(-\frac{m}{2k_\mathrm{B}T}c_i'^2\right),\qquad i=x,y,z \tag{2.76}$$

以上推导在数学上不十分严谨，但是简单直观。在 3.3 节，基于 Boltzmann 方程的 $H$ 定理可以严格推导出 Maxwell 分布。

前面的讨论主要针对热力学平衡状态的情况，此时气体的宏观性质不随时间和空间变化，而分子速度分布函数也是与时空坐标无关的函数。然而，我们更感

兴趣的是局部热力学平衡状态，此时的分布函数与时空坐标有关。局部平衡态下的 Maxwell 分布为

$$
\begin{aligned}
f_{\mathrm{M}}(\boldsymbol{c},\boldsymbol{r},t) &= n\left(\frac{m}{2\pi k_{\mathrm{B}}T}\right)^{\frac{3}{2}}\exp\left[-\frac{m(\boldsymbol{c}-\boldsymbol{u})^2}{2k_{\mathrm{B}}T}\right] \\
&= n\left(\frac{m}{2\pi k_{\mathrm{B}}T}\right)^{\frac{3}{2}}\exp\left(-\frac{mc'^2}{2k_{\mathrm{B}}T}\right)
\end{aligned}
\tag{2.77}
$$

其中，$n(\boldsymbol{r},t)$、$\boldsymbol{u}(\boldsymbol{r},t)$、$T(\boldsymbol{r},t)$ 为当地流场的宏观量。从式 (2.77) 可以看出，$f_{\mathrm{M}}$ 并不显式地依赖于时空坐标 $(\boldsymbol{r},t)$，而是直接依赖于系统的宏观性质。此外，在局部平衡态下，分子速度的各个分量依然相互独立，式 (2.77) 可以写为

$$
f_{\mathrm{M}}(\boldsymbol{c},\boldsymbol{r},t) = nf_{\mathrm{M},x}(c_x,\boldsymbol{r},t)f_{\mathrm{M},y}(c_y,\boldsymbol{r},t)f_{\mathrm{M},z}(c_z,\boldsymbol{r},t) \tag{2.78}
$$

其中，

$$
f_{\mathrm{M},i}(c_i,\boldsymbol{r},t) = \left(\frac{m}{2\pi k_{\mathrm{B}}T}\right)^{\frac{1}{2}}\exp\left(-\frac{m}{2k_{\mathrm{B}}T}c_i'^2\right), \quad i=x,y,z \tag{2.79}
$$

也可以得到 Maxwell 分布下气体的一些性质

$$
\int_{-\infty}^{\infty} f_{\mathrm{M}}\mathrm{d}\boldsymbol{c} = n\left(\int_{-\infty}^{\infty} f_{\mathrm{M},x}\mathrm{d}c_x\right)\left(\int_{-\infty}^{\infty} f_{\mathrm{M},y}\mathrm{d}c_y\right)\left(\int_{-\infty}^{\infty} f_{\mathrm{M},z}\mathrm{d}c_z\right) = n \tag{2.80}
$$

$$
\frac{1}{n}\int_{-\infty}^{\infty} c_i f_{\mathrm{M}}\mathrm{d}\boldsymbol{c} = u_i, \quad i=1,2,3 \tag{2.81}
$$

$$
\frac{1}{n}\int_{-\infty}^{\infty} c_i' f_{\mathrm{M}}\mathrm{d}\boldsymbol{c} = 0, \quad i=1,2,3 \tag{2.82}
$$

$$
\frac{1}{n}\int_{-\infty}^{\infty}\frac{1}{2}mc_x'^2 f_{\mathrm{M}}\mathrm{d}\boldsymbol{c} = \frac{1}{n}\int_{-\infty}^{\infty}\frac{1}{2}mc_y'^2 f_{\mathrm{M}}\mathrm{d}\boldsymbol{c} = \frac{1}{n}\int_{-\infty}^{\infty}\frac{1}{2}mc_z'^2 f_{\mathrm{M}}\mathrm{d}\boldsymbol{c} = \frac{1}{2}k_{\mathrm{B}}T \tag{2.83}
$$

$$
\tau_{ij} = -\int_{-\infty}^{\infty} m\left(c_i'c_j' - \frac{1}{3}c'^2\delta_{ij}\right)f_{\mathrm{M}}\mathrm{d}\boldsymbol{c} = 0, \quad i,j=1,2,3 \tag{2.84}
$$

$$q_i = -\int_{-\infty}^{\infty} \frac{1}{2} m c'^2 c'_i f_{\mathrm{M}} \mathrm{d}\boldsymbol{c} = 0, \qquad i = 1, 2, 3 \tag{2.85}$$

2. 平衡态气体的特殊速度

这里从 Maxwell 分布出发引入气体的几个特殊速度的概念。首先为了计算的方便，需要将式 (2.78) 中用到的速度空间上的直角坐标系 $(c'_x, c'_y, c'_z)$ 变换为球坐标系 $(c', \theta_c, \varphi_c)$，

$$\begin{aligned} c'_x &= c' \sin\theta_c \cos\varphi_c \\ c'_y &= c' \sin\theta_c \sin\varphi_c \\ c'_z &= c' \cos\theta_c \end{aligned} \tag{2.86}$$

因而速度空间的体积元为

$$\mathrm{d}\boldsymbol{c}' = c'^2 \sin\theta_c \mathrm{d}c' \mathrm{d}\theta_c \mathrm{d}\varphi_c \tag{2.87}$$

根据速度分布函数的定义，分子速度在 $(c', c' + \mathrm{d}c')$，$(\theta_c, \theta_c + \mathrm{d}\theta_c)$，$(\varphi_c, \varphi_c + \mathrm{d}\varphi_c)$ 范围内的分子数密度为

$$f_{\mathrm{M}} \mathrm{d}\boldsymbol{c} = n \left( \frac{m}{2\pi k_{\mathrm{B}} T} \right)^{\frac{3}{2}} \exp\left( -\frac{mc'^2}{2k_{\mathrm{B}} T} \right) c'^2 \sin\theta_c \mathrm{d}c' \mathrm{d}\theta_c \mathrm{d}\varphi_c \tag{2.88}$$

由于式 (2.88) 中的分布函数具有球对称性，与坐标 $\theta_c$ 和 $\varphi_c$ 无关，因此可以对这两个变量在取值空间 $[0, \pi]$ 和 $[0, 2\pi)$ 上进行积分，得到分子速度在 $(c', c' + \mathrm{d}c')$ 范围内的分子数密度：

$$n \frac{4}{\sqrt{\pi}} \left( \frac{m}{2k_{\mathrm{B}} T} \right)^{\frac{3}{2}} c'^2 \exp\left( -\frac{mc'^2}{2k_{\mathrm{B}} T} \right) \mathrm{d}c' = n f_{c'}(c', \boldsymbol{r}, t) \mathrm{d}c' \tag{2.89}$$

其中，$f_{c'}(c', \boldsymbol{r}, t)$ 即为分子热运动速度值 $c'$ 在平衡态下的分布函数。这一分布与一维 Maxwell 分布的图像如图 2.9 所示。基于 $f_{c'}$ 可以求出气体平衡态下几个特殊速度。

1) 最概然热运动速度

如图 2.9(a) 所示，平衡态下分子热运动速度值 $c'$ 的概率分布随 $c'$ 的增大而先增大后减小。气体的最概然热运动速度 (most probable thermal speed)$c'_{\mathrm{m}}$ 是概率分布最大时所对应的速度值。由 $\partial f_{c'} / \partial c' = 0$ 可得

$$c'_{\mathrm{m}} = \arg\max_{c'} f_{c'} = \sqrt{\frac{2k_{\mathrm{B}} T}{m}} \tag{2.90}$$

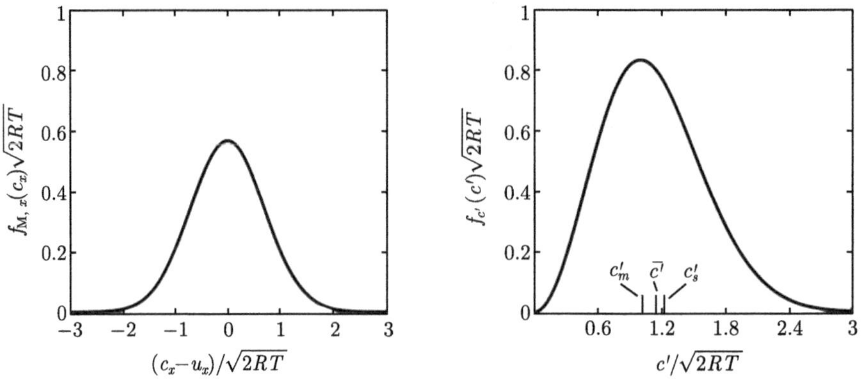


(a) 气体分子热运动速度分量分布函数(无量纲形式)　　(b) 气体分子热运动速度值分布函数(无量纲形式)

图 2.9　分子速度分布函数

2) 平均热运动速度

气体的平均热运动速度 (average thermal speed)$\overline{c'}$ 是分子速率的平均值

$$\overline{c'} = \int_0^\infty c' f_{c'} \mathrm{d}c' = \sqrt{\frac{8k_\mathrm{B}T}{\pi m}} \tag{2.91}$$

3) 均方根热运动速度

气体的均方根热运动速度 (root-mean-square (RMS) thermal speed)$c'_\mathrm{s}$ 定义为

$$c'_\mathrm{s} = \sqrt{\overline{c'^2}} = \left[\int_0^\infty c'^2 f_{c'} \mathrm{d}c'\right]^{\frac{1}{2}} = \sqrt{\frac{3k_\mathrm{B}T}{m}} \tag{2.92}$$

从式 (2.90)～式 (2.92) 可以看出，气体最概然热运动速度、平均热运动速度、均方根热运动速度的大小关系为

$$c'_\mathrm{m} < \overline{c'} < c'_\mathrm{s} \tag{2.93}$$

这是由分布函数 $f_{c'}$ 的高速度尾特性引起的。

4) 平均相对速度

在分子动理论中，经常会遇到求分子平均相对速度或涉及相对速度值的积分，这里对平衡态下的这类积分进行探讨。

考虑运动速度分别为 $\boldsymbol{c}$ 和 $\boldsymbol{c}_1$ 的两类分子，它们的数密度可分别表示为$f_\mathrm{M}(\boldsymbol{c})\mathrm{d}\boldsymbol{c}$ 以及 $f_\mathrm{M}(\boldsymbol{c}_1)\mathrm{d}\boldsymbol{c}_1$。两类分子的质心速度和相对速度定义为：$\boldsymbol{c}_\mathrm{m} = (\boldsymbol{c}+\boldsymbol{c}_1)/2$，$\boldsymbol{c}_\mathrm{r} =$

$\boldsymbol{c}-\boldsymbol{c}_1$。分子平均相对速度是在考虑两类分子速度的所有可能的取值情况下得到的相对速度值的平均值：

$$\overline{c_{\mathrm{r}}}=\frac{1}{n^2}\int\limits_{-\infty}^{\infty}\int\limits_{-\infty}^{\infty}c_{\mathrm{r}}f_{\mathrm{M}}f_{\mathrm{M}1}\mathrm{d}\boldsymbol{c}\mathrm{d}\boldsymbol{c}_1 \tag{2.94}$$

为了计算积分式 (2.94)，最方便的方法是将积分变量由 $(\boldsymbol{c},\boldsymbol{c}_1)$ 转化为 $(\boldsymbol{c}_{\mathrm{m}},\boldsymbol{c}_{\mathrm{r}})$。这一坐标变换的雅可比 (Jacobian) 行列式为

$$\left|\frac{\partial(\boldsymbol{c},\boldsymbol{c}_1)}{\partial(\boldsymbol{c}_{\mathrm{m}},\boldsymbol{c}_{\mathrm{r}})}\right|=\left|\frac{\partial(c_x,c_y,c_z,c_{1x},c_{1y},c_{1z})}{\partial(c_{\mathrm{m}x},c_{\mathrm{m}y},c_{\mathrm{m}z},c_{\mathrm{r}x},c_{\mathrm{r}y},c_{\mathrm{r}z})}\right|=1 \tag{2.95}$$

此外，两类分子速度分布函数的乘积 $f_{\mathrm{M}}f_{\mathrm{M}1}\mathrm{d}\boldsymbol{c}\mathrm{d}\boldsymbol{c}_1$ 用 $(\boldsymbol{c}_{\mathrm{m}},\boldsymbol{c}_{\mathrm{r}})$ 坐标表示

$$\begin{aligned}f_{\mathrm{M}}f_{\mathrm{M}1}\mathrm{d}\boldsymbol{c}\mathrm{d}\boldsymbol{c}_1&=n^2\left(\frac{m}{2\pi k_{\mathrm{B}}T}\right)^3\exp\left[-\frac{m\left(c'^2+c_1'^2\right)}{2k_{\mathrm{B}}T}\right]\mathrm{d}\boldsymbol{c}\mathrm{d}\boldsymbol{c}_1\\&=n^2\left(\frac{m}{2\pi k_{\mathrm{B}}T}\right)^3\exp\left[-\frac{m}{2k_{\mathrm{B}}T}\left(2c_{\mathrm{m}}'^2+\frac{1}{2}c_{\mathrm{r}}^2\right)\right]\mathrm{d}\boldsymbol{c}_{\mathrm{m}}\mathrm{d}\boldsymbol{c}_{\mathrm{r}}\end{aligned} \tag{2.96}$$

因此分别引入平衡态下 $\boldsymbol{c}_{\mathrm{m}}$ 与 $\boldsymbol{c}_{\mathrm{r}}$ 的分布函数：

$$f_{\mathrm{M},c_{\mathrm{m}}}(\boldsymbol{c}_{\mathrm{m}})=n\left(\frac{m}{\pi k_{\mathrm{B}}T}\right)^{\frac{3}{2}}\exp\left(-\frac{mc_{\mathrm{m}}'^2}{k_{\mathrm{B}}T}\right) \tag{2.97}$$

$$f_{\mathrm{M},c_{\mathrm{r}}}(\boldsymbol{c}_{\mathrm{r}})=n\left(\frac{m}{4\pi k_{\mathrm{D}}T}\right)^{\frac{3}{2}}\exp\left(-\frac{mc_{\mathrm{r}}^2}{4k_{\mathrm{B}}T}\right) \tag{2.98}$$

所以可以将式 (2.94) 转化为

$$\begin{aligned}\overline{c_{\mathrm{r}}}&=\frac{1}{n^2}\int\limits_{-\infty}^{\infty}\int\limits_{-\infty}^{\infty}c_{\mathrm{r}}f_{\mathrm{M},c_{\mathrm{m}}}f_{\mathrm{M},c_{\mathrm{r}}}\mathrm{d}\boldsymbol{c}_{\mathrm{m}}\mathrm{d}\boldsymbol{c}_{\mathrm{r}}=\frac{1}{n}\int\limits_{0}^{\infty}c_{\mathrm{r}}f_{\mathrm{M},c_{\mathrm{r}}}\mathrm{d}\boldsymbol{c}_{\mathrm{r}}\\&=4\pi\left(\frac{m}{4\pi k_{\mathrm{B}}T}\right)^{\frac{3}{2}}\int\limits_{0}^{\infty}c_{\mathrm{r}}^3\exp\left(-\frac{mc_{\mathrm{r}}^2}{4k_{\mathrm{B}}T}\right)\mathrm{d}c_{\mathrm{r}}\end{aligned} \tag{2.99}$$

其中，在相对速度空间引入了球坐标系，$\mathrm{d}\boldsymbol{c}_{\mathrm{r}}=c_{\mathrm{r}}^2\sin\theta_{c_{\mathrm{r}}}\mathrm{d}c_{\mathrm{r}}\mathrm{d}\theta_{c_{\mathrm{r}}}\mathrm{d}\varphi_{c_{\mathrm{r}}}$，并对俯仰角 $\theta_{c_{\mathrm{r}}}$ 和方位角 $\varphi_{c_{\mathrm{r}}}$ 进行了积分。因此，可以得到平衡态下的平均相对速度

$$\overline{c_{\mathrm{r}}} = 4\sqrt{\frac{k_{\mathrm{B}}T}{\pi m}} = \sqrt{2}\overline{c'} \tag{2.100}$$

对于包含相对速度值的其他积分，也可以通过类似的方法进行求解：

$$\begin{aligned}\overline{Q(c_{\mathrm{r}})} &= \frac{1}{n^2}\int_{-\infty}^{\infty}\int_{-\infty}^{\infty} Q(c_{\mathrm{r}})\, f_{\mathrm{M},c_{\mathrm{m}}} f_{\mathrm{M},c_{\mathrm{r}}} \mathrm{d}\boldsymbol{c}_{\mathrm{m}} \mathrm{d}\boldsymbol{c}_{\mathrm{r}} \\ &= 4\pi\left(\frac{m}{4\pi k_{\mathrm{B}}T}\right)^{\frac{3}{2}}\int_{0}^{\infty} c_{\mathrm{r}}^2 Q(c_{\mathrm{r}}) \exp\left(-\frac{mc_{\mathrm{r}}^2}{4k_{\mathrm{B}}T}\right) \mathrm{d}c_{\mathrm{r}}\end{aligned} \tag{2.101}$$

## 2.4 分子二体弹性碰撞

当稀薄气体分子相距较远时，它们之间的相互作用力可以忽略不计，会彼此独立地进行高速的直线运动。只有当分子运动到足够接近时，才会发生分子间的碰撞。在碰撞过程中，分子间作用力会影响参与碰撞的分子的速度及运动轨迹。本节将对分子间碰撞的微观动力学过程以及分子碰撞与气体宏观输运性质之间的联系进行探讨。

### 2.4.1 分子的二体弹性碰撞模型

对于满足稀薄气体假设的气体，分子间碰撞几乎全部为两个分子间的二体碰撞 (binary collision)，三体碰撞发生的概率非常低。而二体碰撞最简单的情况是弹性碰撞，即分子在碰撞过程中没有平动能与内能之间的能量交换的情况。假设两个分子质量分别为 $m_1$ 和 $m_2$，在实验室参考系 (laboratory frame of reference) 或惯性参考系中两者的碰撞前速度 (pre-collision velocity) 分别为 $\boldsymbol{c}_1$ 和 $\boldsymbol{c}_2$，碰撞后速度 (post-collision velocity) 分别为 $\boldsymbol{c}_1^*$ 和 $\boldsymbol{c}_2^*$。在分子二体弹性碰撞的过程中，系统的动量与能量守恒：

$$m_1\boldsymbol{c}_1 + m_2\boldsymbol{c}_2 = m_1\boldsymbol{c}_1^* + m_2\boldsymbol{c}_2^* \tag{2.102}$$

$$\frac{1}{2}m_1c_1^2 + \frac{1}{2}m_2c_2^2 = \frac{1}{2}m_1c_1^{*2} + \frac{1}{2}m_2c_2^{*2} \tag{2.103}$$

式 (2.102) 与式 (2.103) 中共包含 4 个标量方程，其中含有 $\boldsymbol{c}_1^*$ 和 $\boldsymbol{c}_2^*$ 共 6 个未知量，需要两个补充条件才能够求解出两分子碰撞后的速度。下面对碰撞过程中的动力学关系进行讨论，以便得到这些补充条件并求解出碰撞后速度。

1. 分子碰撞后速度的求解

为了求解二体弹性碰撞后分子的速度，需要在质心参考系 (centre of mass frame of reference) 下考虑分子碰撞中的守恒关系式 (2.102) 与式 (2.103)。首先引入两分子的质心速度 (velocity of centre of mass)，

$$\boldsymbol{c}_{\mathrm{m}}=\frac{m_1\boldsymbol{c}_1+m_2\boldsymbol{c}_2}{m_1+m_2} \tag{2.104}$$

$$\boldsymbol{c}_{\mathrm{m}}^*=\frac{m_1\boldsymbol{c}_1^*+m_2\boldsymbol{c}_2^*}{m_1+m_2} \tag{2.105}$$

根据动量守恒式 (2.102) 可以得到，碰撞前后的质心速度不变，即

$$\boldsymbol{c}_{\mathrm{m}}=\boldsymbol{c}_{\mathrm{m}}^* \tag{2.106}$$

因此，质心参考系 (原点位于两分子质心处，相对惯性参考系以速度 $\boldsymbol{c}_{\mathrm{m}}$ 进行平动的参考系) 在分子二体弹性碰撞过程中是保持不变的。在质心参考系下，两分子碰撞前速度可以分别表示为 $\boldsymbol{c}_1-\boldsymbol{c}_{\mathrm{m}}$ 和 $\boldsymbol{c}_2-\boldsymbol{c}_{\mathrm{m}}$，碰撞后速度则可分别表示为 $\boldsymbol{c}_1^*-\boldsymbol{c}_{\mathrm{m}}$ 与 $\boldsymbol{c}_2^*-\boldsymbol{c}_{\mathrm{m}}$。

若再引入分子碰撞前后的相对速度 (relative velocity)：

$$\boldsymbol{c}_{\mathrm{r}}=\boldsymbol{c}_1-\boldsymbol{c}_2 \tag{2.107}$$

$$\boldsymbol{c}_{\mathrm{r}}^*=\boldsymbol{c}_1^*-\boldsymbol{c}_2^* \tag{2.108}$$

那么实验室参考系下两分子碰撞前的速度 $\boldsymbol{c}_1$ 与 $\boldsymbol{c}_2$ 可以用质心速度 $\boldsymbol{c}_{\mathrm{m}}$ 与相对速度 $\boldsymbol{c}_{\mathrm{r}}$ 表示：

$$\boldsymbol{c}_1=\boldsymbol{c}_{\mathrm{m}}+\frac{m_{\mathrm{r}}}{m_1}\boldsymbol{c}_{\mathrm{r}} \tag{2.109}$$

$$\boldsymbol{c}_2=\boldsymbol{c}_{\mathrm{m}}-\frac{m_{\mathrm{r}}}{m_2}\boldsymbol{c}_{\mathrm{r}} \tag{2.110}$$

其中，$m_{\mathrm{r}}$ 为约化质量 (reduced mass)：

$$m_{\mathrm{r}}=\frac{m_1m_2}{m_1+m_2} \tag{2.111}$$

从式 (2.109) 和式 (2.110) 中可以看出，在质心参考系中，碰撞前两分子速度 $\boldsymbol{c}_1-\boldsymbol{c}_{\mathrm{m}}$ 和 $\boldsymbol{c}_2-\boldsymbol{c}_{\mathrm{m}}$ 是反平行的。如果分子是力的中心，那么分子间作用力处于这两个速度所在的平面内。此时，这两个分子的速度变化只限定在这一平面内。因此，实验室参考系中两分子的三维碰撞过程 (图 2.10) 可以转化为质心参考系下的平面

碰撞 (图 2.11)。在质心坐标系下，碰撞前两分子速度矢量之间的距离称为瞄准距离 (projected distance)，记为 $b$。

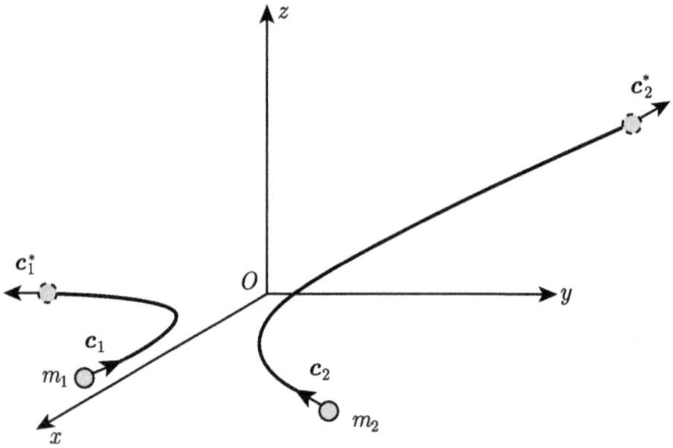


图 2.10　实验室参考系下二体碰撞的分子运动轨迹

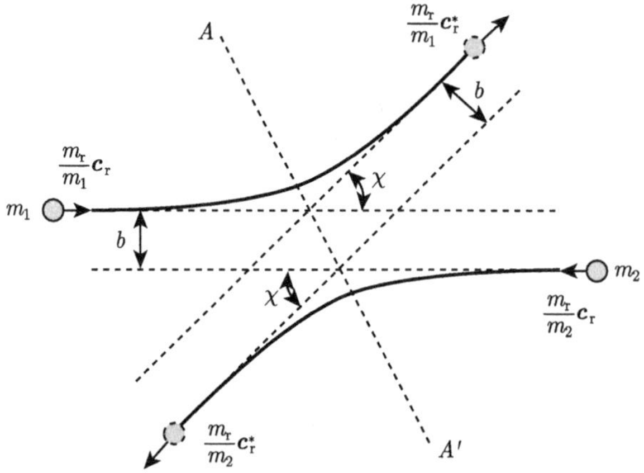


图 2.11　质心参考系下二体碰撞的分子运动轨迹

类似地，两分子碰撞后的速度可写为

$$\boldsymbol{c}_1^* = \boldsymbol{c}_{\mathrm{m}} + \frac{m_{\mathrm{r}}}{m_1}\boldsymbol{c}_{\mathrm{r}}^* \tag{2.112}$$

$$\boldsymbol{c}_2^* = \boldsymbol{c}_{\mathrm{m}} - \frac{m_{\mathrm{r}}}{m_2}\boldsymbol{c}_{\mathrm{r}}^* \tag{2.113}$$

从式 (2.112) 和式 (2.113) 中可以看出，质心参考系中两分子碰撞后的速度也是反平行的。此时分子间的瞄准距离记为 $b^*$。

通过式 (2.109)、式 (2.110)、式 (2.112) 和式 (2.113)，可以分别将两分子碰撞前后的动能用质心速度和相对速度表示

$$\frac{1}{2}m_1c_1^2+\frac{1}{2}m_2c_2^2=\frac{1}{2}(m_1+m_2)c_{\rm m}^2+\frac{1}{2}m_{\rm r}c_{\rm r}^2 \tag{2.114}$$

$$\frac{1}{2}m_1c_1^{*2}+\frac{1}{2}m_2c_2^{*2}=\frac{1}{2}(m_1+m_2)c_{\rm m}^2+\frac{1}{2}m_{\rm r}c_{\rm r}^{*2} \tag{2.115}$$

因此，将式 (2.114) 和式 (2.115) 代入能量守恒式 (2.103) 可知，碰撞前后的相对速度之值保持不变：

$$c_{\rm r}=c_{\rm r}^* \tag{2.116}$$

此外，以分子 2 为参考，考察分子 1 的角动量守恒，可以得到

$$m_1c_{\rm r}b=m_1c_{\rm r}^*b^* \tag{2.117}$$

结合式 (2.116) 与式 (2.117) 可知，碰撞前后分子间的瞄准距离保持不变。质心坐标系中两分子的运动轨迹如图 2.11 所示。此外，分子碰撞前后的速度具有对称性。如果有两分子碰撞前的速度为 $\boldsymbol{c}_1^*$ 和 $\boldsymbol{c}_2^*$，且在质心坐标系下的瞄准距离为 $b$，那么根据动量和能量守恒中关于碰撞前后速度的对称性，它们碰撞后的速度将是 $\boldsymbol{c}_1$ 和 $\boldsymbol{c}_2$。这一碰撞过程记为 $(\boldsymbol{c}_1^*,\boldsymbol{c}_2^*\rightarrow\boldsymbol{c}_1,\boldsymbol{c}_2)$，称为正向碰撞 (direct collision) $(\boldsymbol{c}_1,\boldsymbol{c}_2\rightarrow\boldsymbol{c}_1^*,\boldsymbol{c}_2^*)$ 所对应的逆碰撞 (inverse collision)。

综合以上讨论，两分子碰撞前后质心速度保持不变，相对速度之值也保持不变。因此碰撞后的速度可以表示为以下形式：

$$\boldsymbol{c}_1^*=\boldsymbol{c}_{\rm m}+\frac{m_{\rm r}}{m_1}c_{\rm r}\boldsymbol{\Omega} \tag{2.118}$$

$$\boldsymbol{c}_2^*=\boldsymbol{c}_{\rm m}-\frac{m_{\rm r}}{m_2}c_{\rm r}\boldsymbol{\Omega} \tag{2.119}$$

其中，$\boldsymbol{\Omega}$ 是与碰撞后相对速度 $\boldsymbol{c}_{\rm r}^*$ 方向相同的单位矢量。而 $\boldsymbol{\Omega}$ 的确定则需要借助动量、能量守恒之外的两个补充条件。根据前面的分析，从质心参考系下看，两分子的碰撞过程发生在一个平面内，设该碰撞平面与参考平面间的夹角为 $\varepsilon$ (图 2.12)。其中碰撞平面可以由碰撞前后的相对速度矢量确定，法向量为 $\boldsymbol{c}_{\rm r}\times\boldsymbol{\Omega}$，参考平面是由碰撞前相对速度矢量与惯性坐标系下 $x$ 方向单位矢量 $\boldsymbol{e}_x$ 确定的，法向量为 $\boldsymbol{e}_x\times\boldsymbol{c}_{\rm r}$。因此，可以得到 $\boldsymbol{\Omega}$ 与 $\varepsilon$ 的关系：

$$\cos\varepsilon=-\frac{(\boldsymbol{c}_{\rm r}\times\boldsymbol{\Omega})\cdot(\boldsymbol{e}_x\times\boldsymbol{c}_{\rm r})}{|\boldsymbol{c}_{\rm r}\times\boldsymbol{\Omega}|\,|\boldsymbol{e}_x\times\boldsymbol{c}_{\rm r}|} \tag{2.120}$$

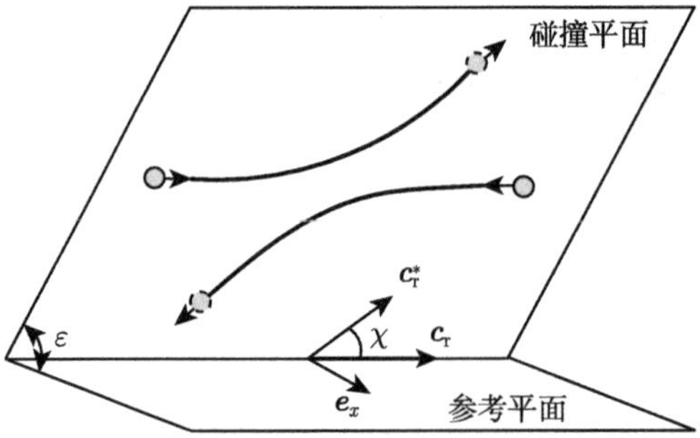


图 2.12　碰撞平面与参考平面

此外，在碰撞平面内，如果再给定两分子的瞄准距离 $b$，并结合分子间作用势，即可完全确定分子运动轨迹及碰撞后速度 $\boldsymbol{c}_1^*$ 和 $\boldsymbol{c}_2^*$。瞄准距离 $b$ 和夹角 $\varepsilon$ 这两个几何条件也被称为命中参数 (impact parameter)。然而，直接建立瞄准距离 $b$ 与 $\boldsymbol{\Omega}$ 间的关系是比较复杂的，而用碰撞后相对速度的偏转角 $\chi$ 来表示 $\boldsymbol{\Omega}$ 会比较容易，两者间的关系为

$$\cos\chi = \frac{\boldsymbol{c}_\mathrm{r}\cdot\boldsymbol{c}_\mathrm{r}^*}{c_\mathrm{r}^2} = \boldsymbol{\Omega}\cdot\frac{\boldsymbol{c}_\mathrm{r}}{c_\mathrm{r}} \tag{2.121}$$

在后面的分析中可以发现，如果给定两分子的瞄准距离 $b$，并结合分子间的相互作用势，就能够求出偏转角 $\chi=\chi(b,c_\mathrm{r})$，可以暂时将 $\chi$ 看作已知条件。

根据式 (2.120) 和式 (2.121) 即可确定碰撞后相对速度方向的单位矢量 $\boldsymbol{\Omega}$，进而求解出两分子碰撞后速度。这一求解过程并不困难，只需要注意到

$$|\boldsymbol{c}_\mathrm{r}\times\boldsymbol{\Omega}| = c_\mathrm{r}\sin\chi \tag{2.122}$$

$$|\boldsymbol{e}_x\times\boldsymbol{c}_\mathrm{r}| = \sqrt{c_{\mathrm{r}y}^2+c_{\mathrm{r}z}^2} \tag{2.123}$$

$$(\boldsymbol{c}_\mathrm{r}\times\boldsymbol{\Omega})\cdot(\boldsymbol{e}_x\times\boldsymbol{c}_\mathrm{r}) = (\boldsymbol{c}_\mathrm{r}\cdot\boldsymbol{e}_x)(\boldsymbol{\Omega}\cdot\boldsymbol{c}_\mathrm{r}) - (\boldsymbol{c}_\mathrm{r}\cdot\boldsymbol{c}_\mathrm{r})(\boldsymbol{\Omega}\cdot\boldsymbol{e}_x) = c_{\mathrm{r}x}c_\mathrm{r}\cos\chi - c_\mathrm{r}^2\Omega_x \tag{2.124}$$

代入式 (2.120) 即可求得

$$\Omega_x = \frac{1}{c_\mathrm{r}}\left(c_{\mathrm{r}x}\cos\chi + \sin\chi\cos\varepsilon\sqrt{c_{\mathrm{r}y}^2+c_{\mathrm{r}z}^2}\right) \tag{2.125}$$

再代入式 (2.121) 中并注意到 $\Omega_x^2+\Omega_y^2+\Omega_z^2=1$ 可得

$$\Omega_y = \frac{1}{c_\mathrm{r}}\left(c_{\mathrm{r}y}\cos\chi + \frac{c_\mathrm{r}c_{\mathrm{r}z}\sin\varepsilon - c_{\mathrm{r}x}c_{\mathrm{r}y}\cos\varepsilon}{\sqrt{c_{\mathrm{r}y}^2+c_{\mathrm{r}z}^2}}\sin\chi\right) \tag{2.126}$$

$$\Omega_z = \frac{1}{c_{\rm r}}\left(c_{{\rm r}z}\cos\chi - \frac{c_{\rm r}c_{{\rm r}y}\sin\varepsilon + c_{{\rm r}x}c_{{\rm r}z}\cos\varepsilon}{\sqrt{c_{{\rm r}y}^2 + c_{{\rm r}z}^2}}\sin\chi\right) \tag{2.127}$$

2. 偏转角的确定

两分子碰撞前后相对速度的偏转角 $\chi$ 是由两分子相互作用的动力学过程决定的，需要由分子碰撞前的相对速度值 $c_{\rm r}$、瞄准距离 $b$，并结合分子间的相互作用势来确定。通过简单的动力学分析，可以将两分子相对运动的问题简化为一个分子相对于固定力心的运动过程，以便于讨论 $\chi$ 与 $b$ 这两个物理空间上的几何量之间的关系。

记质量为 $m_1$ 的分子与质量为 $m_2$ 的分子的位置矢量分别为 $\boldsymbol{r}_1$ 和 $\boldsymbol{r}_2$，两分子间作用力为 $\boldsymbol{F}_{\rm int}$，则两分子的运动方程为

$$m_1\ddot{\boldsymbol{r}}_1 = \boldsymbol{F}_{\rm int} \tag{2.128}$$

$$m_2\ddot{\boldsymbol{r}}_2 = -\boldsymbol{F}_{\rm int} \tag{2.129}$$

将式 (2.128) 与式 (2.129) 分别乘以 $m_2$ 和 $m_1$ 并作差可得

$$m_1m_2(\ddot{\boldsymbol{r}}_1 - \ddot{\boldsymbol{r}}_2) = (m_1 + m_2)\boldsymbol{F}_{\rm int} \tag{2.130}$$

两分子的相对速度矢量可表示为 $\boldsymbol{c}_{\rm r} = \dot{\boldsymbol{r}}_1 - \dot{\boldsymbol{r}}_2 \equiv \dot{\boldsymbol{r}}$，因此有

$$m_{\rm r}\ddot{\boldsymbol{r}} = \boldsymbol{F}_{\rm int} \tag{2.131}$$

从式 (2.128) 和式 (2.129) 到式 (2.131) 的转化表明，质量为 $m_1$ 的分子相对于质量为 $m_2$ 的分子的运动可以等价为质量为 $m_{\rm r}$ 的分子相对于固定中心力场中的运动，如图 2.13 所示。该过程中约化质量分子的速度矢量由 $\dot{\boldsymbol{r}} = \boldsymbol{c}_{\rm r}$ 变为 $\boldsymbol{c}_r^*$，速度偏转角为 $\chi$；碰撞前速度矢量 $\boldsymbol{c}_{\rm r}$ 与固定力心的距离为瞄准距离 $b$。

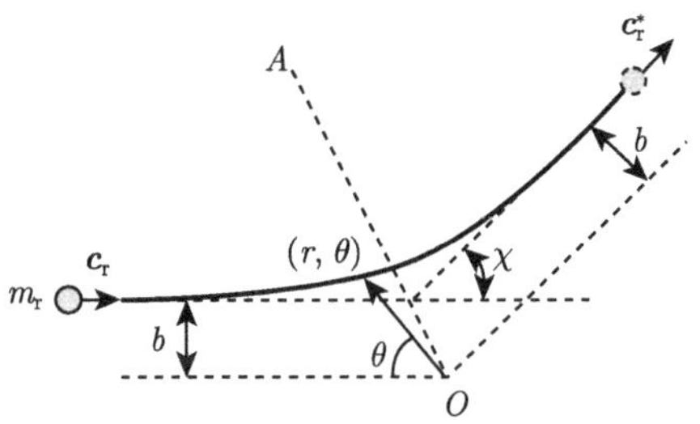


图 2.13 约化质量分子在固定中心力场中的运动

为了建立瞄准距离 $b$ 与速度偏转角 $\chi$ 这两个几何量之间的关系，需要将约化质量分子的运动方程转化为轨迹方程。由于约化质量分子在固定中心力场中的运

动也是平面运动，可以在图 2.13 所示的极坐标 $(r, \theta)$ 下描述分子的运动轨迹。考察约化质量分子由 $(r, \theta)$ 运动到 $r \to \infty$，由角动量守恒和能量守恒关系可得

$$m_{\mathrm{r}} r\left(r\dot{\theta}\right) = \text{const.} = m_{\mathrm{r}} b c_{\mathrm{r}} \tag{2.132}$$

$$\frac{1}{2} m_{\mathrm{r}}\left(\dot{r}^2 + r^2\dot{\theta}^2\right) + \phi(r) = \text{const.} = \frac{1}{2} m_{\mathrm{r}} c_{\mathrm{r}}^2 \tag{2.133}$$

其中，$bc_{\mathrm{r}}$ 与 $\frac{1}{2} m_{\mathrm{r}} c_{\mathrm{r}}^2$ 为分子角动量和能量在 $r \to \infty$ 时的渐进值；$\phi(r)$ 为分子间作用势：

$$\phi(r) = \int_r^{\infty} F_{\mathrm{int}} \mathrm{d}r' \tag{2.134}$$

或

$$F_{\mathrm{int}} = -\frac{\mathrm{d}\phi}{\mathrm{d}r} \tag{2.135}$$

将式 (2.132) 与式 (2.133) 合并，并消去时间变量可以得到约化分子运动的轨道方程：

$$\left(\frac{\mathrm{d}r}{\mathrm{d}\theta}\right)^2 = \frac{r^4}{b^2}\left(1 - \frac{\phi}{m_{\mathrm{r}} c_{\mathrm{r}}^2/2}\right) - r^2 \tag{2.136}$$

引入无量纲坐标：

$$R = \frac{b}{r} \tag{2.137}$$

可将式 (2.136) 转化为

$$\left(\frac{\mathrm{d}R}{\mathrm{d}\theta}\right)^2 = 1 - R^2 - \frac{\phi\left(b/R\right)}{\frac{1}{2} m_{\mathrm{r}} c_{\mathrm{r}}^2} \tag{2.138}$$

式 (2.138) 的解可以写为

$$\theta = \int_0^R \left(1 - R'^2 - \frac{\phi}{m_{\mathrm{r}} c_{\mathrm{r}}^2/2}\right)^{-1/2} \mathrm{d}R' \tag{2.139}$$

由于分子运动轨迹关于图 2.13 所示的拱极线 (apse line)$OA$ 对称，所以分子运动轨迹与拱极线的交点也是坐标 $r$ 或 $R$ 的极值点，记为 $R_0$，其为以下方程的正

实根：

$$1 - R_0^2 - \frac{\phi\left(b/R_0\right)}{\dfrac{1}{2}m_{\mathrm{r}}c_{\mathrm{r}}^2} = 0 \tag{2.140}$$

根据几何关系可以求得相对速度的偏转角 $\chi$

$$\chi = \pi - 2\int_0^{R_0}\left(1 - R'^2 - \frac{\phi}{m_{\mathrm{r}}c_{\mathrm{r}}^2/2}\right)^{-1/2}\mathrm{d}R' \tag{2.141}$$

因此，在已知相对速度值 $c_{\mathrm{r}}$、瞄准距离 $b$ 以及分子间作用势 $\phi$ 后，即可求得分子相对速度的偏转角 $\chi = \chi\left(b, c_{\mathrm{r}}\right)$。

### 2.4.2 分子碰撞截面

之前对于分子二体弹性模型的微观动力学探讨是以拉格朗日 (Lagrange) 观点为基础的。在这一观点下，分子的运动学状态由位置矢量和分子速度 $(\boldsymbol{r}_1, \boldsymbol{c}_1)$ 与 $(\boldsymbol{r}_2, \boldsymbol{c}_2)$ 共同描述。然而，在分子动理论中，需要采用欧拉观点，即固定空间位置来考虑分子碰撞的过程。实际上，对于稀薄气体，碰撞过程中分子运动轨迹的空间变化尺度远小于分子热运动时的空间尺度。因此，可以将分子碰撞过程简化为发生在物理空间的一个点上，而不必过于关注参与碰撞分子的实际位置变化。尽管如此，基于求解碰撞后速度的需要，我们仍然需要用物理空间上的两个碰撞参数 $b$ 和 $\varepsilon$ 来定义碰撞前分子的取向。这时需要考虑 $(b, \varepsilon)$ 在不同取值时的情况。

如图 2.14 所示，约化质量分子以相对速度 $\boldsymbol{c}_{\mathrm{r}}$ 从微分面积 $b\mathrm{d}b\mathrm{d}\varepsilon$ 内入射，受到固定中心力场的作用而发生偏转，最终被散射到 $\boldsymbol{c}_{\mathrm{r}}^*$ 附近 $\mathrm{d}\chi$ 和 $\mathrm{d}\varepsilon$ 的区域内，或立体角 $\mathrm{d}\Omega$ 之内：

$$\mathrm{d}\Omega = \sin\chi\mathrm{d}\chi\mathrm{d}\varepsilon \tag{2.142}$$

这里，微分面积 $b\mathrm{d}b\mathrm{d}\varepsilon$ 代表了命中参数的可能范围在 $[b, b+\mathrm{d}b]$ 和 $[\varepsilon, \varepsilon+\mathrm{d}\varepsilon]$ 的分子碰撞所扫过的面积，考虑了分子碰撞时命中参数取值的一般情况。而 2.2 节采用分子硬球模型推导平均自由程表达式是一种特例，相应的命中参数取值范围为 $b \in [0, d]$，$\varepsilon \in [0, 2\pi)$，对应的分子碰撞扫过的面积是 $\pi d^2$。微分面积 $b\mathrm{d}b\mathrm{d}\varepsilon$ 可以用于表示命中参数在 $[b, b+\mathrm{d}b]$ 和 $[\varepsilon, \varepsilon+\mathrm{d}\varepsilon]$ 范围内的分子碰撞所扫过的体积 $c_{\mathrm{r}}\left(b\mathrm{d}b\mathrm{d}\varepsilon\right)$，以及这一范围内分子碰撞的频率

$$nc_{\mathrm{r}}\left(b\mathrm{d}b\mathrm{d}\varepsilon\right) \tag{2.143}$$

然而，在式 (2.118) 和式 (2.119) 中，分子碰撞后的速度用偏转角 $\chi$ 及夹角 $\varepsilon$ 表示更为方便，因此也需要将微分面积 $b\mathrm{d}b\mathrm{d}\varepsilon$ 转化到 $(\chi, \varepsilon)$ 坐标下，这可以通过

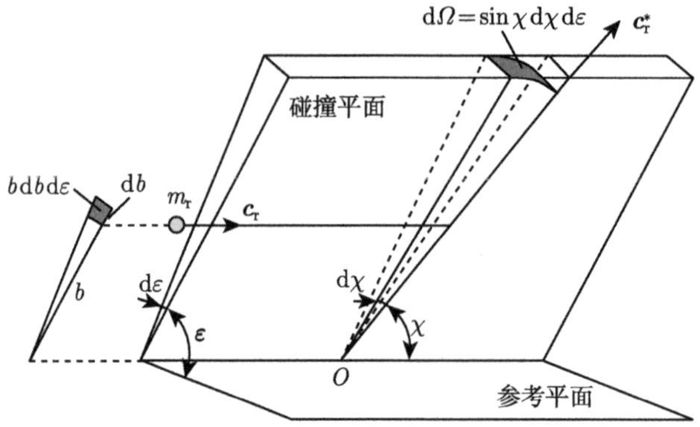


图 2.14 命中参数 $(b, \varepsilon)$ 及碰撞截面

引入微分碰撞截面 (differential cross section)$\sigma$ 实现：

$$\sigma \mathrm{d}\Omega = b\mathrm{d}b\mathrm{d}\varepsilon \tag{2.144}$$

微分碰撞截面 $\sigma$ 的物理含义可以解释为单位时间内散射进入单位立体角 $\mathrm{d}\Omega$ 下的分子数，除以单位时间内通过截面 $b\mathrm{d}b\mathrm{d}\varepsilon$ 的入射分子数通量，即

$$\sigma(\chi, c_\mathrm{r}) = \frac{\Delta N/(\mathrm{d}t\mathrm{d}\Omega)}{\Delta N/(\mathrm{d}tb\mathrm{d}b\mathrm{d}\varepsilon)} = \frac{b\mathrm{d}b\mathrm{d}\varepsilon}{\mathrm{d}\Omega} = \frac{b}{\sin\chi}\left|\frac{\mathrm{d}b}{\mathrm{d}\chi}\right| \tag{2.145}$$

从式 (2.145) 中也可以看出，$\sigma\sin\chi/b$ 是由 $(b, \varepsilon)$ 到 $(\chi, \varepsilon)$ 坐标转化时的雅可比 (Jacobian) 行列式，在给定分子间作用势时，这一结果理论上可以通过对式 (2.141) 给出的 $b$ 与 $\chi$ 间的关系求导得出。

微分面积 $\sigma\mathrm{d}\Omega$ 对应于碰撞后散射到 $\boldsymbol{c}_\mathrm{r}^*$ 附近 $\mathrm{d}\chi$ 和 $\mathrm{d}\varepsilon$ 范围的分子。若考虑碰撞后散射的所有可能取向，则需要对 $\chi$ 及 $\varepsilon$ 进行积分，可以得到总碰撞截面 (total collision section)

$$\sigma_\mathrm{T} = \int_0^{4\pi}\sigma\mathrm{d}\Omega = \int_0^{2\pi}\int_0^{\pi}\sigma\sin\chi\mathrm{d}\chi\mathrm{d}\varepsilon = \int_0^{2\pi}\int_B^{0} b\mathrm{d}b\mathrm{d}\varepsilon \tag{2.146}$$

总碰撞截面出现在平衡态下分子碰撞频率及平均自由程的表达式中[①]：

$$\nu_0 = n\overline{\sigma_\mathrm{T} c_\mathrm{r}} = \frac{4n}{\sqrt{\pi}}\left(\frac{m}{4\pi k_\mathrm{B}T}\right)^{\frac{3}{2}}\int_0^{\infty} c_\mathrm{r}^3\sigma_\mathrm{T}\exp\left(-\frac{mc_\mathrm{r}^2}{4k_\mathrm{B}T}\right)\mathrm{d}c_\mathrm{r} \tag{2.147}$$

① 式 (2.11) 和式 (2.5) 是考虑硬球分子时的特殊情况，碰撞频率的一般结果见式 (3.31)。

$$\lambda_0 = \frac{1}{\sqrt{2}n\bar{\sigma}_{\mathrm{T}}} = \frac{\sqrt{\pi}}{4\sqrt{2}n\left(\frac{m}{4k_{\mathrm{B}}T}\right)^{\frac{3}{2}}\int\limits_0^{\infty} c_{\mathrm{r}}^2\sigma_{\mathrm{T}}\exp\left(-\frac{mc_{\mathrm{r}}^2}{4k_{\mathrm{B}}T}\right)\mathrm{d}c_{\mathrm{r}}} \tag{2.148}$$

这里用到了平衡态下包含相对速度值的积分式 (2.101)。

此外，一些碰撞截面与气体输运性质相关，如黏性碰撞截面 (viscosity collision section)

$$\sigma_\mu = \int\limits_0^{4\pi} \sigma \sin^2 \chi \mathrm{d}\Omega \tag{2.149}$$

以及扩散碰撞截面 (diffusion collision section)：

$$\sigma_{\mathrm{D}} = \int\limits_0^{4\pi} \sigma\left(1 - \cos\chi\right)\mathrm{d}\Omega \tag{2.150}$$

其中，$\sigma_\mu$ 出现在 Chapman-Enskog 理论 (3.4 节) 给出的简单气体的黏性系数 $\mu$ 和热传导系数 $\kappa$ 中

$$\mu = \frac{(5/8)\sqrt{\pi m k_{\mathrm{B}}T}}{\left(\frac{m}{4k_{\mathrm{B}}T}\right)^4 \int\limits_0^{\infty} c_{\mathrm{r}}^7\sigma_\mu \exp\left[-mc_{\mathrm{r}}^2/\left(4k_{\mathrm{B}}T\right)\right]\mathrm{d}c_{\mathrm{r}}} \tag{2.151}$$

$$\kappa = \frac{15}{4}\frac{k_{\mathrm{B}}}{m}\mu \tag{2.152}$$

而 $\sigma_{\mathrm{D}}$ 出现在双组分混合气体 [4] 的扩散系数中

$$D_{12} = \frac{(3/16)\sqrt{2\pi k_{\mathrm{B}}T/m_{\mathrm{r}}}}{n\left(\frac{m_{\mathrm{r}}}{2k_{\mathrm{B}}T}\right)^3 \int\limits_0^{\infty} c_{\mathrm{r}}^5\sigma_{\mathrm{D}} \exp\left[-m_{\mathrm{r}}c_{\mathrm{r}}^2/\left(2k_{\mathrm{B}}T\right)\right]\mathrm{d}c_{\mathrm{r}}} \tag{2.153}$$

从式 (2.151)~ 式 (2.153) 可以看出，分子的碰撞过程对气体的宏观性质会产生影响。更具体地，气体的输运系数依赖于分子的碰撞直径、碰撞取向以及分子间作用势等微观性质。

### 2.4.3 分子碰撞模型

分子模型 (molecular model) 是给定分子间作用势或碰撞后散射取向的模型。在 2.1 节中看到，真实分子的典型相互作用包含了短程的强斥力和较长程的弱引

力。然而，分子模型是对这种相互作用的简单近似，并不追求微观上的真实，例如许多分子模型会忽略分子作用力中引力的部分。分子模型的目标是通过对分子间相互作用的简单假设而使得气体宏观性质的理论解与实验结果相吻合。下面介绍一些常用的分子模型。

1. 逆幂律 (inverse power law) 分子模型

逆幂律分子模型主要考虑了分子间相互作用的斥力，如图 2.15 所示，其给出的分子间作用力和作用势与分子间距离的关系式如下：

$$F = \frac{a}{r^{\eta}} \tag{2.154}$$

$$\phi = \frac{a}{(\eta - 1)\, r^{\eta - 1}} \tag{2.155}$$

其中，$a$ 和 $\eta$ 与参与碰撞的两分子的种类有关。因此，式 (2.141) 中势能与动能渐进值之比可以通过无量纲坐标 $R$ (式 (2.137)) 写为

$$\frac{\phi}{\dfrac{1}{2}m_{\rm r}c_{\rm r}^2} = \frac{2a}{(\eta-1)\, r^{\eta-1}}\left(m_{\rm r}c_{\rm r}^2\right)^{-1} = \frac{2}{(\eta-1)}\left(\frac{R}{R_1}\right)^{\eta-1} \tag{2.156}$$

其中，$R_1$ 为无量纲化的瞄准距离：

$$R_1 = b\left(\frac{m_{\rm r}c_{\rm r}^2}{a}\right)^{\frac{1}{\eta-1}} \tag{2.157}$$

而偏转角 $\chi$ 可写为

$$\chi = \pi - 2\int_0^{R_0}\left[1 - R'^2 - \frac{2}{(\eta-1)}\left(\frac{R'}{R_1}\right)^{\eta-1}\right]^{-1/2} {\rm d}R' \tag{2.158}$$

其中，$R_0$ 为以下方程的正根：

$$1 - R_0^2 - \frac{2}{(\eta-1)}\left(\frac{R_0}{R_1}\right)^{\eta-1} = 0 \tag{2.159}$$

逆幂律分子模型的微分碰撞截面可以表示为

$$\sigma {\rm d}\Omega = b{\rm d}b{\rm d}\varepsilon = \left(\frac{a}{m_{\rm r}c_{\rm r}^2}\right)^{\frac{2}{\eta-1}} R_1{\rm d}R_1{\rm d}\varepsilon \tag{2.160}$$

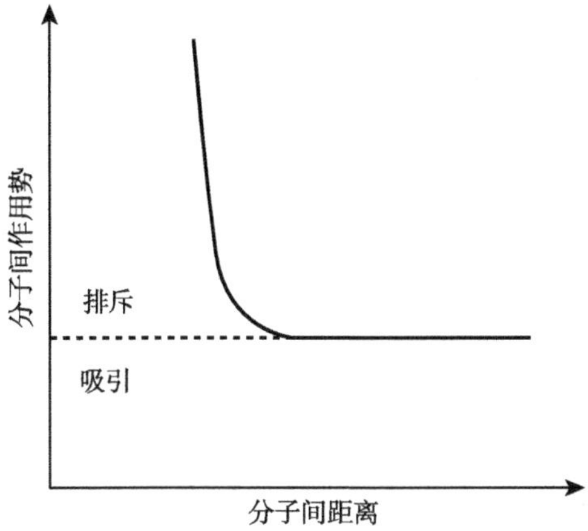


图 2.15 逆幂律模型分子间作用势

对于 $\eta$ 为有限值的情况，通过式 (2.160) 求出的总碰撞截面 (式 (2.146)) 的积分是发散的。为了得到有效的结果，需要对瞄准距离 $b$ 或偏转角 $\chi$ 作有限的截断，例如给定无量纲瞄准距离的最大值 $R_{1,\mathrm{m}}$。此时的总碰撞截面为

$$\sigma_{\mathrm{T}}=\left(\frac{\alpha}{m_{\mathrm{r}}c_{\mathrm{r}}^2}\right)^{\frac{2}{\eta-1}}\int_0^{2\pi}\int_0^{R_{1,\mathrm{m}}}R_1\mathrm{d}R_1\mathrm{d}\varepsilon=\left(\frac{a}{m_{\mathrm{r}}c_{\mathrm{r}}^2}\right)^{\frac{2}{\eta-1}}\pi R_{1,\mathrm{m}}^2 \tag{2.161}$$

需要注意的是，由于 $R_{1,\mathrm{m}}$ 是任意规定的，因此逆幂律模型的总碰撞截面不能用来确定碰撞频率或平均自由程。

逆幂律模型可以给出收敛的扩散碰撞截面以及黏性碰撞截面

$$\sigma_{\mathrm{D}}=\int_0^{4\pi}(1-\cos\chi)\,\sigma\mathrm{d}\Omega=2\pi\left(\frac{a}{m_{\mathrm{r}}c_{\mathrm{r}}^2}\right)^{\frac{2}{\eta-1}}A_1(\eta) \tag{2.162}$$

$$\sigma_{\mu}=\int_0^{4\pi}\sin^2\chi\sigma\mathrm{d}\Omega=2\pi\left(\frac{a}{m_{\mathrm{r}}c_{\mathrm{r}}^2}\right)^{\frac{2}{\eta-1}}A_2(\eta) \tag{2.163}$$

其中，

$$A_1(\eta)=\int_0^{\infty}(1-\cos\chi)\,R_1\mathrm{d}R_1 \tag{2.164}$$

$$A_2(\eta)=\int_0^{4\pi}\sin^2\chi R_1\mathrm{d}R_1 \tag{2.165}$$

$A_1(\eta)$ 和 $A_2(\eta)$ 的数值可以借助 $\chi$ 和 $R_1$ 的关系式通过数值积分得到。文献 [2] 给出了一些 $\eta$ 值下 $A_1(\eta)$ 和 $A_2(\eta)$ 的值。将式 (2.162) 和式 (2.163) 代入式 (2.151) 和式 (2.153) 可以给出逆幂律分子的黏性系数与扩散系数

$$\mu = \frac{5\sqrt{mk_{\mathrm{B}}T/\pi}\,(2k_{\mathrm{B}}T/a)^{\frac{2}{\eta-1}}}{8A_2(\eta)\,\Gamma[4-2/(\eta-1)]} \tag{2.166}$$

$$D_{12} = \frac{3\sqrt{2k_{\mathrm{B}}T/\pi m_{\mathrm{r}}}\,(2k_{\mathrm{B}}T/a)^{\frac{2}{\eta-1}}}{16A_2(\eta)\,\Gamma[3-2(\eta-1)]} \tag{2.167}$$

逆幂律分子模型能够在一定范围内给出与实验结果相符的输运系数，但由于其是对分子间作用势做出的假设，需要求解运动学方程才能得到碰撞后速度，在算法中的实现较为复杂，因此常需要对其进行简化，如下面提到的硬球 (hard sphere，HS) 模型、变径硬球 (variable hard sphere，VHS) 模型及变径软球 (variable soft sphere，VSS) 模型等。这些模型通常是对分子微观性质 (如分子直径) 或碰撞后参数 (如偏转角) 等做出假设，因而更容易实现。

2. *硬球模型*

硬球模型是最简单的分子模型。其可以看作逆幂律模型在 $\eta\to\infty$ 时的特殊情况，如图 2.16(a) 所示，其分子间作用势可以表示为

$$\phi = \begin{cases} 0, & r > d_{12} \\ \infty, & r \leqslant d_{12} \end{cases} \tag{2.168}$$

其中，当两分子中心距离为

$$r = \frac{1}{2}(d_1+d_2) = d_{12} \tag{2.169}$$

时，分子间作用力不为 0，分子相对接触面的切向速度不变，法向速度反向。从图 2.16(b) 中可以得到瞄准距离 $b$ 与偏转角 $\chi$ 的关系

$$b = d_{12}\sin\left[\frac{1}{2}(\pi-\chi)\right] = d_{12}\cos\left(\frac{1}{2}\chi\right) \tag{2.170}$$

这一关系也可通过对式 (2.158) 化简得到 (见文献 [3])。因此，根据式 (2.145) 可以得到微分碰撞截面：

$$\sigma = \frac{1}{4}d_{12}^2 \tag{2.171}$$

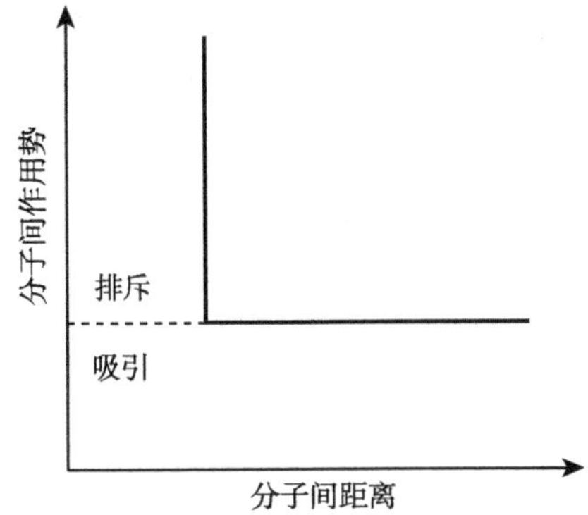


(a) 硬球模型分子间作用势

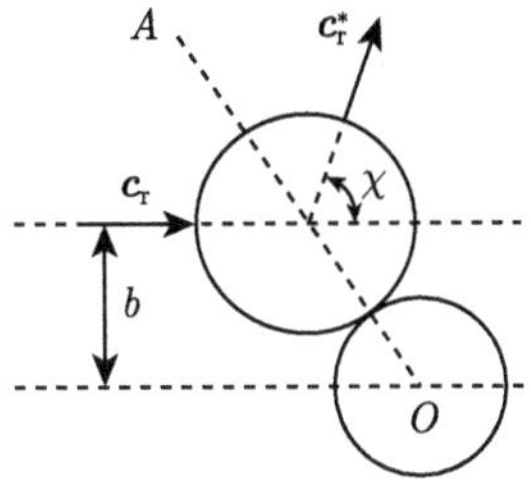


(b) 硬球分子的碰撞

图 2.16 硬球分子模型

从式 (2.171) 中可以看出硬球模型具有的两个特点。一是 $\sigma$ 不依赖于两分子的相对速度值 $\boldsymbol{c}_\mathrm{r}$，二是 $\sigma$ 不依赖于偏转角 $\chi$，即碰撞后相对速度 $\boldsymbol{c}_\mathrm{r}^*$ 的指向在各个方向上有着相同的概率。

根据式 (2.171)，可以求出硬球模型的总碰撞截面、黏性碰撞截面、扩散碰撞截面如下：

$$\sigma_\mathrm{T} = \pi d_{12}^2 = \frac{3}{2}\sigma_\mu = \sigma_\mathrm{D} \tag{2.172}$$

因此，硬球模型对应的黏性系数及扩散系数为

$$\mu = \frac{5}{16}\frac{\sqrt{\pi m k_\mathrm{B} T}}{\sigma_\mathrm{T}} \tag{2.173}$$

$$D_{12} = \frac{3}{16}\frac{\sqrt{2\pi k_\mathrm{B} T/m_\mathrm{r}}}{n\left(\sigma_\mathrm{T}\right)_{12}} \tag{2.174}$$

可以看出，硬球模型得到的不同气体的黏性系数与温度的关系为恒定的关系，$\mu \sim \sqrt{T}$，这与实验测得的气体输运系数随温度变化的规律是不一致的。为了更准确地描述气体输运性质，需要引入更为复杂的分子碰撞模型，如变径硬球模型、变径软球模型等。这些模型考虑了分子碰撞截面随速度 (或温度) 的变化，从而更好地反映了实际气体的行为，并能够更接近地预测气体黏性系数和其他输运系数随温度的变化规律。

3. 变径硬球模型

硬球模型中黏性系数 $\mu$ 与温度 $T$ 的关系与实际气体不一致，这是由于硬球分子具有固定不变的碰撞截面，而真实分子的碰撞截面 $\sigma$ 是随着相对速度 $c_\mathrm{r}$ 的增大而减小的。

Bird[4] 提出了一种变径硬球模型来解决这一问题。在这种模型中，分子仍然保持硬球模型中在各方向上均匀的散射概率 (见式 (2.171))，因此微分碰撞截面 $\sigma$ 与偏转角 $\chi$ 无关，依然可以得到与硬球模型类似的各碰撞截面间关系的结果：

$$\sigma_{\mathrm{T}} = \frac{3}{2}\sigma_{\mu} = \sigma_{D} \tag{2.175}$$

不同的是，变径硬球模型的碰撞截面如逆幂律分子模型一样是分子间相对速度的函数 (见式 (2.160))，因此其总碰撞截面可以写为

$$\frac{\sigma_{\mathrm{T}}}{\sigma_{\mathrm{T,ref}}} = \left(\frac{c_{\mathrm{r}}}{c_{\mathrm{r,ref}}}\right)^{-(2\omega-1)} \tag{2.176}$$

其中，$\sigma_{\mathrm{T,ref}}$ 是相对速度为参考值 $c_{\mathrm{r,ref}}$ 时的结果；$\omega$ 是黏性指数，即黏性系数随温度变化的幂次。根据式 (2.176) 及式 (2.175) 可以求得变径硬球模型对应的黏性系数及扩散系数为

$$\mu = \frac{15}{16}\frac{\sqrt{\pi}m\left(4k_{\mathrm{B}}T/m\right)^{\omega}}{\Gamma\left(4.5-\omega\right)\sigma_{\mathrm{T,ref}}c_{\mathrm{r,ref}}^{2\omega-1}} \tag{2.177}$$

$$D_{12} = \frac{3}{8}\frac{\sqrt{\pi}\left(2k_{\mathrm{B}}T/m_{\mathrm{r}}\right)^{\omega_{12}}}{\Gamma\left(3.5-\omega_{12}\right)\left(\sigma_{\mathrm{T,ref}}\right)_{12}c_{\mathrm{r,ref}}^{2\omega_{12}-1}} \tag{2.178}$$

4. 变径软球模型

在真实的气体分子，如逆幂律分子模型中，扩散碰撞截面与黏性碰撞截面之比 $\sigma_{\mathrm{D}}/\sigma_{\mu}$ 与气体分子的种类有关

$$\sigma_{\mathrm{D}}/\sigma_{\mu} = A_1\left(\eta\right)/A_2\left(\eta\right) \tag{2.179}$$

然而，前面介绍的硬球模型与变径硬球模型给出的 $\sigma_{\mathrm{D}}/\sigma_{\mu}$ 是与气体分子种类无关的定值。这会导致两个模型在多组分混合气体扩散问题中给出与实际偏离较大的结果。例如，在 VHS 模型中，施密特数，即气体黏性与自扩散之比

$$Sc = \frac{\mu}{\rho D_{11}} = \frac{5}{7-2\omega} \tag{2.180}$$

与真实气体的有所不同。

为克服这一问题，Koura 和 Matsumoto[5,6] 引入了变径软球模型，其中碰撞截面与分子速度的依赖关系与 VHS 模型一致，即式 (2.176)。而偏转角与瞄准距离的关系由式 (2.170) 变为

$$b = d_{12}\cos^{\alpha}\left(\frac{1}{2}\chi\right) \tag{2.181}$$

其中，分子直径 $d_{12}$ 和偏转角余弦的幂次 $\alpha$ 均依赖于碰撞中的相对速度值。因此，可以得到各碰撞截面

$$\sigma_{\mathrm{T}} = \pi d_{12}^2 = \pi d_{12,\mathrm{ref}}^2 \left(\frac{c_{\mathrm{r}}}{c_{\mathrm{r,ref}}}\right)^{-(2\omega-1)} \tag{2.182}$$

$$\sigma_{\mu} = \frac{4\alpha}{(\alpha+1)(\alpha+2)}\sigma_{\mathrm{T}} \tag{2.183}$$

$$\sigma_{\mathrm{D}} = \frac{2}{\alpha+1}\sigma_{\mathrm{T}} \tag{2.184}$$

相应的黏性系数、扩散系数以及施密特数为

$$\mu = \frac{5(\alpha+1)(\alpha+2)}{32\alpha}\frac{\sqrt{\pi}m(4k_{\mathrm{B}}T/m)^{\omega}}{\Gamma(4.5-\omega)\sigma_{\mathrm{T,ref}}c_{\mathrm{r,ref}}^{2\omega-1}} \tag{2.185}$$

$$D_{12} = \frac{3(\alpha+1)}{16}\frac{\sqrt{\pi}(2k_{\mathrm{B}}T/m_r)^{\omega_{12}}}{\Gamma(3.5-\omega_{12})(\sigma_{\mathrm{T,ref}})_{12}c_{\mathrm{r,ref}}^{2\omega_{12}-1}} \tag{2.186}$$

$$Sc = \frac{\mu}{\rho D_{11}} = \frac{5(\alpha+2)}{3\alpha(7-2\omega)} \tag{2.187}$$

5. 吸引–排斥 (attractive-repulsive) 模型

在前面介绍的分子模型中，黏性与温度的幂次成正比

$$\frac{\mu}{\mu_{\mathrm{ref}}} \sim \left(\frac{T}{T_{\mathrm{ref}}}\right)^{\omega} \tag{2.188}$$

这种依赖关系在参考温度 $T_{\mathrm{ref}}$ 附近可以给出较为精确的输运系数结果。然而，对于高超声速气体流动问题，流场的温度变化很大，此时输运系数对温度的依赖靠一个方幂已经不能完全描述。从微观层面看，分子间相互作用除短程的排斥力外，较长程的吸引力也在这种情况下显现出来。因此需要考虑包括吸引和排斥的分子间作用势的分子模型

$$F = \frac{a_1}{r^{\eta_1}} - \frac{a_2}{r^{\eta_2}} \tag{2.189}$$

$$\phi = \frac{a_1}{(\eta_1-1)r^{\eta_1-1}} - \frac{a_2}{(\eta_2-1)r^{\eta_2-1}} \tag{2.190}$$

其中在 $\eta_1=13$，$\eta_2=7$ 时，式 (2.190) 可以给出著名的伦纳德–琼斯 (Lennard-Jones) 势，如图 2.17 所示，一般认为其对气体分子间作用力的刻画是较为精准的。

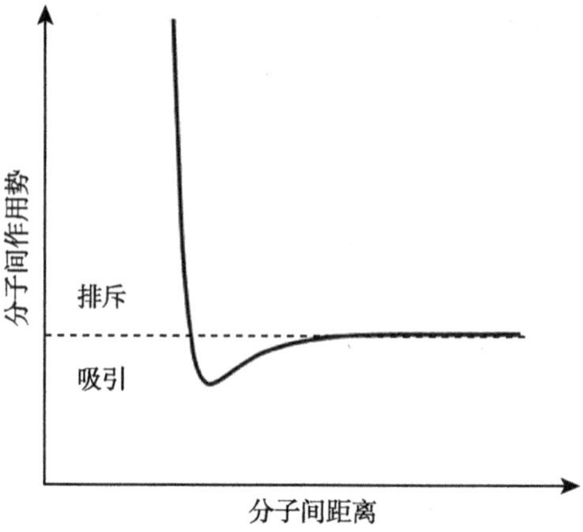


图 2.17　Lennard-Jones 分子间作用势

类似于 VHS 模型或 VSS 模型对逆幂律模型的简化，Hassan 和 Hash[7] 提出了概括化硬球 (generalized hard sphere，GHS) 模型，Fan[8] 提出了概括化硬球 (generalized soft sphere，GSS) 模型。这些模型一方面能够同时考虑到吸引和排斥的分子间作用力，另一方面也便于在算法中实现。

## 2.5　气体分子在壁面的反射

在研究气体流动问题时，壁面的存在会对气体的宏观性质产生影响。从微观角度来看，当气体分子接近壁面时，它们会受到壁面分子的作用力，导致气体分子的速度和运动轨迹发生改变。这一过程通常被称为气固相互作用 (gas-surface interaction，GSI)。然而，要准确描述气体分子与壁面分子之间的相互作用势，就需要详细了解固体表面结构的信息，这通常是相当困难的。因此，针对气固相互作用的研究主要集中在分析气体分子以一定的入射速度撞击壁面后，其反射速度的统计规律。

本节主要考虑壁面不吸附入射分子的情况。此外，由于气体分子在壁面的停留时间非常短，因此可以将气固相互作用视为瞬时发生的。

### 2.5.1　分子在壁面处的速度分布函数

在壁面的某一点 $\boldsymbol{r}$ 上，分子以速度 $\boldsymbol{c}_\mathrm{i}$ 入射击中壁面后，以速度 $\boldsymbol{c}_\mathrm{r}$ 反射离开。设壁面的法向量为 $\boldsymbol{n}$，则 $\boldsymbol{c}_\mathrm{i}\cdot\boldsymbol{n}<0$，$\boldsymbol{c}_\mathrm{r}\cdot\boldsymbol{n}>0$。引入入射速度分布函数 $f_\mathrm{i}(\boldsymbol{c},\boldsymbol{r},t)$(定义在 $\boldsymbol{c}\cdot\boldsymbol{n}<0$ 上) 和反射速度分布函数 $f_\mathrm{r}(\boldsymbol{c},\boldsymbol{r},t)$(定义在 $\boldsymbol{c}\cdot\boldsymbol{n}>0$

上)。壁面处分子的分布函数可以表示为两者之和，即

$$f(\boldsymbol{c},\boldsymbol{r},t)=f_{\mathrm{i}}(\boldsymbol{c},\boldsymbol{r},t)+f_{\mathrm{r}}(\boldsymbol{c},\boldsymbol{r},t)=\begin{cases}f_{\mathrm{i}}(\boldsymbol{c},\boldsymbol{r},t), & \boldsymbol{c}\cdot\boldsymbol{n}<0\\ f_{\mathrm{r}}(\boldsymbol{c},\boldsymbol{r},t), & \boldsymbol{c}\cdot\boldsymbol{n}>0\end{cases} \tag{2.191}$$

壁面处的数密度可以表示为

$$\begin{aligned}n(\boldsymbol{r},t)&=\int_{-\infty}^{\infty} f(\boldsymbol{c})\mathrm{d}\boldsymbol{c}=\int_{\boldsymbol{c}_{\mathrm{i}}\cdot\boldsymbol{n}<0} f_{\mathrm{i}}(\boldsymbol{c}_{\mathrm{i}})\mathrm{d}\boldsymbol{c}_{\mathrm{i}}+\int_{\boldsymbol{c}_{\mathrm{r}}\cdot\boldsymbol{n}>0} f_{\mathrm{r}}(\boldsymbol{c}_{\mathrm{r}})\mathrm{d}\boldsymbol{c}_{\mathrm{r}}\\ &=n_{\mathrm{i}}(\boldsymbol{r},t)+n_{\mathrm{r}}(\boldsymbol{r},t)\end{aligned} \tag{2.192}$$

其中，$n_{\mathrm{i}}$ 和 $n_{\mathrm{r}}$ 分别为入射分子和反射分子的数密度。壁面处气体速度、应力、热流可以表示为

$$\boldsymbol{u}(\boldsymbol{r},t)=\frac{1}{n}\left(\int_{\boldsymbol{c}\cdot\boldsymbol{n}<0} \boldsymbol{c}f_{\mathrm{i}}\mathrm{d}\boldsymbol{c}+\int_{\boldsymbol{c}\cdot\boldsymbol{n}>0} \boldsymbol{c}f_{\mathrm{r}}\mathrm{d}\boldsymbol{c}\right)=\frac{n_{\mathrm{i}}}{n}\boldsymbol{u}_{\mathrm{i}}+\frac{n_{\mathrm{r}}}{n}\boldsymbol{u}_{\mathrm{r}} \tag{2.193}$$

$$\boldsymbol{p}(\boldsymbol{r},t)=\left(\int_{\boldsymbol{c}\cdot\boldsymbol{n}<0} m\boldsymbol{c}'\boldsymbol{c}'f_{\mathrm{i}}\mathrm{d}\boldsymbol{c}+\int_{\boldsymbol{c}\cdot\boldsymbol{n}>0} m\boldsymbol{c}'\boldsymbol{c}'f_{\mathrm{r}}\mathrm{d}\boldsymbol{c}\right)=\boldsymbol{p}_{\mathrm{i}}+\boldsymbol{p}_{\mathrm{r}} \tag{2.194}$$

$$\boldsymbol{q}(\boldsymbol{r},t)=\left(\int_{\boldsymbol{c}\cdot\boldsymbol{n}<0} \frac{1}{2}mc'^2\boldsymbol{c}'f_{\mathrm{i}}\mathrm{d}\boldsymbol{c}+\int_{\boldsymbol{c}\cdot\boldsymbol{n}>0} \frac{1}{2}mc'^2\boldsymbol{c}'f_{\mathrm{r}}\mathrm{d}\boldsymbol{c}\right)=\boldsymbol{q}_{\mathrm{i}}+\boldsymbol{q}_{\mathrm{r}} \tag{2.195}$$

其中，由于壁面对分子无吸附作用，壁面处法向速度应为零，即

$$\boldsymbol{u}\cdot\boldsymbol{n}=0\ \Rightarrow\ \int_{\boldsymbol{c}_{\mathrm{i}}\cdot\boldsymbol{n}<0}(\boldsymbol{c}_{\mathrm{i}}\cdot\boldsymbol{n})f_{\mathrm{i}}\mathrm{d}\boldsymbol{c}_{\mathrm{i}}+\int_{\boldsymbol{c}_{\mathrm{r}}\cdot\boldsymbol{n}>0}(\boldsymbol{c}_{\mathrm{r}}\cdot\boldsymbol{n})f_{\mathrm{r}}\mathrm{d}\boldsymbol{c}_{\mathrm{r}}=0 \tag{2.196}$$

为了便于讨论，引入壁面切向量 $\boldsymbol{t}$，其满足 $\boldsymbol{n}\cdot\boldsymbol{t}=0$。这里主要考虑壁面处的正应力、切应力和法向热流：

$$\begin{aligned}p&=p_{kl}n_kn_l=\rho\overline{(\boldsymbol{c}'\cdot\boldsymbol{n})(\boldsymbol{c}'\cdot\boldsymbol{n})}=p_{\mathrm{i}}+p_{\mathrm{r}}\\ \tau&=p_{kl}n_kt_l=\rho\overline{(\boldsymbol{c}'\cdot\boldsymbol{n})(\boldsymbol{c}'\cdot\boldsymbol{t})}=\tau_{\mathrm{i}}+\tau_{\mathrm{r}}\\ q&=q_kn_k=\frac{1}{2}\rho\overline{c'^2(\boldsymbol{c}'\cdot\boldsymbol{n})}=q_{\mathrm{i}}+q_{\mathrm{r}}\end{aligned} \tag{2.197}$$

### 2.5.2 散射核

分子反射速度是由入射速度和壁面性质共同决定的，因而入射和反射速度分布函数之间也存在联系，这一关系可以通过散射核 (scattering kernel) $R(\boldsymbol{c}_{\mathrm{i}}, \boldsymbol{c}_{\mathrm{r}}, \boldsymbol{r}, t)$ 表征。其中，

$$R(\boldsymbol{c}_{\mathrm{i}}, \boldsymbol{c}_{\mathrm{r}}, \boldsymbol{r}, t)\mathrm{d}\boldsymbol{c}_{\mathrm{r}} \tag{2.198}$$

表示以 $\boldsymbol{c}_{\mathrm{i}}$ 速度入射的分子的反射速度位于 $\boldsymbol{c}_{\mathrm{r}} \sim \boldsymbol{c}_{\mathrm{r}} + \mathrm{d}\boldsymbol{c}_{r}$ 间的概率。散射核需要满足归一化条件：

$$\int\limits_{\boldsymbol{c}_{\mathrm{r}}\cdot\boldsymbol{n}>0} R(\boldsymbol{c}_{\mathrm{i}}, \boldsymbol{c}_{\mathrm{r}}, \boldsymbol{r}, t)\mathrm{d}\boldsymbol{c}_{\mathrm{r}} = 1 \tag{2.199}$$

为了简化讨论，在之后的讨论中将省略 $(\boldsymbol{r}, t)$ 坐标。

接下来将讨论如何通过散射核 $R(\boldsymbol{c}_{\mathrm{i}}, \boldsymbol{c}_{\mathrm{r}})$ 建立起 $f_{\mathrm{i}}$ 和 $f_{\mathrm{r}}$ 间的关系，关键在于入射和反射分子的数量是守恒的，即入射和反射分子的数通量 (单位时间内穿过单位面积上的分子数) 应该相等。以 $\boldsymbol{c}_{\mathrm{i}} \sim \boldsymbol{c}_{\mathrm{i}}+\mathrm{d}\boldsymbol{c}_{\mathrm{i}}$ 的速度入射的分子的数通量可以表示为 $[f_{\mathrm{i}}(\boldsymbol{c}_{\mathrm{i}})\,\mathrm{d}\boldsymbol{c}_{\mathrm{i}}]\,(\boldsymbol{c}_{\mathrm{i}}\cdot\boldsymbol{n})$。所以，根据散射核的定义 (2.198)，$[R(\boldsymbol{c}_{\mathrm{i}}, \boldsymbol{c}_{\mathrm{r}})\mathrm{d}\boldsymbol{c}_{\mathrm{r}}][f_{\mathrm{i}}(\boldsymbol{c}_{\mathrm{i}})\mathrm{d}\boldsymbol{c}_{\mathrm{i}}]\,(\boldsymbol{c}_{\mathrm{i}}\cdot\boldsymbol{n})$ 代表以 $\boldsymbol{c}_{\mathrm{i}} \sim \boldsymbol{c}_{\mathrm{i}} + \mathrm{d}\boldsymbol{c}_{\mathrm{i}}$ 的速度入射后反射速度在 $\boldsymbol{c}_{\mathrm{r}} \sim \boldsymbol{c}_{\mathrm{r}} + \mathrm{d}\boldsymbol{c}_{\mathrm{r}}$ 间的分子的数通量。若考虑入射速度的所有可能情况，可以得到反射速度在 $\boldsymbol{c}_{\mathrm{r}} \sim \boldsymbol{c}_{\mathrm{r}} + \mathrm{d}\boldsymbol{c}_{\mathrm{r}}$ 间的分子的数通量

$$\mathrm{d}\boldsymbol{c}_{\mathrm{r}} \int\limits_{\boldsymbol{c}_{\mathrm{i}}\cdot\boldsymbol{n}<0} (\boldsymbol{c}_{\mathrm{i}}\cdot\boldsymbol{n})\,R(\boldsymbol{c}_{\mathrm{i}}, \boldsymbol{c}_{\mathrm{r}}) f_{\mathrm{i}}(\boldsymbol{c}_{\mathrm{i}})\mathrm{d}\boldsymbol{c}_{\mathrm{i}} \tag{2.200}$$

注意到，这一数通量也可以用反射速度分布函数表示为 $[f_{\mathrm{r}}(\boldsymbol{c}_{\mathrm{r}})\mathrm{d}\boldsymbol{c}_{\mathrm{r}}]\,(\boldsymbol{c}_{\mathrm{r}}\cdot\boldsymbol{n})$，因此可以得到入射、反射速度分布函数间的关系

$$f_{\mathrm{r}}(\boldsymbol{c}_{\mathrm{r}}) = -\frac{1}{\boldsymbol{c}_{\mathrm{r}}\cdot\boldsymbol{n}} \int\limits_{\boldsymbol{c}_{\mathrm{i}}\cdot\boldsymbol{n}<0} (\boldsymbol{c}_{\mathrm{i}}\cdot\boldsymbol{n})\,R(\boldsymbol{c}_{\mathrm{i}}, \boldsymbol{c}_{\mathrm{r}}) f_{\mathrm{i}}(\boldsymbol{c}_{\mathrm{i}})\mathrm{d}\boldsymbol{c}_{\mathrm{i}}, \quad \boldsymbol{c}_{\mathrm{r}}\cdot\boldsymbol{n} > 0 \tag{2.201}$$

下面将介绍常用的几种气固相互作用模型。

### 2.5.3 镜面反射模型

镜面反射 (specular reflection) 模型假设壁面是光滑的、完全弹性的表面，如图 2.18 所示。分子入射到壁面后，其速度的法向分量方向改变，而切向分量保持不变。此时，反射速度与入射速度间存在确定性关系

$$\boldsymbol{c}_{\mathrm{r}} = \boldsymbol{c}_{\mathrm{i}} - 2\boldsymbol{n}\,(\boldsymbol{c}_{\mathrm{i}}\cdot\boldsymbol{n}) \tag{2.202}$$

由式 (2.202) 也可得出 $\boldsymbol{c}_{\mathrm{i}} = \boldsymbol{c}_{\mathrm{r}} - 2\boldsymbol{n}\,(\boldsymbol{c}_{\mathrm{r}}\cdot\boldsymbol{n})$，这表明镜面反射模型的入射和反射速度具有对称性。

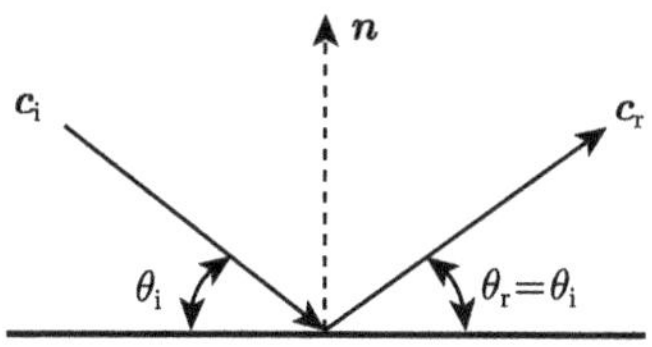


图 2.18 镜面反射模型

镜面反射模型的反射核可表示为

$$R_{\rm spec}(\boldsymbol{c}_{\rm i},\boldsymbol{c}_{\rm r})=\delta\left[\boldsymbol{c}_{\rm r}-\boldsymbol{c}_{\rm i}+2\boldsymbol{n}\left(\boldsymbol{c}_{\rm i}\cdot\boldsymbol{n}\right)\right]=\delta\left[\boldsymbol{c}_{\rm i}-\boldsymbol{c}_{\rm r}+2\boldsymbol{n}\left(\boldsymbol{c}_{\rm r}\cdot\boldsymbol{n}\right)\right] \tag{2.203}$$

其中，$\delta(\cdot)$ 为狄拉克 (Dirac) 函数。将式 (2.203) 代入式 (2.201) 可以得到反射速度的分布函数：

$$f_{\rm r}(\boldsymbol{c}_{\rm r})=f_{\rm i}\left[\boldsymbol{c}_{\rm r}-2\boldsymbol{n}\left(\boldsymbol{c}_{\rm r}\cdot\boldsymbol{n}\right)\right],\qquad \boldsymbol{c}_{\rm r}\cdot\boldsymbol{n}>0 \tag{2.204}$$

利用式 (2.204)，可以计算出镜面反射模型中反射分子的数密度、速度、应力和热流：

$$n_{\rm r}=n_{\rm i},\quad \boldsymbol{u}_{\rm r}=\boldsymbol{u}_{\rm i}-2\boldsymbol{n}\left(\boldsymbol{u}_{\rm i}\cdot\boldsymbol{n}\right),\quad p_{\rm r}=p_{\rm i},\quad \tau_{\rm r}=-\tau_{\rm i},\quad q_{\rm r}=-q_{\rm i} \tag{2.205}$$

### 2.5.4 漫反射模型

设壁面的温度为 $T_{\rm w}$，漫反射 (diffuse reflection) 模型假设分子与壁面达到热平衡，即反射分子的速度服从 Maxwell 分布，如图 2.19 所示。此时反射速度与入射速度无关，其分布函数可以表示为

$$f_{\rm r}(\boldsymbol{c}_{\rm r})=n_{\rm r}\left(\frac{m}{2\pi k_{\rm B}T_{\rm w}}\right)^{\frac{3}{2}}\exp\left(-\frac{mc_{\rm r}^2}{2k_{\rm B}T_{\rm w}}\right),\qquad \boldsymbol{c}_{\rm r}\cdot\boldsymbol{n}>0 \tag{2.206}$$

漫反射模型的散射核为

$$R_{\rm diff}(\boldsymbol{c}_{\rm i},\boldsymbol{c}_{\rm r})=\frac{\boldsymbol{c}_{\rm r}\cdot\boldsymbol{n}}{2\pi}\left(\frac{m}{k_{\rm B}T_{\rm w}}\right)^2\exp\left(-\frac{mc_{\rm r}^2}{2k_{\rm B}T_{\rm w}}\right) \tag{2.207}$$

将式 (2.206) 代入式 (2.196) 中可得

$$n_{\rm r}\sqrt{\frac{k_{\rm B}T_{\rm w}}{2\pi m}}=\int\limits_{\boldsymbol{c}_{\rm i}\cdot\boldsymbol{n}<0}\left(\boldsymbol{c}_{\rm i}\cdot\boldsymbol{n}\right)f_{\rm i}(\boldsymbol{c}_{\rm i}){\rm d}\boldsymbol{c}_{\rm i} \tag{2.208}$$

式 (2.208) 反映了入射和反射分子数通量的守恒，通过式 (2.208) 即可得到反射分子数密度 $n_{\rm r}$。同时，利用式 (2.206)，也可以求出漫反射情况下反射分子的应力和热流

$$p_w = \frac{1}{2} n_r k_B T_w, \quad \tau_w = 0, \quad q_w = 2 n_r k_B T_w \sqrt{\frac{R T_w}{2\pi}} \tag{2.209}$$

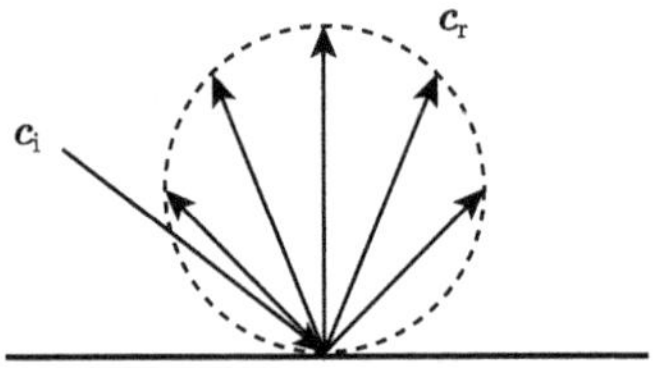


图 2.19　漫反射模型

### 2.5.5 Maxwell 模型

纯镜面反射模型或完全漫反射模型都不能很好地与实验结果符合。因此，Maxwell 提出了一种将两者结合的模型，如图 2.20 所示。这一模型假设反射分子中 $\sigma$ 部分为漫反射，$1-\sigma$ 部分为镜面反射，其中 $\sigma$ 称为适应系数 (accommodation coefficient)。Maxwell 模型的反射核为

$$\begin{aligned} R_{\text{Maxwell}}(\boldsymbol{c}_i, \boldsymbol{c}_r) &= (1-\sigma) R_{\text{spec}}(\boldsymbol{c}_i, \boldsymbol{c}_r) + \sigma R_{\text{diff}}(\boldsymbol{c}_i, \boldsymbol{c}_r) \\ &= (1-\sigma)\delta\left[\boldsymbol{c}_i - \boldsymbol{c}_r + 2\boldsymbol{n}\left(\boldsymbol{c}_r \cdot \boldsymbol{n}\right)\right] \\ &\quad + \sigma \frac{(\boldsymbol{c}_r \cdot \boldsymbol{n})}{2\pi} \left(\frac{m}{k_B T_w}\right)^2 \exp\left(-\frac{m c_r^2}{2 k_B T_w}\right) \end{aligned} \tag{2.210}$$

所以反射速度分布函数为

$$f_r(\boldsymbol{c}_r) = (1-\sigma) f_i\left[\boldsymbol{c}_r - 2\boldsymbol{n}\left(\boldsymbol{c}_r \cdot \boldsymbol{n}\right)\right] + \sigma n_r \left(\frac{m}{2\pi k_B T_w}\right)^{\frac{3}{2}} \exp\left(-\frac{m c_r^2}{2 k_B T_w}\right), \quad \boldsymbol{c}_r \cdot \boldsymbol{n} > 0 \tag{2.211}$$

相应地，Maxwell 模型给出的反射分子应力和热流为

$$\begin{aligned} p_r &= (1-\sigma) p_i + \frac{1}{2} \sigma n_r k_B T_w \\ \tau_r &= -(1-\sigma) \tau_i \\ q_r &= -(1-\sigma) q_i + 2\sigma n_r k_B T_w \sqrt{\frac{R T_w}{2\pi}} \end{aligned} \tag{2.212}$$

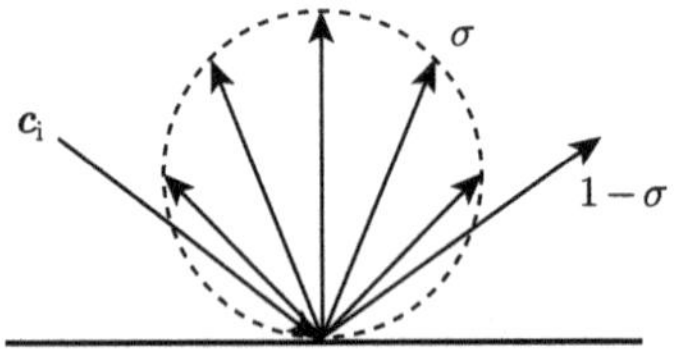


图 2.20　Maxwell 模型

适应系数 $\sigma$ 可以通过分子束实验或分子动力学模拟的方法标定。值得注意的是，Maxwell 模型中的适应系数定义假定了其与来流速度大小、方向以及表面的温度无关，而实验表明这样的假设时常不成立。这也限制了 Maxwell 模型的应用。

完全能量适应的漫反射模型对于来流能量不是太高、表面温度为常温的粗糙壁面附近的气固相互作用是较好的近似。但实验表明对于精密加工的清洁表面，在高温和高真空的环境下，当来流能量较高时，能量的适应程度就有明显的降低，即 $\sigma$ 远小于 1。分子束实验还显示反射分子在某一方向上有叶片状的分布。这些都意味着需要提出更现实的气固相互作用模型。

### 2.5.6 CLL 模型

散射核 $R(\boldsymbol{c}_{\mathrm{i}},\boldsymbol{c}_{\mathrm{r}})$ 除了要满足归一化条件 (2.199) 外，还需要满足互易性原理 (reciprocity principle) 或细致平衡原理 [8-10]，即满足能量守恒条件下入射速度与反射速度的逆转不变性。具体地，散射核需要满足 [11]

$$(\boldsymbol{c}_{\mathrm{r}}\cdot\boldsymbol{n})\,R(-\boldsymbol{c}_{\mathrm{r}},-\boldsymbol{c}_{\mathrm{i}})\exp\left(-\frac{c_{\mathrm{r}}^2}{2RT_{\mathrm{w}}}\right)=-\,(\boldsymbol{c}_{\mathrm{i}}\cdot\boldsymbol{n})\,R(\boldsymbol{c}_{\mathrm{i}},\boldsymbol{c}_{\mathrm{r}})\exp\left(-\frac{c_{\mathrm{i}}^2}{2RT_{\mathrm{w}}}\right) \tag{2.213}$$

Cercignani 和 Lampis 构造了满足归一性条件 (2.199) 与互易性原理 (2.213) 的散射核，其中包含切向能量适应系数 $\alpha_{\mathrm{t}}$ 和法向能量适应系数 $\alpha_{\mathrm{n}}$ 两个可调参数。这一模型的计算结果与分子束实验得到的结果相符较好 [12]，能够再现实验中观察到的小叶分布现象。Lord[13] 发展了这一模型，将其在 DSMC 方法中得以实现，这一模型也被称为 Cercignani Lampis Lord(CLL) 模型，如图 2.21 所示。

记分子法向速度分量为 $v$，切向速度分量为 $u$、$w$，CLL 模型假设三个分量的散射核是相互独立的。其中切向散射核为

$$R_{\mathrm{CLL}}(u_{\mathrm{i}},u_{\mathrm{r}})=\frac{1}{\sqrt{2\pi RT_{\mathrm{w}}\alpha_{\mathrm{t}}}}\exp\left[-\frac{\left(u_{\mathrm{r}}-\sqrt{1-\alpha_{\mathrm{t}}}u_{\mathrm{i}}\right)^2}{2RT_{\mathrm{w}}\alpha_{\mathrm{t}}}\right] \tag{2.214}$$

法向散射核为

$$R_{\mathrm{CLL}}(v_{\mathrm{i}},v_{\mathrm{r}})=\frac{v_{\mathrm{r}}}{RT_{\mathrm{w}}\alpha_{\mathrm{n}}}\mathrm{I}_0\left(\frac{\sqrt{1-\alpha_{\mathrm{n}}}v_{\mathrm{r}}v_{\mathrm{i}}}{RT_{\mathrm{w}}\alpha_{\mathrm{n}}}\right)\exp\left[-\frac{v_{\mathrm{r}}^2+(1-\alpha_{\mathrm{n}})\,v_{\mathrm{i}}^2}{2RT_{\mathrm{w}}\alpha_{\mathrm{n}}}\right] \tag{2.215}$$

其中，$\mathrm{I}_0$ 为第一类零阶修正贝塞尔 (Bessel) 函数：

$$\mathrm{I}_0\,(x)=\frac{1}{2\pi}\int_0^{2\pi}\exp(x\cos\theta)\mathrm{d}\theta \tag{2.216}$$

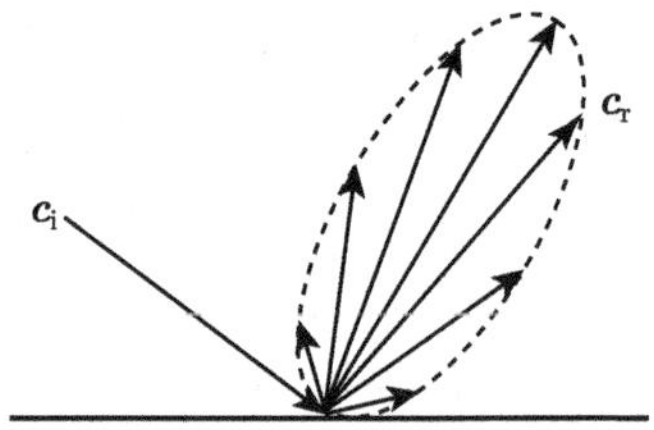


图 2.21　CLL 模型

# 参 考 文 献

[1] Kremer G M. An Introduction to the Boltzmann Equation and Transport Processes in Gases. New York: Springer Science & Business Media, 2010.

[2] Chapman S, Cowling T G. The Mathematical Theory of Non-uniform Gases. 3rd ed. Cambridge: Cambridge University Press, 1970.

[3] Boyd I D, Schwartzentruber T E. Nonequilibrium Gas Dynamics and Molecular Simulation. Cambridge: Cambridge University Press, 2017.

[4] Bird G A. Monte Carlo simulation in an engineering context. Progress in Astronautics and Aeronautics, 1981, 74: 239-255.

[5] Koura K, Matsumoto H. Variable soft sphere molecular model for inverse power law or Lennard-Jones potential. Physics of Fluids A: Fluid Dynamics, 1991, 3(10): 2459-2465.

[6] Koura K, Matsumoto H. Variable soft sphere molecular model for air species. Physics of Fluids A: Fluid Dynamics, 1992, 4(5): 1083-1085.

[7] Hassan H A, Hash D B. A generalized hard sphere model for Monte Carlo simulation. Physics of Fluids A: Fluid Dynamics, 1993, 5(3): 738-744.

[8] Fan J. A generalized soft-sphere model for Monte Carlo simulation. Physics of Fluids, 2002, 14(12): 4399-4405.

[9] Wenaas E P. Scattering at gas-surface interface. Journal of Chemistry Physics, 1971, 54: 376-388.

[10] Kuscer J. Reciprocity in scattering of gas molecules by surfaces. Surface Sci., 1971, 25: 225-237.

[11] 沈青. 稀薄气体动力学. 北京: 国防工业出版社，2003

[12] Hinchen J J. Scattering of molecular beams by metallic surfaces. Rarefied Gas Dynamics, 1965:505.

[13] Lord R G. Application of the C-L scattering kernel to DSMC calculation. Rarefied Gas Dynamics, 1991:1427.

# 第 3 章　Boltzmann 方程及其性质

Boltzmann 方程是分子动理论的基本方程，其描述了分子速度分布函数随时空演化的过程。本章首先回顾 Boltzmann 方程的推导过程及基本假设。通过对 Boltzmann 方程求矩，可以得到宏观物理量随时空演化的输运方程。随后，我们将依次探讨在平衡态、近平衡态及自由分子流情况下 Boltzmann 方程的有关性质。最后介绍 Boltzmann 方程的简化模型，即动理学模型方程的研究进展。

## 3.1　Boltzmann 方程

在分子运动与分子间碰撞过程中，分子的状态 (位置和速度) 会发生改变。作为分子状态的统计描述，分子速度分布函数也会相应地变化。Boltzmann 给出了描述速度分布函数随时空演化的控制方程，即 Boltzmann 方程。本节首先对 Boltzmann 方程的推导过程进行回顾，并对其中各项的物理意义进行解释。

### 3.1.1　Boltzmann 方程的推导

考察时刻 $t$，在物理空间点 $\boldsymbol{r}$ 附近的体积元 $\mathrm{d}\boldsymbol{r}$ 内，分子速度在 $\boldsymbol{c}$ 附近的速度空间体积元 $\mathrm{d}\boldsymbol{c}$ 内的分子数目可以表示为 $N_{c,r}=f(\boldsymbol{c},\boldsymbol{r},t)\mathrm{d}\boldsymbol{c}\mathrm{d}\boldsymbol{r}$(见式 (2.60))。如果相空间体积元 $\mathrm{d}\boldsymbol{r}\mathrm{d}\boldsymbol{c}$ 的位置和形状不随时间变化，那么该体积元内分子数目的时间变化率为

$$\frac{\partial N_{\boldsymbol{c},\boldsymbol{r}}}{\partial t}=\frac{\partial f}{\partial t}\mathrm{d}\boldsymbol{c}\mathrm{d}\boldsymbol{r} \tag{3.1}$$

这一变化率是由以下三个过程引起的。

(1) 分子以速度 $\boldsymbol{c}$ 运动而进出物理空间体积元 $\mathrm{d}\boldsymbol{r}$ 的对流过程。在 $\mathrm{d}t$ 时间内通过与 $x$ 垂直的表面进入 $\mathrm{d}\boldsymbol{r}$ 的分子数为 $(f\mathrm{d}\boldsymbol{c})\,(c_x\mathrm{d}t)\,\mathrm{d}y\mathrm{d}z$，而通过 $x+\mathrm{d}x$ 处的表面离开的分子数为 $[(c_xf)+\mathrm{d}x\partial\,(c_xf)/\partial x]\,\mathrm{d}\boldsymbol{c}\mathrm{d}t\mathrm{d}y\mathrm{d}z$。因此，分子在 $x$ 方向上的运动引起的 $\mathrm{d}\boldsymbol{r}$ 内分子数目变化为[①]

$$\begin{aligned}\left.\frac{\partial N_{\boldsymbol{c},\boldsymbol{r}}}{\partial t}\right|_{m,x}&=-\left[(c_xf)+\frac{\partial\,(c_xf)}{\partial x}\mathrm{d}x\right]\mathrm{d}\boldsymbol{c}\mathrm{d}t\mathrm{d}y\mathrm{d}z+(f\mathrm{d}\boldsymbol{c})\,(c_x\mathrm{d}t)\,\mathrm{d}y\mathrm{d}z\\&=-\frac{\partial\,(c_xf)}{\partial x}\mathrm{d}\boldsymbol{c}\mathrm{d}\boldsymbol{r}\mathrm{d}t=-c_x\frac{\partial f}{\partial x}\mathrm{d}\boldsymbol{c}\mathrm{d}\boldsymbol{r}\mathrm{d}t\end{aligned} \tag{3.2}$$

① 注意到分布函数 $f(\boldsymbol{c},\boldsymbol{r},t)$ 中 $\boldsymbol{c}$、$\boldsymbol{r}$ 和 $t$ 为相互平等的独立变量。因此这里的 $c_x$ 可以从 $\partial/\partial x$ 中提出。

因此，分子在 $x$、$y$、$z$ 三个方向上运动产生的总的分子数目变化为

$$\left.\frac{\partial N_{\boldsymbol{c},\boldsymbol{r}}}{\partial t}\right|_m = -\left(c_x\frac{\partial f}{\partial x} + c_y\frac{\partial f}{\partial y} + c_z\frac{\partial f}{\partial z}\right)\mathrm{d}\boldsymbol{c}\mathrm{d}\boldsymbol{r}\mathrm{d}t$$
$$= -\boldsymbol{c}\cdot\frac{\partial f}{\partial \boldsymbol{r}}\mathrm{d}\boldsymbol{c}\mathrm{d}\boldsymbol{r}\mathrm{d}t = -c_i\frac{\partial f}{\partial x_i}\mathrm{d}\boldsymbol{c}\mathrm{d}\boldsymbol{r}\mathrm{d}t \tag{3.3}$$

(2) 由于外力作用，分子速度发生变化，导致速度空间 $\mathrm{d}\boldsymbol{c}$ 上出现“对流”过程。记单位质量气体所受的外力为 $\boldsymbol{F}$，并且仅考虑 $\boldsymbol{F}$ 与分子速度 $\boldsymbol{c}$ 无关的情况(如重力等)。与分子运动的影响类似，外力作用引起的相空间内分子数目变化为

$$\left.\frac{\partial N_{\boldsymbol{c},\boldsymbol{r}}}{\partial t}\right|_f = -\boldsymbol{F}\cdot\frac{\partial f}{\partial \boldsymbol{c}}\mathrm{d}\boldsymbol{c}\mathrm{d}\boldsymbol{r}\mathrm{d}t = -F_i\frac{\partial f}{\partial c_i}\mathrm{d}\boldsymbol{c}\mathrm{d}\boldsymbol{r}\mathrm{d}t \tag{3.4}$$

(3) 分子间碰撞引起的速度为 $\boldsymbol{c}$ 的分子 (简称 $\boldsymbol{c}$ 类分子) 的增加与减少。在第 2 章提到过，稀薄气体分子的碰撞过程可以看作瞬时发生在一个空间点上，因此分子碰撞只会影响速度空间 $\mathrm{d}\boldsymbol{c}$ 而不会影响物理空间 $\mathrm{d}\boldsymbol{r}$。考虑 $\boldsymbol{c}$ 类分子与 $\boldsymbol{c}_1$ 类分子发生碰撞，碰撞后它们的速度分别变为 $\boldsymbol{c}^*$ 和 $\boldsymbol{c}_1^*$。碰撞后速度可参照式 (2.118) 和式 (2.119) 写为

$$\boldsymbol{c}^* = \frac{1}{2}(\boldsymbol{c}+\boldsymbol{c}_1) + \frac{1}{2}c_{\mathrm{r}}\boldsymbol{\Omega} \tag{3.5}$$

$$\boldsymbol{c}_1^* = \frac{1}{2}(\boldsymbol{c}+\boldsymbol{c}_1) - \frac{1}{2}c_{\mathrm{r}}\boldsymbol{\Omega} \tag{3.6}$$

其中，$c_{\mathrm{r}} = |\boldsymbol{c}-\boldsymbol{c}_1|$ 为碰撞前的相对速度值，$\boldsymbol{\Omega}$ 见式 (2.125) ~ 式 (2.127)。这里以一个 $\boldsymbol{c}$ 类分子作为测试分子，考察其以速度 $c_{\mathrm{r}}$ 在 $\boldsymbol{c}_1$ 类分子群中的运动。根据 2.4.2 节的讨论，$\mathrm{d}t$ 时间内，在命中参数 $\mathrm{d}b$、$\mathrm{d}\varepsilon$ 附近 (或在立体角 $\mathrm{d}\Omega$ 内) 的分子碰撞所扫过的体积 $(b\mathrm{d}b\mathrm{d}\varepsilon)(c_{\mathrm{r}}\mathrm{d}t) = (\sigma\mathrm{d}\Omega)(c_{\mathrm{r}}\mathrm{d}t)$。而 $\boldsymbol{c}_1$ 类分子的数密度为 $f(\boldsymbol{c}_1)\mathrm{d}\boldsymbol{c}_1$，所以每个 $\boldsymbol{c}$ 类分子在 $\mathrm{d}t$ 时间内与 $\boldsymbol{c}_1$ 类分子发生碰撞的次数为

$$f(\boldsymbol{c}_1)c_{\mathrm{r}}(\sigma\mathrm{d}\Omega)\mathrm{d}\boldsymbol{c}_1\mathrm{d}t \tag{3.7}$$

在物理空间体积元 $\mathrm{d}\boldsymbol{r}$ 内共有 $f(\boldsymbol{c})\mathrm{d}\boldsymbol{c}\mathrm{d}\boldsymbol{r}$ 个 $\boldsymbol{c}$ 类分子，由此可知 $\mathrm{d}\boldsymbol{r}$ 发生的 $(\boldsymbol{c},\boldsymbol{c}_1\rightarrow\boldsymbol{c}^*,\boldsymbol{c}_1^*)$ 类碰撞的次数为

$$f(\boldsymbol{c})f(\boldsymbol{c}_1)c_{\mathrm{r}}(\sigma\mathrm{d}\Omega)\mathrm{d}\boldsymbol{c}_1\mathrm{d}\boldsymbol{c}\mathrm{d}t\mathrm{d}\boldsymbol{r} \tag{3.8}$$

这类碰撞的结果是使相空间内 $\boldsymbol{c}$ 类分子减少，减少量即对应于式 (3.8)。而由于二体弹性碰撞的对称性，这类碰撞存在逆碰撞 $(\boldsymbol{c}^*,\boldsymbol{c}_1^*\rightarrow\boldsymbol{c},\boldsymbol{c}_1)$，使得 $\boldsymbol{c}$ 类分子的数目增加，增加量可类比式 (3.8)：

$$f(\boldsymbol{c}^*)f(\boldsymbol{c}_1^*)c_{\mathrm{r}}^*(\sigma\mathrm{d}\Omega)^*\mathrm{d}\boldsymbol{c}_1^*\mathrm{d}\boldsymbol{c}^*\mathrm{d}t\mathrm{d}\boldsymbol{r} \tag{3.9}$$

其中，$(\sigma \mathrm{d}\Omega)^* = \sigma(\chi^*, c_{\mathrm{r}}^*) \sin\chi^* \mathrm{d}\chi^* \mathrm{d}\varepsilon^*$。分子弹性碰撞过程中能量守恒使得碰撞前后的相对速度值不发生改变，$c_{\mathrm{r}}^* = c_{\mathrm{r}}$ (见式 (2.116))。此外，碰撞仅发生在质心坐标系下的碰撞平面内，所以 $\varepsilon^* = \varepsilon$。而正碰撞与逆碰撞之间的对称性使得偏转角 $\chi^* = \chi(b^*, c_{\mathrm{r}}^*) = \chi(b, c_{\mathrm{r}})$，并且保证了碰撞前后物理量坐标转化的雅可比行列式为 1

$$\left| \frac{\partial(\boldsymbol{c}^*, \boldsymbol{c}_1^*, \chi^*, \varepsilon^*)}{\partial(\boldsymbol{c}, \boldsymbol{c}_1, \chi, \varepsilon)} \right| = 1 \tag{3.10}$$

所以有

$$c_{\mathrm{r}}^* \left(\sigma \mathrm{d}\Omega\right)^* \mathrm{d}\boldsymbol{c}_1^* \mathrm{d}\boldsymbol{c}^* = c_{\mathrm{r}} \left(\sigma \mathrm{d}\Omega\right) \mathrm{d}\boldsymbol{c}_1 \mathrm{d}\boldsymbol{c} \tag{3.11}$$

因此，式 (3.9) 可以写为

$$f(\boldsymbol{c}^*) f(\boldsymbol{c}_1^*) c_{\mathrm{r}} \left(\sigma \mathrm{d}\Omega\right) \mathrm{d}\boldsymbol{c}_1 \mathrm{d}\boldsymbol{c} \mathrm{d}t \mathrm{d}\boldsymbol{r} \tag{3.12}$$

若想要考察由分子间碰撞引起的相空间 $\mathrm{d}\boldsymbol{r}\mathrm{d}\boldsymbol{c}$ 内分子数目的总变化，则需要考虑所有 $\boldsymbol{c}_1$ 以及命中参数 $b$ 和 $\varepsilon$ 所有可能的取值情况，即对这些变量积分，即可得到

$$\left. \frac{\partial N_{\boldsymbol{c},\boldsymbol{r}}}{\partial t} \right|_c = (\mathrm{d}\boldsymbol{c} \mathrm{d}t \mathrm{d}\boldsymbol{r}) \int_{-\infty}^{\infty} \int_0^{4\pi} (f^* f_1^* - f f) c_{\mathrm{r}} \sigma \mathrm{d}\Omega \mathrm{d}\boldsymbol{c}_1 \tag{3.13}$$

其中，$f(\boldsymbol{c}_1)$、$f(\boldsymbol{c}^*)$ 和 $f(\boldsymbol{c}_1^*)$ 被分别简记为 $f_1$、$f^*$ 和 $f_1^*$。

式 (3.1) 表示的相空间体积元 $\mathrm{d}\boldsymbol{c}\mathrm{d}\boldsymbol{r}$ 内分子数目的时间变化即为分子运动 (式 (3.3))、外力作用 (式 (3.4)) 以及分子间碰撞 (式 (3.13)) 的影响之和，因此得到了描述分子速度分布演化的控制方程，即 Boltzmann 方程

$$\frac{\partial f}{\partial t} + \boldsymbol{c} \cdot \frac{\partial f}{\partial \boldsymbol{r}} + \boldsymbol{F} \cdot \frac{\partial f}{\partial \boldsymbol{c}} = \int_{-\infty}^{\infty} \int_0^{4\pi} (f^* f_1^* - f f_1) c_{\mathrm{r}} \sigma \mathrm{d}\Omega \mathrm{d}\boldsymbol{c}_1 \tag{3.14}$$

Boltzmann 方程是分子动理论的基本方程，它描述了单原子、单组分的稀薄气体分子在运动、外力作用以及分子间碰撞过程中速度分布函数的时空演化，为我们从介观层面上认识气体行为提供了新视角。然而，Boltzmann 方程是一个非线性的积分微分方程，通常情况下难以得到解析解，数值求解也相当困难。

具体而言，Boltzmann 方程具有高维性。在一般情况下，$f$ 依赖于时间 $t$、空间 $(x, y, z)$ 和速度 $(c_x, c_y, c_z)$ 7 个自变量，并且需要考虑广泛的速度空间取值范围。此外，Boltzmann 方程右侧的碰撞项是其求解困难的主要原因，这一项是一个复杂的非线性积分。这些特性都给 Boltzmann 方程的求解带来了困难和挑战。

### 3.1.2　Boltzmann 方程的假设

在推导 Boltzmann 方程的过程中引入了一些假设，这里需要特别地强调和关注，以助于我们更深入地理解 Boltzmann 方程的适用范围。

(1) 稀薄气体假设 (rarefied gas assumption)。

对于稀薄气体，分子间的平均间距远大于分子自身的尺寸 (即分子直径)。这意味着分子间相互作用在较大的空间尺度上可以忽略不计。因此分子间碰撞过程的时空变化尺度远小于分子运动的时空尺度，可被视为瞬间发生在空间某一点上。这体现在 Boltzmann 方程右侧的碰撞项中不涉及时空坐标 $(\boldsymbol{r}, t)$ 的变化，也就不包含碰撞的时间变化和空间轨迹的信息。此外，稀薄气体中发生多分子同时碰撞的概率非常小，因此可以只考虑二体碰撞。

由此可以看出，Boltzmann 方程描述的空间和时间尺度应当大于分子间碰撞的空间 (分子直径 $d$) 和时间尺度 $(d/\overline{c'})$，不能提供碰撞尺度之下的流场信息。虽然速度分布函数 $f$ 随空间变化，但在分子间作用力的影响范围内，通常认为其保持不变。如果要考虑这种微观尺度的信息，则需通过分子动力学方法，追踪每个气体分子在运动和碰撞过程中的位置和速度。

(2) 分子混沌假设 (molecular chaos assumption)。

在 Boltzmann 方程的碰撞项中假设了参与碰撞的两个分子的速度 $\boldsymbol{c}$ 和 $\boldsymbol{c}_1$ 是不相关的。设这两个分子的运动状态分别为 $(\boldsymbol{c}, \boldsymbol{r})$ 和 $(\boldsymbol{c}_1, \boldsymbol{r}_1)$。基于分子混沌假设，用于描述两个分子状态的联合分布可以看作是这两个分子速度分布函数的乘积

$$f(\boldsymbol{c}, \boldsymbol{r}, \boldsymbol{c}_1, \boldsymbol{r}_1, t) = f(\boldsymbol{c}, \boldsymbol{r}, t) f(\boldsymbol{c}_1, \boldsymbol{r}_1, t) \tag{3.15}$$

并且在碰撞时有 $\boldsymbol{r}_1 = \boldsymbol{r} + O(d) \approx \boldsymbol{r}$。这一点对于逆碰撞的两个分子 $\boldsymbol{c}^*$ 和 $\boldsymbol{c}_1^*$ 也同样适用。

(3) 单一的分子碰撞通常不会显著改变速度分布函数，只有大量的分子碰撞才会引起速度分布函数明显的变化。

(4) 在分子碰撞过程中，外力 $\boldsymbol{F}$ 的影响相比分子间作用力可以忽略不计。也就是说外力 $\boldsymbol{F}$ 作用的时间尺度远大于分子间作用力的时间尺度。

## 3.2　宏观输运方程

在分子动理论中，除了分子速度分布函数 $f$ 本身，我们同样关心速度、温度等宏观量在时间和空间上的变化。在 2.3.1 节我们将气体的宏观量表示为速度分布函数的矩。通过对 Boltzmann 方程求矩，也可以得到相应宏观量的随时空演化的方程。本节将对 Boltzmann 方程与宏观量输运方程之间的联系进行探讨。

### 3.2.1 Boltzmann 方程的矩方程

对于某一与分子速度 $\boldsymbol{c}$ 相关的微观量 $Q(\boldsymbol{c})$，其矩方程可以通过以下方法得到。将 Boltzmann 方程 (3.14) 乘以 $Q$，并对速度空间积分可得

$$\int_{-\infty}^{\infty} Q\frac{\partial f}{\partial t}\mathrm{d}\boldsymbol{c}+\int_{-\infty}^{\infty} Q\boldsymbol{c}\cdot\frac{\partial f}{\partial \boldsymbol{r}}\mathrm{d}\boldsymbol{c}+\int_{-\infty}^{\infty} Q\boldsymbol{F}\cdot\frac{\partial f}{\partial \boldsymbol{c}}\mathrm{d}\boldsymbol{c}$$
$$=\int_{-\infty}^{\infty} Q\int_{-\infty}^{\infty}\int_{0}^{4\pi}\left(f^*f_1^*-ff_1\right)c_{\mathrm{r}}\sigma\mathrm{d}\Omega\mathrm{d}\boldsymbol{c}_1\mathrm{d}\boldsymbol{c} \tag{3.16}$$

由于 $Q$ 仅为分子速度 $\boldsymbol{c}$ 的函数，所以式 (3.16) 左侧第一项可以写为

$$\int_{-\infty}^{\infty} Q\frac{\partial f}{\partial t}\mathrm{d}\boldsymbol{c}=\int_{-\infty}^{\infty}\frac{\partial Qf}{\partial t}\mathrm{d}\boldsymbol{c}=\frac{\partial}{\partial t}\int_{-\infty}^{\infty} Qf\mathrm{d}\boldsymbol{c}=\frac{\partial n\bar{Q}}{\partial t} \tag{3.17}$$

类似地，可以将式 (3.16) 左侧第二项写为

$$\int_{-\infty}^{\infty} Qc_i\frac{\partial f}{\partial x_i}\mathrm{d}\boldsymbol{c}=\int_{-\infty}^{\infty}\frac{\partial Qc_if}{\partial x_i}\mathrm{d}\boldsymbol{c}=\frac{\partial}{\partial x_i}\int_{-\infty}^{\infty} Qc_if\mathrm{d}\boldsymbol{c}=\frac{\partial}{\partial x_i}\left(n\overline{Qc_i}\right) \tag{3.18}$$

值得注意的是，因为 $\boldsymbol{c}$ 是与 $\boldsymbol{r}$ 和 $t$ 平等的自变量，所以在式 (3.17) 和式 (3.18) 中可以将 $Q$ 和 $Q\boldsymbol{c}$ 移到时空导数内，以及将时空导数从积分号中提出。然而，在将 $Q$ 和 $Q\boldsymbol{c}$ 与分布函数 $f(\boldsymbol{c},\boldsymbol{r},t)$ 相乘并求矩后，得到的 $n\overline{Q}$ 以及 $n\overline{Q\boldsymbol{c}}$ 是依赖于时空坐标 $(\boldsymbol{r},t)$ 的。

对式 (3.16) 左侧第三项作分部积分可得

$$\int_{-\infty}^{\infty} QF_i\frac{\partial f}{\partial c_i}\mathrm{d}\boldsymbol{c}=F_i\int_{-\infty}^{\infty}\frac{\partial Qf}{\partial c_i}\mathrm{d}\boldsymbol{c}-F_i\int_{-\infty}^{\infty}\frac{\partial Q}{\partial c_i}f\mathrm{d}\boldsymbol{c}=-nF_i\overline{\frac{\partial Q}{\partial c_i}} \tag{3.19}$$

其中，$\int_{-\infty}^{\infty}(\partial Qf/\partial c_i)\mathrm{d}\boldsymbol{c}=0$ 是由于 $\boldsymbol{c}\to\pm\infty$ 时需要 $f\to 0$ 以保证包含 $f$ 的积分的收敛性。式 (3.16) 右侧项称为碰撞积分 (collision integral)，记为

$$\Delta[Q]=\int_{-\infty}^{\infty}\int_{-\infty}^{\infty}\int_{0}^{4\pi} Q\left(f^*f_1^*-ff_1\right)c_{\mathrm{r}}\sigma\mathrm{d}\Omega\mathrm{d}\boldsymbol{c}_1\mathrm{d}\boldsymbol{c} \tag{3.20}$$

综合考虑式 (3.17) ~ 式 (3.20)，即可得到 Boltzmann 方程的矩方程，也称为 Maxwell 输运方程

$$\frac{\partial n\overline{Q}}{\partial t}+\frac{\partial}{\partial x_i}\left(n\overline{Qc_i}\right)-nF_i\overline{\frac{\partial Q}{\partial c_i}}=\Delta[Q] \tag{3.21}$$

### 3.2.2　碰撞积分

在矩方程中出现了碰撞积分 $\Delta[Q]$(式 (3.20))，这里对碰撞积分的性质以及计算方法进行讨论。

1. 碰撞积分的对称性

碰撞积分包含了两种对称性。第一种是碰撞对之间的对称性。若对碰撞积分中碰撞对的速度进行交换，即 $\boldsymbol{c}\rightleftharpoons\boldsymbol{c}_1$，$\boldsymbol{c}^*\rightleftharpoons\boldsymbol{c}_1^*$，则碰撞积分的值保持不变。第二种是正逆碰撞之间的对称性，即碰撞积分中碰撞前后的速度互换，即 $(\boldsymbol{c},\boldsymbol{c}_1)\rightleftharpoons(\boldsymbol{c}^*,\boldsymbol{c}_1^*)$，也不会改变碰撞积分的值。基于这两种对称性，可以得到碰撞积分的几种替换形式：

$$\Delta[Q]=\int_{-\infty}^{\infty}\int_{-\infty}^{\infty}\int_{0}^{4\pi}Q_1\left(f^*f_1^*-ff_1\right)c_{\mathrm{r}}\sigma\mathrm{d}\Omega\mathrm{d}\boldsymbol{c}_1\mathrm{d}\boldsymbol{c} \tag{3.22}$$

$$\Delta[Q]=-\int_{-\infty}^{\infty}\int_{-\infty}^{\infty}\int_{0}^{4\pi}Q^*\left(f^*f_1^*-ff_1\right)c_{\mathrm{r}}\sigma\mathrm{d}\Omega\mathrm{d}\boldsymbol{c}_1\mathrm{d}\boldsymbol{c} \tag{3.23}$$

$$\Delta[Q]=-\int_{-\infty}^{\infty}\int_{-\infty}^{\infty}\int_{0}^{4\pi}Q_1^*\left(f^*f_1^*-ff_1\right)c_{\mathrm{r}}\sigma\mathrm{d}\Omega\mathrm{d}\boldsymbol{c}_1\mathrm{d}\boldsymbol{c} \tag{3.24}$$

其中，式 (3.22) 是对式 (3.20) 进行了 $\boldsymbol{c}\rightleftharpoons\boldsymbol{c}_1$ 替换；式 (3.23) 对式 (3.20) 进行了 $(\boldsymbol{c},\boldsymbol{c}_1)\rightleftharpoons(\boldsymbol{c}^*,\boldsymbol{c}_1^*)$ 替换并用到了碰撞前后量的转换关系 (式 (3.11))；式 (3.24) 在式 (3.23) 的基础上进行了 $\boldsymbol{c}^*\rightleftharpoons\boldsymbol{c}_1^*$ 转化。

将式 (3.20) 和式 (3.22) ~ 式 (3.24) 相加，可以得到碰撞积分的第一种变形：

$$\Delta[Q]=\frac{1}{4}\int_{-\infty}^{\infty}\int_{-\infty}^{\infty}\int_{0}^{4\pi}\left(Q+Q_1-Q^*-Q_1^*\right)\left(f^*f_1^*-ff_1\right)c_{\mathrm{r}}\sigma\mathrm{d}\Omega\mathrm{d}\boldsymbol{c}_1\mathrm{d}\boldsymbol{c} \tag{3.25}$$

这种形式的碰撞积分在 3.3 节的 $H$ 定理中出现。

式 (3.25) 中仍然保留了碰撞后速度的分布函数，如果将碰撞积分写为

$$\Delta[Q]=\int_{-\infty}^{\infty}\int_{-\infty}^{\infty}\int_{0}^{4\pi}Qf^{*}f_{1}^{*}c_{\mathrm{r}}\sigma\mathrm{d}\Omega\mathrm{d}\boldsymbol{c}_{1}\mathrm{d}\boldsymbol{c}-\int_{-\infty}^{\infty}\int_{-\infty}^{\infty}\int_{0}^{4\pi}Qff_{1}c_{\mathrm{r}}\sigma\mathrm{d}\Omega\mathrm{d}\boldsymbol{c}_{1}\mathrm{d}\boldsymbol{c} \tag{3.26}$$

并利用 $(\boldsymbol{c},\boldsymbol{c}_1)\rightleftharpoons(\boldsymbol{c}^*,\boldsymbol{c}_1^*)$ 的替换，则可得到碰撞积分的第二种变形

$$\Delta[Q]=\int_{-\infty}^{\infty}\int_{-\infty}^{\infty}\int_{0}^{4\pi}(Q^{*}-Q)\,ff_{1}c_{\mathrm{r}}\sigma\mathrm{d}\Omega\mathrm{d}\boldsymbol{c}_{1}\mathrm{d}\boldsymbol{c} \tag{3.27}$$

这种变形将便于在一些情况下计算碰撞积分。利用 $\boldsymbol{c}\rightleftharpoons\boldsymbol{c}_1$，$\boldsymbol{c}^*\rightleftharpoons\boldsymbol{c}_1^*$ 的替换即可得到

$$\Delta[Q]=\int_{-\infty}^{\infty}\int_{-\infty}^{\infty}\int_{0}^{4\pi}(Q_{1}^{*}-Q_{1})\,ff_{1}c_{\mathrm{r}}\sigma\mathrm{d}\Omega\mathrm{d}\boldsymbol{c}_{1}\mathrm{d}\boldsymbol{c} \tag{3.28}$$

将式 (3.27) 与式 (3.28) 相加即可得到碰撞积分的第三种变形：

$$\Delta[Q]=\frac{1}{2}\int_{-\infty}^{\infty}\int_{-\infty}^{\infty}\int_{0}^{4\pi}(Q^{*}+Q_{1}^{*}-Q-Q_{1})\,f\,f_{1}c_{\mathrm{r}}\sigma\mathrm{d}\Omega\mathrm{d}\boldsymbol{c}_{1}\mathrm{d}\boldsymbol{c} \tag{3.29}$$

这种变形应用于下面分子碰撞数的计算中。

2. 从碰撞积分到分子碰撞数

若在式 (3.29) 中取 $Q^*+Q_1^*-Q-Q_1=1$，即对每次碰撞进行计数，则可得到单位时间、单位体积内分子碰撞次数

$$N_{\mathrm{c}}=\frac{1}{2}\int_{-\infty}^{\infty}\int_{-\infty}^{\infty}\int_{0}^{4\pi}ff_{1}c_{\mathrm{r}}\sigma\mathrm{d}\Omega\mathrm{d}\boldsymbol{c}_{1}\mathrm{d}\boldsymbol{c}=\frac{1}{2}n^{2}\overline{\sigma_{\mathrm{T}}c_{\mathrm{r}}} \tag{3.30}$$

这一结果与 2.1 节中的式 (2.12) 一致。借助式 (2.12) 也可以得到单个分子的碰撞频率

$$\nu=\frac{1}{n}\int_{-\infty}^{\infty}\int_{-\infty}^{\infty}ff_{1}c_{\mathrm{r}}\sigma_{\mathrm{T}}\mathrm{d}\boldsymbol{c}_{1}\mathrm{d}\boldsymbol{c}=n\overline{\sigma_{\mathrm{T}}c_{\mathrm{r}}} \tag{3.31}$$

3. 碰撞不变量

数学性质上满足 $Q^* + Q_1^* - Q - Q_1 = 0$，使得碰撞积分 $\Delta[Q] = 0$ 的量称为求和不变量 (summational invariant)。而分子间碰撞在微观上满足质量守恒、动量守恒和能量守恒的物理性质，相应的守恒量 $m$、$m\boldsymbol{c}$ 和 $mc^2/2$ 称为碰撞不变量 (collision invariant)，这些量的碰撞积分均为 0

$$\begin{aligned} & m\Delta[1] = 0 \\ & m\Delta[\boldsymbol{c}] = 0 \\ & m\Delta[c^2]/2 = 0 \end{aligned} \tag{3.32}$$

并且可以证明 [1]，碰撞不变量或它们的线性组合是仅有的求和不变量，即

$$\Delta[Q] = 0, \qquad \text{当且仅当} Q = Ac^2 + \boldsymbol{B} \cdot \boldsymbol{c} + C \tag{3.33}$$

其中，$A$、$\boldsymbol{B}$ 和 $C$ 均为常数。

4. 碰撞积分的计算

这里以 $Q = c_i c_j$ 为例展示碰撞积分的计算过程。根据式 (3.27)，可以将 $\Delta[c_i c_j]$ 表示为

$$\Delta\left[c_i c_j\right] = \int_{-\infty}^{\infty} \int_{-\infty}^{\infty} \int_0^{4\pi} \left(c_i^* c_j^* - c_i c_j\right) f f_1 c_r \sigma \mathrm{d}\Omega \mathrm{d}\boldsymbol{c}_1 \mathrm{d}\boldsymbol{c} \tag{3.34}$$

借助式 (3.5) 和式 (3.6) 可以将碰撞后的速度乘积写为

$$\begin{aligned} c_i^* c_j^* - c_i c_j &= (c_i^* - c_i)(c_j^* - c_j) + (c_i^* - c_i) c_j + c_i (c_j^* - c_j) \\ &= \frac{1}{4}(-c_{ri} + c_r \Omega_i)(-c_{rj} + c_r \Omega_j) + \frac{1}{2}(-c_{ri} + c_r \Omega_i) c_j + \frac{1}{2} c_i (-c_{rj} + c_r \Omega_j) \end{aligned} \tag{3.35}$$

下面逐层对式 (3.34) 进行积分。对于碰撞后相对速度的方向矢量 $\Omega$(参见式 (2.125) ~式 (2.127))，可以验证

$$\begin{aligned} & \int_0^{2\pi} \Omega_i \mathrm{d}\varepsilon = 2\pi \frac{c_{ri}}{c_r} \cos\chi \\ & \int_0^{2\pi} \Omega_i \Omega_j \mathrm{d}\varepsilon = 2\pi \frac{c_{ri} c_{rj}}{c_r^2} - \pi \left(3 \frac{c_{ri} c_{rj}}{c_r^2} - \delta_{ij}\right) \sin^2\chi \end{aligned} \tag{3.36}$$

因此

$$\int_0^{2\pi}(c_i^*c_j^*-c_ic_j)\mathrm{d}\varepsilon=\pi(c_{1i}c_{1j}-c_ic_j)(1-\cos\chi)-\frac{3}{4}\pi\left(c_{\mathrm{r}i}c_{\mathrm{r}j}-\frac{1}{3}c_{\mathrm{r}}^2\delta_{ij}\right)\sin^2\chi \tag{3.37}$$

接下来对 $\chi$ 进行积分，根据黏性碰撞截面和扩散碰撞截面的定义式 (2.149) 和式 (2.150)，有

$$\begin{aligned}\int_0^{4\pi}(c_i^*c_j^*-c_ic_j)\sigma\mathrm{d}\Omega&=\int_0^{\pi/2}\left(\int_0^{2\pi}(c_i^*c_j^*-c_ic_j)\mathrm{d}\varepsilon\right)\sigma\sin\chi\mathrm{d}\chi\\&=\frac{1}{2}(c_{1i}c_{1j}-c_ic_j)\sigma_{\mathrm{D}}-\frac{3}{8}\left(c_{\mathrm{r}i}c_{\mathrm{r}j}-\frac{1}{3}c_{\mathrm{r}}^2\delta_{ij}\right)\sigma_\mu\end{aligned} \tag{3.38}$$

代入式 (3.34) 可得

$$\begin{aligned}\Delta[c_ic_j]=&\frac{1}{2}\int_{-\infty}^{\infty}\int_{-\infty}^{\infty}(c_{1i}c_{1j}-c_ic_j)c_{\mathrm{r}}\sigma_{\mathrm{D}}ff_1\mathrm{d}\boldsymbol{c}_1\mathrm{d}\boldsymbol{c}\\&-\frac{3}{8}\int_{-\infty}^{\infty}\int_{-\infty}^{\infty}\left(c_{\mathrm{r}i}c_{\mathrm{r}j}-\frac{1}{3}c_{\mathrm{r}}^2\delta_{ij}\right)c_{\mathrm{r}}\sigma_\mu ff_1\mathrm{d}\boldsymbol{c}_1\mathrm{d}\boldsymbol{c}\end{aligned} \tag{3.39}$$

考虑到碰撞积分的第一种对称性，对式 (3.39) 的右侧第一项进行 $\boldsymbol{c}\rightleftharpoons\boldsymbol{c}_1$ 替换，可知该项为 0。所以 $\Delta[c_ic_j]$ 的最终结果为

$$\Delta[c_ic_j]=-\frac{3}{8}\int_{-\infty}^{\infty}\int_{-\infty}^{\infty}\left(c_{\mathrm{r}i}c_{\mathrm{r}j}-\frac{1}{3}c_{\mathrm{r}}^2\delta_{ij}\right)c_{\mathrm{r}}\sigma_\mu ff_1\mathrm{d}\boldsymbol{c}_1\mathrm{d}\boldsymbol{c} \tag{3.40}$$

### 3.2.3 守恒方程

对于三个碰撞不变量 $m$、$m\boldsymbol{c}$ 和 $mc^2/2$，它们相应的矩方程即为分子动理论的三个守恒方程 (conservation equation)。首先，在式 (3.21) 中取 $Q=m$ 可以得到质量守恒方程

$$\frac{\partial nm}{\partial t}+\frac{\partial}{\partial x_i}(nm\bar{c}_i)=0 \tag{3.41}$$

或借助式 (2.15) 和式 (2.16) 写为

$$\frac{\mathrm{D}\rho}{\mathrm{D}t}=-\rho\frac{\partial u_i}{\partial x_i} \tag{3.42}$$

其中，D/D$t$ 为物质导数 (substantial derivative)

$$\frac{\mathrm{D}}{\mathrm{D}t}=\frac{\partial}{\partial t}+u_i\frac{\partial}{\partial x_i} \tag{3.43}$$

若式 (3.21) 中取 $Q=mc_i$，则可得到动量守恒方程

$$\frac{\partial\rho\bar{c}_i}{\partial t}+\frac{\partial}{\partial x_j}(\rho\overline{c_ic_j})-\rho F_i=0 \tag{3.44}$$

或借助式 (2.27) 和式 (2.46) 写为

$$\frac{\partial u_i}{\partial t}+u_j\frac{\partial u_i}{\partial x_j}=-\frac{1}{\rho}\frac{\partial p}{\partial x_i}+\frac{1}{\rho}\frac{\partial\tau_{ij}}{\partial x_i}+F_i \tag{3.45}$$

若式 (3.21) 中取 $Q=mc^2/2$，则可得到能量守恒方程

$$\frac{\partial}{\partial t}\left(\frac{1}{2}\rho\overline{c^2}\right)+\frac{\partial}{\partial x_i}\left(\frac{1}{2}\rho\overline{c^2c_i}\right)-\rho F_i\bar{c}_i=0 \tag{3.46}$$

或借助式 (2.31)、式 (2.47) 和式 (2.48) 写为

$$\rho\frac{\mathrm{D}e_{\mathrm{tr}}}{\mathrm{D}t}=-p\frac{\partial u_i}{\partial x_i}+\tau_{ij}\frac{\partial u_i}{\partial x_j}-\frac{\partial q_i}{\partial x_i}=0 \tag{3.47}$$

以上过程反映了微观层面上分子遵循的守恒律同宏观气体流动所遵从的守恒律一一对应。最后将守恒方程总结如下：

$$\left\{\begin{aligned}&\frac{\mathrm{D}\rho}{\mathrm{D}t}=-\rho\frac{\partial u_j}{\partial x_j}\\&\frac{\mathrm{D}u_i}{\mathrm{D}t}=-\frac{1}{\rho}\frac{\partial p}{\partial x_i}+\frac{1}{\rho}\frac{\partial\tau_{ij}}{\partial x_i}+F_i\\&\rho\frac{\mathrm{D}e_{\mathrm{tr}}}{\mathrm{D}t}=-p\frac{\partial u_j}{\partial x_j}+\tau_{ij}\frac{\partial u_i}{\partial x_j}-\frac{\partial q_j}{\partial x_j}=0\end{aligned}\right. \tag{3.48}$$

式 (3.48) 中含有十三个独立的未知标量函数①$\rho$、$u_i$、$p$、$\tau_{ij}$ 和 $q_j(i,j=x,y,z)$，而标量方程的数目则为五个，因此方程组是不封闭的。

① 其变量 $p$ 也可以替换为 $T$(通过理想气体状态方程 $p=\rho RT$ 与 $p$ 和 $\rho$ 联系) 或 $e_{\mathrm{tr}}$(通过式 (2.32) 联系)。$\tau_{ij}$ 按照式 (2.27) 的定义是无迹对称张量，因此只包含五个独立的未知标量。

# 3.3 *H* 定理与平衡态

如前文所述，分子运动 (Boltzmann 方程左侧的自由输运项) 将气体宏观性质的非均匀性在空间中传递，将气体推向非平衡状态；分子间碰撞 (Boltzmann 方程右侧的碰撞项) 导致分子间动量和能量的传递，会使气体趋向平衡态。当气体的 $Kn$ 趋近零时，分子间碰撞的频率足够高，使得气体达到平衡状态。从 Boltzmann 方程出发，*H* 定理在数学上揭示了分子间碰撞与平衡态的联系，并且可以严格推导出气体的平衡态分布——Maxwell 分布。

## 3.3.1 *H* 定理

考虑无外力作用的空间均匀气体，$n$ 为常数，$\partial/\partial\boldsymbol{r}$ 为零，$\boldsymbol{F}$ 为零，此时可以将 Boltzmann 方程简化为

$$\frac{\partial f}{\partial t}=\int_{-\infty}^{\infty}\int_{0}^{4\pi}\left(f^{*}f_{1}^{*}-ff_{1}\right)c_{\mathrm{r}}\sigma\mathrm{d}\Omega\mathrm{d}\boldsymbol{c}_{1} \tag{3.49}$$

Boltzmann 定义了 *H* 函数：

$$H=n\overline{\ln f}=\int_{-\infty}^{\infty}f\ln f\mathrm{d}\boldsymbol{c} \tag{3.50}$$

*H* 函数的概念与熵类似，其与比熵 (单位质量下的熵，specific entropy) $s$ 之间的关系为

$$\rho s=-k_{\mathrm{B}}H \tag{3.51}$$

在矩方程 (3.21) 中取 $Q=\ln f$，并将碰撞积分 $\Delta[\ln f]$ 表示为式 (3.25) 的形式，可以得到 *H* 函数变化率的方程：

$$\begin{aligned}\frac{\partial H}{\partial t}&=\frac{1}{4}\int_{-\infty}^{\infty}\int_{-\infty}^{\infty}\int_{0}^{4\pi}\left(\ln f+\ln f_{1}-\ln f^{*}-\ln f_{1}^{*}\right)\left(f^{*}f_{1}^{*}-ff_{1}\right)c_{\mathrm{r}}\sigma\mathrm{d}\Omega\mathrm{d}\boldsymbol{c}_{1}\mathrm{d}\boldsymbol{c}\\&=\frac{1}{4}\int_{-\infty}^{\infty}\int_{-\infty}^{\infty}\int_{0}^{4\pi}\ln\left(ff_{1}/f^{*}f_{1}^{*}\right)\left(f^{*}f_{1}^{*}-ff_{1}\right)c_{\mathrm{r}}\sigma\mathrm{d}\Omega\mathrm{d}\boldsymbol{c}_{1}\mathrm{d}\boldsymbol{c}\end{aligned} \tag{3.52}$$

显然 $\ln(ff_{1}/f^{*}f_{1}^{*})(f^{*}f_{1}^{*}-ff_{1})\leqslant 0$，所以式 (3.52) 的积分一定非负。因此，*H* 函数不会增加

$$\frac{\partial H}{\partial t}\leqslant 0 \tag{3.53}$$

这就是 $H$ 定理。根据式 (3.51) 也可以给出

$$\frac{\partial s}{\partial t} \geqslant 0 \tag{3.54}$$

因此 $H$ 定理实质上与热力学第二定律是等价的，从微观分子碰撞的角度表明了热力学过程的不可逆性。

为了进一步理解 $H$ 定理的物理意义，注意到 $\mathrm{d}(\ln f) = \mathrm{d}f/f$，因而 $\mathrm{d}H$ 表示 $f$ 的平均分数变化率。所以，$H$ 定理也表明了由碰撞引起的速度分布函数的平均分数变化率只能减小，说明了碰撞的作用是将系统推向平衡状态。

### 3.3.2　平衡态分布

根据 $H$ 定理，当分子间经历了足够多的碰撞使 $H$ 函数达到稳态时，速度分布函数的平均分数变化率应该为 0，即速度分布函数也不随时间变化。此时有

$$\frac{\partial H}{\partial t} = 0 \tag{3.55}$$

根据式 (3.52)，使式 (3.55) 成立的条件为

$$\ln f + \ln f_1 - \ln f^* - \ln f_1^* = 0 \tag{3.56}$$

所以 $\ln f$ 为求和不变量。根据式 (3.33)，求和不变量可以被表示为碰撞不变量的线性组合

$$\begin{aligned}\ln f &= Ac^2 + \boldsymbol{B} \cdot \boldsymbol{c} + C \\ &= Ac'^2 + (2A\boldsymbol{u} + \boldsymbol{B}) \cdot \boldsymbol{c}' + (Au^2 + \boldsymbol{B} \cdot \boldsymbol{u} + C)\end{aligned} \tag{3.57}$$

式 (3.57) 中包含了五个未知标量，下面对其进行求解。首先，由于平衡气体中不能区分出任何特定的方向，故分布函数是各向同性的，即不会显式地依赖于 $\boldsymbol{c}'$，所以有 $\boldsymbol{B} = -2A\boldsymbol{u}$。因此分布函数可写为

$$f = \exp(Ac'^2 - Au^2 + C) = D\exp(Ac'^2) \tag{3.58}$$

此外，根据数密度 $n$ 和温度 $T$ 的定义式 (2.61) 和式 (2.67) 即可求出剩余系数：$A = -1/(2RT)$，$D = n(2\pi RT)^{3/2}$，所以可以得到平衡态分布函数或 Maxwell 分布

$$f^{(0)} = f_{\mathrm{M}} = n\left(\frac{m}{2\pi k_{\mathrm{B}} T}\right)^{\frac{3}{2}} \exp\left(-\frac{mc'^2}{2k_{\mathrm{B}} T}\right) \tag{3.59}$$

### 3.3.3 欧拉方程

在 2.3.2 节中讨论过，平衡态分布函数也可以推广至空间不均匀气体的情况，即考虑局部平衡状态。式 (2.84) 和式 (2.85) 给出了平衡态下的黏性应力和热流为 0，即

$$\tau_{ij}^{(0)} = 0, \qquad q_i^{(0)} = 0 \tag{3.60}$$

这意味着在平衡态下，气体中不存在黏性和热传导现象，分子对气体的动量和能量没有净输运。分子在运动过程中会与周围分子发生足够多次的碰撞，使得宏观气体性质的空间不均匀性的影响仅限于局部，不会被传递到其他位置。

将式 (3.60) 代入守恒方程式 (3.48) 即可得到欧拉方程

$$\begin{cases} \dfrac{\mathrm{D}\rho}{\mathrm{D}t} = -\rho\dfrac{\partial u_j}{\partial x_j} \\ \dfrac{\mathrm{D}u_i}{\mathrm{D}t} = -\dfrac{1}{\rho}\dfrac{\partial p}{\partial x_i} + F_i \\ \dfrac{\mathrm{D}e_{\mathrm{tr}}}{\mathrm{D}t} = -\dfrac{p}{\rho}\dfrac{\partial u_j}{\partial x_j} \end{cases} \tag{3.61}$$

欧拉方程 (3.61) 为封闭方程组，在给定初始条件和边界条件后即可求解。

### 3.3.4 热力学第二定律

3.3.1 节中 $H$ 定理的讨论主要针对空间均匀的情况，讨论分子碰撞对于平衡态的贡献。这里推广至一般情况，在矩方程 (3.21) 中取 $Q = -k_{\mathrm{B}}\ln f$ 得

$$\frac{\partial \rho s}{\partial t} + \frac{\partial}{\partial x_i}\left(\rho s u_i + \varGamma_{s,i}\right) = -k_{\mathrm{B}}\Delta[\ln f] \geqslant 0 \tag{3.62}$$

其中，$s$ 为式 (3.51) 的比熵；$\varGamma_{s,i}$ 为熵流，即单位时间通过单位面积的熵的通量

$$\varGamma_{s,i} = \int_{-\infty}^{\infty} (-k_{\mathrm{B}} f\ln f) c_i' \mathrm{d}\boldsymbol{c} \tag{3.63}$$

若用局部平衡态的 $\ln f_{\mathrm{M}} = \mathrm{const} - (mc'^2/2k_{\mathrm{B}}T)$ 近似替代 $\ln f$，则可得

$$\varGamma_{s,i} = \frac{1}{T}\int_{-\infty}^{\infty} \frac{1}{2}mc'^2 c_i' f\mathrm{d}\boldsymbol{c} = \frac{q_i}{T} \tag{3.64}$$

因此式 (3.62) 转化为

$$\rho\frac{\mathrm{D}s}{\mathrm{D}t} \geqslant -\frac{\partial}{\partial x_i}\left(\frac{q_i}{T}\right) \tag{3.65}$$

这与热力学第二定律的数学表述 (克劳修斯不等式) 是一致的。

## 3.4 近平衡态的 Chapman-Enskog 方法

当气体偏离平衡态不太远时，特别是克努森数小于 0.1 的情况下，可以将气体视为连续介质。Chapman-Enskog 方法为研究近平衡态下的气体性质提供了工具。这一方法是由 Chapman 和 Enskog 分别独立提出的，它允许我们能够从微观分子行为出发，计算气体的宏观输运性质，并得到输运系数的精确表达式。

Chapman-Enskog 方法的基本思想是将速度分布函数在平衡态的 Maxwell 分布附近进行幂级数展开，进而得到应力和热流的封闭表达式。其中，分布函数的一阶近似对应于牛顿 (Newtonian) 应力和傅里叶热传导的本构关系，即 Navier-Stokes-Fourier (NSF) 方程。此外，还可以得到黏性系数、热传导系数与分子间作用力模型的关系。本节将对这一方法的原理进行详细介绍。

### 3.4.1 微分方程的摄动法

微分方程的摄动法 (perturbation method) 是一种用于处理含小参数的非线性微分方程的数学方法，Chapman-Enskog 方法是这一方法在气体动理论中的应用。摄动法的基本思想是将微分方程的解表示为小参数的幂级数，将这一级数代入方程后即可得到各阶近似方程。各阶近似方程通常比原方程容易求解，例如，从原本的非线性微分方程转变为一系列的线性微分方程。通过逐级求解这些近似方程并对级数做截断，即可得到原微分方程的渐进解。这里介绍一个简单的例子以帮助我们更好地理解这一方法。

对于含小参数 $\varepsilon$ 的非线性微分方程

$$\begin{aligned} &\ddot{y}+\varepsilon y\dot{y}-y=0 \\ &\text{s.t.}\quad y(0)=1,\quad \dot{y}(0)=-1 \end{aligned} \tag{3.66}$$

其中，$\varepsilon \ll 1$，可以将解 $y(t)$ 表示成 $\varepsilon$ 的幂级数

$$y=y^{(0)}+\varepsilon y^{(1)}+\varepsilon^2 y^{(2)}+\cdots \tag{3.67}$$

代入式 (3.66) 中并整理，可得各级近似方程

$$\begin{aligned} &\varepsilon^0\left(\ddot{y}^{(0)}-y^{(0)}\right) \\ &+\varepsilon^1\left(\ddot{y}^{(1)}+y^{(0)}\dot{y}^{(0)}-y^{(1)}\right) \\ &+\varepsilon^2\left(\ddot{y}^{(2)}+y^{(1)}\dot{y}^{(0)}+y^{(0)}\dot{y}^{(1)}-y^{(2)}\right)+O(\varepsilon^3)=0 \end{aligned} \tag{3.68}$$

以及相应的边界条件

$$\begin{aligned}&\varepsilon^0\left(y^{(0)}(0)-1\right)+\varepsilon^1 y^{(1)}(0)+\varepsilon^2 y^{(2)}(0)+O(\varepsilon^3)=0\\&\varepsilon^0\left(\dot{y}^{(0)}(0)+1\right)+\varepsilon\dot{y}^{(1)}(0)+\varepsilon^2\dot{y}^{(2)}(0)+O(\varepsilon^3)=0\end{aligned}\tag{3.69}$$

下面逐级求解各阶近似方程。首先，对于量阶为 $O(\varepsilon^0)$ 的方程：

$$\begin{aligned}&\ddot{y}^{(0)}-y^{(0)}=0\\&\text{s.t.}\quad y^{(0)}(0)-1=0,\quad \dot{y}^{(0)}(0)+1=0\end{aligned}\tag{3.70}$$

式 (3.70) 代表了初始激励下的系统响应，或在原方程 (3.66) 中直接取 $\varepsilon=0$ 时的情况。可以求出首阶近似解：$y^{(0)}(t)=\mathrm{e}^{-t}$。将其代入星阶为 $O(\varepsilon^1)$ 的方程中

$$\begin{aligned}&\ddot{y}^{(1)}-y^{(1)}=-y^{(0)}\dot{y}^{(0)}=\mathrm{e}^{-2t}\\&\text{s.t.}\quad y^{(1)}(0)=0,\quad \dot{y}^{(1)}(0)=0\end{aligned}\tag{3.71}$$

式 (3.71) 代表了首阶近似 $y^{(0)}(t)$ 驱动作用在小参数项上对系统响应的影响。不难求出解的一阶修正项：$y^{(1)}(t)=\dfrac{1}{6}\mathrm{e}^{t}-\dfrac{1}{2}\mathrm{e}^{-t}+\dfrac{1}{3}\mathrm{e}^{-2t}$。类似地，可以得到 $O(\varepsilon^2)$ 方程

$$\begin{aligned}&\ddot{y}^{(2)}-y^{(2)}=-y^{(1)}\dot{y}^{(0)}-y^{(0)}\dot{y}^{(1)}=\mathrm{e}^{-3t}-\mathrm{e}^{-2t},\\&\text{s.t.}\quad y^{(2)}(0)=0,\quad \dot{y}^{(2)}(0)=0\end{aligned}\tag{3.72}$$

并求解出二阶修正项：$y^{(2)}(t)=-\dfrac{1}{24}\mathrm{e}^{t}+\dfrac{1}{4}\mathrm{e}^{-t}-\dfrac{1}{3}\mathrm{e}^{-2t}+\dfrac{1}{8}\mathrm{e}^{-3t}$。

将式 (3.67) 截断到二阶作为原方程 (3.66) 的渐进解：

$$\begin{aligned}y\approx y^{\langle 2\rangle}&=y^{(0)}+\varepsilon y^{(1)}+\varepsilon^2 y^{(2)}\\&=\mathrm{e}^{-t}+\varepsilon\left(\frac{1}{6}\mathrm{e}^{t}-\frac{1}{2}\mathrm{e}^{-t}+\frac{1}{3}\mathrm{e}^{-2t}\right)+\varepsilon^2\left(-\frac{1}{24}\mathrm{e}^{t}+\frac{1}{4}\mathrm{e}^{-t}-\frac{1}{3}\mathrm{e}^{-2t}+\frac{1}{8}\mathrm{e}^{-3t}\right)\end{aligned}\tag{3.73}$$

通过逐级求解式 (3.68) 中高阶的近似方程可以得到 $y^{(3)}$、$y^{(4)}$ 等高级修正项。如果级数 (3.67) 是收敛的，则添加高阶修正项可以使渐进解更逼近真实解。图 3.1 展示了方程 (3.66) 在不同参数 $\varepsilon$ 下的各阶渐进解。可以看出，在较小的 $\varepsilon$ 下，截断到一、二阶的渐进解可以得到较为准确的结果。而当 $\varepsilon=1$ 时，尽管高阶的渐进解更加贴近真实值，但仍会有很大的误差。

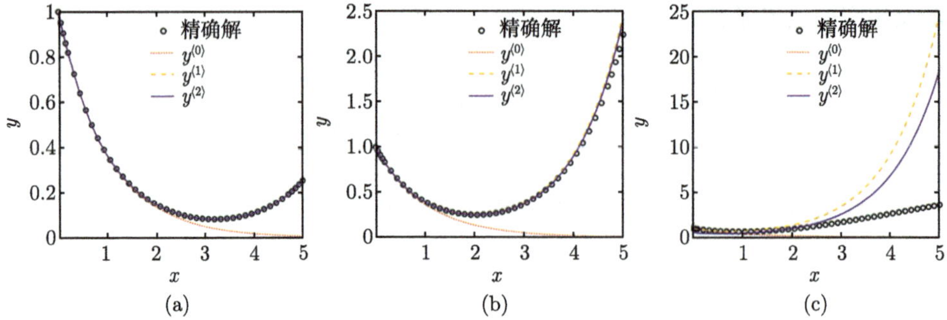


图 3.1 方程 (3.66) 的各阶渐进解比较

(a) $\varepsilon = 0.01$；(b) $\varepsilon = 0.1$；(c) $\varepsilon = 1$

### 3.4.2 Boltzmann 方程的 Chapman-Enskog 方法

1. Boltzmann 方程的量纲分析

首先对 Boltzmann 方程中的变量做量纲分析，以得出近平衡态下 Boltzmann 方程中的小参数。引入以下量阶为 $O(1)$ 的无量纲变量：

$$\begin{aligned}&\hat{f} = f\Big/\left(n\Big/\overline{c'}^3\right), \quad \hat{x}_i = x_i/L_{\mathrm{f}}, \quad \hat{t} = t/t_{\mathrm{f}}, \quad \hat{c}_i = c_i\Big/\overline{c'}\\ &\hat{c}_{\mathrm{r}} = c_{\mathrm{r}}\Big/\sqrt{2}\overline{c'}, \quad \hat{\sigma} = \sigma/\pi d^2\end{aligned} \tag{3.74}$$

其中，$n$ 为数密度；$\overline{c'}$ 为平均热运动速度；$L_{\mathrm{f}}$ 和 $t_{\mathrm{f}}$ 分别为流动特征长度和特征时间；$d$ 为分子直径。将式 (3.74) 代入 Boltzmann 方程 (3.14)，得到无量纲的 Boltzmann 方程：

$$Sr\frac{\partial \hat{f}}{\partial \hat{t}} + \hat{c}_i\frac{\partial \hat{f}}{\partial \hat{x}_i} = \frac{1}{Kn}\int_{-\infty}^{\infty}\int_{0}^{4\pi}\left(\hat{f}^*\hat{f}_1^* - \hat{f}\hat{f}_1\right)\hat{c}_{\mathrm{r}}\hat{\sigma}\mathrm{d}\Omega\mathrm{d}\hat{\boldsymbol{c}}_1 \tag{3.75}$$

其中，$Sr$ 为施特鲁哈尔 (Strouhal) 数；$Kn$ 为克努森数：

$$Sr = \frac{L_{\mathrm{f}}}{\overline{c'}t_{\mathrm{f}}}, \quad Kn = \frac{\lambda}{L_{\mathrm{f}}} = \frac{1}{\sqrt{2}n\pi d^2 L_{\mathrm{f}}} \tag{3.76}$$

在近平衡态下，特别是 $Kn < 0.1$ 时，式 (3.75) 左右两侧会出现量阶上的差异。在该情况下，分子速度分布函数的变化主要受分子碰撞影响，分子运动的影响仅占很小一部分。因此可以将小参数 $\varepsilon$ 取为克努森数。

特别地，当 $\varepsilon \to 0$，即 $Kn \to 0$ 时，得到的首阶近似方程的解 $f^{(0)}$ 即为平衡态的 Maxwell 分布 $f_{\mathrm{M}}$。

2. Chapman-Enskog 展开

Chapman-Enskog 方法的基本思想就是将速度分布函数在平衡态附近展开为小量 $\varepsilon$ 的级数，$\hat{f} = \hat{f}^{(0)} + \varepsilon\hat{f}^{(1)} + \varepsilon^2\hat{f}^{(2)} + \cdots$，或表示为有量纲的形式

$$f = f^{(0)} + f^{(1)} + f^{(2)} + \cdots \tag{3.77}$$

其中，$f^{(\alpha+1)}/f^{(\alpha)} = O(\varepsilon)$，$\alpha = 0,1,2,\cdots$。考虑到平衡态分布 $f^{(0)}$ 与宏观量 (数密度、速度、温度) 之间的关系，各阶分布函数需要满足以下条件：

$$\int_{-\infty}^{\infty} f^{(0)}\mathrm{d}\boldsymbol{c} = n，\quad \int_{-\infty}^{\infty} c_i f^{(0)}\mathrm{d}\boldsymbol{c} = u_i，\quad \frac{1}{2}\int_{-\infty}^{\infty} c'^2 f^{(0)}\mathrm{d}\boldsymbol{c} = \frac{3}{2}RT \tag{3.78}$$

$$\int_{-\infty}^{\infty} f^{(\alpha)}\mathrm{d}\boldsymbol{c} = 0，\quad \int_{-\infty}^{\infty} c_i f^{(\alpha)}\mathrm{d}\boldsymbol{c} = 0，\quad \frac{1}{2}\int_{-\infty}^{\infty} c'^2 f^{(\alpha)}\mathrm{d}\boldsymbol{c} = 0，\quad \alpha \geqslant 1 \tag{3.79}$$

式 (3.79) 也称为兼容性条件 (compatibility condition)。式 (3.79) 表明，高阶 ($\alpha \geqslant 1$) 分布函数对守恒量求矩的结果为 0。除了以上守恒量，其他宏观量，如应力、热流可以展开为

$$\tau_{ij} = \tau_{ij}^{(1)} + \tau_{ij}^{(2)} + \cdots，\qquad q_i = q_i^{(1)} + q_i^{(2)} + \cdots \tag{3.80}$$

其中，各阶应力和热流可以表示为

$$\tau_{ij}^{(\alpha)} = \int_{-\infty}^{\infty} mc_i'c_j' f^{(\alpha)}\mathrm{d}\boldsymbol{c}，\quad q_i^{(\alpha)} = \frac{1}{2}\int_{-\infty}^{\infty} mc'^2 c_i' f^{(\alpha)}\mathrm{d}\boldsymbol{c} = 0，\quad \alpha \geqslant 1 \tag{3.81}$$

3. Boltzmann 方程的展开

本书仅考虑 Boltzmann 方程的一阶展开，即对式 (3.77) 截断到一阶

$$f = f^{(0)} + f^{(1)} = f^{(0)}(1 + \phi^{(1)}) \tag{3.82}$$

将式 (3.82) 代入 Boltzmann 方程并整理，得到各阶的近似方程

$$\begin{aligned}
\varepsilon^0 &: \quad \int_{-\infty}^{\infty}\int_{0}^{4\pi} \left(f^{(0)^*} f_1^{(0)^*} - f^{(0)} f_1^{(0)}\right) c_\mathrm{r}\sigma \mathrm{d}\varOmega \mathrm{d}\boldsymbol{c}_1 = 0 \\
\varepsilon^1 &: \quad \left(\frac{\partial}{\partial t} + c_i \frac{\partial}{\partial x_i}\right) f^{(0)} = f^{(0)} I\left[\phi^{(1)}\right] \\
\varepsilon^2 &: \quad \cdots
\end{aligned} \tag{3.83}$$

其中，一阶近似方程中的积分算符 $I[\cdot]$ 定义为

$$I\left[\phi^{(1)}\right]=\int\limits_{-\infty}^{\infty}\int\limits_{0}^{4\pi}\left[\phi^{(1)}\left(\boldsymbol{c}^{*}\right)+\phi^{(1)}\left(\boldsymbol{c}_{1}^{*}\right)-\phi^{(1)}(\boldsymbol{c})-\phi^{(1)}\left(\boldsymbol{c}_{1}\right)\right]f_{1}^{(0)}c_{\mathrm{r}}\sigma\mathrm{d}\Omega\mathrm{d}\boldsymbol{c}_{1} \quad (3.84)$$

在式 (3.83) 中，首阶近似方程的解即为 Maxwell 分布，对应的守恒方程即为欧拉方程 (3.61)。

4. 一阶近似方程的求解

式 (3.83) 的一阶近似方程的左侧仅包含了 $f^{(0)}$，待求的一阶分布函数只出现在方程右侧的碰撞项中。首先处理一阶近似方程左侧的时空导数项。注意到，在 Maxwell 分布 (3.59) 中不显含时空变量 $(x_i,t)$，而是直接依赖于局部宏观量 $n(x_i,t)$、$u_i(x_i,t)$ 和 $T(x_i,t)$，即

$$f_{\mathrm{M}}(c_i,x_i,t)=f_{\mathrm{M}}\left(c_i,n(x_i,t),u_i(x_i,t),T(x_i,t)\right)=f_{\mathrm{M}}(c_i,n,u_i,T) \quad (3.85)$$

而 $f_{\mathrm{M}}$ 的全微分可以表示为

$$\begin{aligned}\mathrm{d}f_{\mathrm{M}}=f_{\mathrm{M}}\mathrm{d}(\ln f_{\mathrm{M}})&=f_{\mathrm{M}}\left[\frac{\partial(\ln f_{\mathrm{M}})}{\partial n}\mathrm{d}n+\frac{\partial(\ln f_{\mathrm{M}})}{\partial u_i}\mathrm{d}u_i+\frac{\partial(\ln f_{\mathrm{M}})}{\partial T}\mathrm{d}T\right]\\&=f_{\mathrm{M}}\left[\frac{\mathrm{d}n}{n}+\frac{c'_i}{RT}\mathrm{d}u_i+\frac{1}{T}\left(\frac{c'^2}{2RT}-\frac{3}{2}\right)\mathrm{d}T\right]\end{aligned} \quad (3.86)$$

因此式 (3.83) 中一阶方程左侧关于 $f^{(0)}$ 的时空导数项可以表示为

$$\begin{aligned}\frac{\partial f^{(0)}}{\partial t}+c_j\frac{\partial f^{(0)}}{\partial x_j}=&f_{\mathrm{M}}\left[\frac{1}{n}\frac{\partial n}{\partial t}+\frac{c'_i}{RT}\frac{\partial u_i}{\partial t}+\frac{1}{T}\left(\frac{c'^2}{2RT}-\frac{3}{2}\right)\frac{\partial T}{\partial t}\right]\\&+(u_j+c'_j)f_{\mathrm{M}}\left[\frac{1}{n}\frac{\partial n}{\partial x_j}+\frac{c'_i}{RT}\frac{\partial u_i}{\partial x_j}+\frac{1}{T}\left(\frac{c'^2}{2RT}-\frac{3}{2}\right)\frac{\partial T}{\partial x_j}\right]\\=&f_{\mathrm{M}}\left[\frac{1}{n}\frac{\mathrm{D}n}{\mathrm{D}t}+\frac{c'_i}{RT}\frac{\mathrm{D}u_i}{\mathrm{D}t}+\frac{1}{T}\left(\frac{c'^2}{2RT}-\frac{3}{2}\right)\frac{\mathrm{D}T}{\mathrm{D}t}\right]\\&+c'_jf_{\mathrm{M}}\left[\frac{1}{n}\frac{\partial n}{\partial x_j}+\frac{c'_i}{RT}\frac{\partial u_i}{\partial x_j}+\frac{1}{T}\left(\frac{c'^2}{2RT}-\frac{3}{2}\right)\frac{\partial T}{\partial x_j}\right]\end{aligned} \quad (3.87)$$

式 (3.87) 中的三个物质导数 $\dfrac{\mathrm{D}n}{\mathrm{D}t}$、$\dfrac{\mathrm{D}u_i}{\mathrm{D}t}$ 和 $\dfrac{\mathrm{D}T}{\mathrm{D}t}$ 代表了局部平衡态下宏观量的时空演化，可以用欧拉方程 (3.61) 进行简化，得到

$$\frac{\partial f^{(0)}}{\partial t}+c_j\frac{\partial f^{(0)}}{\partial x_j}=f_{\mathrm{M}}\left[\frac{1}{RT}\left(c'_ic'_j-\frac{1}{3}c'^2\delta_{ij}\right)\frac{\partial u_i}{\partial x_j}+\frac{c'_j}{T}\left(\frac{c'^2}{2RT}-\frac{5}{2}\right)\frac{\partial T}{\partial x_j}\right] \quad (3.88)$$

其中，引入了无迹张量符号：

$$c'_{\langle i}c'_{j\rangle} = c'_i c'_j - \frac{1}{3}c'^2\delta_{ij} \tag{3.89}$$

因此式 (3.83) 中的一阶方程转化为①

$$I\left[\phi^{(1)}\right] = \frac{c'_{\langle i}c'_{j\rangle}}{RT}\frac{\partial u_i}{\partial x_j} + \frac{c'_i}{T}\left(\frac{c'^2}{2RT} - \frac{5}{2}\right)\frac{\partial T}{\partial x_i} \tag{3.90}$$

式 (3.90) 是关于 $\phi^{(1)}$ 的线性积分方程，其中的 $I[\cdot]$(式 (3.84))) 是一个线性积分算符。附录 A 给出了式 (3.90) 的求解过程，这里首先给出结果

$$f^{\langle 1\rangle} = f^{(0)} + f^{(1)} = f_{\mathrm{M}}\left[1 - \mu\frac{c'_{\langle i}c'_{j\rangle}}{2pRT}\frac{\partial u_i}{\partial x_j} - \frac{2}{5}\kappa\left(\frac{c'^2}{2RT} - \frac{5}{2}\right)\frac{c'_i}{pRT}\frac{\partial T}{\partial x_i}\right] \tag{3.91}$$

式 (3.91) 也被称为 Chapman-Enskog 分布。

5. 一阶应力与热流

将 Chapman-Enskog 分布式 (3.91) 代入式 (3.81) 中即可得到一阶应力和热流

$$\tau_{ij}^{(1)} = -2\mu\frac{\partial u_{\langle i}}{\partial x_{j\rangle}} = -\mu\left(\frac{\partial u_i}{\partial x_j} + \frac{\partial u_j}{\partial x_i} - \frac{1}{3}\frac{\partial u_k}{\partial x_k}\delta_{ij}\right) \tag{3.92}$$

$$q_i^{(1)} = -\kappa\frac{\partial T}{\partial x_i} \tag{3.93}$$

式 (3.92) 和式 (3.93) 分别对应于 Stokes 黏性应力假设和傅里叶导热定律，其中 $\mu$ 和 $\kappa$ 分别为黏性系数和热传导系数

$$\mu = \frac{\frac{5}{8}\sqrt{\pi m k_{\mathrm{B}}T}}{\left(\frac{m}{4k_{\mathrm{B}}T}\right)^4\int_0^\infty c_{\mathrm{r}}^7\sigma_\mu \exp\left[-mc_{\mathrm{r}}^2/\left(4k_{\mathrm{B}}T\right)\right]\mathrm{d}c_{\mathrm{r}}} \tag{3.94}$$

$$\kappa = \frac{15}{4}\frac{k_{\mathrm{B}}}{m}\mu \tag{3.95}$$

① 对于 BGK(Bhatnagar-Gross-Krook) 模型方程，这一步可以得到

$$-\nu_{\mathrm{BGK}}f_{\mathrm{M}}\phi^{(1)} = f_{\mathrm{M}}\left[\frac{c'_{\langle i}c'_{j\rangle}}{RT}\frac{\partial u_i}{\partial x_j} + \frac{c'_i}{T}\left(\frac{c'^2}{2RT} - \frac{5}{2}\right)\frac{\partial T}{\partial x_i}\right]$$

为代数方程，可以直接求解得到式 (3.113) 的结果。而对于福克尔–普朗克 (Fokker-Planck) 方程，这一步会得到

$$\nu_{\mathrm{FP}}\frac{\partial}{\partial c_i}(c'_i f_{\mathrm{M}}\phi^{(1)}) + \frac{\nu_{\mathrm{FP}}k_{\mathrm{B}}T}{m}\frac{\partial^2}{\partial c_i\partial c_i}\left(f_{\mathrm{M}}\phi^{(1)}\right) = f_{\mathrm{M}}\left[\frac{c'_{\langle i}c'_{j\rangle}}{RT}\frac{\partial u_i}{\partial x_j} + \frac{c'_i}{T}\left(\frac{c'^2}{2RT} - \frac{5}{2}\right)\frac{\partial T}{\partial x_i}\right]$$

为二阶线性偏微分方程，也可求解得到式 (3.133) 的结果。

### 3.4.3　Navier-Stokes-Fourier 方程

将式 (3.92) 和式 (3.93) 代入守恒方程式 (3.48) 即可得到 Navier-Stokes-Fourier 方程

$$\left\{\begin{array}{l} \dfrac{\mathrm{D}\rho}{\mathrm{D}t}=-\rho\dfrac{\partial u_j}{\partial x_j} \\ \dfrac{\mathrm{D}u_i}{\mathrm{D}t}=-\dfrac{1}{\rho}\dfrac{\partial p}{\partial x_i}+\dfrac{2}{\rho}\dfrac{\partial}{\partial x_j}\left(\mu\dfrac{\partial u_{\langle i}}{\partial x_{j\rangle}}\right)+F_i \\ \dfrac{\mathrm{D}e_{\mathrm{tr}}}{\mathrm{D}t}=-\dfrac{p}{\rho}\dfrac{\partial u_j}{\partial x_j}+2\mu\dfrac{\partial u_{\langle i}}{\partial x_{j\rangle}}\dfrac{\partial u_i}{\partial x_j}+\dfrac{1}{\rho}\dfrac{\partial}{\partial x_j}\left(\kappa\dfrac{\partial T}{\partial x_j}\right) \end{array}\right. \tag{3.96}$$

## 3.5　Boltzmann 方程的自由分子流解

如果考虑足够稀薄的气体，则分子间几乎不会发生碰撞。Boltzmann 方程右侧的碰撞项可以舍去。如果再考虑无外力作用的情况，则可以得到自由输运方程

$$\frac{\partial f}{\partial t}+\boldsymbol{c}\cdot\frac{\partial f}{\partial \boldsymbol{r}}=0 \tag{3.97}$$

此时 Boltzmann 方程被简化为一个线性双曲型方程，可以用特征线方法求解。给定初始条件：

$$f(\boldsymbol{c},\boldsymbol{r},t=0)=f_0(\boldsymbol{c},\boldsymbol{r}) \tag{3.98}$$

在 $(\boldsymbol{r},t)$ 坐标上引入特征线：$\boldsymbol{r}=\boldsymbol{r}(s)$，$t=t(s)$，其中 $s$ 为特征线的参数，并且

$$\frac{\mathrm{d}t}{\mathrm{d}s}=1,\qquad \frac{\mathrm{d}\boldsymbol{r}}{\mathrm{d}s}=\boldsymbol{c} \tag{3.99}$$

式 (3.97) 可转化为

$$\frac{\mathrm{d}f}{\mathrm{d}s}=\frac{\partial f}{\partial t}+\boldsymbol{c}\cdot\frac{\partial f}{\partial \boldsymbol{r}}=0 \tag{3.100}$$

即在特征线上速度分布函数 $f$ 为一常数，$f(\boldsymbol{c},s)=f(\boldsymbol{c},s_{t=0})$，或写为

$$f(\boldsymbol{c},\boldsymbol{r},t)=f(\boldsymbol{c},\boldsymbol{r}(s),t(s))=f(\boldsymbol{c},\boldsymbol{r}(s_{t=0}),t(s_{t=0}))=f(\boldsymbol{c},\boldsymbol{r}-\boldsymbol{c}t,0) \tag{3.101}$$

所以，根据初始条件 (式 (3.98)) 可以给出自由输运方程的通解

$$f(\boldsymbol{c},\boldsymbol{r},t)=f_0(\boldsymbol{c},\boldsymbol{r}-\boldsymbol{c}t) \tag{3.102}$$

而气体的宏观量可以表示为

$$n\overline{Q}(\boldsymbol{r},t)=\int_{-\infty}^{\infty}Qf_0(\boldsymbol{c},\boldsymbol{r}-\boldsymbol{c}t)\mathrm{d}\boldsymbol{c} \tag{3.103}$$

## 3.6 动理学模型

Boltzmann 方程的复杂性主要源自其碰撞项:

$$Q(f,f)=\int_{-\infty}^{\infty}\int_{0}^{4\pi}(f^*f_1^*-ff_1)c_{\mathrm{r}}\sigma\mathrm{d}\Omega\mathrm{d}\boldsymbol{c}_1 \tag{3.104}$$

这使得数学求解面临极大的挑战。因此，许多研究者建议对碰撞项进行简化，即用算子 $J(f)$ 近似 $Q(f,f)$。这些简化模型被称为动理学模型 (kinetic model) 方程。动理学模型通常需要满足以下要求。

(1) 碰撞项需遵守质量、动量和能量守恒，即确保碰撞不变量的碰撞积分为 0

$$\int_{-\infty}^{\infty}mJ(f)\,\mathrm{d}\boldsymbol{c}=0,\quad \int_{-\infty}^{\infty}(mc_i)J(f)\,\mathrm{d}\boldsymbol{c}=0,\quad \int_{-\infty}^{\infty}\left(\frac{1}{2}mc^2\right)J(f)\,\mathrm{d}\boldsymbol{c}=0 \tag{3.105}$$

(2) 气体处于局部平衡态时，速度分布函数为 Maxwell 分布

$$J(f)=0\ \Rightarrow\ f=f_{\mathrm{M}}=n\left(\frac{m}{2\pi k_{\mathrm{B}}T}\right)^{\frac{3}{2}}\exp\left(-\frac{mc'^2}{2k_{\mathrm{B}}T}\right) \tag{3.106}$$

(3) 在近平衡态时，通过 Chapman-Enskog 方法导出的黏性系数和热传导系数应与 Boltzmann 方程给出的结果一致。

(4) 满足 $H$ 定理或热力学第二定律:

$$\int_{-\infty}^{\infty}(\ln f)J(f)\,\mathrm{d}\boldsymbol{c}\leqslant 0 \tag{3.107}$$

在这些条件中，前两项是基本要求，第三项是确保模型方程在连续流域能够恢复出 Navier-Stokes-Fourier 方程，以保证模型的准确性。第四项不保证模型的精度，而是从物理层面上要求动理学模型方程的熵增速率与 Boltzmann 方程一致 [2]，这往往很难达到。

下面介绍一些常见的动理学模型方程。

### 3.6.1 BGK 模型

BGK 方程是由 Bhatnagar、Gross 和 Krook[3] 提出的最著名的动理学模型。其基本思想是利用速度分布函数的松弛演化特性来近似碰撞过程，将描述二体碰撞的 Boltzmann 方程碰撞项简化为一个松弛项。

这里简要介绍 BGK 模型的简化思路。由于碰撞会导致分布函数趋向 Maxwell 分布 $f_{\mathrm{M}}$，所以将式 (3.104) 中与碰撞后速度相关的项 $f^* f_1^*$ 替换为 $f_{\mathrm{M}}^* f_{\mathrm{M1}}^*$。同时，考虑到碰撞过程中的能量守恒，有 $f_{\mathrm{M}}^* f_{\mathrm{M1}}^* = f_{\mathrm{M}} f_{\mathrm{M1}}$。此时，碰撞项简化为

$$f_{\mathrm{M}} \int_{-\infty}^{\infty} \int_{0}^{4\pi} f_{\mathrm{M1}} c_{\mathrm{r}} \sigma \mathrm{d}\Omega \mathrm{d}\boldsymbol{c}_1 - f \int_{-\infty}^{\infty} \int_{0}^{4\pi} f_1 c_{\mathrm{r}} \sigma \mathrm{d}\Omega \mathrm{d}\boldsymbol{c}_1 \tag{3.108}$$

忽略式 (3.108) 中的两个积分间的差异，并且注意到这两个积分代表了碰撞频率 $\nu$，即可得到 BGK 模型的碰撞项

$$J_{\mathrm{BGK}}(f) = -\nu_{\mathrm{BGK}}(f - f_{\mathrm{M}}) \tag{3.109}$$

其中，碰撞频率 $\nu_{\mathrm{BGK}}$ 反映了速度分布函数趋向平衡态的快慢，与气体密度和温度有关。此外，为简单起见，通常假设 $\nu_{\mathrm{BGK}}$ 不依赖于分子速度。

对于无外力作用情况下的 BGK 模型方程，

$$\frac{\partial f}{\partial t} + c_i \frac{\partial f}{\partial x_i} = -\nu_{\mathrm{BGK}}(f - f_{\mathrm{M}}) \tag{3.110}$$

采用 3.5 节介绍的特征线方法可以得到其积分解

$$\mathrm{e}^{\nu s} f(\boldsymbol{c}, s) - \mathrm{e}^{\nu s_{t=0}} f(\boldsymbol{c}, s_{t=0}) = \int_{s_{t=0}}^{s} \nu \mathrm{e}^{\nu s'} f_{\mathrm{M}}(\boldsymbol{c}, s') \mathrm{d}s' \tag{3.111}$$

或

$$f(\boldsymbol{c}, \boldsymbol{r}, t) = \mathrm{e}^{-\nu t} f_0(\boldsymbol{c}, \boldsymbol{r} - \boldsymbol{c}t) + \int_0^t \nu \mathrm{e}^{-\nu(t-t')} f_{\mathrm{M}}(\boldsymbol{c}, \boldsymbol{r} - \boldsymbol{c}(t - t'), t') \mathrm{d}t' \tag{3.112}$$

其中，$f_0$ 为初始分布函数。需要注意的是，$f_{\mathrm{M}}$ 中包含着局部宏观量 $n(\boldsymbol{r}, t)$、$\boldsymbol{u}(\boldsymbol{r}, t)$ 和 $T(\boldsymbol{r}, t)$，需要对速度分布函数 $f$ 求矩得到，因此 BGK 模型方程 (式 (3.110)) 仍然是一个非线性的积分微分方程，式 (3.112) 不能显式地给出分布函数 $f$ 的解。尽管如此，积分解 (式 (3.112)) 对于动理学模型的数值求解有着重要意义。

容易验证，BGK 模型的碰撞项满足前两项要求。通过 Chapman-Enskog 方法可以给出 BGK 模型的速度分布函数的一阶近似

$$f^{(1)} = -\frac{f_{\mathrm{M}}}{\nu_{\mathrm{BGK}}} \left[ \frac{c'_{\langle i} c'_{j \rangle}}{RT} \frac{\partial u_i}{\partial x_j} + \left( \frac{c'^2}{2RT} - \frac{5}{2} \right) \frac{c'_i}{T} \frac{\partial T}{\partial x_i} \right] \tag{3.113}$$

利用式 (3.113) 可以给出黏性应力和热流的表达式：

$$\tau_{ij} = -2\mu_{\mathrm{BGK}}\frac{\partial u_{\langle i}}{\partial x_{j\rangle}}, \qquad q_i = -\kappa_{\mathrm{BGK}}\frac{\partial T}{\partial x_i} \tag{3.114}$$

其中，黏性系数和热传导系数为

$$\mu_{\mathrm{BGK}} = \frac{p}{\nu_{\mathrm{BGK}}}, \qquad \kappa_{\mathrm{BGK}} = \frac{5}{2}\frac{k_{\mathrm{B}}}{m}\frac{p}{\nu_{\mathrm{BGK}}} \tag{3.115}$$

进一步可以求出 BGK 模型对应的普朗特数：$Pr = 1$，而不是正确值 2/3。这表明 BGK 模型存在一些局限性，其无法同时得到正确的黏性系数和热传导系数，因而无法满足第三项要求。

对于第四项要求，注意到 $\ln f_{\mathrm{M}}$ 是碰撞不变量的线性组合，所以有 $\int_{-\infty}^{\infty}(f-f_{\mathrm{M}})\ln f_{\mathrm{M}}\mathrm{d}\boldsymbol{c} = 0$。因此可以证明 BGK 模型满足 $H$ 定理：

$$-\int_{-\infty}^{\infty}\nu_{\mathrm{BGK}}(f-f_{\mathrm{M}})\ln f\mathrm{d}\boldsymbol{c} = -\int_{-\infty}^{\infty}\nu_{\mathrm{BGK}}(f-f_{\mathrm{M}})(\ln f-\ln f_{\mathrm{M}})\mathrm{d}\boldsymbol{c} \leqslant 0 \tag{3.116}$$

### 3.6.2 ES-BGK 模型

为了修正 BGK 模型中的普朗特数，Holway[4] 提出了 ellipsoidal statistical BGK (ES-BGK) 模型。该模型将 BGK 模型中的 Maxwell 分布用各向异性的高斯 (Gaussian) 分布代替，其碰撞项为

$$J_{\text{ES-BGK}}(f) = -\nu_{\mathrm{BGK}}(f - f_{\text{ES-BGK}}) \tag{3.117}$$

$$f_{\text{ES-BGK}} = \frac{n}{\sqrt{\det[2\pi\lambda_{ij}]}}\exp\left(-\frac{1}{2}\lambda_{ij}^{-1}c'_i c'_j\right) \tag{3.118}$$

$$\lambda_{ij} = (1-b)RT\delta_{ij} + b\frac{p_{ij}}{\rho} = RT\delta_{ij} - b\frac{\tau_{ij}}{\rho} \tag{3.119}$$

其中，通过调节参数 $b$，可以得到正确的普朗特数。此外，在式 (3.118) 中需要保证矩阵 $\lambda_{ij}$ 的可逆性与正定性，因此要求 $-\frac{1}{2} \leqslant b \leqslant 1$[4,5]。

容易验证，BGK 模型的碰撞项满足第一项要求。对于第二项要求，注意到在局部平衡态下，$\tau_{ij}^{(0)} = 0$，此时 $\lambda_{ij} \to RT\delta_{ij}$，高斯分布 $f_{\mathrm{ES}}$ 退化为 Maxwell 分布 $f_{\mathrm{M}}$，所以第二项要求也是满足的。而 ES-BGK 模型趋向平衡态的过程可以解释

为：在速度分布函数向高斯分布 $f_{\text{ES-BGK}}$ 松弛的同时，$f_{\text{ES-BGK}}$ 也朝着 Maxwell 分布演化，最终实现 $f = f_{\text{M}}$。

通过 Chapman-Enskog 方法，可以给出 ES-BGK 模型的速度分布函数的一阶近似 [4]：

$$f^{(1)} = -f_{\text{M}} \left\{ \frac{b}{2pRT} \tau_{ij}^{(1)} c'_{\langle i} c'_{j\rangle} + \frac{1}{\nu_{\text{BGK}}} \left[ \frac{c'_{\langle i} c'_{j\rangle}}{RT} \frac{\partial u_i}{\partial x_j} + \left( \frac{c'^2}{2RT} - \frac{5}{2} \right) \frac{c'_i}{T} \frac{\partial T}{\partial x_i} \right] \right\} \tag{3.120}$$

进而可以求出黏性应力和热流的表达式：

$$\tau_{ij} = -2\mu_{\text{ES-BGK}} \frac{\partial u_{\langle i}}{\partial x_{j\rangle}}, \qquad q_i = -\kappa_{\text{ES-BGK}} \frac{\partial T}{\partial x_i} \tag{3.121}$$

其中，黏性系数和热传导系数为

$$\mu_{\text{ES-BGK}} = \frac{1}{1-b} \frac{p}{\nu_{\text{BGK}}}, \qquad \kappa_{\text{ES-BGK}} = \frac{5}{2} \frac{k_{\text{B}}}{m} \frac{p}{\nu_{\text{BGK}}} \tag{3.122}$$

因此，为了保证 ES-BGK 模型给出正确的普朗特数，$b$ 的取值为

$$b = 1 - \frac{1}{Pr} \tag{3.123}$$

对于单原子气体，普朗特数为 2/3，对应的参数取值为 $b = -1/2$。

Andries 等 [5] 证明了 ES-BGK 模型满足 $H$ 定理。由于 ES-BGK 模型既能满足 $H$ 定理又能够得到正确的输运系数，因此受到了广泛关注和应用。

### 3.6.3 Shakhov 模型

与 ES-BGK 模型在松弛项的目标分布函数中引入应力修正项不同，Shakhov 模型 [6] 通过引入热流修正项来得到正确的输运系数：

$$J_{\text{Shakhov}}(f) = -\nu_{\text{BGK}}(f - f_{\text{Shakhov}}) \tag{3.124}$$

$$f_{\text{Shakhov}} = f_{\text{M}} \left[ 1 + (1 - Pr) \frac{2q_i c'_i}{5pRT} \left( \frac{c'^2}{2RT} - \frac{5}{2} \right) \right] \tag{3.125}$$

Shakhov 模型的碰撞项仍然可以满足前两项要求。该模型的速度分布函数的一阶近似为

$$f^{(1)} = f_{\text{M}} \left\{ (1 - Pr) \frac{2q_i^{(1)} c'_i}{5pRT} \left( \frac{c'^2}{2RT} - \frac{5}{2} \right) \right.$$

$$-\frac{1}{\nu_{\mathrm{BGK}}}\left[\frac{c'_{\langle i}c'_{j\rangle}}{RT}\frac{\partial u_i}{\partial x_j}+\left(\frac{c'^2}{2RT}-\frac{5}{2}\right)\frac{c'_i}{T}\frac{\partial T}{\partial x_i}\right]\Bigg\} \tag{3.126}$$

从而可以得到 Shakhov 模型的黏性系数和热传导系数表达式：

$$\mu_{\mathrm{Shakhov}}=\frac{p}{\nu_{\mathrm{BGK}}},\qquad \kappa_{\mathrm{Shakhov}}=\frac{5}{2Pr}\frac{k_{\mathrm{B}}}{m}\frac{p}{\nu_{\mathrm{BGK}}} \tag{3.127}$$

目前尚未证明一般情况下的 Shakhov 模型是否满足 $H$ 定理。此外，当分子速度较大时，求解 Shakhov 模型得出的速度分布函数可能出现非物理的负值。尽管如此，这一模型仍然能够在许多问题中给出比较准确的结果，因此得到了广泛应用。

### 3.6.4 Fokker-Planck 模型

前面的三种 BGK 类模型方程采用了将速度分布函数整体上松弛至目标分布函数的思想。与 BGK 类模型方程不同，Fokker-Planck (FP) 类模型方程则是针对单个分子运动过程中分子速度的松弛。Fokker-Planck 模型方程的形式如下 [7]：

$$\begin{aligned}\frac{\partial f}{\partial t}+c_i\frac{\partial f}{\partial x_i}&=J_{\mathrm{FP}}(f)\\&=\frac{\partial}{\partial c_i}(\nu_{\mathrm{FP}}c'_i f)+\frac{\partial^2}{\partial c_i\partial c_i}\left(\frac{\nu_{\mathrm{FP}}k_{\mathrm{B}}T}{m}f\right)\end{aligned} \tag{3.128}$$

其中，$\nu_{\mathrm{FP}}$ 为 Fokker-Planck 模型的松弛系数，与分子速度无关。式 (3.128) 右侧的一阶、二阶导数项分别被称为漂移项和扩散项，各自具有明确的物理含义。

Boltzmann 方程描述了分子在运动过程中不停地与其他分子碰撞，使得速度发生跳变的物理过程。Fokker-Planck 模型方程舍弃了与二体碰撞相关的物理细节，而是考虑分子在运动较长距离，并经历了多次碰撞后速度变化的累积效果，从而将速度的演化描述为连续的随机过程。这一连续随机过程中分子位移和速度可以用朗之万 (Langevin) 方程表征①：

$$\begin{aligned}&\frac{\mathrm{d}X_i}{\mathrm{d}t}=c_i\\&\frac{\mathrm{d}c_i}{\mathrm{d}t}=-\nu_{\mathrm{FP}}(c_i-u_i)+\sqrt{\frac{2\nu_{\mathrm{FP}}k_{\mathrm{B}}T}{m}}\frac{\mathrm{d}W_i(t)}{\mathrm{d}t}\end{aligned} \tag{3.129}$$

其中，$X_i$ 和 $c_i$ 分别代表分子位置和速度；$W_i(t)$ 代表维纳 (Wiener) 随机过程，起到随机力的作用，其时间导数具有白噪声性质：

$$E[\dot{W}_i(t)]=\int\dot{W}_i(t)\mathrm{d}F_{\mathrm{W}}=0,$$

① 朗之万方程是由朗之万 (P. Langevin) 于 1908 年提出的，最早用于解释布朗运动，即微小颗粒在液体或气体中的随机运动。

$$E[\dot{W}_i(t)\dot{W}_j(t')] = \int \dot{W}_i(t)\dot{W}_j(t')\mathrm{d}F_W = \delta_{ij}\delta(t-t') \tag{3.130}$$

可以证明，描述单个分子微观状态 $\{\boldsymbol{X}(t), \boldsymbol{c}(t)\}$ 变化的朗之万方程 (式 (3.129)) 与描述分子速度分布函数 $f(\boldsymbol{c}, \boldsymbol{r}, t)$ 演化的 Fokker-Planck 方程 (式 (3.128)) 是等价的 [8,9]。这里，仅简要介绍这两个方程物理意义上的一致性。朗之万方程将分子多次碰撞后的累计效果模化为持续作用在每个分子上的线性阻力 ($c_i$ 方程右侧第一项) 和随机力 ($c_i$ 方程右侧第二项)。其中，阻力在单个分子上的作用对应于 Fokker-Planck 方程中速度分布函数在速度空间中的漂移，而随机力，或称涨落力，对分子上的作用对应于分布函数在速度空间中的扩散 [10]。

对于 Fokker-Planck 模型是否满足守恒律的要求，只需注意到式 (3.19) 中使用的分部积分公式以及 $\boldsymbol{c} \to \infty$ 时速度分布函数 $f$ 迅速趋于零的性质，即可证明任意分子速度的函数 $Q(\boldsymbol{c})$ 均满足以下性质：

$$\int_{-\infty}^{\infty} Q(\boldsymbol{c}) J_{\mathrm{FP}}(f)\,\mathrm{d}\boldsymbol{c} = -\int_{-\infty}^{\infty} \frac{\partial Q}{\partial c_i}(\nu_{\mathrm{FP}} c'_i f)\mathrm{d}\boldsymbol{c} + \int_{-\infty}^{\infty} \frac{\partial^2 Q}{\partial c_i \partial c_i}\left(\frac{\nu_{\mathrm{FP}} k_{\mathrm{B}} T}{m} f\right)\mathrm{d}\boldsymbol{c} \tag{3.131}$$

依次取 $Q = m$、$m\boldsymbol{c}$、$\dfrac{1}{2}mc^2$ 即可证明 Fokker-Planck 模型满足守恒律。

要确定 Fokker-Planck 模型能否给出平衡态分布，需要求解：

$$J_{\mathrm{FP}}(f) = \nu_{\mathrm{FP}} \frac{\partial}{\partial c_i}\left[c'_i f + \frac{\partial}{\partial c_i}\left(\frac{k_{\mathrm{B}} T}{m} f\right)\right] = 0$$

$$\Rightarrow \quad f^{(0)} = (A_i c'_i + B)\exp\left(-\frac{mc'^2}{2k_{\mathrm{B}}T}\right) \tag{3.132}$$

利用数密度的定义式 (2.61) 和热运动速度的性质式 (2.18) 即可证明 Fokker-Planck 模型给出的 $f^{(0)} = f_{\mathrm{M}}$。

通过 Chapman-Enskog 方法，可以给出 Fokker-Planck 模型速度分布函数的一阶近似

$$f^{(1)} = -f_{\mathrm{M}} \frac{1}{\nu}\left[\frac{c'_{\langle i} c'_{j\rangle}}{2RT}\frac{\partial u_i}{\partial x_j} + \left(\frac{c'^2}{2RT} - \frac{5}{2}\right)\frac{c'_i}{3T}\frac{\partial T}{\partial x_i}\right] \tag{3.133}$$

进而可以得到黏性系数和热传导系数表达式：

$$\mu_{\mathrm{FP}} = \frac{1}{2}\frac{p}{\nu_{\mathrm{FP}}}, \qquad \kappa_{\mathrm{FP}} = \frac{5}{6}\frac{k_{\mathrm{B}}}{m}\frac{p}{\nu_{\mathrm{FP}}} \tag{3.134}$$

所以 Fokker-Planck 模型对应的普朗特数为 $Pr = 3/2$，这与 Boltzmann 方程给出的 $Pr = 2/3$ 相矛盾。因此 Fokker-Planck 模型也具有一定的局限性。

对于 Fokker-Planck 模型是否满足 $H$ 定理，在式 (3.131) 中取 $Q=\ln f$ 并利用分部积分公式以及 $f$ 的收敛性可得

$$\int_{-\infty}^{\infty}(\ln f)\,J_{\mathrm{FP}}(f)\,\mathrm{d}\boldsymbol{c}=\nu_{\mathrm{FP}}\left(3n-RT\int_{-\infty}^{\infty}\frac{1}{f}\frac{\partial f}{\partial c_i}\frac{\partial f}{\partial c_i}\mathrm{d}\boldsymbol{c}\right) \tag{3.135}$$

根据柯西–施瓦茨 (Cauchy-Schwarz) 不等式：

$$\begin{aligned}\left(\int_{-\infty}^{\infty}c'^2 f\mathrm{d}\boldsymbol{c}\right)\left(\int_{-\infty}^{\infty}\frac{1}{f}\frac{\partial f}{\partial c_i}\frac{\partial f}{\partial c_i}\mathrm{d}\boldsymbol{c}\right)&\geqslant\left(\int_{-\infty}^{\infty}c'_i\sqrt{f}\frac{1}{\sqrt{f}}\frac{\partial f}{\partial c_i}\mathrm{d}\boldsymbol{c}\right)^2\\&=\left(\delta_{ii}\int_{-\infty}^{\infty}f\mathrm{d}\boldsymbol{c}\right)^2=9n^2\end{aligned} \tag{3.136}$$

而 $\int_{-\infty}^{\infty}c'^2 f\mathrm{d}\boldsymbol{c}=3nRT$，将式 (3.136) 代入式 (3.135) 即可证明 Fokker-Planck 模型满足 $H$ 定理：

$$\int_{-\infty}^{\infty}(\ln f)\,J_{\mathrm{FP}}(f)\,\mathrm{d}\boldsymbol{c}\leqslant 0 \tag{3.137}$$

### 3.6.5 ES-FP 模型

为了修正 Fokker-Planck 模型中的普朗特数，Mathiaud 和 Mieussens[11] 提出了 ellipsoidal statistical Fokker-Planck(ES-FP) 模型。该模型对 Fokker-Planck 模型中各向同性的扩散项进行了调整，使其具有各向异性：

$$J_{\text{ES-FP}}(f)=\frac{\partial}{\partial c_i}(\nu_{\mathrm{FP}}c'_i f)+\frac{\partial^2}{\partial c_i\partial c_j}(\nu_{\mathrm{FP}}\lambda_{ij}f) \tag{3.138}$$

其中，$\lambda_{ij}$ 与 ESBGK 模型中一致：

$$\lambda_{ij}=(1-b')RT\delta_{ij}+b'\frac{p_{ij}}{\rho}=RT\delta_{ij}-b'\frac{\tau_{ij}}{\rho} \tag{3.139}$$

可以验证，ES-FP 模型满足守恒律、平衡态、普朗特数以及 $H$ 定理四项要求。证明过程与 Fokker-Planck 模型类似，此处不再赘述，详细过程请参考文献 [10]。而通过 Chapman-Enskog 方法得到的 ES-FP 模型的黏性系数和热传导系数为

$$\mu_{\text{ES-FP}}=\frac{1}{1-b'}\frac{p}{2\nu_{\mathrm{FP}}},\qquad \kappa_{\text{ES-FP}}=\frac{5}{6}\frac{k_{\mathrm{B}}}{m}\frac{p}{\nu_{\mathrm{FP}}} \tag{3.140}$$

因此，为了保证 ES-FP 模型给出正确的普朗特数，$b'$ 的取值应为

$$b' = 1 - \frac{3}{2Pr} \tag{3.141}$$

对于单原子气体，普朗特数为 2/3，对应的参数取值为 $b = -5/4$。

## 参 考 文 献


[1] Kremer G M. An Introduction to the Boltzmann Equation and Transport Processes in Gases. New York: Springer Science & Business Media, 2010.

[2] 曾嘉楠, 李琪, 吴雷. 分子气体稀薄效应的动理学建模. 空气动力学学报, 2022, 40(2): 1-30.

[3] Bhatnagar P L, Gross E P, Krook M. A model for collision processes in gases. I. Small amplitude processes in charged and neutral one-component systems. Physical Review, 1954, 94(3): 511.

[4] Holway L H, Jr. New statistical models for kinetic theory: methods of construction. The Physics of Fluids, 1966, 9(9): 1658-1673.

[5] Andries P, Tallec L P, Perlat J P, et al. The Gaussian-BGK model of Boltzmann equation with small Prandtl number. European Journal of Mechanics-B/Fluids, 2000, 19(6): 813-830.

[6] Shakhov E M. Approximate kinetic equations in rarefied gas theory. Fluid Dynamics, 1968, 3(1): 112-115.

[7] Risken H. The Fokker-Planck Equation. Berlin: Springer-Verlag, 1984

[8] Chandrasekhar S. Stochastic problems in physics and astronomy. Reviews of Modern Physics, 1943, 15(1): 1.

[9] van Kampen N G. Stochastic Processes in Physics and Chemistry. Amsterdam: Elsevier, 1992.

[10] 姜亚中. 连续–稀薄跨流域流动的数值模拟研究. 北京: 北京航空航天大学，2018.

[11] Mathiaud J, Mieussens L. A Fokker-Planck model of the Boltzmann equation with correct Prandtl number. Journal of Statistical Physics, 2016, 162: 397-414.

# 第 4 章 DSMC 方法

稀薄非平衡气体流动问题的数值计算方法一直受到研究者的广泛关注。从建模的尺度上来看，其计算方法可以分为三类。第一类是构建宏观层面的流体力学方程组。这种方法是通过构造密度、速度、温度等宏观物理量的方程组来实现对宏观流场的描述，例如，连续流域常用的欧拉方程、Navier-Stokes-Fourier 方程，以及向稀薄流动拓展的 Burnett 方程 [1]、Super-Burnett 方程，以及矩方法 [2] 等。方程组的封闭性问题、对稀薄气体流动的适用性问题、引入高阶矩变量或高阶导数后方程组的数值求解问题、适定的边界条件问题，给这一类方法提出了挑战。

第二类是介观层面的方法，其理论基础为 Boltzmann 方程，包括了对 Boltzmann 方程求解的确定性方法和随机粒子方法。以离散速度方法 (discrete velocity method，DVM)[3−7] 为代表的确定性方法是将分布函数定义在有限的离散速度点上，然后直接取值求解 Boltzmann 方程。这类方法的优点在于没有统计涨落，对于低速非平衡流动的模拟十分高效。然而，对于高速问题以及高维问题，由于离散速度空间的取值范围扩大以及相空间的维数增加，这类方法的内存需求以及计算量将会呈指数级增加，计算效率变得很低。除 DVM 外，确定性方法还包括后续发展的克服时空步长约束，提高近连续流域计算效率的渐进保持格式 (asymptotic preserving schemes, AP)[8,9]、隐式–显式格式 (implicit-explicit schemes, IMEX)[10,11]、气体运动论统一算法 (gas-kinetic unified algorithm，GKUA)[12]、统一气体动理学格式 (unified gas-kinetic scheme，UGKS)[13]、离散统一气体动理学格式 (discrete unified gas-kinetic scheme，DUGKS)[14]，以及耦合方法 (kinetic-fluid hybrid methods)[15]。此外，确定性方法还包括在速度空间中使用三角函数作为基函数近似分布函数的谱方法 [16−19]。以直接模拟蒙特卡洛 (direct simulation Monte Carlo，DSMC) 方法为代表的随机粒子方法是利用模拟粒子来代替分布函数，通过追踪粒子的运动和二体碰撞而实现对于 Boltzmann 方程的求解。

第三类是微观层面的方法，其典型代表为分子动力学 (molecular dynamics, MD) 方法，旨在用确定性的牛顿动力学方程追踪分子的运动和相互作用来求解流动问题，模拟的分子数目与真实流动一致，也就导致这种方法的计算量会极其大。

本章重点关注 DSMC 方法的原理与应用。首先介绍 Monte Carlo 方法的基本原理以及抽样方法。之后介绍 DSMC 方法的基本思想、实现步骤，以及关于一维流动问题实现的 MATLAB 代码。最后给出 DSMC 方法在求解稀薄气体流动时的一些算例。

## 4.1 Monte Carlo 方法的基本原理

Monte Carlo 方法，又称为统计试验法，是一种基于随机抽样和统计分析的数值计算方法。该方法是按照一定的概率模型进行随机抽样，然后根据样本统计量的值来估计实际问题中的未知参数。Monte Carlo 方法的发展和广泛使用得益于 20 世纪 40 年代中期电子计算机的发明，最初是由参与美国曼哈顿计划的科学家 S. Ulam 和 J. von Neumann 提出的。J. von Neumann 用驰名世界的赌城——摩纳哥的 Monte Carlo 来命名这一方法，赋予其独特的象征意义。

使用 Monte Carlo 方法解决实际问题的基本步骤可以总结如下 [20]。

(1) 随机抽样：通过计算机生成已知概率分布的随机变量。常用的概率分布包括均匀分布、正态分布等。

(2) 模拟过程：实际问题所需要的概率分布可能比较复杂，难以在计算机上生成，或者只知道概率分布满足的数学方程而不知道其具体形式，抑或是仅知道问题中随机变量的变化过程而不知道概率分布函数的具体表达式。在这些情况下，需要首先生成服从已知分布的随机样本点，再按照相应的模拟过程进行计算，以得到符合实际问题概率模型的随机变量样本。

(3) 统计分析：对多次模拟的结果进行统计分析。通过计算样本点的统计量，如均值、方差等，得到对问题的数值估计。

Monte Carlo 方法具有以下优点。

(1) 适用范围广：Monte Carlo 方法对问题的复杂性不敏感。对于一些数学模型非常复杂的实际问题，难以通过解析方法或传统数值方法求解。而 Monte Carlo 方法能够处理这些包含高维、非线性或具有复杂边界的问题，在许多领域都得到了广泛应用。

(2) 不受维度限制：传统数值方法的计算量会随着维度增加而呈指数增长，出现 “维数灾难”。而 Monte Carlo 方法的收敛速度不随问题维度增加而改变，因此可以应用于高维问题的求解。

(3) 易于并行化：Monte Carlo 方法的每次模拟过程相互独立，容易实现并行计算，因此可以充分发挥现代计算机集群的性能。

然而，Monte Carlo 方法也存在一些缺点。

(1) 收敛速度慢。设样本点数量为 $N_s$，得到的样本为 $\{x_1, x_2, \cdots, x_{N_s}\}$，且它们是独立同分布的。假设实际问题的解对应于样本统计量 $T(x_i)$，其期望和方差分别为 $E[T(x_i)]$ 和 $\mathrm{Var}[T(x_i)]$。因此问题的最终结果可表示为 $\sum_{i=1}^{N_s} T(x_i)/N_s$，相应的期望与标准差分别为 $E[T(x_i)]$ 和 $\sqrt{\mathrm{Var}[T(x_i)]/N_\mathrm{s}}$。因此，Monte Carlo 方法的收敛速度可以表示为 $O(N_\mathrm{s}^{-1/2})$。这一速度通常比确定性方法慢。

(2) 伪随机数：Monte Carlo 方法的样本来源于计算机生成的伪随机数，与真实的随机数存在差异。

### 4.1.1 布丰投针实验

在 17 世纪时，人们就产生了用频率近似概率的思想。而 Monte Carlo 方法的起源可以追溯到 18 世纪。1777 年，法国科学家布丰 (Buffon) 提出了一种用投针实验估算圆周率 π 的方法。如图 4.1(a) 所示，在平面上绘制一组间距为 $d$ 的平行线。将 $n$ 个长度为 $l(l < d)$ 的细针任意地投掷在平面上，并记录下针与这组平行线中任意一条相交的次数 $m$。这一过程相当于 Monte Carlo 方法中的随机抽样过程。

设针的中点到最近一条平行线的距离为 $x$，针与线的夹角为 $\theta$，如图 4.1(b) 所示。可知这两个随机变量均服从均匀分布，$x \sim U(0, d/2)$，$\theta \sim U(0, \pi)$。针与平行线相交的条件为 $x \leqslant (l/2)\sin\theta$。因此，可以计算出针与平行线相交的概率：

$$P_{\text{intsection}} = \iint\limits_{x \leqslant \frac{l}{2}\sin\theta} \frac{2}{d}\frac{1}{\pi}\mathrm{d}x\mathrm{d}\theta = \int_0^{\pi}\int_0^{(l/2)\sin\theta} \frac{2}{d}\frac{1}{\pi}\mathrm{d}x\mathrm{d}\theta = \frac{2l}{\pi d} \tag{4.1}$$

若用频率 $\hat{P}_{\text{intsection}} = m/n$ 来近似概率 $P_{\text{intsection}} = 2l/\pi d$，则可得到圆周率 π 的近似值：

$$\pi \approx \frac{2l}{d}\left(\frac{n}{m}\right) \tag{4.2}$$

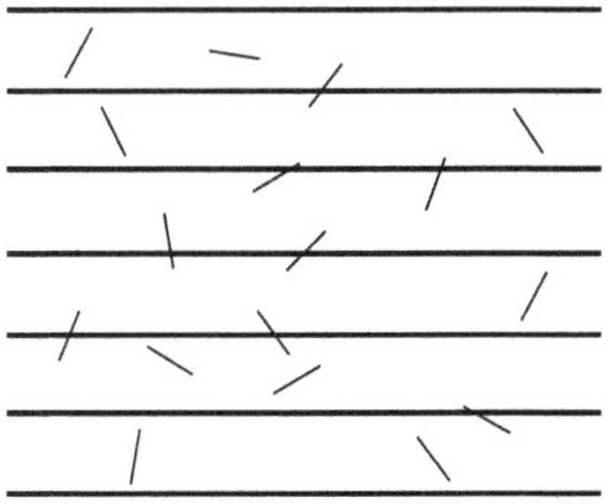

(a) 布丰投针实验

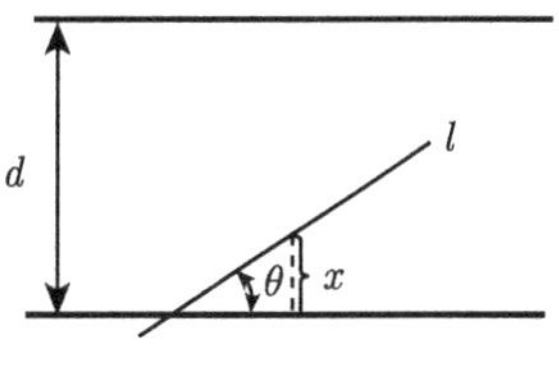


(b) 针与平行线相对位置关系

图 4.1 布丰投针实验示意图

### 4.1.2 Monte Carlo 方法示例

1. 估计圆周率 π 值

除了布丰投针实验之外，在计算机上可以采用更加简单的模型估计圆周率 π 的值。如图 4.2(a) 所示，在边长为 2 的正方形内有一半径为 1 的内接圆。圆与正方形面积之比为 π/4。设圆心位置为 (0,0)。按照均匀分布 $U(0,1)$ 采样生成随机点 $(x, y)$，当 $x^2+y^2 \leqslant 1$ 时，点落在圆内。若生成的随机点的数量为 $n$，其中有 $m$ 个点落在圆内，则圆周率的近似值可以表示为

$$\pi \approx \frac{4m}{n} \tag{4.3}$$

2. 估计定积分的值

对于定积分

$$I = \int_a^b g(x)\mathrm{d}x \tag{4.4}$$

可以用 Monte Carlo 方法按照不同的策略来估算。一种策略类似于估算圆周率的随机投点法，如图 4.2(b) 所示。按照均匀分布 $U(a,b)$ 和 $U(0,h)$ 分别生成随机点 $x$ 和 $y$，其中 $h \geqslant [g(x)]_{\max}$。若生成的随机点 $(x,y)$ 的数量为 $n$，其中落在曲线 $y=g(x)$ 下方 (即 $y \leqslant g(x)$) 的点数为 $m$，则定积分的近似值可以表示为

$$I = \frac{m}{n}(b-a)h \tag{4.5}$$

除此之外，也可以采用期望法估计定积分的值。注意到

$$I = \int_a^b g(x)\mathrm{d}x = (b-a)\int_a^b g(x)\frac{1}{b-a}\mathrm{d}x = (b-a)E[g(X)], \quad X \sim U(a,b) \tag{4.6}$$

因此，可以按照均匀分布 $U(a,b)$ 生成随机点 $x_i$，$i=1,2,\cdots,n$，然后计算每个点对应的函数值 $g(x_i)$。定积分的值可以估计为

$$I \approx \frac{b-a}{n}\sum_{i=1}^{n} g(x_i) \tag{4.7}$$

当积分函数 $g(x)$ 在某些位置迅速变化时，对积分变量进行均匀采样可能会遗漏这些重要位置的信息。为了提高采样效率，可以使用重要性采样 (importance sampling) 的方法来计算定积分。如图 4.2(d) 所示，按照已知分布 $f(x)$ 生成 $[a,b]$ 之间的随机数，从而使样本点落在积分函数 $g(x)$ 变化剧烈的区域的概率增加。定积分的值可以估计为

$$I=\int_a^b g(x)\mathrm{d}x=\int_a^b \frac{g(x)}{f(x)}f(x)\mathrm{d}x\approx\frac{1}{n}\sum_{i=1}^{n}\frac{g(x_i)}{f(x_i)} \tag{4.8}$$

其中，$x_i$，$i=1,2,\cdots,n$ 是按照 $f(x)$ 采样得到的样本点。重要性采样的思想是增加重要区域的采样权重，从而加速积分的计算过程。

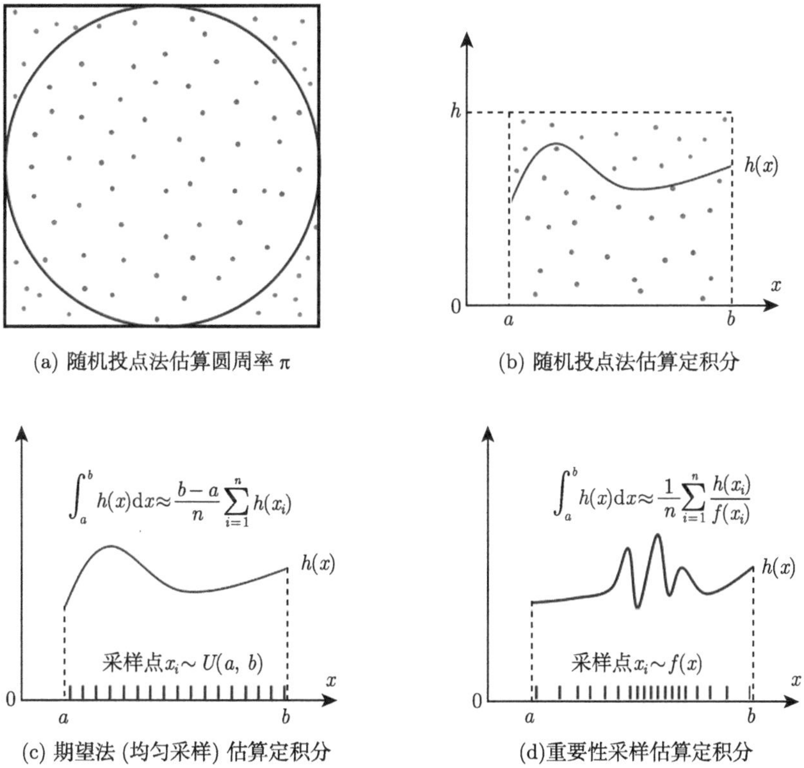


(a) 随机投点法估算圆周率 π

(b) 随机投点法估算定积分

(c) 期望法 (均匀采样) 估算定积分

(d)重要性采样估算定积分

图 4.2 Monte Carlo 方法估算圆周率与定积分

### 4.1.3 Monte Carlo 抽样方法

Monte Carlo 方法的首要问题就是如何获取服从特定概率分布的样本点。在计算机上，可以大量生成的随机数为伪随机数 (pseudo-random number)，即通过数学方法生成的服从 $[0,1]$ 上的均匀分布的随机数序列。伪随机数并不是真正的

随机数，其产生通常是以一个种子值作为输入，然后按照递推公式生成序列，因此具有可重复性。经典的伪随机数产生方法如平方取中法、线性同余法，以及目前生成伪随机数质量最高的梅森旋转算法 [17] 等。在数值计算方法中，使用的伪随机数通常是循环周期极长且能够通过随机数统计检验的，以保证计算结果的随机性。

本节主要讨论如何利用计算机上产生的伪随机数 $\xi \sim U(0,1)$ 来获取服从特定目标概率分布 $f(x)$ 的随机点。这里主要考虑连续随机变量的情况。

1. 直接抽样方法 (direct method)

直接抽样是指直接从完全已知概率分布出发，利用均匀分布 $U(0,1)$ 的伪随机数，使用严格精确的数学方法，构造抽样算法，产生随机数。这种方法的缺点是仅适用于某些特殊分布。

2. 逆累积分布函数法 (inverse-cumulative method)

设随机变量 $X$ 的累积分布函数为 $F(x)$，且 $F(x)$ 为非减函数。由累积分布函数的定义可知，$F(X)$ 服从 $[0,1]$ 上的均匀分布①，即 $F(X) \sim U(0,1)$。逆累积分布函数法的思想是首先产生服从均匀分布 $U(0,1)$ 的随机数 $\xi$，而服从目标分布的随机数 $X$ 可以通过逆累积分布函数得到

$$X = F^{-1}(\xi), \quad \xi \sim U(0,1) \tag{4.9}$$

如图 4.3 所示。然而，这一方法要求逆累积分布函数 $F^{-1}(\cdot)$ 具有显式解析表达式，通常用于常见概率分布的随机数的抽样。以下是一些示例。

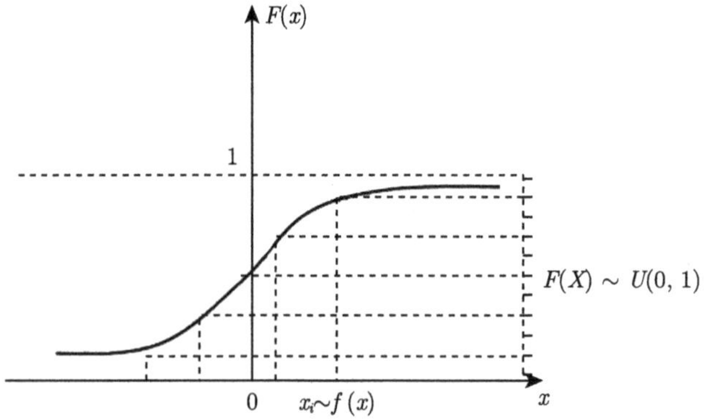


图 4.3　逆累积分布函数法采样

① 当 $0 \leqslant x \leqslant 1$ 时，$P\{F(X) \leqslant x\} = P\{X \leqslant F^{-1}(x)\} = F(F^{-1}(x)) = x$，因此 $F(X) \sim U(0,1)$。

1) 均匀分布 $U(a,b)$ 的抽样

均匀分布 $X \sim U(a,b)$ 的概率分布函数为

$$f(x) = \begin{cases} \dfrac{1}{b-a}, & a \leqslant x \leqslant b \\ 0, & \text{其他} \end{cases} \tag{4.10}$$

因此其逆累积分布函数为 $F^{-1}(x) = a + (b-a)x(0 \leqslant x \leqslant 1)$。所以可以得到服从均匀分布 $U(a,b)$ 的随机数 $X$：

$$X = a + (b-a)\xi, \quad \xi \sim U(0,1) \tag{4.11}$$

2) 指数分布 $\mathrm{Exp}(\theta)$ 的抽样

指数分布 $X \sim \mathrm{Exp}(\theta)$ 的概率分布函数为

$$f(x) = \begin{cases} \dfrac{1}{\theta}\mathrm{e}^{-\frac{x}{\theta}}, & x \geqslant 0,\ \theta > 0 \\ 0, & \text{其他} \end{cases} \tag{4.12}$$

因此其逆累积分布函数为 $F^{-1}(x) = -\theta\ln(1-x)(0 \leqslant x \leqslant 1)$。所以可以得到服从指数分布 $\mathrm{Exp}(\theta)$ 的随机数 $X$：

$$X = -\theta\ln(\xi), \quad \xi \sim U(0,1) \tag{4.13}$$

3) 正态分布 $N(\mu,\sigma^2)$ 的抽样

首先考虑标准正态分布 $N(0,1)$ 下随机数的抽样。标准正态分布 $N(0,1)$ 的概率分布函数为

$$f(x) = \frac{1}{\sqrt{2\pi}}\mathrm{e}^{-\frac{x^2}{2}} \tag{4.14}$$

但是其累积分布函数没有显式解析表达式，因此无法直接采用逆累积分布函数法进行抽样，需要采取一些技巧。考虑两个相互独立且服从标准正态分布的随机变量 $X_1, X_2 \sim N(0,1)$，并引入极坐标下的随机变量 $R^2 = X_1^2 + X_2^2$ 与 $\Theta = \arctan(X_2/X_1)$。注意到，

$$f(x_1)f(x_2)\mathrm{d}x_1\mathrm{d}x_2 = \frac{1}{2\pi}\mathrm{e}^{-\frac{x_1^2+x_2^2}{2}}\mathrm{d}x_1\mathrm{d}x_2 = \frac{1}{2\pi}\mathrm{e}^{-\frac{r^2}{2}}r\mathrm{d}r\mathrm{d}\theta = \left(\frac{1}{2}\mathrm{e}^{-\frac{r^2}{2}}\mathrm{d}r^2\right)\left(\frac{1}{2\pi}\mathrm{d}\theta\right) \tag{4.15}$$

因此 $R^2$ 服从指数分布 $R^2 \sim \mathrm{Exp}(2)$，$\Theta$ 服从均匀分布 $\Theta \sim U(0,2\pi)$，可以分别按照式 (4.13) 和式 (4.11) 实现抽样。两个标准正态分布随机变量可分别表示为

$X_1 = R\cos\Theta$，$X_2 = R\sin\Theta$，因此可以得到二者的抽样：

$$\begin{matrix} X_1 = \sqrt{-2\ln(\xi_1)}\cos(2\pi\xi_2) \\ X_2 = \sqrt{-2\ln(\xi_1)}\sin(2\pi\xi_2) \end{matrix}, \quad \xi_1, \xi_2 \sim U(0,1) \tag{4.16}$$

因此，正态分布随机数需要依赖两个均匀分布的随机数得到，而通过两个均匀分布的随机数可以得到两个相互独立的正态分布随机数。

注意到，$X$ 服从正态分布 $N(\mu, \sigma^2)$ 时，$(X-\mu)/\sigma \sim N(0,1)$。因此可以得到 $X$ 的抽样：

$$X = \mu + \sigma\sqrt{-2\ln(\xi_1)}\cos(2\pi\xi_2), \quad \xi_1, \xi_2 \sim U(0,1) \tag{4.17}$$

3. 取舍法 (accept-reject method)

对于较为复杂的概率分布函数，可以采用取舍法进行采样。取舍法的基本思想是首先从一个简单的概率分布中抽样得到样本点，再依据一定的概率接受或拒绝该样本点，使得样本服从目标概率分布，如图 4.4 所示。

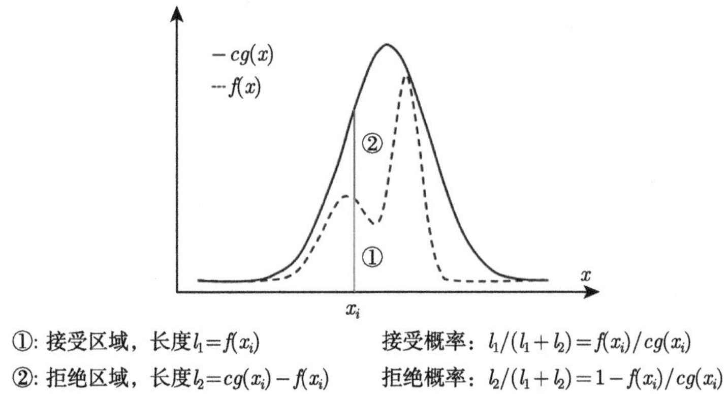


图 4.4 取舍法采样

取舍法首先需要一个建议分布 (proposal distribution) 函数 $g(x)$，$g(x)$ 应该易于处理且容易从中采样。此外，需要定义一个常数 $c$，使得对任意 $x$，$cg(x) \geqslant f(x)$，通常可以取 $c = [f(x)/g(x)]_{\max}$。取舍法的步骤可概括如下。

步骤 1: 从建议分布函数 $g(x)$ 中抽样得到样本点 $X$。

步骤 2: 以概率 $f(x)/cg(x)$ 接受 $X$，以概率 $1 - f(x)/cg(x)$ 拒绝 $X$(即首先从 $U(0,1)$ 中采样得到样本点 $\xi$，若 $\xi \leqslant f(x)/cg(x)$，则接受样本点 $X$；否则，返回步骤 1)。

对于取舍法可以这样理解，假设从建议分布函数 $g(x)$ 中抽样得到了 $N$ 个样本点，那么落在 $x$ 到 $x + \mathrm{d}x$ 范围内的样本点个数为 $Ng(x)\mathrm{d}x$。而依据步骤 2 进行取舍后，剩余的落在 $x$ 到 $x + \mathrm{d}x$ 的样本点个数为 $(N/c)\,f(x)\mathrm{d}x$。因此被接受的样本点服从目标分布 $f(x)$。此外，可以看出被接受的样本点的总数为 $N/c$，所以常数 $c$ 越小，采样效率越高。

## 4.2 DSMC 方法的基本原理

### 4.2.1 DSMC 方法的基本思想

对于气体流动问题的直接模拟方法是在计算机中追踪气体分子的位置和速度，计算其在分子运动、分子与壁面碰撞以及分子间碰撞等过程中的变化。流场当地的宏观物理量是通过对网格内的分子信息进行统计获得。直接模拟方法包括确定性粒子方法 (MD 方法) 与随机粒子方法 (如 DSMC 方法等)。

在 MD 方法中，首先在计算机上生成与真实流动问题中相同数量的分子，并追踪这些分子的运动，与壁面的碰撞以及分子间的碰撞等。在这些过程中，每个分子的位置和速度变化是通过确定性方法进行计算的。MD 方法可以理解为在计算机上完全再现真实的物理过程。MD 模拟需要复现真实分子的数量、大小以及边界几何等，并且模拟分子的运动与碰撞过程是根据牛顿力学进行确定性计算。这通常需要消耗极大的计算资源，因而难以用于实际工程问题中对流场进行全局模拟。

DSMC 方法 [21] 是由澳大利亚科学家 G. A. Bird 在 20 世纪 60 年代首先提出，是目前解决稀薄气体流动问题最有效的数值计算工具。相比于 MD 方法，DSMC 方法主要具有以下特点：

(1) 用少量模拟分子代替大量真实分子；

(2) 分子运动与分子间碰撞解耦；

(3) 采用随机方法选择碰撞对以及确定碰撞取向。

这些特点恰恰对应了稀薄气体所具有的物理性质。DSMC 方法充分利用了这些性质，因此在处理稀薄气体问题时的计算效率相对于 MD 方法有了数量级的提升。接下来，我们将对这三个特点进行详细讨论。

DSMC 方法的第一个特点是用少量模拟分子代替大量真实分子。在真实气体中，存在数目庞大的气体分子，而宏观气体性质是由分子微观量的统计平均来反映的。然而，对于数值计算而言，如此大量的模拟分子信息可能是冗余的。事实上，只需要在大量的真实分子中抽取一小部分 “样本” 进行统计，即可准确地计算出气体宏观量乃至速度分布函数。因此，在数值计算中并不需要严格模拟真实气体分子的数量，因此可以用少量模拟分子代替大量真实分子。在 DSMC 方法中，每个模拟分子都带有权重 $w_{\mathrm{p}}$，表示每个模拟分子所代表的真实分子数量。

DSMC 方法可以被看作使用随机方法求解 Boltzmann 方程，它用少量的有代表性的模拟分子来代替 Boltzmann 方程中的分布函数概念。模拟分子的位置、速度变化过程与 Boltzmann 方程中分布函数的时空演化是一一对应的。因此,DSMC 方法模拟的准确性的基础是：保证每个模拟分子可以被视为从分子速度分布函数中抽取的一个样本。具体而言，若将流场划分为若干个体积为 $V_c$ 的均匀网格，则可以将 Boltzmann 方程写为

$$\frac{\partial}{\partial t}(nV_c f) + \boldsymbol{c}\cdot\frac{\partial}{\partial \boldsymbol{r}}(nV_c f) = \int_{-\infty}^{\infty}\int_{0}^{4\pi} n^2 V_c (f^* f_1^* - f f_1) c_r \sigma \mathrm{d}\Omega \mathrm{d}\boldsymbol{c}_1 \tag{4.18}$$

在 DSMC 方法中，假设一个网格中的模拟分子数为 $N_p = nV_c/w_p$，与式 (4.18) 相对应的模拟粒子运动、碰撞过程可表述为

$$\frac{\partial}{\partial t}(N_p f) + \boldsymbol{c}\cdot\frac{\partial}{\partial \boldsymbol{r}}(N_p f) = \int_{-\infty}^{\infty}\int_{0}^{4\pi} n N_p (f^* f_1^* - f f_1) c_r \sigma \mathrm{d}\Omega \mathrm{d}\boldsymbol{c}_1 \tag{4.19}$$

式 (4.19) 就是在式 (4.18) 的两侧除以粒子权重 $w_p$。

式 (4.19) 可以视为 DSMC 方法的控制方程。其中左侧第二项代表了模拟分子的运动过程，即按照模拟分子速度计算位置变化，这与真实分子是一致的。式 (4.19) 右侧代表了模拟分子的碰撞过程，这一项要求 DSMC 方法中每个模拟分子的平均碰撞频率应当与真实分子保持一致，均为 $\nu = n\overline{\sigma_T c_r}$。然而，在单位时间内，网格中总的分子碰撞次数则由真实分子的 $N_{\mathrm{coll,real}} = \frac{1}{2}n^2 V_c \overline{\sigma_T c_r}$ 变为 $N_{\mathrm{coll,DSMC}} = \frac{1}{2}nN_p\overline{\sigma_T c_r}$。有关 DSMC 方法与 Boltzmann 方法的关系讨论可以参考文献 [22]，文献 [23] 证明了 DSMC 方法收敛于 Boltzmann 方程。

DSMC 方法的第二个特点是分子运动与碰撞的解耦。在稀薄气体中，可以认为分子运动 (空间尺度为平均自由程 $\lambda$，时间尺度为平均碰撞时间 $\tau = 1/\nu$) 与分子碰撞 (瞬时发生在某一空间点上) 交替进行。分子运动时不受分子间作用力的影响，彼此独立地做直线运动。当分子间发生碰撞时，速度会发生跳变，不涉及分子位置的变化。在 DSMC 方法中，为了简化起见，令所有模拟分子同步地运动和碰撞，即在一个时间步长 $\Delta t$ 内，所有模拟分子首先按照其速度进行自由运动，不考虑碰撞；在运动步完成后，再计算模拟分子在 $\Delta t$ 时间内的二体碰撞。这一过程如图 4.5 所示。DSMC 方法运动与碰撞解耦的这一特点也为其应用于并行计算提供了便利。

DSMC 方法的第三个特点是采用随机方法选择碰撞对以及确定碰撞取向。由于无法准确确定模拟分子碰撞的确切位置，DSMC 方法使用随机方法在每个网格内选择适当数目的碰撞对进行二体碰撞。此外，被选择的碰撞对的命中参数也是通过随机方法确定的。

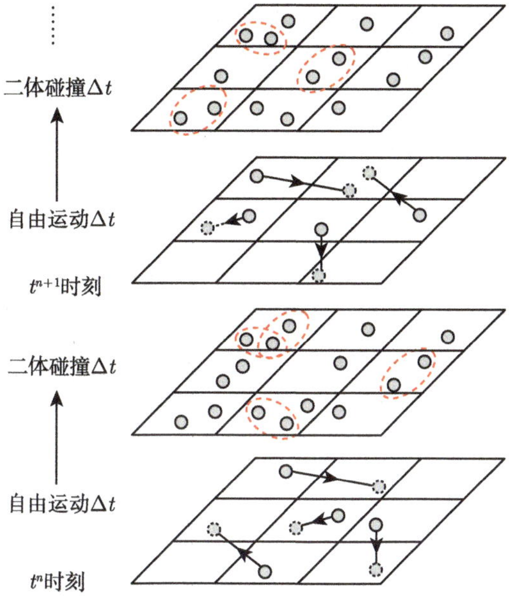


图 4.5 DSMC 方法中自由运动与二体碰撞解耦

### 4.2.2 DSMC 方法的实现

1. 设置计算参数

设置流场的初始条件及边界条件，包括流场初始密度、速度、温度，来流密度、速度、温度，以及壁面温度、适应系数等。设置碰撞参数，包括碰撞模型、分子质量、参考直径等。设置分子权重 $w_\mathrm{p}$，即每个模拟分子所代表的真实分子数目。分子权重 $w_\mathrm{p}$ 的设置应使每个网格中的分子数 $N_\mathrm{p}$ 为 20~30[22]，以减少模拟分子数目涨落对计算的影响。

2. 划分网格

DSMC 方法中的网格可以分为碰撞网格和采样网格两种类型。碰撞网格是分子间碰撞的基本单元。在碰撞步之前，会根据模拟分子的位置将它们分配到相应的碰撞网格，然后在网格内选择一定数量的碰撞对进行碰撞。而采样网格是用于统计分子微观量的基本单元。在统计步时对采样网格内分子的微观量 (质量、动量、能量等) 进行统计，以得到当地流场的宏观量。

碰撞网格的大小对于 DSMC 模拟时气体的物理性质有重要影响。如果网格过大，则将导致模拟过程对应的输运系数偏离物理真实值，从而影响计算结果的准确性。通常情况下，碰撞网格的大小应小于局部的分子平均自由程 $\lambda$，一般取为 $\lambda/3$ 即可满足要求。而采样网格的大小不会对模拟时的物理性质产生影

响，它只影响宏观量统计值在空间上的分辨率。为了获得较高的分辨率，采样网格的尺寸通常要远小于由局部宏观量梯度表征的特征长度 $\bar{Q}/\left|\nabla\bar{Q}\right|$($\bar{Q}$ 为 $\rho$、$u$、$T$ 等)。

在实际计算中，为了简便起见，通常采用同一套网格进行碰撞对的选取和流场宏观量的统计，网格大小一般取为 $\lambda/3$。

1) 网格形状

DSMC 方法中常见的网格类型有两种。一种是非结构化网格，如图 4.6 (a) 所示。这种网格的形状为三角形 (二维) 或四面体 (三维)，能够与壁面以及流场边界很好地贴合。另一种是正交笛卡儿网格，如图 4.6 (b) 所示。这种网格的形状为正方形 (二维) 或正方体 (三维)。对于与壁面相交的网格，采用 “cut cell” 技术以追踪分子与壁面的碰撞，以及计算被壁面切割后的网格体积。

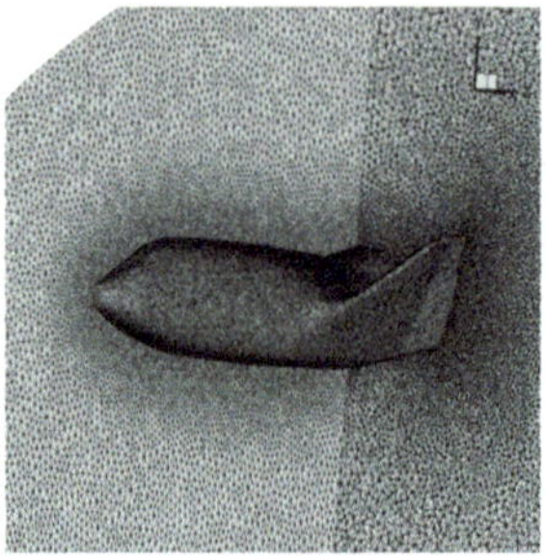

(a) 非结构化网格

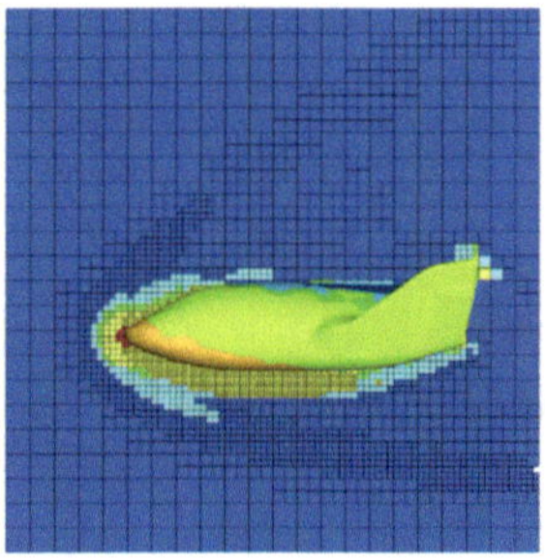

(b) 正交笛卡儿网格

图 4.6 DSMC 方法中的非结构化网格 [25] 与正交笛卡儿网格

2) 网格大小

在 DSMC 方法中对空间进行了离散，并且需要网格内随机地选择碰撞对。如果网格尺寸过大，那么相距很远的分子也有可能会发生碰撞，这就会引起模拟时输运系数的数值误差。通过 Green-Kubo 理论，文献 [26]~[28] 对 DSMC 方法中输运系数的空间离散误差进行了定量分析，下面进行简单的介绍。

对于含 $N$ 个质量为 $m$ 的硬球分子系统，切应力可以定义为

$$J_{xy}(t) = m\left[\sum_{i=1}^{N} c_{xi}c_{yi} + \sum_{c} \Delta^c c_{xi}(y_i - y_j)\delta(t - t_c)\right] \tag{4.20}$$

其中，$c_{xi}$ 和 $c_{yi}$ 分别代表分子 $i$ 的 $x$ 和 $y$ 方向速度；指标 $c$ 表示分子 $i$ 与分子 $j$ 在 $t_c$ 时刻发生的碰撞；$\sum\limits_{c}$ 代表对所有碰撞求和；$\Delta^c c_{xi}$ 表示在碰撞 $c$ 中分子 $i$ 的 $x$ 方向速度变化；$y_i - y_j$ 表示分子 $i$ 与分子 $j$ 在 $y$ 方向上的间距。式 (4.20)

展示了切应力包含的两个因素的贡献，一个是由分子运动引起的动量输运，另一个是由分子间相互作用引起的分子动量变化。

根据 Green-Kubo 理论 [29,30]，输运系数与相关物理量的涨落关联函数密切相关，例如黏性系数可以表示为切应力的时间自相关函数

$$\mu = \frac{1}{V_{\mathrm{c}} k_{\mathrm{B}} T} \int_0^{\infty} \left[ \frac{1}{t_{\mathrm{s}}} \int_0^{t_{\mathrm{s}}} J_{xy}(t) J_{xy}(t+s) \mathrm{d}t \right] \mathrm{d}s \tag{4.21}$$

其中，$V_{\mathrm{c}}$ 为网格的体积。将式 (4.20) 代入式 (4.21) 可以得到三项，包括式 (4.20) 的运动项乘积、运动项与势能项的交叉项，以及势能项的乘积，即

$$\mu = \mu^{\mathrm{K}} + \mu^{\mathrm{C}} + \mu^{\mathrm{P}} \tag{4.22}$$

通过计算式 (4.20) 的运动项乘积的自相关函数 [26]，可以得到 $\mu^{\mathrm{K}}$

$$\mu^{\mathrm{K}} = \frac{5}{16 d_{\mathrm{HS}}^2} \sqrt{\frac{m k_{\mathrm{B}} T}{\pi}} \tag{4.23}$$

这与通过 Chapman-Enskog 理论计算得到的硬球模型黏性系数 (式 (2.173)) 一致。在 DSMC 方法中，由于碰撞对的间距与其分子速度无关，因此交叉项 $\mu^{\mathrm{C}} = 0$。而势能项则是与网格尺寸 $\Delta L_y$ 相关的：

$$\mu^{\mathrm{P}} = \frac{m}{2 d_{\mathrm{HS}}^2 \lambda_{\mathrm{HS}}^2} \sqrt{\frac{m}{\pi k_{\mathrm{B}} T}} \left\langle (y_i - y_j)^2 \right\rangle_c \left\langle (\Delta^c c_{xi})^2 \right\rangle_c = \frac{2}{27 d_{\mathrm{HS}}^2} \sqrt{\frac{m k_{\mathrm{B}} T}{\pi}} \frac{\Delta L_y^2}{\lambda_{\mathrm{HS}}^2} \tag{4.24}$$

其中，$\langle \cdot \rangle_c$ 代表对所有碰撞做平均；$\left\langle (y_i - y_j)^2 \right\rangle_c = \Delta L_y^2 / 6$ 为采用笛卡儿网格时碰撞对的平均间距；$\left\langle (\Delta^c c_{xi})^2 \right\rangle_c = 8 k_{\mathrm{B}} T / (9m)$ 为硬球分子碰撞后速度平方的均值。因此，考虑网格尺寸 $\Delta L_y$ 时，DSMC 方法中的黏性系数可以表示为

$$\mu = \frac{5}{16 d_{\mathrm{HS}}^2} \sqrt{\frac{m k_{\mathrm{B}} T}{\pi}} \left( 1 + \frac{32}{135\pi} \frac{\Delta L_y^2}{\lambda_{\mathrm{HS}}^2} \right) \tag{4.25}$$

此外，通过类似的方法也可以得到热传导系数

$$\kappa = \frac{75 k_{\mathrm{B}}}{64 d_{\mathrm{HS}}^2} \sqrt{\frac{k_{\mathrm{B}} T}{m\pi}} \left( 1 + \frac{32}{225\pi} \frac{\Delta L_y^2}{\lambda_{\mathrm{HS}}^2} \right) \tag{4.26}$$

式 (4.25) 和式 (4.26) 给出了笛卡儿网格下硬球分子模型的数值输运系数随网格尺寸 $\Delta L_y$ 的变化。需要注意的是，以上两个公式中当 $Kn = 0.01$ 时，在 $\Delta L_y < 8\lambda_{\mathrm{HS}}$

的范围内能够非常准确地描述 DSMC 方法中由于空间离散误差而对输运系数的影响 [27]。

基于式 (4.25) 可以看到，当网格尺度为 $\Delta L_y = \lambda_{\rm HS}/3$ 时，数值黏性与真实黏性的偏差仅为 0.82%，一般可满足计算精度的要求；相反，当网格尺度 $\Delta L_y > \lambda_{\rm HS}$ 时，数值黏性与真实黏性的偏差可达 7.5%，严重影响了计算的可靠性。

3. 设置时间步长

类似于空间离散误差对输运系数的影响，DSMC 方法中的时间离散也会对输运系数产生影响 [28,31]：

$$\mu = \frac{5}{16d_{\rm HS}^2}\sqrt{\frac{mk_{\rm B}T}{\pi}}\left[1+\frac{16}{75\pi}\frac{(c'_m\Delta t)^2}{\lambda_{\rm HS}^2}\right] \tag{4.27}$$

$$\kappa = \frac{75k_{\rm B}}{64d_{\rm HS}^2}\sqrt{\frac{k_{\rm B}T}{m\pi}}\left[1+\frac{64}{675\pi}\frac{(c'_m\Delta t)^2}{\lambda_{\rm HS}^2}\right] \tag{4.28}$$

其中，$c'_{\rm m} = \sqrt{2k_{\rm B}T/m}$ 为最概然热运动速度。

因此，DSMC 方法中的网格尺度和时间步长分别需要满足

$$\Delta L < \lambda, \quad \Delta t < \tau = \frac{\sqrt{\pi}}{2}\frac{\lambda}{c'_{\rm m}} \tag{4.29}$$

一般取 $\Delta L = \lambda/3$，$\Delta t = \tau/3$ 可以使输运系数的误差不超过 1%。

4. 流场初始化

根据给定的初始条件 (分子数密度、速度、温度及初始分子速度分布函数等)，以及模拟分子的权重 $w_{\rm p}$，在每个网格中生成一定数量的模拟分子，通常按照均匀分布和 Maxwell 分布来分别生成分子的初始位置和速度。两种分布的生成方式见式 (4.11) 和式 (4.17)。

5. 分子运动及边界条件

在没有外力作用时，分子做匀速直线的弹道运动。对于速度为 $c_i$ 的分子 $i$，在一个时间步长 $\Delta t$ 的位置更新如下：

$$\boldsymbol{x}_i(t+\Delta t) = \boldsymbol{x}_i(t) + \boldsymbol{c}_i\Delta t \tag{4.30}$$

当分子受到外力 $\boldsymbol{F}$ 时，其速度在运动过程中会发生变化，此时分子的速度和位置更新如下：

$$\boldsymbol{c}_i(t+\Delta t) = \boldsymbol{c}_i(t) + \frac{\boldsymbol{F}}{m}\Delta t \tag{4.31}$$

$$\boldsymbol{x}_i(t+\Delta t)=\boldsymbol{x}_i(t)+\boldsymbol{c}_i\Delta t+\frac{\boldsymbol{F}}{2m}\Delta t^2 \tag{4.32}$$

此外，在分子运动过程中，可能出现以下情况。

1) 分子进入或离开计算域

对于存在进出口边界的流动问题，涉及分子进入或离开计算域的问题。通常，在流场的进出口位置，按照边界条件以 Maxwell 分布生成模拟分子，生成的模拟分子数量由当地的数密度决定。这些模拟分子中的一部分将进入计算域。当分子运动并离开计算域时，即删除相应分子的信息。

2) 分子与壁面碰撞

在一个时间步长 $\Delta t$ 内，当分子的运动轨迹与壁面相交时，分子会与壁面发生碰撞。此时首先要计算出分子运动轨迹与壁面的交点 $\boldsymbol{x}_{\mathrm{s}}$，然后计算分子从初始位置运动到壁面所需的时间 $\Delta t_{\mathrm{s}}=|\boldsymbol{x}_{\mathrm{s}}-\boldsymbol{x}_i(t)|/|\boldsymbol{c}_i|$(当分子不受外力时)。在时刻 $t+\Delta t_{\mathrm{s}}$，分子 $i$ 与壁面瞬间发生碰撞，根据散射核 $R(\boldsymbol{c}_i\to\boldsymbol{c}_i')$ 可以得到分子的散射速度 $\boldsymbol{c}_i'$。最后计算一个时间步内分子与壁面碰撞后的最终位置：

$$\boldsymbol{x}_i(t+\Delta t)=\boldsymbol{x}_{\mathrm{s}}+\boldsymbol{c}_i'(\Delta t-\Delta t_{\mathrm{s}}) \tag{4.33}$$

### 6. 分子的重新编号排序

当分子运动后，需要根据其最新位置将每个分子重新分配到相应的网格中。

### 7. 选择碰撞对

根据分子动理论，每个分子在一个时间步长 $\Delta t$ 内的平均碰撞次数为

$$N_{\mathrm{c1}}=\nu\Delta t=n\overline{\sigma_{\mathrm{T}}c_{\mathrm{r}}}\Delta t \tag{4.34}$$

而体积为 $V_{\mathrm{c}}$，含有 $N_{\mathrm{p}}$ 个模拟分子的网格内的平均碰撞次数为

$$N_{\mathrm{coll}}=\frac{1}{2}nN_{\mathrm{p}}\overline{\sigma_{\mathrm{T}}c_{\mathrm{r}}}\Delta t=\frac{1}{2}N_{\mathrm{p}}^2\overline{\sigma_{\mathrm{T}}c_{\mathrm{r}}}\Delta t\left(\frac{w_{\mathrm{p}}}{V_{\mathrm{c}}}\right) \tag{4.35}$$

其中，$w_{\mathrm{p}}$ 是每个模拟分子的权重，即代表真实分子的数量。因此在每个网格内需要选择数量为 $N_{\mathrm{coll}}$ 的碰撞对。下面介绍一些选择碰撞对的方法。

1) 直接法

直接法考察了网格中所有可能的碰撞对，其数目为

$$N_{\mathrm{Direct}}=\frac{1}{2}N_{\mathrm{p}}(N_{\mathrm{p}}-1) \tag{4.36}$$

设其中一个碰撞对中两分子的速度为 $\boldsymbol{c}_i$ 和 $\boldsymbol{c}_j$，则相对速度值表示为 $c_{r,ij}=|\boldsymbol{c}_i-\boldsymbol{c}_j|$。此外，这里考虑总碰撞截面是相对速度值 $c_r$ 的函数的一般情况，$\sigma_{T,ij}=\sigma_T(c_{r,ij})$。对于这一候选碰撞对 $(\boldsymbol{c}_i,\boldsymbol{c}_j)$ ，按照概率

$$P_{\text{Direct},ij}=\frac{w_p\sigma_{T,ij}c_{r,ij}\Delta t}{V_c} \tag{4.37}$$

进行取舍，以得到符合式 (4.35) 数量的碰撞对数目。

值得注意的是，不同候选碰撞对其被接受的概率可能各不相同。例如，对于硬球分子，相对速度越大的碰撞对，其能够发生碰撞的概率也越大，这与分子碰撞的物理特性一致，因此 DSMC 方法能够正确地预测碰撞频率。此外，如果考虑碰撞概率的平均值与候选碰撞对数目的乘积，则可以得到网格内的平均碰撞次数，即

$$\overline{P}_{\text{Direct}}N_{\text{Direct}}=N_{\text{coll}} \tag{4.38}$$

2) NTC 方法

直接法的效率较低，因为需要考察网格中所有可能的碰撞对再进行取舍，并且对于候选碰撞对的接受概率 $P_{\text{Direct}}$ 很低。Bird[32] 提出了非时间计数器 (no time counter, NTC) 方法，这一方法仅考虑数量为 $N_p(N_p-1)/2$ 的所有可能的碰撞对中的一小部分，但放大了每个候选碰撞对被接受的概率，从而提高了碰撞对的选择效率。

NTC 方法中对候选碰撞对的接受概率为

$$P_{\text{NTC},ij}=\frac{\sigma_{T,ij}c_{r,ij}}{(\sigma_T c_r)_{\max}} \tag{4.39}$$

其中，$(\sigma_T c_r)_{\max}$ 取为所有碰撞对中碰撞截面与相对速度乘积 $\sigma_T c_r$ 的最大值①。此时所需考察的碰撞对数目变为：$N_{\text{NTC}}=N_p(N_p-1)(\sigma_T c_r)_{\max}\Delta t w_p/2V_c$。

然而，在式 (4.35) 中有 $N_{\text{coll}}\propto nN_p=w_pN_p^2/V_c$，即对于其他条件 (包括数密度 $n$) 均保持一致，仅有模拟分子数不同的两个模拟，其网格中的碰撞次数与模拟分子数成正比，$N_{\text{coll1}}/N_{\text{coll2}}=N_{p1}/N_{p2}$。而这里的 $N_{\text{NTC}}\propto w_pN_p(N_p-1)$ 则不满足关于 $N_p$ 的线性关系。特别是在应用 DSMC 方法计算时，网格中的分子数量通常很少，只有几十个，这就会为碰撞对的选取数量带来很大的误差。对于

① 在 DSMC 方法实现时一般没有必要在每个时间步对所有碰撞对进行考察以计算 $(\sigma_T c_r)_{\max}$。可以在计算开始时预估一个稍大的值，例如取 $(\sigma_T c_r)_{\max}=4\overline{\sigma_T c_r}\approx 4\sigma_T(\overline{c_r})\overline{c_r}=16\sigma_T(T_0)\sqrt{\dfrac{k_BT_0}{\pi m}}$($T_0$ 为初始流场的温度)，进行计算。在计算过程中，如果发现有碰撞对的 $\sigma_T c_r$ 值大于当前的 $(\sigma_T c_r)_{\max}$，就将 $(\sigma_T c_r)_{\max}$ 更新为这一最大值。这种做法虽然会使对候选碰撞对的接受概率略微减小，但可以在很大程度上提高计算效率。

网格分子数量 $N_\mathrm{p}$，其会有一定的涨落，并且服从泊松 (Poisson) 分布[①]，因此有 $\overline{N_\mathrm{p}(N_\mathrm{p}-1)}=\overline{N_\mathrm{p}\bar{N}_\mathrm{p}}$。因此用 $N_\mathrm{p}\bar{N}_\mathrm{p}$ 替换 $N_\mathrm{p}(N_\mathrm{p}-1)$，得到 NTC 方法中需要考察的碰撞对数目：

$$N_{\mathrm{NTC}}=\frac{1}{2}N_\mathrm{p}\bar{N}_\mathrm{p}\left(\sigma_\mathrm{T}c_\mathrm{r}\right)_{\max}\Delta t\left(\frac{w_\mathrm{p}}{V_\mathrm{c}}\right) \tag{4.40}$$

8. 分子碰撞

对于已经选择的碰撞对 $(\boldsymbol{c}_1,\boldsymbol{c}_2)$，需要确定其碰撞后速度 $(\boldsymbol{c}_1^*,\boldsymbol{c}_2^*)$。在 2.4 节中，基于二体碰撞的动力学方程求解得到了碰撞后速度 (见式 (2.118) 和式 (2.119))，

$$\boldsymbol{c}_1^*=\boldsymbol{c}_\mathrm{m}+\frac{1}{2}c_\mathrm{r}\boldsymbol{\Omega} \tag{4.41}$$

$$\boldsymbol{c}_2^*=\boldsymbol{c}_\mathrm{m}-\frac{1}{2}c_\mathrm{r}\boldsymbol{\Omega} \tag{4.42}$$

其中，碰撞后相对速度的方向 $\boldsymbol{\Omega}$ 是散射角 $\chi$ 和参考角 $\varepsilon$ 的函数，$\boldsymbol{\Omega}=\boldsymbol{\Omega}(\chi,\varepsilon)$，见式 (2.125)~ 式 (2.127)。因此，通过动力学方法直接求解 $(\boldsymbol{c}_1^*,\boldsymbol{c}_2^*)$ 时需要规定碰撞对的碰撞取向，即计算命中参数 $(b,\varepsilon)$。然而，在 DSMC 方法中，碰撞对的选取在碰撞网格内随机进行，则相距较远而在真实情况下不会发生碰撞的两个分子也可能被选为碰撞对。因此，在 DSMC 方法中很难有明确的命中参数的定义。需要注意的是，逆幂律分子模型因为需要规定命中参数，特别是瞄准距离 $b$，因而无法在 DSMC 方法中使用。

式 (2.118) 和式 (2.119) 中的碰撞后速度显式依赖于 $(\chi,\varepsilon)$，即碰撞后速度的散射规律。HS、VHS、VSS 等分子模型由于是对碰撞后的散射规律直接进行假设，因而可以在 DSMC 方法中使用。下面对这些模型在 DSMC 方法中的实现予以介绍。

1) HS 模型

HS 模型有两个特点，其一是碰撞截面与碰撞对的相对速度无关，这体现在式 (4.39) 中的总碰撞截面：

$$\sigma_{\mathrm{T},ij}=\pi d_{\mathrm{HS}}^2 \tag{4.43}$$

此外，HS 模型中的微元碰撞截面 $\sigma$ 与散射角 $\chi$ 无关，即碰撞后相对速度 $\boldsymbol{c}_\mathrm{r}^*$ 的方向在球面上有着均匀的散射概率。因此通过随机抽样的方法来给定碰撞后相对

---

① $N_\mathrm{p}$ 服从泊松分布，$N_\mathrm{p}\sim\mathrm{Pois}(\lambda)$ 时有

$$\mathrm{Prob}(N_\mathrm{p})=\lambda^{N_\mathrm{p}}\exp(-\lambda)/N_\mathrm{p}!,\quad N_\mathrm{p}=0,1,2,\cdots$$

且满足 $\bar{N}_\mathrm{p}=\lambda$，$\overline{N_\mathrm{p}^2}=\lambda^2+\lambda$。

速度的方向 $\boldsymbol{\Omega}$

$$\boldsymbol{\Omega}=\left[\begin{array}{lll}\sqrt{1-\xi_1^2}\cos\xi_2 & \sqrt{1-\xi_1^2}\sin\xi_2 & \xi_1\end{array}\right]^{\mathrm{T}},\quad \xi_1\sim U(-1,1),\ \xi_2\sim U(0,2\pi) \tag{4.44}$$

2) VHS 模型

在 VHS 模型中，为了使模拟中的输运系数对温度的依赖关系与真实气体保持一致，需要令碰撞截面依赖于碰撞对的相对速度

$$\sigma_{\mathrm{T},ij}=\pi d_{\mathrm{ref}}^2\left(\frac{c_{\mathrm{r},ij}}{c_{\mathrm{r,ref}}}\right)^{-(2\omega-1)} \tag{4.45}$$

而 VHS 模型中的散射规律与 HS 模型一致，因此碰撞后相对速度的方向矢量 $\boldsymbol{\Omega}$ 可按照式 (4.44) 进行随机抽样。

9. 流场采样

流场的宏观量可以通过对模拟分子进行采样并统计分子的微观量而获得。由于 DSMC 方法中宏观量随采样分子数 $N_\mathrm{s}$ 收敛的速度为 $O(N_\mathrm{s}^{-1/2})$，因此通常需要大量的采样分子才能够统计得到较为光滑和准确的流场结果。对于定常流动，可以采用时间平均方法来获得足够多的采样分子。而对于非定常流动则需要重复多次模拟并进行系综平均。

假设对 $M$ 个时间步长进行时间平均或系综平均，其中某一网格中的模拟分子数为 $N_{\mathrm{p},m}$，$m=1,2,\cdots,M$，则总的采样分子数为 $N_\mathrm{s}=N_{\mathrm{p},1}+N_{\mathrm{p},2}+\cdots+N_{\mathrm{p},M}$。因此该网格中的数密度可以表示为

$$n=\frac{w_\mathrm{p}N_\mathrm{s}}{V_\mathrm{c}} \tag{4.46}$$

各分子的速度记为 $(c_{x,i},c_{x,i},c_{x,i})$，$i=1,2,\cdots,N_\mathrm{s}$。该网格内的宏观速度、气体温度、应力和热流可分别表示为

$$u_k=\frac{1}{N_\mathrm{s}}\sum_{i=1}^{N_\mathrm{s}}c_{k,i} \tag{4.47}$$

$$T=\frac{m}{3k_\mathrm{B}}\left(\frac{1}{N_\mathrm{s}}\sum_{i=1}^{N_\mathrm{s}}c_i^2-u^2\right) \tag{4.48}$$

$$p_{kl}=nm\left(\frac{1}{N_\mathrm{s}}\sum_{i=1}^{N_\mathrm{s}}c_{k,i}c_{l,i}-u_ku_l\right) \tag{4.49}$$

$$q_k = \frac{nm}{2}\left(\frac{1}{N_s}\sum_{i=1}^{N_s} c_i^2 c_{k,i} - \frac{u_k}{N_s}\sum_{i=1}^{N_s} c_i^2 - \frac{2u_l}{N_s}\sum_{i=1}^{N_s} c_{k,i}c_{l,i} + 2u^2 u_k\right) \tag{4.50}$$

其中，$(k,l)=x,y,z$ 为张量指标，$c_i^2 = c_{x,i}^2 + c_{y,i}^2 + c_{z,i}^2$。

以上过程可总结为如图 4.7 所示的程序框图。

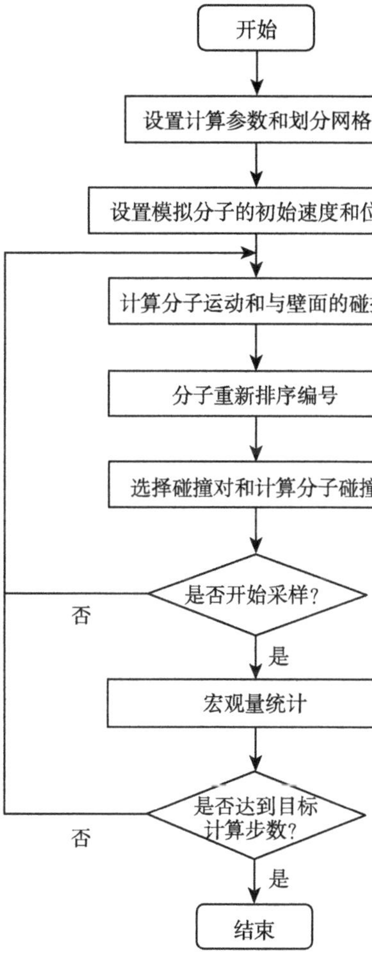


图 4.7　DSMC 方法程序框图

## 4.3　DSMC 方法的求解实例

本节以一维库埃特 (Couette) 流动算例为例，展示 DSMC 方法的实现过程。库埃特流动是流体力学中常见的剪切流动，在微机电及微型轴承中很常见。如图 4.8

所示，两无限长的平行平板，间距为 $L_y = \lambda/Kn$，移动速度分别为 $\pm U_{\rm w} = 100{\rm m/s}$。两平板中间的气体为氩气，初始温度为 273 K，压力为 1 atm①。两平板的壁温均与气体相同，且气体分子在壁面做漫反射。

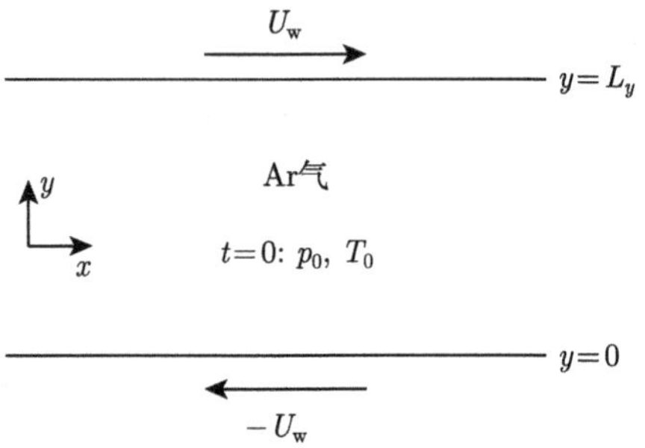


图 4.8 库埃特流动示意图

求解该问题的 MATLAB 程序列于附录 B 中。该程序包含了 14 个子程序，其中子程序 1 声明了运行的基本参数；子程序 2 对计算域进行了网格划分，声明了网格数和分子数等；子程序 3 给出了模拟所需的物理化学常数；子程序 4 给定了计算的边界条件和初始条件；子程序 5 给出了一些其他的计算参数，如时间步长、网格体积、粒子权重等；子程序 6 对碰撞数进行了初始化；子程序 7 对流场进行了清零；子程序 8 中设置了分子初始速度与位置；子程序 9 开始了模拟的主循环，输出当前计算步数；子程序 10 为计算分子的运动和与壁面的碰撞；子程序 11 对分子进行了排序并重新编号；子程序 12 为计算分子碰撞；子程序 13 中对流场宏观量进行了统计；子程序 14 为计算结果的输出。

对于不同 $Kn$ 下库埃特流动的计算结果与讨论，见 4.4.1 节。

## 4.4 DSMC 方法的应用

### 4.4.1 库埃特流动

4.3 节已经对库埃特流动进行了简单的介绍，下面展示不同 $Kn$ 下的计算结果。其中两平板中气体仍为氩气，初始温度为 $T_0$ =273 K，压力为 1 atm。两板移动速度分别为 $\pm U_{\rm w} = 100$ m/s，且壁温与气体相同。通过调节两板间距来调整 $Kn$，$L_y = \lambda/Kn$，其中 $\lambda = 1/\sqrt{2}n\pi d_{\rm HS}^2$(式 (2.5))。计算采用 VHS 模型，初始时各网格含 30 个模拟分子，宏观量的统计进行了 $10^6$ 步时间平均。计算结果如图 4.9 所示。

① 1 atm=1.01325×$10^5$ Pa。

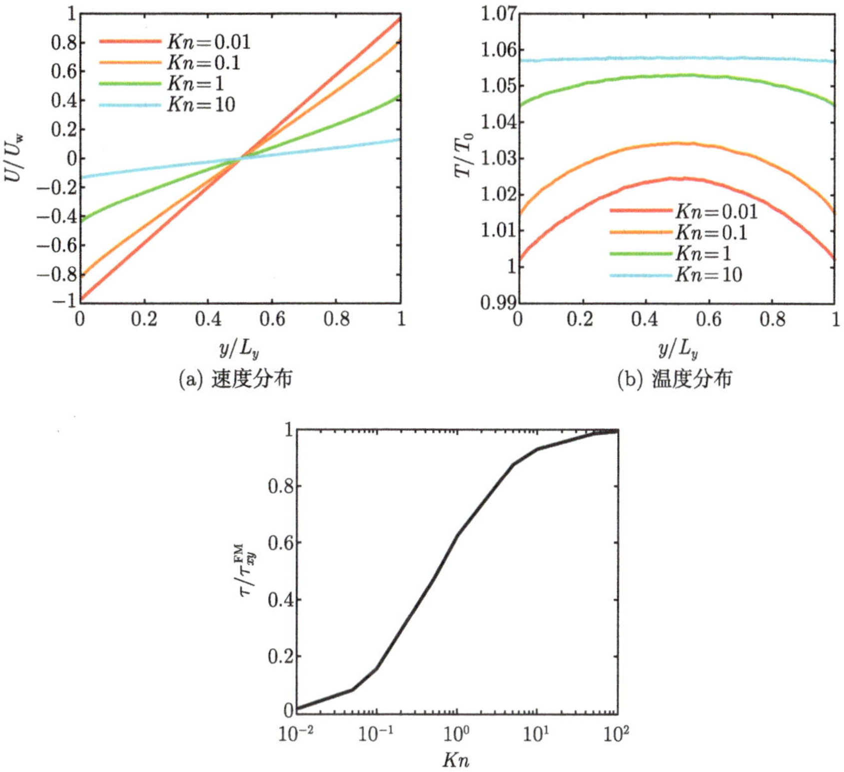


(a) 速度分布　(b) 温度分布

(c) 剪切应力分布

图 4.9　不同 $Kn$ 下的库埃特流动计算结果

在这组算例中，两板的移动速度较快，使得气体的黏性耗散效应与热传导效应同等重要。一方面，由于较大的速度梯度会带来较大的黏性耗散，气体温度升高。另一方面，热量会通过热传导而从气体向壁面传递。最终黏性耗散与热传导带来的能量传递会达到平衡而进入稳态。对于连续流的稳态流动性质，可以通过 NSF 方程求解：

$$\left\{\begin{array}{l}\dfrac{\partial \tau_{xy}}{\partial y}=0\\[2mm] \tau_{xy}\dfrac{\partial u}{\partial y}+\dfrac{\partial q_y}{\partial y}=0\end{array}\right.,\quad \left\{\begin{array}{l}\tau_{xy}=\mu\dfrac{\partial u}{\partial y}\\[2mm] q_y=\kappa\dfrac{\partial T}{\partial y}\end{array}\right. \tag{4.51}$$

可以得到

$$\begin{aligned}&u^{\mathrm{c}}=-U_{\mathrm{w}}+2U_{\mathrm{w}}\frac{y}{L_y},\quad \tau_{xy}^{\mathrm{c}}=-\mu\frac{2U_{\mathrm{w}}}{L_y}\\&T^{\mathrm{c}}=T_{\mathrm{w}}+\frac{\mu}{2\kappa}\left(\frac{2U_{\mathrm{w}}}{L_y}\right)^2 y(L_y-y),\quad q_y^{\mathrm{c}}=\mu\left(\frac{2U_{\mathrm{w}}}{L_y}\right)^2\left(y-\frac{L_y}{2}\right)\end{aligned} \tag{4.52}$$

在连续流中，速度和温度在壁面处无滑移和跳跃。沿 $y$ 方向速度呈线性分布，温度为抛物线分布，温度最大值为 $T_{\max}^{c} = T_{w} + \dfrac{\mu}{2\kappa} U_{w}^{2}$。

下面将连续流的结果与 DSMC 求解的稀薄流动结果进行比较。如图 4.9(a) 所示，在 $Kn = 0.01$ 的工况下，速度分布仍为直线，只是在壁面附近出现了速度滑移现象。随着 $Kn$ 增大，壁面附近的速度滑移现象越来越明显，同时速度分布不再保持线性。如图 4.9(b) 所示，可以看出，随着 $Kn$ 的增大，壁面附近的温度跳跃现象愈发明显，同时温度分布变化趋于平缓，最终演变为一条直线。这与自由分子流理论给出的结果是一致的

$$u^{\mathrm{FM}} = 0, \quad \tau_{xy}^{\mathrm{FM}} = -2\rho U_{w} \sqrt{\frac{RT_0}{2\pi}}, \quad T^{\mathrm{FM}} = T_0 + \frac{4U_{w}^{2}}{3R} \tag{4.53}$$

图 4.9(c) 给出了库埃特流动剪切应力随 $Kn$ 变化的结果，其中对剪切应力用 $\tau_{xy}^{\mathrm{FM}}$ 进行了无量纲化。当流动达到定常时，整个流场的切应力分布是均匀的，这是由流体的受力平衡决定的，与 $Kn$ 无关。可以看出，随着 $Kn$ 的增大，剪切应力也在不断增大。在近连续流域，剪切应力的理论值应为

$$\frac{\tau_{xy}^{c}}{\tau_{xy}^{\mathrm{FM}}} = \frac{\mu/\rho}{L_y\sqrt{RT_0/2\pi}} = \frac{5\pi}{8} Kn \tag{4.54}$$

其中利用了式 (2.5) 和式 (2.173)。

### 4.4.2 泊肃叶流动

泊肃叶流动是微槽道技术以及管道输运等领域常见的流动，这里考虑平面泊肃叶，即在两平行静止的无限长平板间的气体在压力梯度下的运动。其示意图与图 4.8 类似，其中半板间气体初始温度为 $T_0$ =273 K，上下两板温度与气体温度相同。沿 $x$ 方向压力逐渐减小，且呈线性分布：

$$p = p_0(1 - \alpha x/L_y) \tag{4.55}$$

因此压力梯度为常数:$\mathrm{d}p/\mathrm{d}x = -\alpha p_0/L_y$,而由此产生的加速度为 $a = -\alpha p_0/\rho_0 L_y$。在以下的计算中，通过调节两板间距来调整 $Kn$，且对于不同 $Kn$ 下的算例均取 $\alpha = 0.55$。其余设置与库埃特流动完全相同。计算结果如图 4.10 所示，其中引入了特征速度 $\alpha c_{m}'$ 和初始温度 $T_0$ 对速度和温度分别进行了无量纲化，$c_{m}' = \sqrt{2RT}$ 为最概然热运动速度。泊肃叶流动的连续流理论结果为

$$\begin{aligned} &u^{c} = \frac{\rho a}{2\mu} y(L_y - y), \quad \tau_{xy}^{c} = \rho a \left(y - \frac{L_y}{2}\right) \\ &T^{c} = T_{w} + \frac{(\rho a)^2}{12\mu\kappa}\left[\frac{L_y^2}{16} - \left(y - \frac{L_y}{2}\right)^4\right], \quad q_y^{c} = \frac{(\rho a)^2}{3\mu}\left(y - \frac{L_y}{2}\right)^3 \end{aligned} \tag{4.56}$$

从图 4.10 中可以看出，当 $Kn = 0.01$ 时，速度和温度分布接近 NSF 方程给出的抛物线分布和四次曲线分布，只是在壁面附近存在一定程度的速度滑移和温度跳跃。随着 $Kn$ 的增大，速度滑移和温度跳跃现象越来越显著，速度分布的变化幅度越来越小，但是有随着 $Kn$ 的增大而先减小后缓慢增加的趋势。温度分布的变化则出现了很有趣的现象：随着 $Kn$ 的增大，流场中心位置附近的温度会出现极小值点，而壁面附近的温度跳跃程度不断增加，使得在 $Kn = 0.1$ 时出现了典型的温度双峰结构。

泊肃叶流动中另一个有趣的现象是考虑单位时间内流过两板间的质量流量

$$Q_{\mathrm{m}} = \int_0^{L_y} \rho u \mathrm{d}y \tag{4.57}$$

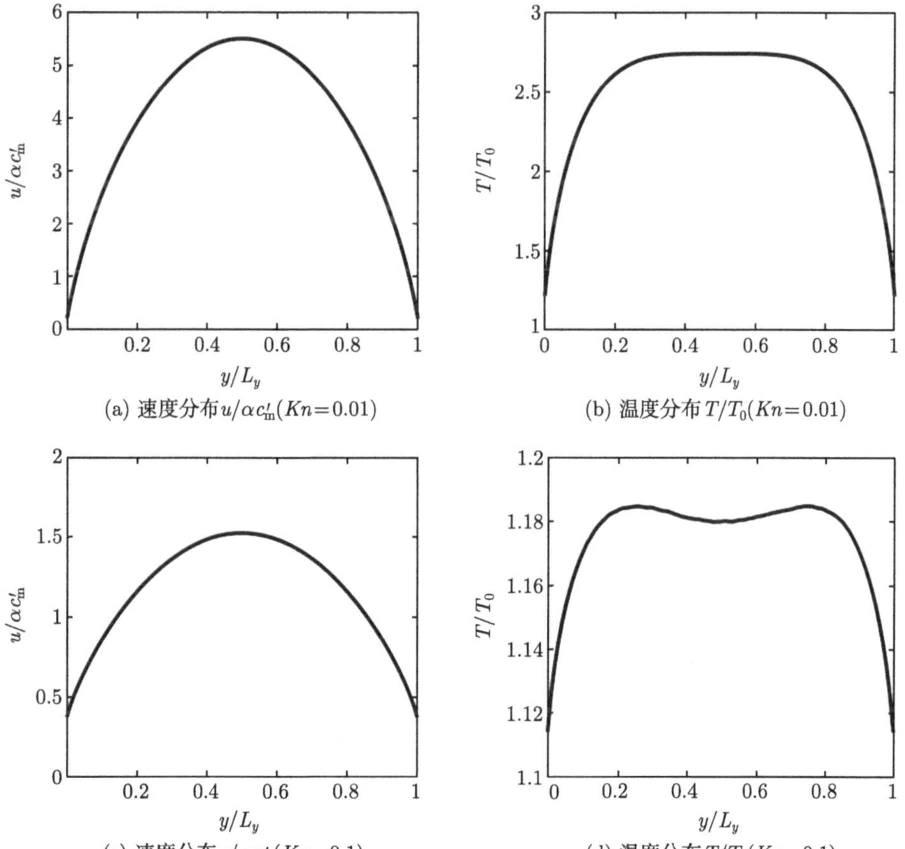


(a) 速度分布 $u/\alpha c'_{\mathrm{m}}(Kn{=}0.01)$

(b) 温度分布 $T/T_0(Kn{=}0.01)$

(c) 速度分布 $u/\alpha c'_{\mathrm{m}}(Kn{=}0.1)$

(d) 温度分布 $T/T_0(Kn{=}0.1)$

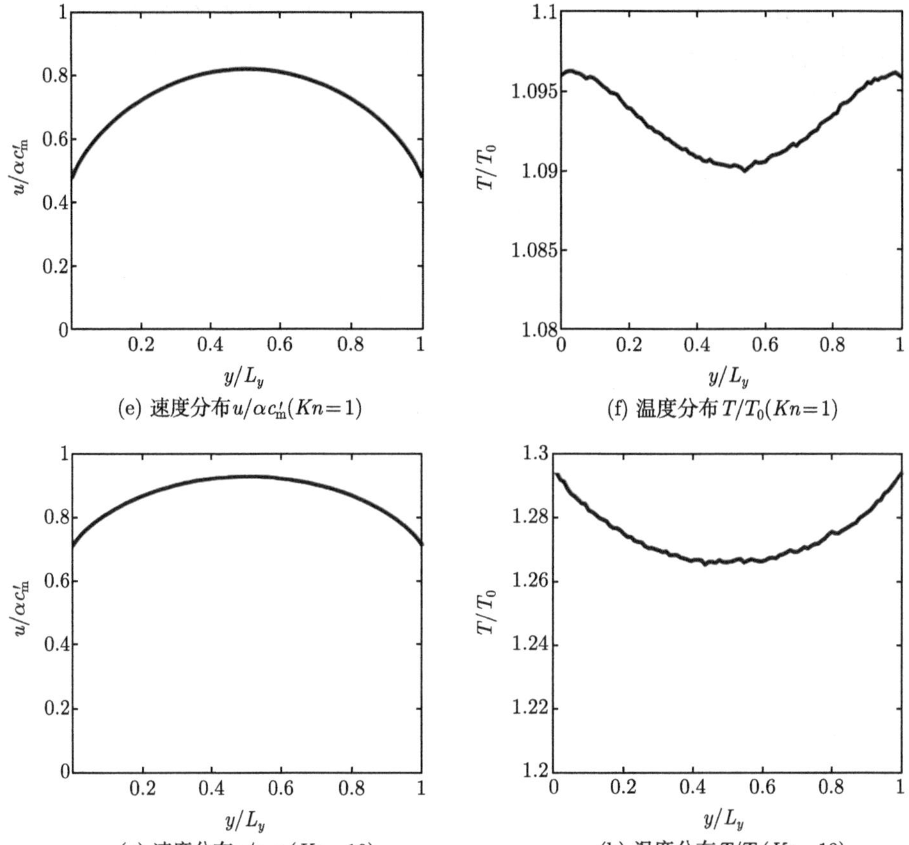


(e) 速度分布 $u/\alpha c'_{\mathrm{m}}(Kn=1)$ (f) 温度分布 $T/T_0(Kn=1)$

(g) 速度分布 $u/\alpha c'_{\mathrm{m}}(Kn=10)$ (h) 温度分布 $T/T_0(Kn=10)$

图 4.10 不同 $Kn$ 下泊肃叶流动计算结果

对于连续流，求解 NSF 方程给出的无量纲化的质量流量为：$Q_{\mathrm{m}}^{\mathrm{c}}/\alpha\rho_0 c'_{\mathrm{m}}L_y = 2/15\sqrt{\pi}Kn$，而通过引入滑移边界条件给出的结果为 $Q_{\mathrm{m}}^{\mathrm{slip}}/\alpha\rho_0 c'_{\mathrm{m}}L_y = 2/15\sqrt{\pi}Kn(1+6Kn)$。两者的结果均随着 $Kn$ 的增大而减小。图 4.11 给出了采用 DSMC 方法对不同 $Kn$ 下泊肃叶流动的质量流量计算结果。可以看出，在过渡流域有最小值出现，这一现象也被称为克努森佯谬 [33]。

### 4.4.3 顶盖驱动的方腔流

顶盖驱动的方腔流是指气体在一封闭方腔内，受到以从左向右以速度 $U_{\mathrm{lid}}$ 移动的无限长平板的驱动而产生的流动现象，如图 4.12 所示。基于方腔边长 $L$ 定义 $Kn$，用以表征气体的稀薄程度。在 $Kn < 0.01$ 的连续流域，基于 NSF 方程 [34] 的研究工作显示，除了一个主涡，在角点附近区域会出现二次涡或其他更高次的涡。而对于 $Kn > 0.01$ 的稀薄气体流动，雷诺 (Reynolds) 数是相对较小的，流动的复杂性主要来自壁面附近的速度滑移现象。

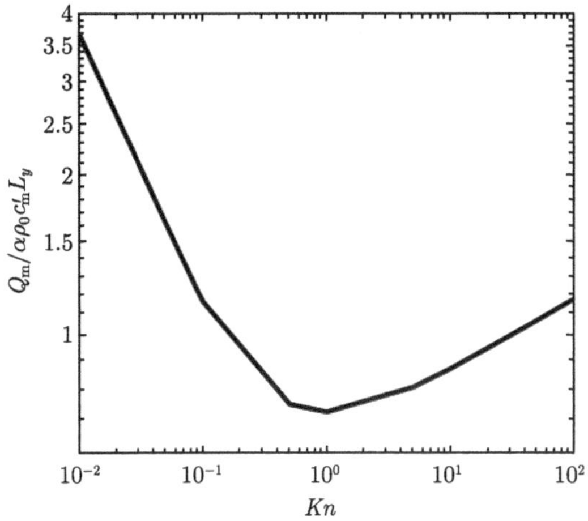


图 4.11 不同 $Kn$ 下泊肃叶流动的质量流量

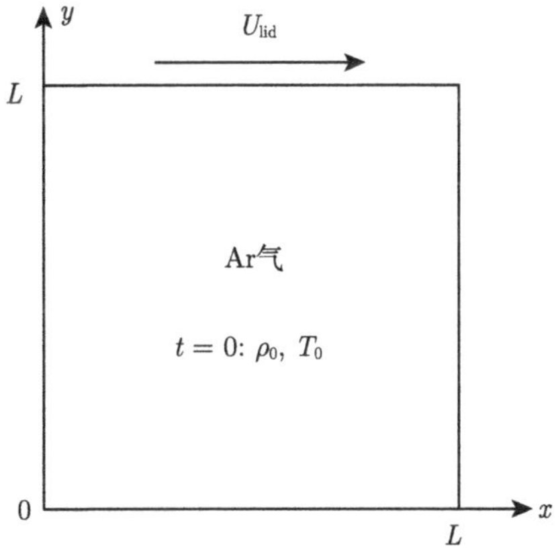


图 4.12 顶盖驱动的方腔流示意图

图 4.13 和图 4.14 给出了不同 $Kn$ 下采用 DSMC 方法计算方腔流动的结果。其中气体为氩气，初始温度为 $T_0$ =273 K，压力为 1 atm。顶盖移动速度为 $U_{lid} = 50$ m/s，且壁温与气体相同。通过调节方腔尺寸以调整 $Kn$，可以看出，随着 $Kn$ 的增大，一方面由于速度滑移效应的增强，气体的水平速度和竖直速度减小，即方腔内涡的强度减弱；另一方面，方腔左上顶点位置出现了低温区，形成了由膨胀冷却 (expansion cooling) 产生的低温区和由黏性耗散 (viscous dissipation) 产生的高温区两者并存的现象 [35]，这是在连续流域无法观察到的。

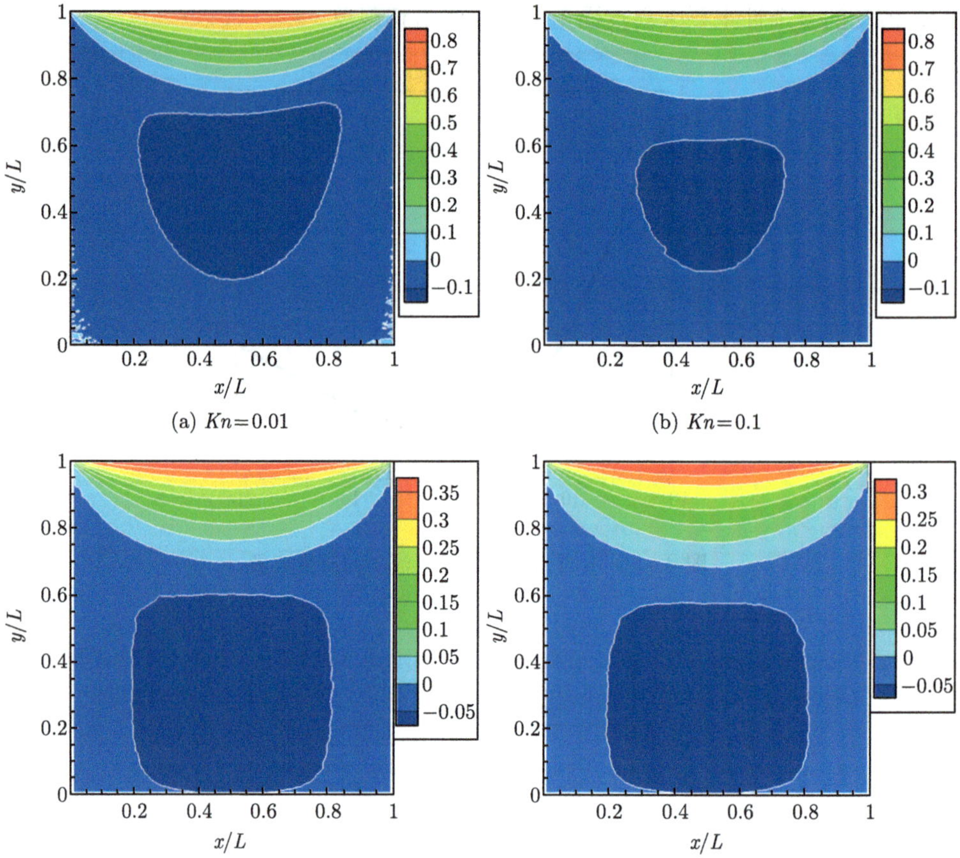


(a) $Kn=0.01$　　(b) $Kn=0.1$

(c) $Kn=1$　　(d) $Kn=10$

图 4.13　方腔流计算结果：水平速度分布 $u/U_{\text{lid}}$

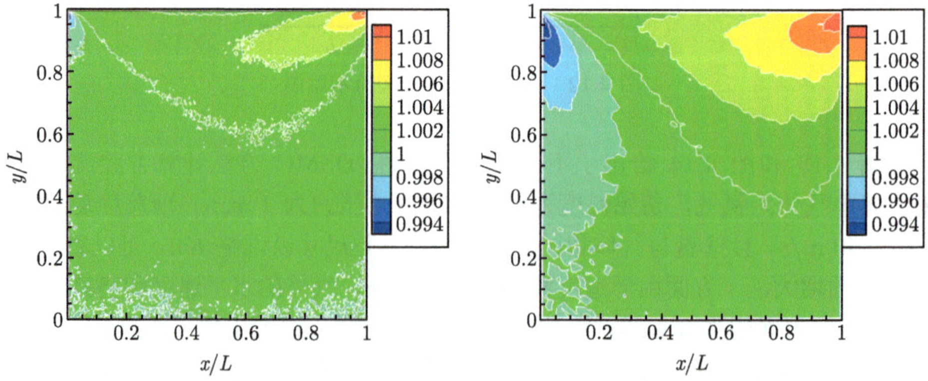


(a) $Kn=0.01$　　(b) $Kn=0.1$

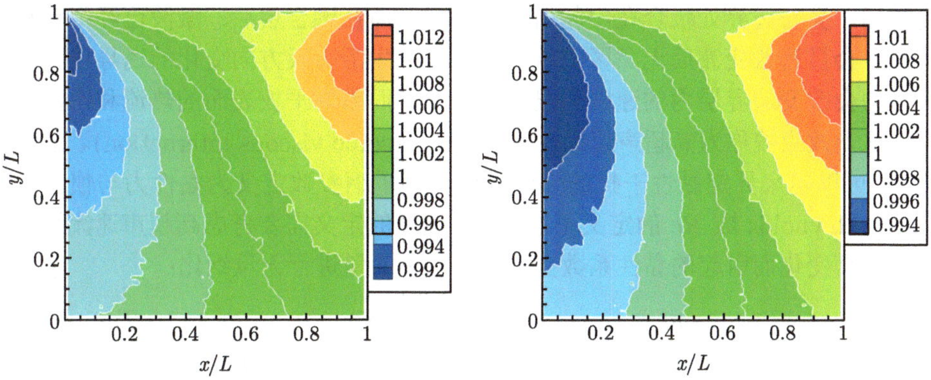


(c) $Kn=1$ (d) $Kn=10$

图 4.14 方腔流计算结果：水平速度分布 $T/T_0$

### 4.4.4 高超声速平板绕流

研究零迎角下的平板绕流问题对流体力学及航空航天工程领域有着重要意义。尽管平板算例在几何上很简单，但平板绕流问题包含着丰富的物理现象。图 4.15 展示了连续流域下高超声速平板绕流的流场结构示意图。这一流动的主要特点是边界层与激波层的共存与相互干扰。壁面的黏性效应会使得来流在平板表面附近减速，形成边界层。边界层内的气体流量小于自由来流，会使得部分气体被挤出边界。来流受到边界处的压缩后会向外偏转而形成一道斜激波。

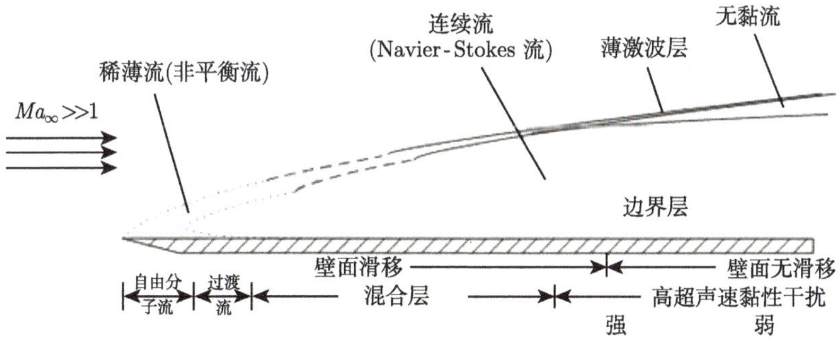


图 4.15 连续流域下高超声速平板绕流的流场结构示意图 [36]

在平板的前缘附近，由于黏性效应，气体宏观量会发生剧烈的变化，使得当地的局部 $Kn$ 很大而产生强烈的稀薄气体效应。在平板前缘附近会产生速度滑移和温度跳跃等非平衡现象。沿平板前缘往下会进入激波–边界处相互融合的区域，也被称为融合层 (merge layer)。在这一区域里，激波尚未充分发展，厚度较大且贴近壁面，会与边界处融合在一起而难以区分。而在融合层后，激波已经得到充分发展，会显著改变波后无黏区的压力分布，产生沿平板方向变化的诱导压力。诱导压力会改变边界层内的速度和温度分布，进而影响平板表面的热流和摩擦力分布。这一效应被称为高超声速黏性干扰 (hypersonic viscous interaction)。滑移参数 $\bar{V}$ 可以用来界定黏性干扰的强度。这一无量纲参数定义为黏性力与惯性力之比。与 Reynolds 数 $Re$ 的定义不同的是，这里的定义需要考虑高超声速流场中温度的剧烈变化而引起的黏性系数变化。对以下变量进行无量纲化：

$$x^* = \frac{x}{L}, \quad u^* = \frac{u}{u_\infty}, \quad \rho^* = \frac{\rho}{\rho_\infty}, \quad T^* = \frac{RT}{u_\infty^2}, \quad \mu^* = \frac{\mu}{\mu_\infty} = C\frac{T}{T_\infty} \tag{4.58}$$

其中，$L$ 为平板长度，$u_\infty$、$\rho_\infty$、$T_\infty$、$\mu_\infty$ 分别为来流的速度、密度、温度和黏性系数。值得注意的是，在高超声速流动中，来流动能在总焓中占有很大的比例，因此温度的无量纲化以来流动能作为特征量。同时，这里黏性系数对于温度的依赖关系被写为

$$C = \frac{\mu_\infty}{\mu} \cdot \frac{T}{T_\infty} \tag{4.59}$$

其中，$C$ 被称为 Chapman-Rubesin 常数。利用式 (4.58)，可以将黏性力与惯性力的比值写为

$$\begin{aligned}\frac{\dfrac{\partial}{\partial x}\left(\mu\dfrac{\partial u}{\partial x}\right)}{\rho u\dfrac{\partial u}{\partial x}} &\sim \frac{L^{-2}\left(\mu_\infty C\dfrac{u_\infty^2}{RT_\infty}\right)u_\infty}{\rho_\infty u_\infty^2 L^{-1}} = \gamma\frac{Cu_\infty^2(\gamma RT_\infty)^{-1}}{\rho_\infty u_\infty L\mu_\infty^{-1}} \\ &= \gamma\left(\frac{\sqrt{C}Ma_\infty}{\sqrt{Re_\infty}}\right)^2\end{aligned} \tag{4.60}$$

因此，滑移参数可以被定义为

$$\bar{V} = \frac{\sqrt{C}Ma_\infty}{\sqrt{Re_\infty}} \tag{4.61}$$

图 4.16 展示了不同来流马赫数 $Ma$ 和 $Kn$ 下的无量纲密度场计算结果。图 4.17 和图 4.18 分别给出了平板表面摩阻系数、压力系数分布。具体分析可参考文献 [37]。

### 4.4.5 高超声速钝头体绕流

前面几个简单的一维或二维算例对 DSMC 算法的应用做了初步的展示。这里将选取一个三维算例，展示 DSMC 方法对真实流场的模拟能力，并通过与试验结

果的对比说明其准确性。该算例使用开源 DSMC 求解器 SPARTA(https://sparta.github.io) 完成。

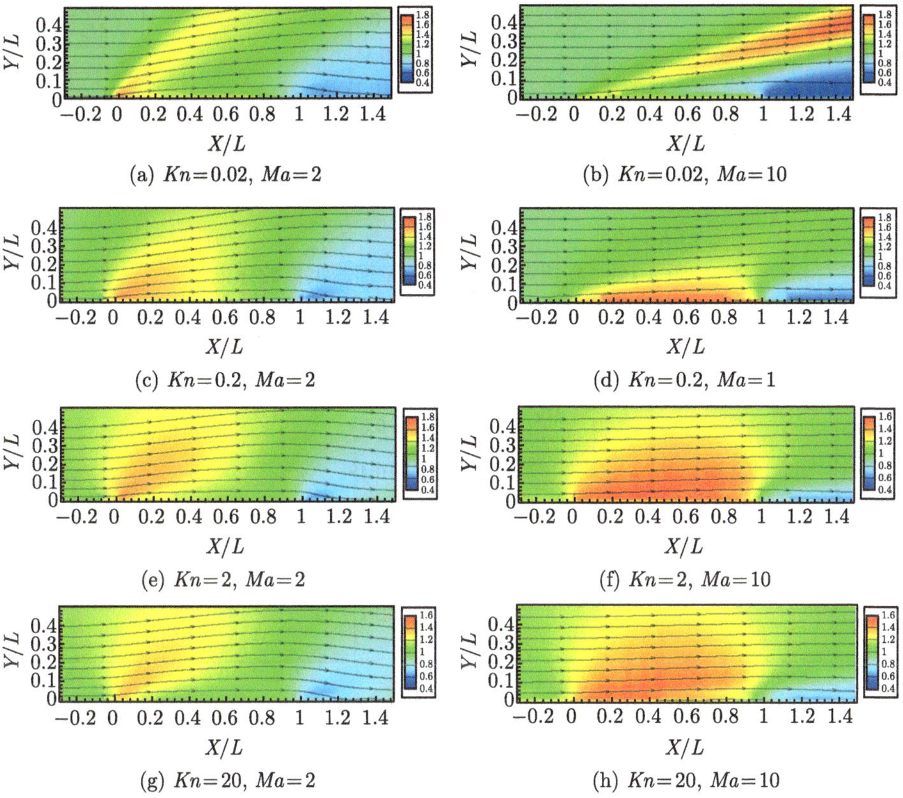


(a) $Kn$=0.02, $Ma$=2　(b) $Kn$=0.02, $Ma$=10

(c) $Kn$=0.2, $Ma$=2　(d) $Kn$=0.2, $Ma$=1

(e) $Kn$=2, $Ma$=2　(f) $Kn$=2, $Ma$=10

(g) $Kn$=20, $Ma$=2　(h) $Kn$=20, $Ma$=10

图 4.16　高超声速平板绕流无量纲密度场 $\rho/\rho_\infty$

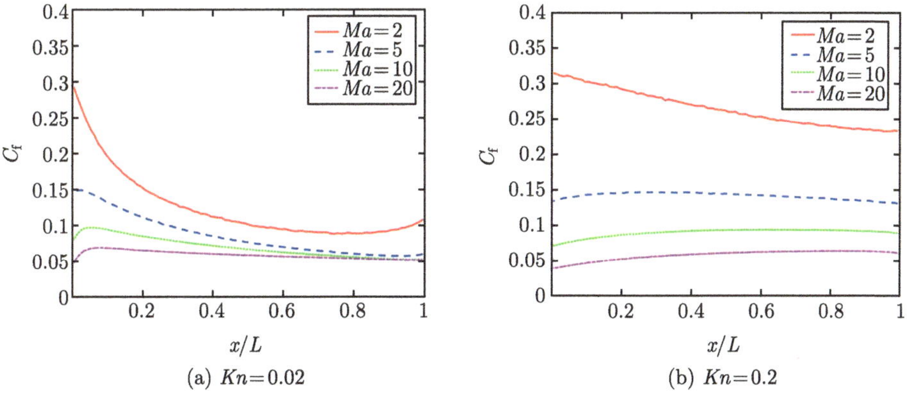


(a) $Kn$=0.02　(b) $Kn$=0.2

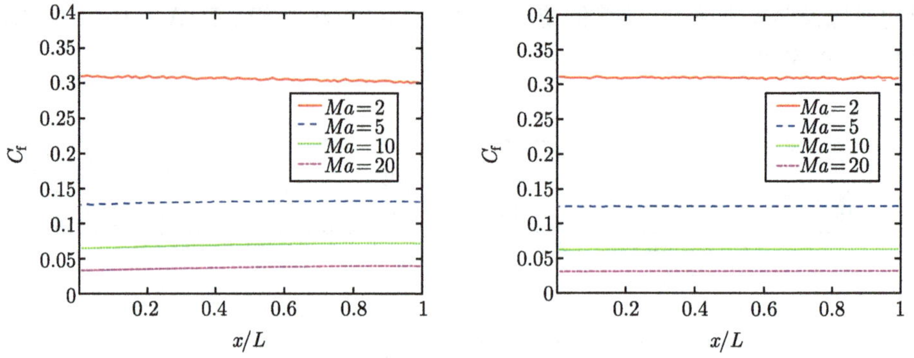


(c) $Kn=2$　　　　(d) $Kn=20$

图 4.17　高超声速平板绕流壁面摩阻系数分布

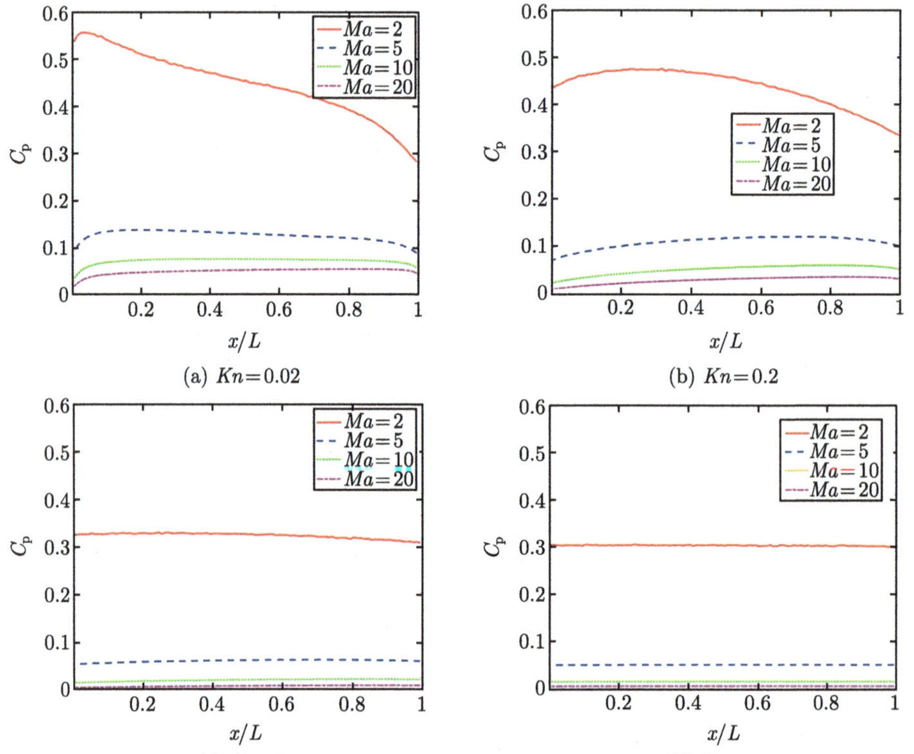


(c) $Kn=2$　　　　(d) $Kn=20$

图 4.18　高超声速平板绕流壁面压力系数分布

这里采用 Allegre 等 [38] 对如图 4.19 (a) 所示的 70° 钝头体模型的高超声速氮气绕流实验测量结果作为参考结果，仅选择该组实验数据的工况 1 进行数值模拟。其来流速度 ($U_\infty$) 为 1503 m/s，分子数密度为 $3.72\times10^{20}\ \mathrm{m}^{-3}$。来流分子平动和转动温度均设为 13.3 K，振动模式保持未激发状态。来流马赫数为 20.2。表面温度为 $T_\mathrm{w}=300$ K，并假设表面为完全漫反射边界。模型的攻角为 10°，为了降低计算量，使用半模型进行计算。图 4.19 (b) 相应给出了本次使用的数值模型示意图。

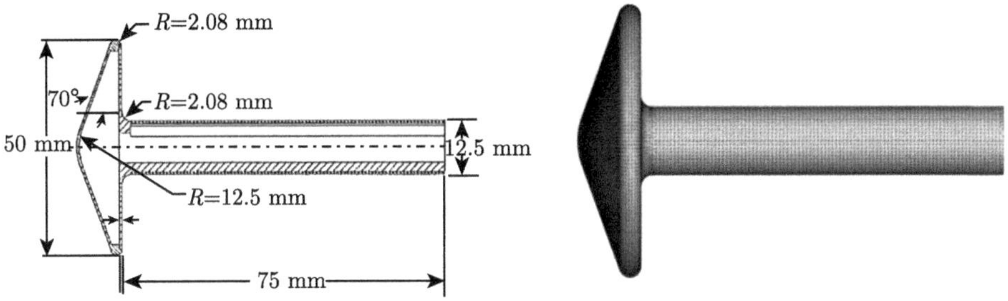


(a) 实验模型　　　　(b) 数值模型

图 4.19　钝头体实验模型和数值模型示意图

图 4.20 展示了参考实验结果的密度分布与本研究计算结果的对比。根据 Allegre 等提供的数据，密度测量的总体不确定度约为 10%，由于激波附近的密度梯度较大，该区域的不确定性更高。在误差允许的范围内，两组数据表现出良好的一致性。

图 4.21 给出了模型对称平面的表面热传导系数 $C_\mathrm{h}$。模型前端的峰值热流与参考实验结果符合较好，外缘的热流结果略高于参考实验数据。

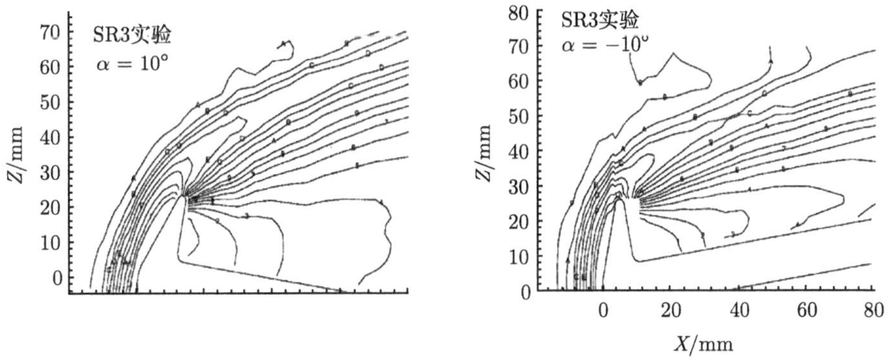

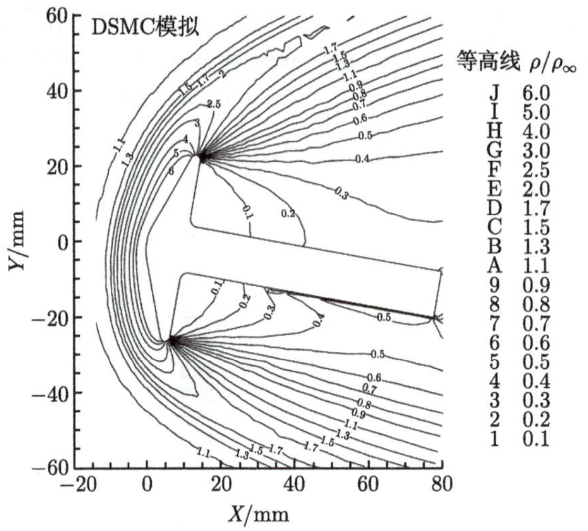


图 4.20 钝头体绕流的 DSMC 模拟结果与实验结果对比

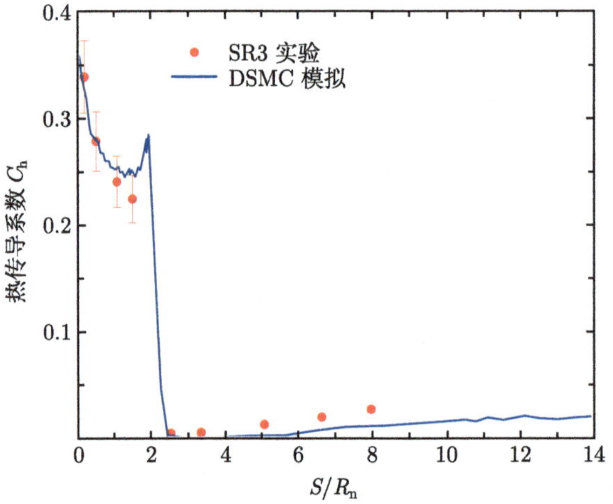


图 4.21 钝头体表面热传导系数的 DSMC 模拟结果与实验结果对比

# 参 考 文 献

[1] Burnett D. The distribution of molecular velocities and the mean motion in a nonuniform gas. Proceedings of the London Mathematical Society, 1936, 2(1):382-435.

[2] Grad H. On the kinetic theory of rarefied gases. Communications on Pure and Applied Mathematics, 1949, 2(4):331-407.

[3] Broadwell J E. Study of rarefied shear flow by the discrete velocity method. Journal of Fluid Mechanics, 1964, 19(3): 401-414.

[4] Goldstein D, Sturtevant B, Broadwell J E. Investigations of the motion of discrete-velocity gases. Progress in Astronautics and Aeronautics, 1989, 117: 100-117.

[5] Rogier F, Schneider J. A direct method for solving the Boltzmann equation. Transport Theory and Statistical Physics, 1994, 23(1-3): 313-338.

[6] Bobylev A V, Palczewski A, Schneider J. Approximation of the Boltzmann equation by discrete velocity models. Journal of Statistical Physics, 1995, 78: 1555-1570.

[7] Panferov V A, Heintz A G. A new consistent discrete-velocity model for the Boltzmann equation. Mathematical Methods in the Applied Sciences, 2002, 25(7): 571-593.

[8] Jin S. Efficient asymptotic-preserving (AP) schemes for some multiscale kinetic equations. SIAM Journal on Scientific Computing, 1999, 21(2): 441-454.

[9] Filbet F, Jin S. A class of asymptotic-preserving schemes for kinetic equations and related problems with stiff sources. Journal of Computational Physics, 2010, 229(20): 7625-7648.

[10] Pieraccini S, Puppo G. Implicit-explicit schemes for BGK kinetic equations. Journal of Scientific Computing, 2007, 32: 1-28.

[11] Abgrall R, Torlo D. High order asymptotic preserving deferred correction implicit-explicit schemes for kinetic models. SIAM Journal on Scientific Computing, 2020, 42(3): B816-B845.

[12] 李志辉, 张涵信. 稀薄流到连续流的气体运动论统一数值算法初步研究. 空气动力学学报, 2000, 18(3): 255-263.

[13] Xu K, Huang J C. A unified gas-kinetic scheme for continuum and rarefied flows. Journal of Computational Physics, 2010, 229(20): 7747-7764.

[14] Guo Z, Xu K, Wang R. Discrete unified gas kinetic scheme for all Knudsen number flows: low-speed isothermal case. Physical Review E, 2013, 88(3): 033305.

[15] Degond P, Dimarco G, Mieussens L. A multiscale kinetic-fluid solver with dynamic localization of kinetic effects. Journal of Computational Physics, 2010, 229(13): 4907-4933.

[16] Bobylev A V. The theory of nonlinear spatially uniform Boltzmann equation for Maxwell molecules. Soviet Sci. Rev. Sect. C, 1988, 7: 111-233.

[17] Pareschi L, Perthame B. A Fourier spectral method for homogeneous Boltzmann equations. Transport Theory and Statistical Physics, 1996, 25(3-5): 369-382.

[18] Wu L, White C, Scanlon T J, et al. Deterministic numerical solutions of the Boltzmann equation using the fast spectral method. Journal of Computational Physics, 2013, 250: 27-52.

[19] Wu L, Reese J M, Zhang Y. Solving the Boltzmann equation deterministically by the fast spectral method: application to gas microflows. Journal of Fluid Mechanics, 2014, 746: 53-84.

[20] 康崇禄. 蒙特卡罗方法理论和应用. 北京: 科学出版社, 2015.

[21] Bird G A. Molecular Gas Dynamics and the Direct Simulation of Gas Flows. Oxford: Oxford University Press, 1994.

[22] Bird G A. Direct simulation and the Boltzmann equation. The Physics of Fluids, 1970, 13(11): 2676-2681.

[23] Wagner W. A convergence proof for Bird's direct simulation Monte Carlo method for the Boltzmann equation. Journal of Statistical Physics, 1992, 66: 1011-1044.

[24] Degond P, Dimarco G, Mieussens L. A moving interface method for dynamic kinetic-fluid coupling. Journal of Computational Physics, 2007, 227(2): 1176-1208.

[25] Li J, Jiang D, Geng X, et al. Kinetic comparative study on aerodynamic characteristics of hypersonic reentry vehicle from near-continuous flow to free molecular flow. Advances in Aerodynamics, 2021, 3: 1-10.

[26] Wainwright T. Calculation of hard-sphere viscosity by means of correlation functions. The Journal of Chemical Physics, 1964, 40(10): 2932-2937.

[27] Alexander F J, Garcia A L, Alder B J. Cell size dependence of transport coefficients in stochastic particle algorithms. Physics of Fluids, 1998, 10(6): 1540-1542.

[28] Hadjiconstantinou N G. Analysis of discretization in the direct simulation Monte Carlo. Physics of Fluids, 2000, 12(10): 2634-2638.

[29] Green M S. Markoff random processes and the statistical mechanics of time-dependent phenomena. Ⅱ. Irreversible processes in fluids. The Journal of Chemical Physics, 1954, 22(3): 398-413.

[30] Kubo R. Statistical-mechanical theory of irreversible processes. I. General theory and simple applications to magnetic and conduction problems. Journal of the Physical Society of Japan, 1957, 12(6): 570-586.

[31] Garcia A L, Wagner W. Time step truncation error in direct simulation Monte Carlo. Physics of Fluids, 2000, 12(10): 2621-2633.

[32] Bird G A. Perception of numerical methods in rarefied gas dynamics. Progress in Astronautics and Aeronautics, 1989, 117: 211-226.

[33] Knudsen M. The law of molecular flow and viscosity of gases moving through tubes. Ann. Physics, 1909, 28: 75.

[34] Ghia U, Ghia K N, Shin C T. High-*Re* solutions for incompressible flow using the Navier-Stokes equations and a multigrid method. Journal of Computational Physics, 1982, 48(3): 387-411.

[35] John B, Gu X J, Emerson D R. Investigation of heat and mass transfer in a lid-driven cavity under nonequilibrium flow conditions. Numerical Heat Transfer, Part B: Fundamentals, 2010, 58(5): 287-303.

[36] 胡远, 陈松, 孙泉华, 等. 超声速平板绕流的全流域阻力特性研究//第三届全国高超声速科技学术会议论文集. 中国力学学会, 无锡, 2010.

[37] 杨浩. 航天器再入过程气动特性的粒子方法模拟. 北京: 北京航空航天大学，2022.

[38] Allegre J, Bisch D, Lengrand J C. Experimental rarefied heat transfer at hypersonic conditions over 70-degree blunted cone. Journal of Spacecraft and Rockets, 1997, 34(6): 724-728.

# 第 5 章　自由分子流

当 $Kn > 10$ 时，对应的流动领域被称为自由分子流领域。在该情况下，由于气体分子的平均自由程远大于流场的特征尺度，从物体表面反射回来的分子通常要运动到很远处才与来流分子发生碰撞 [1]。当 $Kn = \lambda/L \to \infty$ 时，可以完全忽略分子间碰撞对自由来流的影响，流动的特点是气体分子与物面的相互作用占主导地位，而气体分子间的碰撞被忽略，所以也称这种流动为无碰撞流动。相应地，自由分子流的控制方程是无碰撞项的 Boltzmann 方程。

对于物体定常绕流的问题，来流的速度分布函数可认为是 Maxwell 分布，来流分子与物体表面的动量与能量传递便可以通过对 Maxwell 分布求矩而确定 [2]。进一步，如果气体分子与壁面的相互作用规律已知，则反射分子与物体表面的动量与能量传递也可以确定，将入射分子与反射分子的贡献叠加，即可得到作用于物体表面上的气动力与气动热。

## 5.1　表面元素的分子数目通量和动量通量

由 2.2 节式 (2.42) 与式 (2.62)，气体分子所携带的量 $Q$ 单位时间通过单位面积的通量为

$$n\overline{Q\boldsymbol{c}\cdot\boldsymbol{n}} = \int Qf\boldsymbol{c}\cdot\boldsymbol{n}\mathrm{d}\boldsymbol{c} \tag{5.1}$$

考察平衡气体携带的量 $Q$ 通过面元的通量，来流速度 $\boldsymbol{U}$ 以与表面外法向 $\boldsymbol{n}$ 成 $\theta$ 角入射，如图 5.1 所示。选取笛卡儿坐标系，使得来流速度位于 $xy$ 平面内，面元位于 $yz$ 平面内，$x$ 轴为 $\boldsymbol{n}$ 的反方向。

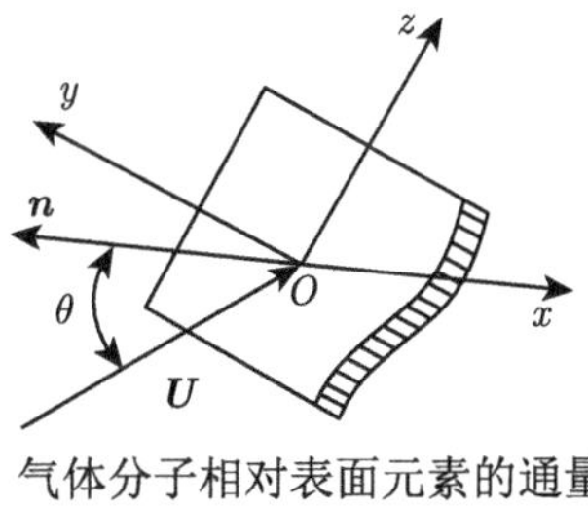


图 5.1　气体分子相对表面元素的通量示意图

气体分子速度 $\boldsymbol{c}$ 在 $x$、$y$、$z$ 轴上的分量 $(u, v, w)$ 与分子热运动速度 $(c'_x, c'_y, c'_z)$ 有如下关系：

$$\begin{cases} u = c'_x + U\cos\theta \\ v = c'_y + U\sin\theta \\ w = c'_z \end{cases} \tag{5.2}$$

对于平衡气体，将 Maxwell 分布式 $f_0$ 代入式 (5.1)，可得量 $Q$ 在 $x$ 方向单位时间、单位面积通过面元 (向表面内部) 的通量为

$$n\overline{Qu} = \int\limits_{u>0} Quf_0\mathrm{d}\boldsymbol{c} = \frac{n\beta^3}{\pi^{3/2}}\int\limits_{-\infty}^{\infty}\int\limits_{-\infty}^{\infty}\int\limits_{0}^{\infty} Qu\exp\left[-\beta^2\left(c'^2_x + c'^2_y + c'^2_z\right)\right]\mathrm{d}u\mathrm{d}v\mathrm{d}w \tag{5.3}$$

需要注意，式 (5.3) 同时也是物体表面以 $-\boldsymbol{U}$ 的速度运动通过静止的平衡气体时，气体分子所携带的量 $Q$ 相对表面的通量。

下面首先考虑气体通过表面的分子数通量 $N_{\mathrm{i}}$，下标 i 表示来流。在式 (5.3) 中取 $Q$=1 可得

$$\begin{aligned} N_{\mathrm{i}} =& \frac{n\beta^3}{\pi^{3/2}}\int\limits_{-\infty}^{\infty}\exp\left(-\beta^2c'^2_z\right)\mathrm{d}c'_z\int\limits_{-\infty}^{\infty}\exp\left(-\beta^2c'^2_y\right)\mathrm{d}c'_y \\ &\times\int\limits_{-U\cos\theta}^{\infty}\left(c'_x + U\cos\theta\right)\exp\left(-\beta^2c'^2_x\right)\mathrm{d}c'_x \end{aligned} \tag{5.4}$$

进一步积分可得

$$N_{\mathrm{i}} = n\sqrt{\frac{kT}{2\pi m}}\left\{\exp\left(-S^2\cos^2\theta\right) + \sqrt{\pi}\left(S\cos\theta\right)\left[1 + \mathrm{erf}\left(S\cos\theta\right)\right]\right\} \tag{5.5}$$

其中，$\mathrm{erf}(a)$ 为误差函数：

$$\mathrm{erf}\left(a\right) = \frac{2}{\sqrt{\pi}}\int\limits_{0}^{a}\exp\left(-t^2\right)\mathrm{d}t \tag{5.6}$$

而

$$S = U\beta = U/c'_{\mathrm{m}} = U/\sqrt{2RT} = \sqrt{\frac{\gamma}{2}}Ma \tag{5.7}$$

称为分子速度比，正如连续流中马赫数表示物体的宏观速度与声速之间的关系一样，分子速度比表示气体的宏观速度 $\boldsymbol{U}$ 和分子最概然热运动速度 $\boldsymbol{c}'_{\mathrm{m}}$ 之比。

对于静止气体，$\boldsymbol{U}=0$，$S$=0，式 (5.4) 可简化为

$$\varGamma_n = N_{\mathrm{i}}|_{S=0} = n\sqrt{\frac{RT}{2\pi}} = \frac{p}{\sqrt{2\pi mkT}} = \frac{n\bar{c}}{4} \tag{5.8}$$

这是静止气体在单位时间通过单位面积的分子数目流量，也即分子数目通量。可以从另一个角度推导出该结果：静止气体的热运动速度分量在正方向的平均值为 $\dfrac{1}{2}\bar{c}$，而在正方向运动的分子占整个体积中分子数的一半，因而单位时间通过单位面积的分子数流量为 $\dfrac{1}{2}n\cdot\dfrac{1}{2}\bar{c}=\dfrac{n\bar{c}}{4}$。

接下来考虑气体通过表面的法向动量通量，也即来流分子对物体表面产生的正压力，可以通过在式 (5.3) 中取 $Q=mu=m\left(c'_x+U\cos\theta\right)$ 得到，即

$$\begin{aligned}p_{\mathrm{i}} = &\frac{nm\beta^3}{\pi^{3/2}}\int_{-\infty}^{\infty}\exp\left(-\beta^2 c_z'^2\right)\mathrm{d}c'_z\int_{-\infty}^{\infty}\exp\left(-\beta^2 c_y'^2\right)\mathrm{d}c'_y\\ &\times\int_{-U\cos\theta}^{\infty}\left(c'_x+U\cos\theta\right)^2\exp\left(-\beta^2 c_x'^2\right)\mathrm{d}c'_x\end{aligned}$$

最终结果为

$$p_{\mathrm{i}} = \frac{nmU^2}{2\sqrt{\pi}S^2}\left\{S\cos\theta\exp\left(-S^2\cos^2\theta\right)+\sqrt{\pi}\left[1+\mathrm{erf}\left(S\cos\theta\right)\right]\left(\frac{1}{2}+S^2\cos^2\theta\right)\right\} \tag{5.9}$$

对于静止气体，上式给出

$$p_{\mathrm{i}}|_{S=0} = \frac{nm}{4\beta^2} = \frac{\rho}{4\times\left(1\Big/\sqrt{2RT}\right)^2} = \frac{\rho RT}{2} = \frac{p}{2} \tag{5.10}$$

即静止气体中来流分子对物体表面的正压力是气体压力的一半，这与平衡气体所预期的结果一致，即来流分子贡献了一半的压力。

同理，在式 (5.3) 中取 $Q=mv=m\left(c'_y+U\sin\theta\right)$，可以得到气体分子通过

表面的切向 ($y$ 方向) 动量通量，也即来流分子对物体表面产生的剪切应力

$$\tau_{\mathrm{i}}=\frac{nm\beta^3}{\pi^{3/2}}\int_{-\infty}^{\infty}\exp\left(-\beta^2c_z'^2\right)\mathrm{d}c_z'\int_{-\infty}^{\infty}\left(c_y'+U\sin\theta\right)\exp\left(-\beta^2c_y'^2\right)\mathrm{d}c_y'$$
$$\times\int_{-U\cos\theta}^{\infty}\left(c_x'+U\cos\theta\right)\exp\left(-\beta^2c_x'^2\right)\mathrm{d}c_x'$$

最终结果为

$$\tau_{\mathrm{i}}=-\frac{nmU^2}{2\sqrt{\pi}S}\sin\theta\left\{\exp\left(-S^2\cos^2\theta\right)+\sqrt{\pi}S\cos\theta\left[1+\operatorname{erf}\left(S\cos\theta\right)\right]\right\}\tag{5.11}$$

## 5.2　表面元素的气动力

### 5.2.1　表面元素的压力与剪切应力

物体表面所受的总压力与总剪切应力由入射部分 $p_{\mathrm{i}}$、$\tau_{\mathrm{i}}$ 和反射部分 $p_{\mathrm{r}}$、$\tau_{\mathrm{r}}$ 组成，将两者叠加可得总压力 $p$ 与总剪切应力$\tau$ 为

$$p=p_{\mathrm{i}}+p_{\mathrm{r}}\tag{5.12}$$

$$\tau=\tau_{\mathrm{i}}+\tau_{\mathrm{r}}\tag{5.13}$$

显然，式中反射分子的贡献 $p_{\mathrm{r}}$ 与 $\tau_{\mathrm{r}}$ 依赖于气体分子与壁面相互作用的规律。然而，气固相互作用可能包含极为复杂的物理化学过程，目前尚未有十分准确的理论公式，通常采用 Maxwell 模型来计算。Maxwell 模型假设来流分子在撞击壁面后，$\sigma$ 部分的分子发生漫反射，而剩余 $(1-\sigma)$ 部分发生镜面反射，其中 $\sigma$ 称为适应系数。由 3.2 节中关于镜面反射模型与漫反射模型的讨论可以看出，对镜面反射有

$$p_{\mathrm{r}}=p_{\mathrm{i}}\quad\text{或}\quad p=2p_{\mathrm{i}}\tag{5.14}$$

$$\tau_{\mathrm{r}}=-\tau_{\mathrm{i}}\quad\text{或}\quad\tau=0\tag{5.15}$$

对漫反射有

$$\tau_{\mathrm{r}}=0\quad\text{或}\quad\tau=\tau_{\mathrm{i}}\tag{5.16}$$

因此，根据 Maxwell 模型定义可得

$$\begin{aligned}p&=p_{\mathrm{diffuse}}+p_{\mathrm{specular}}=\sigma\left(p_{\mathrm{i}}+p_{\mathrm{w}}\right)+\left(1-\sigma\right)\left(2p_{\mathrm{i}}\right)\\&=\left(2-\sigma\right)p_{\mathrm{i}}+\sigma p_{\mathrm{w}}\end{aligned}\tag{5.17}$$

$$\tau = \tau_{\text{diffuse}} + \tau_{\text{specular}} = \sigma\tau_{\text{i}} + (1-\sigma)(\tau_{\text{i}} - \tau_{\text{i}}) = \sigma\tau_{\text{i}} \tag{5.18}$$

在式 (5.17) 中 $p_{\text{w}}$ 是尚未确定的量，它代表分子以相应于物面温度 $T_{\text{w}}$ 的 Maxwell 分布散射时的法向动量通量，因此在式 (5.10) 中取密度为 $\rho_{\text{w}} = mn_{\text{w}}$，温度为 $T_{\text{w}}$，可得

$$p_{\text{w}} = \frac{mn_{\text{w}}}{2}RT_{\text{w}} \tag{5.19}$$

其中，$n_{\text{w}}$ 是从表面内部以 Maxwell 分布向外散射的虚拟气体的粒子数密度。$n_{\text{w}}$ 的值可利用分子在表面处不吸附和释放，即来流与反射流的分子数目通量相等的条件来计算。来流的分子数目通量 $N_{\text{i}}$ 已由式 (5.5) 给出，反射流的分子数目通量 $N_{\text{w}}$，也即以相应于 $T_{\text{w}}$ 的 Maxwell 分布散射的分子数目通量，可通过在式 (5.8) 中取 $n = n_{\text{w}}, T = T_{\text{w}}$ 得到

$$N_{\text{w}} = n_{\text{w}}\sqrt{\frac{RT_{\text{w}}}{2\pi}} \tag{5.20}$$

令式 (5.20) 与 $N_{\text{i}}$ 相等，得到

$$n_{\text{w}} = N_{\text{i}}\sqrt{\frac{2\pi}{RT_{\text{w}}}} \tag{5.21}$$

而根据式 (5.19) 可得

$$p_{\text{w}} = mN_{\text{i}}\sqrt{\frac{\pi RT_{\text{w}}}{2}} \tag{5.22}$$

其中，$N_{\text{i}}$ 由式 (5.5) 给出。

现在便可以给出面元上的正压力与剪切应力的表达式，将式 (5.9)、式 (5.22) 和式 (5.11) 代入式 (5.17) 和式 (5.18) 可得

$$\begin{aligned} p =& \frac{\rho_\infty U^2}{2S^2}\left[\left(\frac{2-\sigma}{\sqrt{\pi}}S\cos\theta + \frac{\sigma}{2}\sqrt{\frac{T_{\text{w}}}{T}}\right)\exp\left(-S^2\cos^2\theta\right)\right. \\ &\left. + \left[(2-\sigma)\left(S^2\cos^2\theta + \frac{1}{2}\right) + \frac{\sigma}{2}\sqrt{\frac{\pi T_{\text{w}}}{T}}(S\cos\theta)\right][1 + \operatorname{erf}(S\cos\theta)]\right] \end{aligned} \tag{5.23}$$

$$\tau = -\frac{\sigma\rho_\infty U^2\sin\theta}{2\sqrt{\pi}S}\left\{\exp\left(-S^2\cos^2\theta\right) + \sqrt{\pi}(S\cos\theta)[1 + \operatorname{erf}(S\cos\theta)]\right\} \tag{5.24}$$

式 (5.23) 中假设漫反射部分的分子以相应于物面温度 $T_{\text{w}}$ 的 Maxwell 分布散射。如果漫反射部分的分子未与壁面完全适应，而是以相应于温度 $T_{\text{r}}$ 的 Maxwell 分

布散射，则需在式 (5.23) 中令 $T_{\mathrm{w}}=T_{\mathrm{r}}$，可得正压力为

$$p=\frac{\rho_{\infty}U^{2}}{2S^{2}}\left\{\left(\frac{2-\sigma}{\sqrt{\pi}}S\cos\theta+\frac{\sigma}{2}\sqrt{\frac{T_{\mathrm{r}}}{T}}\right)\exp\left(-S^{2}\cos^{2}\theta\right)\right.$$
$$\left.+\left[(2-\sigma)\left(S^{2}\cos^{2}\theta+\frac{1}{2}\right)+\frac{\sigma}{2}\sqrt{\frac{\pi T_{\mathrm{r}}}{T}}\left(S\cos\theta\right)\right]\left[1+\mathrm{erf}\left(S\cos\theta\right)\right]\right\} \tag{5.25}$$

现在已知表面元素上局部应力 $p$ 与 $\tau$ 的表达式，在求作用于物体上沿某一方向的气动力时，只需将在该方向上的分力沿物体表面积分，即可得到气动力的解析解。下面给出平板、圆柱、圆球等简单几何外形在自由分子流理论下气动力系数的解析解。

### 5.2.2　简单几何外形的气动力

图 5.2 给出了自由分子流下迎角为 $\alpha$ 的平板受力图。需要注意，平板有上下两个壁面，上壁面的气动力可直接从下壁面中减掉，将平板一面的面积取为参考面积，升力系数可以写为

$$C_{\mathrm{L}}=\frac{1}{\frac{1}{2}\rho U^{2}}\left\{\left[p|_{\theta=\frac{\pi}{2}-\alpha}-p|_{\theta=\frac{3\pi}{2}-\alpha}\right]\cos\alpha+\left[\tau|_{\theta=\frac{\pi}{2}-\alpha}-\tau|_{\theta=\frac{3\pi}{2}-\alpha}\right]\sin\alpha\right\}$$
$$=\frac{\cos\alpha}{S^{2}}\left\{\frac{2}{\sqrt{\pi}}\left(2-2\sigma\right)S\sin\alpha\exp\left(-S^{2}\sin^{2}\alpha\right)\right.$$
$$\left.+[2\left(2-2\sigma\right)S^{2}\sin^{2}\alpha+(2-\sigma)]\mathrm{erf}\left(S\sin\alpha\right)+\sigma\sqrt{\pi}\frac{S^{2}}{S_{\mathrm{r}}}\sin\alpha\right\} \tag{5.26}$$

式中，

$$S_{\mathrm{r}}=U/\sqrt{2RT_{\mathrm{r}}} \tag{5.27}$$

同理，阻力系数可以写为

$$C_{\mathrm{D}}=\frac{1}{\frac{1}{2}\rho U^{2}}\left\{\left[p|_{\theta=\frac{\pi}{2}-\alpha}-p|_{\theta=\frac{3\pi}{2}-\alpha}\right]\sin\alpha+\left[\tau|_{\theta=\frac{\pi}{2}-\alpha}-\tau|_{\theta=\frac{3\pi}{2}-\alpha}\right]\cos\alpha\right\}$$
$$=\frac{1}{S^{2}}\left\{\frac{S}{\sqrt{\pi}}\left(4\sin^{2}\alpha+2\sigma\cos2\alpha\right)\exp\left(-S^{2}\sin^{2}\alpha\right)\right.$$
$$\left.+\sin\alpha[1+2S^{2}+(1-\sigma)\left(1-2S^{2}\cos2\alpha\right)]\mathrm{erf}\left(S\sin\alpha\right)+\sigma\sqrt{\pi}\frac{S^{2}}{S_{\mathrm{r}}}\sin^{2}\alpha\right\} \tag{5.28}$$

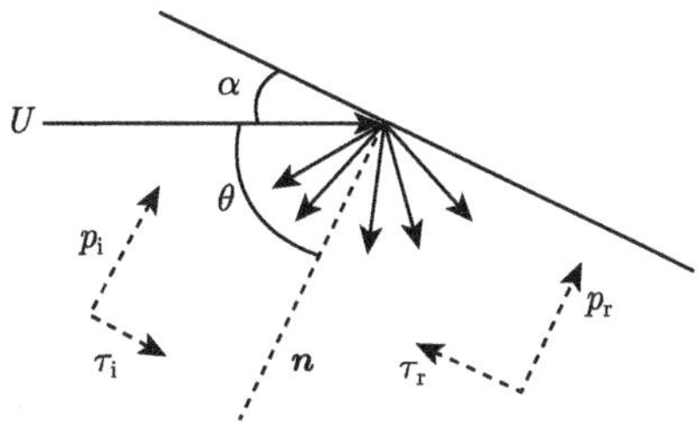


图 5.2 自由分子流下平板受力分析示意图

对于轴线与来流方向垂直的圆柱，参考面积取其在来流方向的投影，即 $2aL$，这里 $a$ 为半径，$L$ 为圆柱长，对式 (5.25) 和式 (5.24) 积分可得阻力系数为

$$
\begin{aligned}
C_{\mathrm{D}} =& \frac{1}{\frac{1}{2}\rho U^2 2aL} 2\int_0^{\pi} (p\cos\theta + \tau\sin\theta) aL\mathrm{d}\theta \\
& \times \frac{4-\sigma}{3} \frac{\sqrt{\pi}\exp(-S^2/2)}{S} \left[\left(S^2+\frac{3}{2}\right)\mathrm{I}_0\left(\frac{S^2}{2}\right)\right. \\
& \left. + \left(S^2+\frac{1}{2}\right)\mathrm{I}_1\left(\frac{S^2}{2}\right)\right] + \frac{\sigma\pi^{3/2}}{4S_{\mathrm{r}}}
\end{aligned} \tag{5.29}
$$

式中，$\mathrm{I}_0$、$\mathrm{I}_1$ 分别为零阶与一阶变型贝塞尔 (Bessel) 函数

$$
\mathrm{I}_0(z) = \frac{1}{\pi}\int_0^{\pi} \exp(z\cos\theta)\,\mathrm{d}\theta
$$

$$
\mathrm{I}_1(z) = \frac{1}{\pi}\int_0^{\pi} \exp(z\cos\theta)\cos\theta\mathrm{d}\theta
$$

对于半径为 $a$ 的圆球，取 $\pi a^2$ 为参考面积，可得圆球的阻力系数为

$$
\begin{aligned}
C_{\mathrm{D}} =& \frac{\int_0^{\pi}(p\cos\theta+\tau\sin\theta)\,2\pi a^2\sin\theta\mathrm{d}\theta}{\frac{1}{2}\rho U^2\pi a^2} \\
=& \frac{\exp(-S^2)}{\sqrt{\pi}S^3}\left(1+2S^2\right) + \frac{4S^4+4S^2-1}{2S^4}\mathrm{erf}\,S + \frac{2\sigma\sqrt{\pi}}{3S_{\mathrm{r}}}
\end{aligned} \tag{5.30}
$$

从上式可以看出，自由分子流中圆球在漫反射与镜面反射下其阻力系数的差别仅在于最后一项 $\dfrac{2\sigma\sqrt{\pi}}{3S_{\mathrm{r}}}$，在镜面反射下此项为零。因此，对于冷壁，漫反射和

镜面反射下得到的圆球阻力系数相同，而且在分子速度比很大时它们均趋于极限值 2。这个结果仅仅是由几何外形造成的巧合，镜面反射下驻点处的高压力与漫反射条件下最大半径处的高剪应力相匹配，并不能解释为球的阻力系数与气固相互作用模型无关。

某些外形的阻力可能高度依赖于气固相互作用模型，由式 (5.28) 可知，较高分子速度比的情况下，冷垂直板 (cold vertical flat plate) 的阻力系数为

$$C_{\mathrm{D}} = 2 + 2(1-\sigma) \tag{5.31}$$

可以看出，平板的阻力系数只与适应系数相关，并随着适应系数的增大而逐渐减小。这种情况下，镜面反射和漫反射的极限差值为 2，因为剪切应力没有贡献，阻力完全依赖于压强。

### 5.2.3 极高热力学流动

分子速度比通常被用来表征流动趋于准直分子束的程度。具体而言，当分子速度比较高时 ($S > 5$)，气体的宏观速度远大于气体的热运动速度，称为极高热力学流动 (hyperthermal flow)。此时气体分子的热运动速度相对于极高的宏观速度而被忽略，来流可被视为准直的分子束。

极高热力学流动是航空航天实践中经常碰到的情况，可以给出一个能够快速估计阻力的公式。当 $S > 5$ 时，在式 (5.5)、式 (5.23) 和式 (5.24) 中，如果进一步设 $S\cos\theta \to \infty$，从而 $\exp\left(-S^2\cos^2\theta\right) \to 0$，$\operatorname{erf}(S\cos\theta) \to 1$，则有

$$\begin{cases} N_{\mathrm{i}} = nU\cos\theta \\ p = (2-\sigma)\,\rho U^2\cos^2\theta \\ \tau = \sigma\rho U^2\cos\theta\sin\theta \end{cases} \tag{5.32}$$

在完全漫反射情况下，

$$\begin{cases} p = \rho U^2\cos^2\theta \\ \tau = \rho U^2\cos\theta\sin\theta \end{cases} \tag{5.33}$$

从图 5.1 可以看出，这相当于分子的热运动速度和反射分子的速度相对于极高的来流速度而被忽略。进一步可得作用于表面元素的阻力为

$$\mathrm{d}D = (p\cos\theta + \tau\sin\theta)\,\mathrm{d}A = \rho U^2\cos\theta\mathrm{d}A = \rho U^2\mathrm{d}A_{\mathrm{p}} \tag{5.34}$$

式中，$\mathrm{d}A_{\mathrm{p}} = \cos\theta\mathrm{d}A$ 是 $\mathrm{d}A$ 在来流方向的投影面积。如果对整个表面积分，则可以得到物体的总阻力为

$$D = \rho U^2 \int_{\cos\theta\geqslant 0} \mathrm{d}A_{\mathrm{p}} = \rho U^2 A_{\mathrm{p}} \tag{5.35}$$

其中，$A_{\mathrm{p}}$ 是整个物体在来流方向的投影面积。与式 (5.23) 和式 (5.24) 的比较表明，当 $S\cos\theta > 2$ 时，近似式就是相当准确的。

由式 (5.35) 可得在极高热力学流动下，若将特征面积取为投影面积，则圆柱和圆球的阻力系数均为 2。对于平板，当 $S\sin\alpha \to \infty$ 时，由式 (5.28) 可得

$$C_{\mathrm{D}} = 2\sin\alpha - 2(1-\sigma)\sin\alpha\cos 2\alpha \tag{5.36}$$

式 (5.36) 中右边首项是漫反射 $\sigma = 1$ 条件下的结果，即来流分子的贡献，后一项是镜面反射分子的贡献。在完全漫反射条件下，即 $\sigma = 1$ 时，有

$$C_{\mathrm{D}} = 2\sin\alpha \tag{5.37}$$

这也可以由式 (5.35) 直接得到，因为对于迎角为 $\alpha$ 的平板，$A_{\mathrm{p}} = A\sin\alpha$。

## 5.3 表面元素的气动热

与 5.2 节计算气动力一样，计算气动热时也要对入射流与反射流分别进行。来流分子的能量通量 $q_{\mathrm{i}}$ 由分子平动能通量 $q_{\mathrm{i,tr}}$ 和分子内能 (转动和振动) 通量 $q_{\mathrm{i,int}}$ 两部分组成。其中平动能通量 $q_{\mathrm{i,tr}}$ 通过在式 (5.3) 中取 $Q = 1/2mc^2 = 1/2m\left(u^2+v^2+w^2\right)$ 得到，即

$$\begin{aligned} q_{\mathrm{i,tr}} =& \frac{nm\beta^3}{2\pi^{3/2}} \int_{-\infty}^{\infty}\int_{-\infty}^{\infty}\int_{-U\cos\theta}^{\infty} \left[\left(c_x' + U\cos\theta\right)^2 + \left(c_y' + U\sin\theta\right)^2 + c_z'^2\right] \\ & \times \left(c_x' + U\cos\theta\right)\exp\left[-\beta^2\left(c_x'^2 + c_y'^2 + c_z'^2\right)\right]\mathrm{d}c_x'\mathrm{d}c_y'\mathrm{d}c_z' \end{aligned}$$

或

$$\begin{aligned} q_{\mathrm{i,tr}} =& \rho RT\sqrt{\frac{RT}{2\pi}}\left\{\left(S^2+2\right)\exp\left(-S^2\cos^2\theta\right) + \sqrt{\pi}\left(S^2+\frac{5}{2}\right)\right. \\ & \left.\times\left(S\cos\theta\right)\left[1+\operatorname{erf}\left(S\cos\theta\right)\right]\right\} \end{aligned} \tag{5.38}$$

对于静止气体，式 (5.38) 给出

$$q_{\mathrm{i,tr}}\big|_{S=0} = \rho RT\sqrt{\frac{2RT}{\pi}} = 2kT\frac{n\bar{c}}{4} = 2kT\cdot\Gamma_n \tag{5.39}$$

式中，引入了静止气体的分子数目通量 $\Gamma_n$(见式 (5.8))。我们知道，分子的平均平动能为 $\dfrac{3}{2}kT$。式 (5.39) 表明，静止气体中，通过面元的分子所携带的平动能不

等于所有分子的平均平动能，而是平均平动能的 4/3 倍，这是因为在给定时间内，高速分子通过面元的概率要高于低速分子。

对于无化学反应的平衡气体，每个分子所携带的平均内能为

$$e_{\text{int}} = \frac{\zeta}{2}kT = \frac{\zeta}{2}mRT \tag{5.40}$$

其中，$\zeta$ 是参与表面能量交换的内自由度数，它与气体的比热比 $\gamma$ 有以下关系：

$$\gamma = (\zeta + 5)/(\zeta + 3) \tag{5.41}$$

因此

$$\zeta = (5 - 3\gamma)/(\gamma - 1) \tag{5.42}$$

分子内能通量等于分子数目通量 $N_{\text{i}}$(式 (5.5)) 与每个分子的平均内能的乘积，由式 (5.5)、式 (5.40) 和式 (5.42) 有

$$\begin{aligned} q_{\text{i,int}} &= \frac{5-3\gamma}{\gamma-1}\frac{mRT}{2}N_{\text{i}} \\ &= \frac{\rho RT}{2}\sqrt{\frac{RT}{2\pi}}\left(\frac{5-3\gamma}{\gamma-1}\right)\left\{\exp\left(-S^2\cos^2\theta\right) + \sqrt{\pi}S\cos\theta\cdot\left[1+\text{erf}(S\cos\theta)\right]\right\} \end{aligned} \tag{5.43}$$

与计算气动力一样，分子通过物体表面的能量通量是由入射部分 $q_{\text{i}}$ 和反射部分 $q_{\text{r}}$ 组成的。对于镜面反射有

$$q_{\text{r}} = -q_{\text{i}} \quad \text{或} \quad q = 0 \tag{5.44}$$

因此，根据 Maxwell 模型定义可得

$$\begin{aligned} q =& q_{\text{diffuse}} + q_{\text{specular}} = \sigma\left(q_{\text{i}} - q_{\text{w}}\right) + (1-\sigma)\left(q_{\text{i}} - q_{\text{i}}\right) \\ =& \sigma\left(q_{\text{i}} - q_{\text{w}}\right) \end{aligned} \tag{5.45}$$

式中，$q_{\text{w}}$ 为完全漫反射下反射分子的能量通量，即分子以相应于物面温度 $T_{\text{w}}$ 的 Maxwell 分布反射时的能量通量。首先计算分子平动能通量 $q_{\text{w,tr}}$，在式 (5.39) 中令 $T = T_{\text{w}}$，$n = n_{\text{w}}$，并结合式 (5.20) 和式 (5.21) 可得

$$q_{\text{w,tr}} = 2mRT_{\text{w}}n_{\text{w}}\sqrt{\frac{RT_{\text{w}}}{2\pi}} = 2mRT_{\text{w}}N_{\text{w}} = 2mRT_{\text{w}}N_{\text{i}} \tag{5.46}$$

相应地，由分子在表面处不吸附和释放，即来流与反射流的分子数目通量相等，可得此时分子内能通量为

$$q_{\mathrm{w,int}} = \frac{\zeta}{2} mRT_{\mathrm{w}} N_{\mathrm{w}} = \frac{\zeta}{2} mRT_{\mathrm{w}} N_{\mathrm{i}} \tag{5.47}$$

这样，完全漫反射下反射分子的能量通量为

$$q_{\mathrm{w}} = q_{\mathrm{w,tr}} + q_{\mathrm{w,int}} = (4+\zeta)\frac{mRT_{\mathrm{w}}}{2}N_{\mathrm{i}} = \frac{\gamma+1}{2(\gamma-1)} mRT_{\mathrm{w}} N_{\mathrm{i}} \tag{5.48}$$

由式 (5.38) 和式 (5.43) 可以得到 $q_{\mathrm{i}}$，再根据式 (5.45) 即可计算出 Maxwell 模型下气体分子对物体表面的总能量通量或总传热率为

$$\begin{aligned} q =& \sigma (q_{\mathrm{i}} - q_{\mathrm{w}}) \\ =& \sigma \rho RT \sqrt{\frac{RT}{2\pi}} \left\{ \left[ S^2 + \frac{\gamma}{\gamma-1} - \frac{\gamma+1}{2(\gamma-1)} \frac{T_{\mathrm{w}}}{T} \right] \right. \\ & \left. \times \left\{ \exp\left(-S^2\cos^2\theta\right) + \sqrt{\pi} S\cos\theta \left[1 + \mathrm{erf}(S\cos\theta)\right] \right\} - \frac{1}{2}\exp\left(-S^2\cos^2\theta\right) \right\} \end{aligned} \tag{5.49}$$

如果漫反射的分子未与壁面完全适应，而是以相应于温度 $T_{\mathrm{r}}$ 的 Maxwell 分布散射，可以在式 (5.49) 中令 $T_{\mathrm{w}} = T_{\mathrm{r}}$，得到能量通量的结果如下：

$$\begin{aligned} q =& \sigma \rho RT \sqrt{\frac{RT}{2\pi}} \left\{ \left[ S^2 + \frac{\gamma}{\gamma-1} - \frac{\gamma+1}{2(\gamma-1)} \frac{T_{\mathrm{r}}}{T} \right] \right. \\ & \left. \times \left\{ \exp\left(-S^2\cos^2\theta\right) + \sqrt{\pi} S\cos\theta \left[1 + \mathrm{erf}(S\cos\theta)\right] \right\} - \frac{1}{2}\exp\left(-S^2\cos^2\theta\right) \right\} \end{aligned} \tag{5.50}$$

如果绝热壁面的温度 $T_{\mathrm{a}}$ 使得表面的能量通量为零，则称此温度为“绝热温度”，由式 (5.49) 可得

$$\frac{T_{\mathrm{a}}}{T} = \frac{2(\gamma-1)}{\gamma+1} \left\{ \frac{\gamma}{\gamma-1} + S^2 - \frac{\frac{1}{2}\exp\left(-S^2\cos^2\theta\right)}{\exp\left(-S^2\cos^2\theta\right) + \sqrt{\pi} S\cos\theta \left[1 + \mathrm{erf}(S\cos\theta)\right]} \right\} \tag{5.51}$$

在连续流中，驻点温度 (滞止温度)$T_0$ 定义为

$$\frac{T_0}{T} = 1 + \frac{\gamma-1}{2}(Ma)^2 = 1 + \frac{\gamma-1}{\gamma} S^2 \tag{5.52}$$

由式 (5.51) 和式 (5.52) 可以看出，在较高的分子速度比与正面入射的条件下，自由分子流中的绝热温度与连续流中的驻点温度之比为

$$\left.\frac{T_{\mathrm{a}}}{T_0}\right|_{S\to\infty}=\frac{2\gamma}{\gamma+1} \tag{5.53}$$

即 $T_{\mathrm{a}}$ 总是比 $T_0$ 要大，对于单原子分子，$\gamma$=1.67，该比例为 5/4。对于双原子分子，$\gamma=1.4$，该比例为 7/6。这里针对单原子分子给出 $T_{\mathrm{a}}$ 高于 $T_0$ 的物理解释。在分子速度比较高的情况下，连续流与自由分子流下来流携带的单位质量的能量均为 $\frac{1}{2}U^2$。对于连续流，在驻点处此能量除了用于增加分子热运动动能 $\frac{3}{2}RT_0$ 外，还有一部分能量 $RT_0$ 用于增加气体的压强。因此，连续流在驻点处的动能 $\frac{1}{2}U^2$ 转变为总焓 $\frac{5}{2}RT_0$。而对于自由分子流，平衡时来流能量等于从表面反射的单位质量的能量，即为 $2RT_{\mathrm{a}}$(式 (5.39))。因此，对于单原子分子，有 $T_{\mathrm{a}}/T_0$=5/4。

## 5.4 傅里叶传热与库埃特流动问题

本节讨论两个简单的一维定常流动问题：平板间的傅里叶传热与库埃特流动问题。

### 5.4.1 傅里叶传热

考虑距离为 $h$ 的两无限长的平行平板间的一维热传导问题，如果 $h$ 与两平板间气体的平均自由程 $\lambda$ 相比很小，即可认为是自由分子流条件下的傅里叶传热问题。假设上下平板的温度分别为 $T_{\mathrm{U}}$ 和 $T_{\mathrm{L}}$，适应系数都为 1，即分子在上下平板均发生以相应于板面温度的 Maxwell 分布散射 (完全漫反射)。令 $q_{\mathrm{U}}$ 和 $q_{\mathrm{L}}$ 分别表示离开上下平板的分子携带的能量通量，则有

$$\begin{cases} q_{\mathrm{U}}=q_{\mathrm{w,U}} \\ q_{\mathrm{L}}=q_{\mathrm{w,L}} \end{cases} \tag{5.54}$$

式中，$q_{\mathrm{w,U}}$ 和 $q_{\mathrm{w,L}}$ 分别表示上下平板完全漫反射下反射分子的能量通量，由式 (5.46) 给出

$$\begin{cases} q_{\mathrm{w,U}}=2mRT_{\mathrm{U}}N_{\mathrm{w,U}} \\ q_{\mathrm{w,L}}=2mRT_{\mathrm{L}}N_{\mathrm{w,L}} \end{cases} \tag{5.55}$$

其中，$N_{\mathrm{w,U}}$ 与 $N_{\mathrm{w,L}}$ 分别表示离开上下平板的反射分子的分子数目通量；$n_{\mathrm{U}}$ 和 $n_{\mathrm{L}}$ 分别为离开上下平板的反射分子的分子数密度。根据式 (5.20) 可得

$$\begin{cases} N_{\mathrm{w,U}} = 2n_{\mathrm{U}}\sqrt{\dfrac{RT_{\mathrm{U}}}{2\pi}} \\ N_{\mathrm{w,L}} = 2n_{\mathrm{L}}\sqrt{\dfrac{RT_{\mathrm{L}}}{2\pi}} \end{cases} \tag{5.56}$$

与式 (5.20) 相比，式 (5.56) 中分子数密度一项增加了 2 的因子，这是因为 $n_{\mathrm{U}}$ 和 $n_{\mathrm{L}}$ 分别代表离开上下平板的分子数密度，是平衡气体分子数密度的一半。从平板一侧反射的分子数目通量与入射到平板另一侧的分子数目通量是相同的，再根据分子在表面处不吸附和释放的条件，即来流与反射流的分子数目通量相等，$N_{\mathrm{w,U}} = N_{\mathrm{w,L}}$，由式 (5.56) 有

$$n_{\mathrm{U}}\sqrt{T_{\mathrm{U}}} = n_{\mathrm{L}}\sqrt{T_{\mathrm{L}}} \tag{5.57}$$

平板间的气体数密度 $n$ 应等于 $n_{\mathrm{U}}$ 和 $n_{\mathrm{L}}$ 之和

$$n = n_{\mathrm{U}} + n_{\mathrm{L}} \tag{5.58}$$

根据式 (5.57) 和式 (5.58) 可得

$$\begin{cases} n_{\mathrm{L}} = \dfrac{n\sqrt{T_{\mathrm{U}}}}{\sqrt{T_{\mathrm{U}}} + \sqrt{T_{\mathrm{L}}}} \\ n_{\mathrm{U}} = \dfrac{n\sqrt{T_{\mathrm{L}}}}{\sqrt{T_{\mathrm{U}}} + \sqrt{T_{\mathrm{L}}}} \end{cases} \tag{5.59}$$

因此，由式 (5.54)~ 式 (5.56) 可得离开上下平板的分子所携带的能量通量为

$$\begin{cases} q_{\mathrm{L}} = \dfrac{mn_{\mathrm{L}}}{\sqrt{\pi}}\left(2RT_{\mathrm{L}}\right)^{3/2} \\ q_{\mathrm{U}} = \dfrac{mn_{\mathrm{U}}}{\sqrt{\pi}}\left(2RT_{\mathrm{U}}\right)^{3/2} \end{cases} \tag{5.60}$$

结合式 (5.59) 最终可得自由分子流中两平板间 (上板至下板) 的能量通量 (传热率) 为

$$q_{\mathrm{f}} = q_{\mathrm{U}} - q_{\mathrm{L}} = \frac{\rho}{\sqrt{\pi}}\left(2R\right)^{3/2}\sqrt{T_{\mathrm{U}}T_{\mathrm{L}}}\left(\sqrt{T_{\mathrm{U}}} - \sqrt{T_{\mathrm{L}}}\right) \tag{5.61}$$

下面考虑连续流条件下的情况，此时两平板间的能量通量为

$$q_{\mathrm{c}} = -K\frac{\mathrm{d}T}{\mathrm{d}y} \tag{5.62}$$

通常设 $K = CT^{\omega}$，则有

$$q_{\mathrm{c}} = -\frac{C}{\omega+1}\frac{\mathrm{d}T^{\omega+1}}{\mathrm{d}y} \tag{5.63}$$

静止气体中的连续性能量方程要求 $q_{\mathrm{c}}$ 为常值，因此

$$T^{\omega+1} = -\frac{(\omega+1)\,q_{\mathrm{c}}}{C}y + \mathrm{const.} \tag{5.64}$$

由 $y$=0 时 $T = T_{\mathrm{L}}$ 可得 const.=$T_{\mathrm{L}}^{\omega+1}$，再由 $y = h$ 时 $T = T_{\mathrm{U}}$ 可得连续流条件下的解为

$$q_{\mathrm{c}} = -\frac{C\left(T_{\mathrm{U}}^{\omega+1} - T_{\mathrm{L}}^{\omega+1}\right)}{(\omega+1)\,h} \tag{5.65}$$

对于平板间的傅里叶传热问题，由式 (5.61) 可得，自由分子流的传热率正比于气体密度而与平板间距无关；由式 (5.65) 可得，连续流中的传热率反比于平板间距而与气体密度无关。可以看出，连续流与自由分子流的传热规律完全不同，两者间的传热率之比为

$$\frac{q_{\mathrm{c}}}{q_{\mathrm{f}}} \propto \frac{1}{\rho h} \propto \frac{\lambda}{h} \propto Kn \tag{5.66}$$

即连续流与自由分子流的传热率之比正比于流场的 $Kn$。

### 5.4.2 库埃特流动

考察自由分子流下的库埃特问题，上板沿 $x$ 方向的宏观速度为 $\boldsymbol{U}$，下板保持静止。首先考虑分子与上、下平板碰撞后均发生完全漫反射的情况。此时下板所受的剪切应力可由式 (5.24) 可得，其中令 $\sigma = 1$，$\theta = \pi/2$，

$$\tau_{\mathrm{L}} = \frac{\rho U^2}{2\sqrt{\pi}S} = \rho U\left(RT_{\mathrm{U}}/2\pi\right)^{1/2} \tag{5.67}$$

若分子与平板表面碰撞后有 $\sigma$ 部分漫反射，则剩余 $(1-\sigma)$ 部分发生镜面反射，离开下板的分子沿 $x$ 方向的宏观速度分量将不为零，设其为 const.$\cdot U$。由于对称性，离开上板的分子沿 $x$ 方向的宏观速度分量应为 $(1-\mathrm{const.})U$。其中有 $\sigma$ 部分的分子发生漫反射，反射速度为 $U$，剩余 $(1-\sigma)$ 部分的分子发生镜面反射，反射速度与下板相同，为 const.$\cdot U$，将以上速度叠加有

$$\sigma U + (1-\sigma)\left(\mathrm{const.}\cdot U\right) = (1-\mathrm{const.})\,U \tag{5.68}$$

由上式可解得 const.=$(1-\sigma)/(2-\sigma)$。因此，离开上板的分子沿 $x$ 方向的宏观速度 $(1-\mathrm{const.})U$ 为

$$U_{\mathrm{U}} = \frac{1}{2-\sigma}U \tag{5.69}$$

在式 (5.24) 中，令 $\theta=\pi/2$，宏观速度为 $U/(2-\sigma)$，可得下板所受剪切应力为

$$\tau_{\mathrm{L}}=\frac{\sigma}{2-\sigma}\rho U(RT/2\pi)^{1/2} \tag{5.70}$$

## 5.5 超低轨卫星的气动阻力计算与分析

近年来，超低地球轨道卫星成为空间技术领域的研究热点。超低地球轨道通常被定义为轨道高度在 350 km 以下的空间环境。在这个高度以下，大气开始对航天器的设计产生显著影响。相比于传统卫星，超低地球轨道卫星具有许多显著的优点，例如提高对地观测分辨率、改善数据传输速率、减少有效载荷尺寸与质量、降低卫星开发和发射成本，以及减小碎片碰撞风险等。因此，各国已竞相开展了相关的研究项目或计划。如图 5.3 所示，欧洲空间局于 2009 年发射了地球重力场和稳态海洋环流探测卫星——GOCE；JAXA 于 2017 年发射了用于研究超低轨环境中原子氧效应的超低空测试卫星——SLATS；欧盟 “Horizon 2020” 研究项目于 2021 年成功发射了用于研究不同材料在超低轨环境中气动性能的轨道空气动力学研究卫星——SOAR。其中，SOAR 与 GOCE 运行的平均高度范围分别为 200~400 km 和 250~300 km，而 SLATS 运行的平均高度范围则低至 180~250 km。在国内，中国科学院力学研究所于 2016 年成功发射了稀薄大气科学实验卫星 “力星一号”(LX-1)。该卫星开展了为期三天的在轨科学实验任务，获取了高度 150~109 km 的全球稀薄大气密度和卫星表面温度等大量原位测量数据，是迄今为止以近圆轨道运行的高度最低的人造地球卫星。

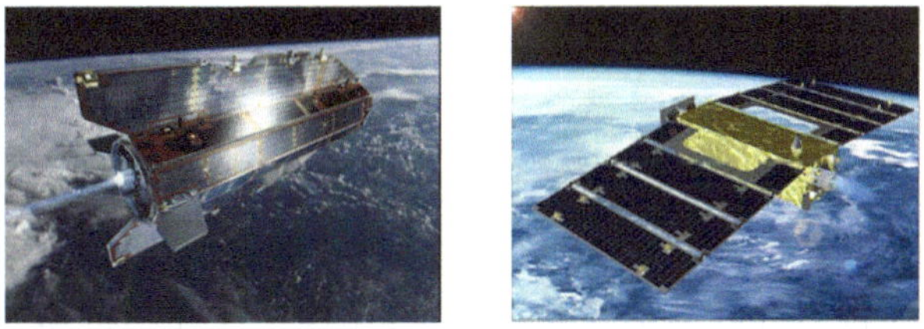

(a) 欧洲空间局 “GOCE” 卫星　　(b) 日本 “SLATS” 卫星

(c) 欧盟 “SOAR” 卫星　　(d) 中国科学院 “力星一号”

图 5.3　典型超低轨道卫星

然而，超低轨道卫星也有其固有劣势，在超低轨道环境下，大气分子与卫星表面之间碰撞所引起的大气阻力不可忽略，直接影响卫星运行的姿态、轨道和寿命，给卫星长期在轨运行带来了挑战。研究表明，在超低轨道环境下，大气阻力是卫星所受扰动的主要来源，这种扰动会对卫星的姿态控制产生影响。因此，对于超低轨道卫星，特别是重力梯度测量卫星，实现精确测量的前提是消除大气阻力等非地球重力因素带来的扰动。例如，GOCE 采用一套无阻力姿态控制系统 (drag-free and attitude control，DFAC)，该系统通过离子发动机和一组磁力矩器来补偿大气阻力等非地球重力的影响，从而进行姿态控制，而这需要快速准确地输入卫星所受大气阻力。大气阻力也是确定和预测卫星轨道的关键影响因素。气动阻力的准确预测，可以提高卫星任务分析和轨道预测的准确性。例如，这将有助于更好地确定和跟踪卫星的轨道从而避免卫星与空间碎片碰撞。此外，大气阻力是决定超低轨卫星使用寿命的关键因素。在超低轨道环境下，一旦维持轨道的燃料耗尽，卫星将在大气阻力的作用下迅速脱轨，最终重返大气层并烧毁。因此，为了延长卫星的使用寿命，减阻构型设计成为超低轨道卫星设计的一个关键技术。

### 5.5.1　卫星气动阻力的基本原理

目前，计算卫星所受阻力加速度 $\boldsymbol{a}_{\text{drag}}$ 的常用公式为

$$\boldsymbol{a}_{\text{drag}} = -\frac{1}{2}\rho \boldsymbol{v}_{\text{rel}}^2 \frac{C_{\text{D}} A_{\text{ref}}}{m} \frac{\boldsymbol{v}_{\text{rel}}}{|\boldsymbol{v}_{\text{rel}}|} \tag{5.71}$$

其中，$\rho$ 为大气密度；$\boldsymbol{v}_{\text{rel}}$ 为卫星相对于旋转大气的速度；$C_{\text{D}}$ 为阻力系数；$A_{\text{ref}}$ 为参考表面积；$m$ 为卫星质量。想要准确预测 $\boldsymbol{a}_{\text{drag}}$ 往往是非常困难的，这是由于上述三个参数，即大气密度 $\rho$、卫星相对于旋转大气的速度 $\boldsymbol{v}_{\text{rel}}$ 以及阻力系数 $C_{\text{D}}$ 均具有较大的不确定性。

大气密度 $\rho$ 是卫星阻力预测的主要误差来源。大气密度随时间、高度和地理位置的变化而变化。由于太阳极紫外 (EUV) 辐射在高低年的可观变化，给定高度处的大气密度也可能存在较大的差异，主要是随地理位置 (例如纬度和经度)、昼夜周期和大约 11 年的太阳活动周期而变化。此外，太阳风暴所引起的地磁波动在太阳活动高峰期间更频繁地发生，也会导致大气密度的增加。图 5.4 给出了大气密度和组分随太阳活动水平和轨道高度的变化情况。从图中可以看出，在大约 100 km 以上的轨道高度，不同太阳活动水平下大气密度存在几个数量级的差异。

卫星相对于旋转大气的速度 $\boldsymbol{v}_{\text{rel}}$ 也是影响阻力预测的重要因素。一个常见的假设是大气层随地球一起旋转，通过对速度矢量求和可得

$$\boldsymbol{v}_{\text{rel}} = \boldsymbol{v}_{\text{sat}} + \boldsymbol{v}_{\text{atmos}} \tag{5.72}$$

其中，$\boldsymbol{v}_{\text{sat}}$ 为卫星飞行速度；$\boldsymbol{v}_{\text{atmos}}$ 为大气旋转速度。然而，热层风的存在增加了上述计算的误差。研究表明，高层大气中 (尤其是地磁暴期间的高纬度地区) 的风速可高达数百米每秒，并且难以预测。因此，卫星相对于旋转大气的速度也具有较大的不确定性。

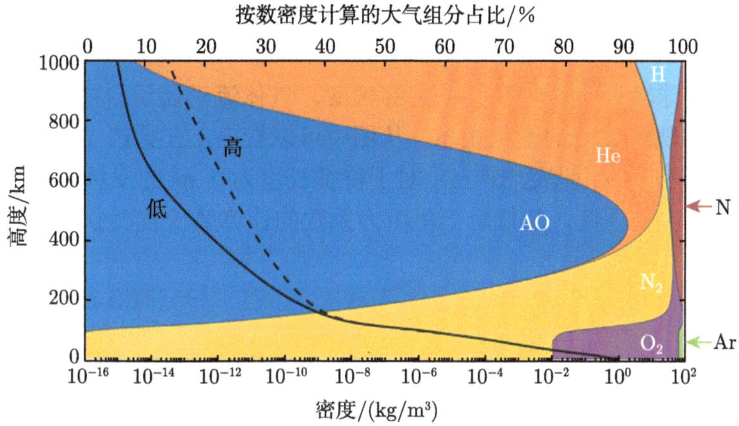


图 5.4 大气密度和组分随太阳活动水平和高度的变化情况 [3]

图中虚线与实线分别代表太阳活动水平的高低

与大气密度和相对速度不同，阻力系数 $C_{\text{D}}$ 的不确定性在所有地磁活动条件、纬度和海拔下都很重要。在航天工程的早期阶段，研究人员从轨道衰减推导大气密度时，通常采用固定数值 2.2 作为紧凑形状卫星的阻力系数，这是 Graham Cook 基于实验测量所给出的估计值。但是，研究表明，该结论在不同高度会引起较大的偏差。现在普遍认为，阻力系数不是恒定的，而是会随着卫星形状和飞行高度处的大气温度与组分而变化。并且，阻力系数的不确定性会在大气密度建模过程中引起重要的系统误差。图 5.5 给出了四颗紧凑形状的超低轨卫星阻力系数

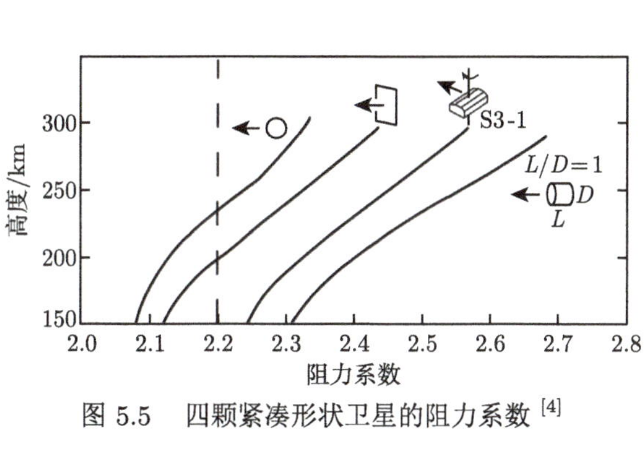


图 5.5 四颗紧凑形状卫星的阻力系数 [4]

的结果。从图中可以看出，超低轨卫星的阻力系数随高度增加逐渐增大，并且与固定值 2.2 相比存在较大的偏差。

通过以上分析可知，三个参数的不确定性来源相互关联，$\rho$ 与 $\boldsymbol{v}_{\mathrm{rel}}$ 的变化通常与热层环境的波动有关，为了简化问题，将不在书中讨论。本书重点关注超低轨卫星阻力系数 $C_{\mathrm{D}}$ 的计算分析。

### 5.5.2　超低地球轨道环境

在超低地球轨道环境下，大气足够稀薄，气体流动属于自由分子流。图 5.6 给出了 $Kn$ 随轨道高度的变化规律。从图中可以看出，在大约 130 km 的高度以上，气体分子平均自由程达 10 m，对于特征长度为 1 m 的卫星，其飞行绕流均属于自由分子流。因此，超低轨卫星阻力系数的计算属于自由分子流空气动力学的范畴。

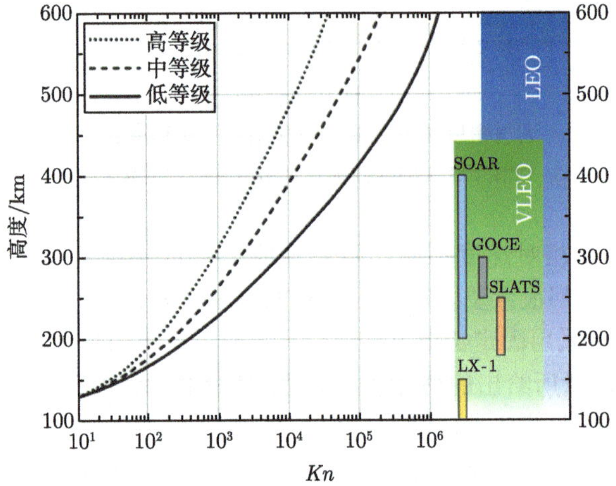


图 5.6　$Kn$ 在不同太阳活动水平下随高度的变化情况

由 5.2 节可知，自由分子流理论可以给出平板、圆柱和圆球等简单几何外形卫星阻力系数的解析解，但对于具有复杂外形的卫星，很难给出阻力系数的解析解，所以一般采用面元法计算其阻力系数；面元法比工程估算中直接取 2.2 作为阻力系数更为准确，但是忽略了卫星实体之间的遮挡和多次反射效应，仅适用于具有凸面形状的卫星；目前模拟稀薄流动最为可靠的数值模拟方法是 DSMC 方法，该方法是 Bird 于 20 世纪 60 年代发展并使用的一种基于分子水平的粒子模拟方法。DSMC 方法是以分子动理论为基础，通过追踪分子的运动和碰撞过程对气体进行建模，由于是直接从物理出发对稀薄气体进行流动模拟，具有较高的计算精度。

### 5.5.3 气动阻力计算与分析

图 5.7 为简化的超低轨道卫星模型示意图，该卫星由一个长方体主体和三个厚度可忽略不计的尾翼组成 [5]。卫星的阻力系数 $C_{\mathrm{D}}$ 定义为

$$C_{\mathrm{D}} = \frac{2D}{\rho v_{\mathrm{rel}}^2 A_{\mathrm{ref}}} \tag{5.73}$$

式中，$D$ 为卫星的气动阻力；参考面积 $A_{\mathrm{ref}}$ 取为卫星主体迎风面面积 0.18 $\mathrm{m}^2$，卫星的具体几何参数见表 5.1。

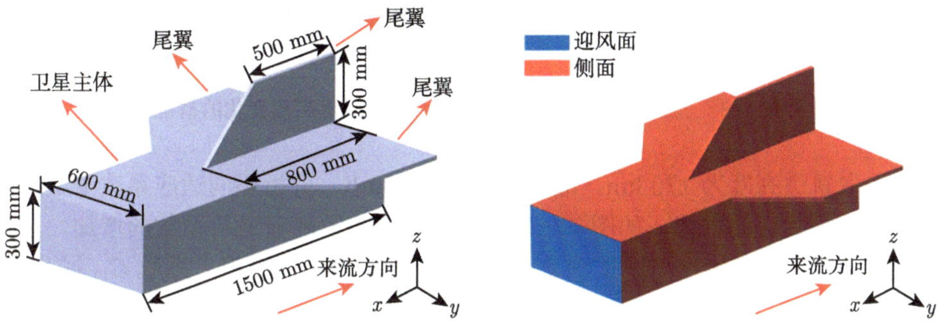


图 5.7 简化的超低轨道卫星模型示意图

表 5.1 卫星几何参数

| 参数 | 值 | 单位 |
|---|---|---|
| 参考面积 | 0.18 | $\mathrm{m}^2$ |
| 参考长度 | 1.5 | m |
| 壁面温度 | 300 | K |
| 面元数 | 3338 | |

取卫星表面适应系数 $\sigma = 1$，壁面温度为 $T_{\mathrm{w}} = 300$ K，卫星气动阻力与气动阻力系数随轨道高度的变化规律如图 5.8 所示。可以看出，随着轨道高度的增加，大气逐渐变得稀薄，卫星所受气动阻力 $D$ 逐渐减小，而气动阻力系数 $C_{\mathrm{D}}$ 单调增大。

接下来分析气动阻力随适应系数的变化规律。由于卫星主体设计为长方体，且长轴与来流方向平行，卫星的总阻力 $D$ 由两部分构成，即来自迎风面的压差阻力 $D_{\mathrm{p}}$ 和来自与气流平行的侧面表面的摩擦阻力 $D_{\mathrm{f}}$。所以有

$$D = D_{\mathrm{p}} + D_{\mathrm{f}} \tag{5.74}$$

相应地，总阻力系数 $C_{\mathrm{D}}$ 由压差阻力系数 $C_{\mathrm{Dp}}$ 与摩擦阻力系数 $C_{\mathrm{Df}}$ 构成

$$C_{\mathrm{D}} = C_{\mathrm{Dp}} + C_{\mathrm{Df}} \tag{5.75}$$

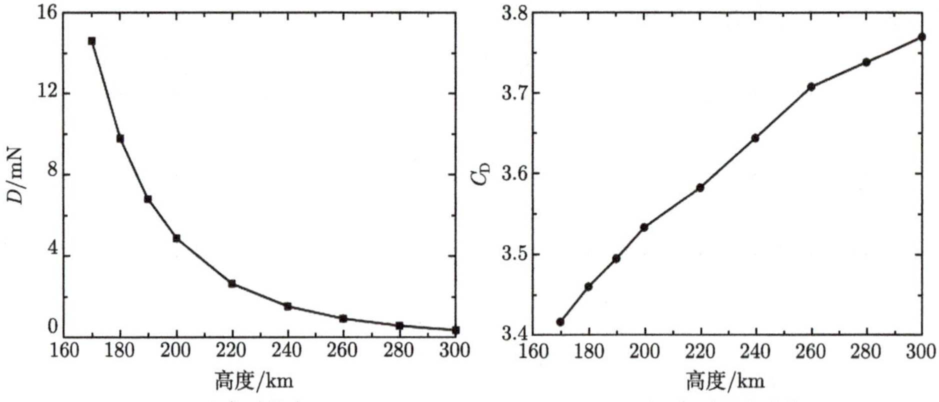

(a) 气动阻力 (b) 气动阻力系数

图 5.8 卫星气动阻力与气动阻力系数随轨道高度变化的情况

选取轨道高度为 170 km，壁面温度 $T_w$=300 K，分析不同适应系数下卫星的气动阻力系数变化规律，如图 5.9 所示。可以看出，随着适应系数的增加，卫星所受摩擦阻力系数 $C_{Df}$ 增大，压差阻力系数 $C_{Dp}$ 减小，总阻力系数 $C_D$ 减小。

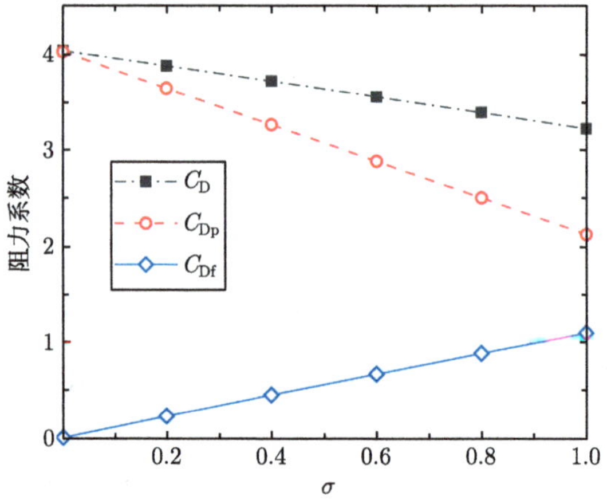

图 5.9 卫星气动阻力系数随表面适应系数变化情况

卫星阻力系数的此种变化规律主要是因为在适应系数较小时，镜面反射气体分子比例较大，气体分子撞击卫星表面按镜面反射射出时没有切向动量交换，而法向动量交换较大，因此摩擦阻力较小，压差阻力较大。随着适应系数增大，气体分子中镜面反射比例减小，漫反射比例增加，因此切向动量交换增大，法向动量交换减小，导致摩擦阻力增大，压差阻力减小。由于卫星压差阻力较摩擦阻力变化幅度更大，因此叠加后卫星的总阻力随适应系数增大而减小。

选取轨道高度为 170 km，卫星表面适应系数 $\sigma = 1$，壁面温度 $T_{\mathrm{w}}$=300 K，通过改变来流速度以改变分子速度比，分析不同分子速度比下卫星的气动阻力系数变化规律，如图 5.10 所示。可以看出，随着分子速度比的增加，卫星的阻力逐渐增大，阻力系数逐渐减小并趋于稳定。

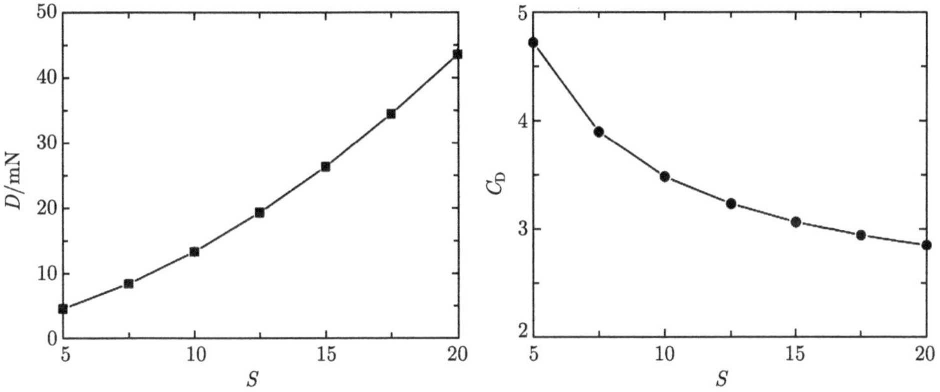


(a) 气动阻力　　(b) 气动阻力系数

图 5.10　卫星气动阻力和气动阻力系数随分子速度比的变化

### 5.5.4 气动减阻设计

研究表明，在自由分子流领域，大迎角下，随着适应系数的增加，平板的气动阻力减小。而在小迎角下，随着适应系数的增加，平板的气动阻力增大[5,6]。因此，在超低轨卫星减阻设计中，对于卫星主体、侧翼迎风面这样的与来流速度垂直的正迎风面 (大迎角)，应选取适应系数较大的材料；对于卫星侧壁这样的与来流速度平行的表面 (小迎角)，应进行光滑处理，以减小适应系数从而减小侧面阻力。

为了验证以上方案，以图 5.7 的超低轨卫星为研究对象，分别对卫星进行侧面光滑处理与整体光滑处理。原型中卫星表面适应系数均为 1，侧面光滑处理中将卫星主体、侧翼迎风面适应系数取 1，卫星侧壁采取光滑处理，适应系数取 0.3；整体光滑处理中将卫星表面适应系数均取 0.3。

选取 170~300 km 高度范围内 9 个典型工况，分析减阻处理前后卫星的气动阻力系数的变化情况，如图 5.11 所示。可以看出，在不同轨道高度下，侧面光滑处理后卫星的气动阻力系数均最小，减阻效果显著，而整体光滑处理后卫星的气动阻力系数增大。

### 5.5.5 总结与展望

超低地球轨道卫星具有广阔的应用前景，随着空间技术的快速发展，超低轨道卫星将逐渐走向实际工程应用，并在对地观测、超高宽带通信、导航增强与星群打击等领域发挥重要作用。在超低轨道环境下，大气分子与卫星表面之间的碰撞所引起的大气阻力不可忽略，成为影响卫星姿态控制、轨道预测和使用寿命的关键因素。因此，超低轨道卫星气动阻力的计算分析与减阻设计成为其可持续运行的重要基础。未来应重点关注气固相互作用模型的完善、新型表面材料的研究，以及吸气式电推进技术的开发，以提高超低轨卫星气动阻力的预测精度，延长其在轨运行寿命。

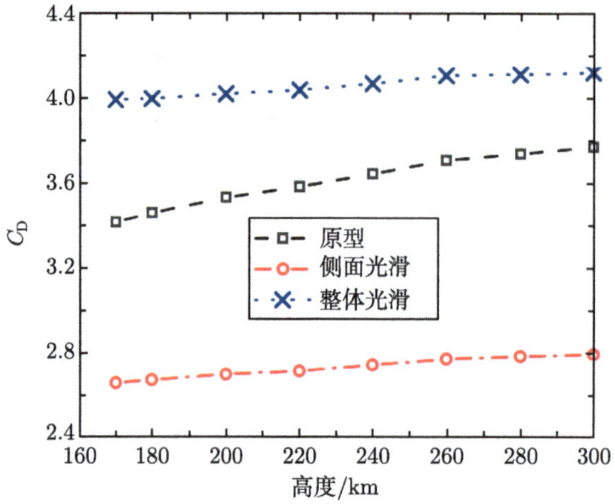


图 5.11　不同轨道高度下光滑处理后卫星阻力系数

# 参 考 文 献


[1] 沈青. 稀薄气体动力学. 北京: 国防工业出版社, 2003.

[2] Bird G A. Molecular Gas Dynamics and the Direct Simulation of Gas Flows. Oxford: Clarendon Press, 1994.

[3] Crisp N H, Roberts P C E, Romano F, et al. System modelling of very low Earth orbit satellites for Earth observation. Acta Astronautica, 2021, 187: 475-491.

[4] Moe K, Moe M M. Gas-surface interactions and satellite drag coefficients. Planetary and Space Science, 2005, 53(8): 793-801.

[5] Jiang Y, Zhang J, Tian P, et al. Aerodynamic drag analysis and reduction strategy for satellites in very low Earth orbit. Aerospace Science and Technology, 2023, 132: 108077.

[6] 张俊, 蒋亦凡, 陈松, 等. 超低轨卫星气动阻力计算与减阻设计研究综述. 航空学报, 2024, 45(21): 029796.

# 第 6 章 滑 移 流

在连续流域 ($Kn < 0.001$)，气体的流动与传热可以由 Navier-Stokes-Fourier 方程加上无滑移边界条件描述；在滑移流域 ($0.001 < Kn < 0.1$)，气体略微稀薄，分子效应导致的非连续性主要体现在边界处，通常认为，在主流区仍可以使用 Navier-Stokes-Fourier 方程，而在边界处需要使用滑移边界条件。

早在 1879 年，Maxwell 从分子动理论出发，证明气固界面处存在一个滑移速度，其大小与分子平均自由程 $\lambda$ 成正比；1898 年，斯莫卢霍夫斯基 (Smoluchowski) 按照 Maxwell 的思路，推导得到了壁面处的温度跳跃，其大小同样与分子平均自由程 $\lambda$ 成正比。

需要注意的是，有两个不同定义的滑移速度容易引起混淆。如图 6.1 所示，其中实线是气体的真实速度，$u_r$ 是气体在壁面处实际的滑移速度，若以该速度作为 CFD 计算中的边界条件，则获得的速度解如图中点划线所示，与实际的流场会有很大的偏离。实际应用的滑移速度是图中的 $u_f$，即气体的真实速度在 $Kn$ 层外缘处的切线与壁面的交点所对应的速度。采用这个虚拟的滑移速度，尽管在 $Kn$ 层内无法得到准确的解，但可以保证在 $Kn$ 层外的主流区得到正确的流场解。因此，发展准确可靠的速度滑移和温度跳跃边界条件具有重要意义。

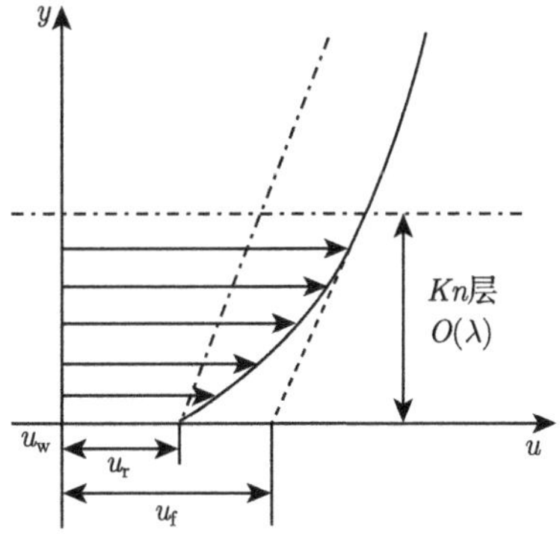


图 6.1　$Kn$ 层内滑移速度示意图

速度滑移和温度跳跃的推导需要借助于微观层面的气固相互作用模型，如前所述 (2.5 节)，目前使用最为广泛的两种气固相互作用模型分别为 Maxwell 散射模型和 CLL 散射模型。其中 Maxwell 散射模型采用了一个适应系数，而 CLL

散射模型采用了两个独立的适应系数。我们将在 6.1 节以 Maxwell 散射模型为例介绍半通量方法推导滑移边界条件的基本思路，在 6.2 节采用矩方法推导滑移边界条件的基本方法，最后在 6.3 节介绍滑移边界条件在流体力学中的简单应用。

## 6.1　基于半通量方法的滑移边界条件的推导

现在我们给出单组分气体的滑移速度和温度跳跃边界条件的推导，首先介绍 $Kn$ 层 [1]。

所谓 $Kn$ 层是指靠近壁面的厚度为分子平均自由程量级的气体区域，与主流区不同的是，这里气体分子间的碰撞概率比较小，起主要作用的是气体分子和壁面之间的碰撞。严格来讲，要想获得 $Kn$ 层内准确的速度滑移和温度跳跃，需要借助于分子动理论，采用 DSMC 方法或者直接求解 Boltzmann 方程，然而这将耗费大量的计算资源。由 Patterson[2] 提出，并由 Shidlovsky[3] 发展的一种半通量分析方法可以较容易地推导得到速度滑移和温度跳跃，本章将简要介绍这种方法。

半通量方法主要基于三个假设：一是在 $Kn$ 层内，不考虑分子间的碰撞，气体分子的运动完全由气固相互作用以及气体分子的自由输运决定；二是在 $Kn$ 层的外缘，入射气体分子的分布函数与主流区相同，偏离平衡态的程度不大，因此可以采用 Chapman-Enskog 展开的一阶近似来描述气体分子的分布函数；三是假设在 $Kn$ 层内，气体分子的动量通量和能量通量是守恒的。

第三个假设是半通量方法的核心。如图 6.2 所示，引入被传递量 $\phi(\boldsymbol{c}')$ 在壁面法线方向 ($y, v$ 方向) 的总通量：

$$F = \int_{-\infty}^{\infty}\int_{-\infty}^{\infty}\int_{-\infty}^{\infty} v'\phi(\boldsymbol{c}') f_{\mathrm{s}}(\boldsymbol{c}')\,\mathrm{d}\boldsymbol{c}' \tag{6.1}$$

式中，$f_{\mathrm{s}}(\boldsymbol{c}')$ 是 $Kn$ 层外缘处的分布函数，类似地，引入入射通量和反射通量

$$F_{\mathrm{i}} = \int_{-\infty}^{\infty}\int_{-\infty}^{0}\int_{-\infty}^{\infty} v'_{\mathrm{i}}\phi(\boldsymbol{c}'_{\mathrm{i}}) f_{\mathrm{s}}(c'_{\mathrm{i}})\,\mathrm{d}\boldsymbol{c}'_{\mathrm{i}} \tag{6.2}$$

$$F_{\mathrm{r}} = \int_{-\infty}^{\infty}\int_{0}^{\infty}\int_{-\infty}^{\infty} v'_{\mathrm{r}}\phi(\boldsymbol{c}'_{\mathrm{r}}) f_{\mathrm{r}}(\boldsymbol{c}'_{\mathrm{r}})\,\mathrm{d}\boldsymbol{c}'_{\mathrm{r}} \tag{6.3}$$

显然，在 $Kn$ 层外缘，总通量是由入射通量和反射通量两部分组成的，即

$$F = F_{\mathrm{i}} + F_{\mathrm{r}} \tag{6.4}$$

将被传递量 $\phi$ 用分子的动量和能量代入，即得到动量和能量通量的守恒方程，由该守恒方程即可得到对应的滑移速度和跳跃温度。

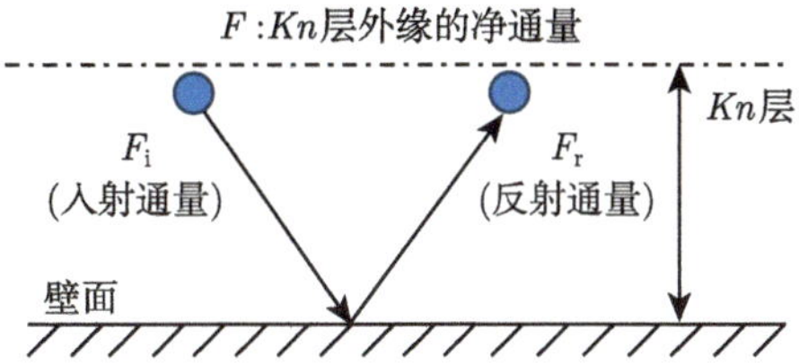


图 6.2　$Kn$ 层内动量通量和能量通量的守恒

Maxwell 散射模型假设由壁面反射出来的气体分子分为两部分，其中 $\sigma$ 部分为漫反射，$(1-\sigma)$ 部分为镜面反射，即

$$F_{\mathrm{r}} = (1-\sigma)\, F_{\mathrm{sp}} + \sigma F_{\mathrm{w}} \tag{6.5}$$

接下来，以 Maxwell 散射模型为例，给出采用半通量方法推导滑移边界条件的具体过程。

### 6.1.1 速度滑移边界条件

对于速度滑移的推导，我们感兴趣的传递量是 $x$ 方向的动量，$\phi = m\,(u_0 + u')$，其中 $u_0$ 是 $Kn$ 层外缘气体分子的宏观速度，$u'$ 是 $x$ 方向分子的热运动速度。简便起见，这里只考虑宏观速度沿壁面法向 $y$ 方向的变化，即 $\overline{u} = \overline{u}\,(y)$，不考虑温度场的影响。这样，Chapman-Enskog 一阶分布函数可以简化为

$$f = f^{(0)}\left(1 - \frac{4\mu\beta^4}{\rho} u' v' \frac{\partial \overline{u}}{\partial y}\right) \tag{6.6}$$

其中，$\mu$ 为分子黏性系数；$\beta$ 为气体分子最概然热运动速度的倒数，

$$\beta = \frac{1}{\sqrt{2RT}} \tag{6.7}$$

这里用 $P$ 代替 $F$ 表示这一动量的通量，由式 (6.4)，分别计算 $Kn$ 层外缘的总通量、入射通量和反射通量。

1. $Kn$ 层外缘的总通量

$$P = \int_{-\infty}^{\infty}\int_{-\infty}^{\infty}\int_{-\infty}^{\infty} v'm\left(u_0+u'\right)f_{\mathrm{s}}\left(\boldsymbol{c}'\right)\mathrm{d}\boldsymbol{c}'$$
$$= \int_{-\infty}^{\infty}\int_{-\infty}^{\infty}\int_{-\infty}^{\infty} v'm\left(u_0+u'\right)f^{(0)}\left(1-\frac{4\mu\beta^4}{\rho}u'v'\frac{\partial\overline{u}}{\partial y}\right)\mathrm{d}\boldsymbol{c}'$$
$$= \mu\frac{\partial\overline{u}}{\partial y} \tag{6.8}$$

2. $Kn$ 层外缘的入射通量

$$P_{\mathrm{i}} = \int_{-\infty}^{\infty}\int_{-\infty}^{0}\int_{-\infty}^{\infty} v_{\mathrm{i}}'m\left(u_0+u_{\mathrm{i}}'\right)f_{\mathrm{s}}\left(\boldsymbol{c}_{\mathrm{i}}'\right)\mathrm{d}\boldsymbol{c}_{\mathrm{i}}'$$
$$= \int_{-\infty}^{\infty}\int_{-\infty}^{0}\int_{-\infty}^{\infty} v_{\mathrm{i}}'m\left(u_0+u_{\mathrm{i}}'\right)f^{(0)}\left(1-\frac{4\mu\beta^4}{\rho}u_{\mathrm{i}}'v_{\mathrm{i}}'\frac{\partial\overline{u}}{\partial y}\right)\mathrm{d}\boldsymbol{c}_{\mathrm{i}}'$$
$$= -\frac{\overline{c}}{4}nmu_0 - \frac{1}{2}\mu\frac{\partial\overline{u}}{\partial y} \tag{6.9}$$

其中，$\overline{c}$ 为气体分子的平均热运动速度，

$$\overline{c} = \sqrt{\frac{8RT}{\pi}} \tag{6.10}$$

3. $Kn$ 层外缘的反射通量

$$P_{\mathrm{r}} = (1-\sigma)P_{\mathrm{sp}} + \sigma P_{\mathrm{w}} \tag{6.11}$$

其中，镜面反射部分的动量通量为

$$P_{\mathrm{sp}} = \int_{-\infty}^{\infty}\int_{0}^{\infty}\int_{-\infty}^{\infty} v_{\mathrm{r}}'m\left(u_0+u_{\mathrm{r}}'\right)f_{\mathrm{sp}}\left(\boldsymbol{c}_{\mathrm{r}}'\right)\mathrm{d}\boldsymbol{c}_{\mathrm{r}}'$$
$$= \int_{-\infty}^{\infty}\int_{0}^{\infty}\int_{-\infty}^{\infty} v_{\mathrm{r}}'m\left(u_0+u_{\mathrm{r}}'\right)f^{(0)}\left[1-\frac{4\mu\beta^4}{\rho}u_{\mathrm{r}}'\left(-v_{\mathrm{r}}'\right)\frac{\partial\overline{u}}{\partial y}\right]\mathrm{d}\boldsymbol{c}_{\mathrm{r}}'$$

$$= \frac{\overline{c}}{4} nmu_0 + \frac{1}{2}\mu\frac{\partial \overline{u}}{\partial y} \tag{6.12}$$

注意，与入射分布函数相比，反射分布函数中的法向速度需要反号。漫反射部分的动量通量为

$$P_{\mathrm{w}} = \int_{-\infty}^{\infty}\int_{0}^{\infty}\int_{-\infty}^{\infty} v_{\mathrm{r}}' m\left(u_{\mathrm{w}} + u_{\mathrm{r}}'\right) f_{\mathrm{w}}\left(\boldsymbol{c}_{\mathrm{r}}'\right)\mathrm{d}\boldsymbol{c}_{\mathrm{r}}'$$

$$= \frac{\overline{c}}{4} nmu_{\mathrm{w}} \tag{6.13}$$

至此，回到式 (6.4)，并考虑到式 (6.11)，可得

$$P = P_{\mathrm{i}} + P_{\mathrm{r}}$$

$$= P_{\mathrm{i}} + (1-\sigma) P_{\mathrm{sp}} + \sigma P_{\mathrm{w}} \tag{6.14}$$

将式 (6.8)、式 (6.9)、式 (6.12) 和式 (6.13) 代入上式整理可得

$$\mu\frac{\partial \overline{u}}{\partial y} = \sigma\left[\left(u_0 - u_{\mathrm{w}}\right) nm\frac{\overline{c}}{4} + \frac{1}{2}\mu\frac{\partial \overline{u}}{\partial y}\right] \tag{6.15}$$

进一步整理可得到滑移速度的表达式：

$$u_{\mathrm{s}} = u_0 - u_{\mathrm{w}}$$

$$= \frac{2}{nm\overline{c}} \cdot \frac{2-\sigma}{\sigma}\mu\frac{\partial \overline{u}}{\partial y}$$

$$= \frac{2-\sigma}{\sigma} \cdot \lambda\frac{\partial \overline{u}}{\partial y} \tag{6.16}$$

其中分子平均自由程采用了如下定义：

$$\lambda = \frac{\mu}{\rho}\sqrt{\frac{\pi}{2RT}} \tag{6.17}$$

值得注意的是，对式 (6.15) 可以给予这样的物理解释：物体表面 ($Kn$ 层外缘) 所受的黏性切应力 ($\mu\partial\overline{u}/\partial y$)，一部分是由入射到壁面的气体分子 (占分子总数的一半) 的黏性力 $\frac{1}{2}\mu\frac{\partial \overline{u}}{\partial y}$ 构成，一部分是由滑移速度产生的切向动量通量 $\left(u_0 - u_{\mathrm{w}}\right) m \cdot n\overline{c}/4$ 构成，其中 $n\overline{c}/4$ 是分子单位时间经过单位面积的数值通量。当气体分子对壁面的适应系数为 $\sigma$ 时，壁面所受的切向动量作用占入射流总作用的比例为 $\sigma$。

### 6.1.2 温度跳跃边界条件

对于温度跳跃的推导，我们感兴趣的传递量是分子的能量，$\phi = 1/2 \cdot m\boldsymbol{c}'^2$。简便起见，这里只考虑气体温度沿壁面法向 $y$ 方向的变化，即 $T = T(y)$，而不考虑速度场的影响。这样，Chapman-Enskog 一阶分布函数可以简化为

$$f = f^{(0)}\left[1 - \frac{4\kappa\beta^4}{5nk}\left(\beta^2\boldsymbol{c}'^2 - \frac{5}{2}\right)v'\frac{1}{T}\frac{\partial T}{\partial y}\right] \tag{6.18}$$

其中，$\kappa$ 为热传导系数，

$$\kappa = c_p\frac{\mu}{Pr} \tag{6.19}$$

这里用 $E$ 代替 $F$ 表示这一能量的通量，由式 (6.4)，分别计算 $Kn$ 层外缘的总通量、入射通量和反射通量。

1. $Kn$ 层外缘的总通量

$$\begin{aligned} E &= \int_{-\infty}^{\infty}\int_{-\infty}^{\infty}\int_{-\infty}^{\infty} v'\frac{1}{2}\cdot m\boldsymbol{c}'^2 f_{\mathrm{s}}(\boldsymbol{c}')\,\mathrm{d}\boldsymbol{c}' \\ &= \int_{-\infty}^{\infty}\int_{-\infty}^{\infty}\int_{-\infty}^{\infty} v'\frac{1}{2}\cdot m\boldsymbol{c}'^2 f^{(0)}\left[1 - \frac{4\kappa\beta^4}{5nk}\left(\beta^2\boldsymbol{c}'^2 - \frac{5}{2}\right)v'\frac{1}{T}\frac{\partial T}{\partial y}\right]\mathrm{d}\boldsymbol{c}' \\ &= \kappa\frac{\partial T}{\partial y} \end{aligned} \tag{6.20}$$

2. $Kn$ 层外缘的入射通量

$$\begin{aligned} E_{\mathrm{i}} &= \int_{-\infty}^{\infty}\int_{-\infty}^{0}\int_{-\infty}^{\infty} v_{\mathrm{i}}'\frac{1}{2}\cdot m\boldsymbol{c}_{\mathrm{i}}'^2 f_{\mathrm{s}}(\boldsymbol{c}_{\mathrm{i}}')\,\mathrm{d}\boldsymbol{c}_{\mathrm{i}}' \\ &= \int_{-\infty}^{\infty}\int_{-\infty}^{0}\int_{-\infty}^{\infty} v_{\mathrm{i}}'\frac{1}{2}\cdot mc_{\mathrm{i}}'^2 f^{(0)}\left[1 - \frac{4\kappa\beta^4}{5nk}\left(\beta^2\boldsymbol{c}_{\mathrm{i}}'^2 - \frac{5}{2}\right)v_{\mathrm{i}}'\frac{1}{T}\frac{\partial T}{\partial y}\right]\mathrm{d}\boldsymbol{c}_{\mathrm{i}}' \\ &= -\frac{\bar{c}}{4}\cdot 2nkT - \frac{1}{2}\kappa\frac{\partial T}{\partial y} \end{aligned} \tag{6.21}$$

3. $Kn$ 层外缘的反射通量

$$E_{\mathrm{r}}=(1-\sigma)\,E_{\mathrm{sp}}+\sigma E_{\mathrm{w}} \tag{6.22}$$

其中，镜面反射部分的能量通量为

$$\begin{aligned}E_{\mathrm{sp}}&=\int_{-\infty}^{\infty}\int_{0}^{\infty}\int_{-\infty}^{\infty}v_{\mathrm{r}}'\frac{1}{2}\cdot m\boldsymbol{c}_{\mathrm{r}}'^{2}f_{\mathrm{sp}}\left(\boldsymbol{c}_{\mathrm{r}}'\right)\mathrm{d}\boldsymbol{c}_{\mathrm{r}}'\\&=\int_{-\infty}^{\infty}\int_{0}^{\infty}\int_{-\infty}^{\infty}v_{\mathrm{r}}'\frac{1}{2}\cdot m\boldsymbol{c}_{\mathrm{r}}'^{2}f^{(0)}\left[1-\frac{4\kappa\beta^{4}}{5nk}\left(\beta^{2}\boldsymbol{c}_{\mathrm{r}}'^{2}-\frac{5}{2}\right)\left(-v_{\mathrm{r}}'\right)\frac{1}{T}\frac{\partial T}{\partial y}\right]\mathrm{d}\boldsymbol{c}_{\mathrm{r}}'\\&=\frac{\bar{c}}{4}\cdot 2nkT+\frac{1}{2}\kappa\frac{\partial T}{\partial y}\end{aligned} \tag{6.23}$$

注意，与入射分布函数相比，反射分布函数中的法向速度需要反号。漫反射部分的能量通量为

$$\begin{aligned}E_{\mathrm{w}}&=\int_{-\infty}^{\infty}\int_{0}^{\infty}\int_{-\infty}^{\infty}v_{\mathrm{r}}'\frac{1}{2}\cdot m\boldsymbol{c}_{\mathrm{r}}'^{2}f_{w}\left(\boldsymbol{c}_{\mathrm{r}}'\right)\mathrm{d}\boldsymbol{c}_{\mathrm{r}}'\\&=\frac{\bar{c}}{4}n\cdot 2kT_{\mathrm{w}}\end{aligned} \tag{6.24}$$

至此，回到式 (6.4)，并考虑式 (6.22)，可得

$$\begin{aligned}E&=E_{\mathrm{i}}+E_{\mathrm{r}}\\&=E_{\mathrm{i}}+(1-\sigma)\,E_{\mathrm{sp}}+\sigma E_{\mathrm{w}}\end{aligned} \tag{6.25}$$

将式 (6.20)、式 (6.21)、式 (6.23) 和式 (6.24) 代入上式整理可得

$$\kappa\frac{\partial T}{\partial y}=\sigma\left[\left(T-T_{\mathrm{w}}\right)2nk\frac{\bar{c}}{4}+\frac{1}{2}\kappa\frac{\partial T}{\partial y}\right] \tag{6.26}$$

进一步可得到温度跳跃的表达式

$$\begin{aligned}T_{\mathrm{j}}&=T-T_{\mathrm{w}}\\&=\frac{2-\sigma}{\sigma}\frac{2}{nk\bar{c}}\cdot\kappa\frac{\partial T}{\partial y}\\&=\frac{2-\sigma}{\sigma}\cdot\lambda_{T}\frac{\partial T}{\partial y}\end{aligned} \tag{6.27}$$

其中，等效的分子平均自由程定义如下：

$$\lambda_{\mathrm{T}}=\frac{2\gamma}{(\gamma+1)\,Pr}\cdot\lambda \tag{6.28}$$

在实际的 CFD 应用中，往往将速度滑移和温度跳跃边界条件写成滑移系数的形式：

$$u_{\mathrm{slip}}=C_{\mathrm{m}}\frac{\mu}{\beta p}\frac{\partial\overline{u}}{\partial y} \tag{6.29}$$

$$T_{\mathrm{jump}}=C_{\mathrm{t}}\frac{\mu}{\beta p}\frac{\partial T}{\partial y} \tag{6.30}$$

其中，$p$ 是当地压力；$C_{\mathrm{m}}$ 和 $C_{\mathrm{t}}$ 分别是速度滑移系数和温度跳跃系数。

同式 (6.16) 和式 (6.27) 相对应，可以确定对应于 Maxwell 散射模型的滑移系数

$$C_{\mathrm{m,Maxwell}}=\frac{2-\sigma}{\sigma}\frac{\sqrt{\pi}}{2} \tag{6.31}$$

$$C_{\mathrm{t,Maxwell}}=\frac{2-\sigma}{\sigma}\frac{15\sqrt{\pi}}{16} \tag{6.32}$$

### 6.1.3　向 CLL 散射模型的推广

以上基于半通量方法的推导可以从 Maxwell 模型拓展到 CLL 模型。CLL 散射模型是目前广泛使用的另一种散射模型，在一些情况下，它具有 Maxwell 散射模型所不及的优势。其不仅可以再现热束散射实验中镜面反射线周围的羽状结构，并且在热蒸腾流动的自由分子流极限下，它计算得到的热极化度 (thermal polarization degree, TPD) 指数 ($Kn$ 泵的一个重要指标) 可以小于 0.5，与实验测量相符很好，而 Maxwell 散射模型在任何情况下预测的 TPD 指数都是 0.5；同时，CLL 散射模型可以描述在具有一定粗糙度的壁面下可能发生的后向散射。因此，为了实现更为精确的气动力/热预测，并为飞行器精细化设计提供支持，发展基于 CLL 散射模型的滑移边界条件具有重要意义。

张俊等 [4] 在 2021 年开展了基于 CLL 模型的滑移边界的推导。值得注意的是，CLL 散射模型推导中的总通量和入射通量与 Maxwell 散射模型是完全相同的，区别仅在于反射通量的确定。具体推导细节可参考文献 [4]，这里仅给出结果：

$$C_{\mathrm{m,CLL}}=\frac{2-\sigma_{\mathrm{t}}}{\sigma_{\mathrm{t}}}\frac{\sqrt{\pi}}{2} \tag{6.33}$$

$$C_{\mathrm{t,CLL}}=\frac{2\left[10-3\alpha_{\mathrm{n}}-2\sigma_{\mathrm{t}}\left(2-\sigma_{\mathrm{t}}\right)\right]}{5\left[\alpha_{\mathrm{n}}+\sigma_{\mathrm{t}}\left(2-\sigma_{\mathrm{t}}\right)\right]}\frac{15\sqrt{\pi}}{16} \tag{6.34}$$

其中，$\sigma_t$ 为切向动量适应系数；$\alpha_n$ 为法向能量适应系数。

可以看到，对于 CLL 模型来说，采用半通量方法得到的速度滑移系数仅与切向适应系数相关；而温度跳跃系数不仅与切向适应系数有关，还与法向适应系数有关。

## 6.2 采用矩方法对滑移边界条件的推导

需要注意的是，以上半通量方法的推导忽略了 $Kn$ 层内的分子碰撞效应，这导致结果有一定的误差 (最大处有 15%左右)，这里介绍采用矩方法得到更为准确的滑移边界条件的基本思路。

事实上，半通量方法的第二个假设是一个很强的假设，在 $Kn$ 层内，有必要对 Chapman-Enskog 展开的分布函数做修正。如图 6.3 所示，考虑 $Kn$ 层的影响，可对 $Kn$ 层的分布函数引入修正项 $\varPhi$，该修正项是速度和空间坐标 $y$ 的函数。由于 $Kn$ 层在宏观上看非常小，在微观上看足够大，壁面处的修正项可以用 $\varPhi(\boldsymbol{c},0)$ 表示，$Kn$ 层外缘处的修正项可以用 $\varPhi(\boldsymbol{c},\infty)$ 表示，$f^-$ 表示入射分布函数，$f^+$ 表示反射分布函数。

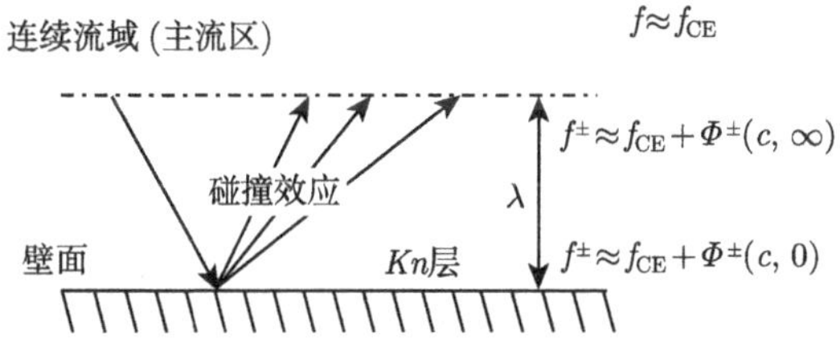


图 6.3 $Kn$ 层内修正的分布函数

对于速度滑移问题和温度跳跃问题，修正项分别与分子的动量和能量相关。以速度滑移为例，修正项的形式可假设为

$$
\begin{aligned}
\varPhi^{\pm}(\boldsymbol{c},\infty) &= a_0 \frac{u'}{\sqrt{2RT_0}} \\
\varPhi^{-}(\boldsymbol{c},0) &= a_{0\mathrm{w}} \frac{u'}{\sqrt{2RT_0}}
\end{aligned}
\tag{6.35}
$$

由于分子在壁面处发生散射，所以 $\varPhi^{+}(\boldsymbol{c},0)$ 和 $\varPhi^{-}(\boldsymbol{c},0)$ 是不同的，已知 $\varPhi^{-}(\boldsymbol{c},0)$ 和 $\varPhi^{+}(\boldsymbol{c},0)$ 可由散射模型得到。由于分子彼此之间在 $Kn$ 层内发生碰撞，分布函数会在很短的距离内趋于相同，因此在 $Kn$ 层外缘，$\varPhi^{+}(\boldsymbol{c},\infty)$ 与 $\varPhi^{-}(\boldsymbol{c},\infty)$ 相等。

这里 $a_0$ 和 $a_{0\mathrm{w}}$ 是两个待定系数，从物理层面看，$a_0 \neq a_{0\mathrm{w}}$ 是考虑了 $Kn$ 层内分子之间的碰撞，假设在 $Kn$ 层内，分子之间不发生碰撞，那么分布函数的形式就不会发生变化，但是入射分子和反射分子之间的碰撞是不可避免的，分布函数在 $Kn$ 层外缘和壁面处就会有所区别，这就导致了 $a_0$ 和 $a_{0\mathrm{w}}$ 的不同。

通过线性化的 Boltzmann 方程，由线性叠加原理，可以得到修正项 $\Phi$ 的控制方程

$$v'\frac{\partial \Phi}{\partial y}=L(\Phi) \tag{6.36}$$

$a_0$ 和 $a_{0\mathrm{w}}$ 的确定需要通过方程 (6.36) 来构造两个方程。第一个方程可由方程 (6.36) 两边对守恒变量 $u'$ 求矩得到，第二个方程可由方程 (6.36) 两边对变量 $u'v'$ 求矩获得 (这里 $u'v'$ 可以视为在垂直于壁面方向的近似守恒变量，具体的构造过程可参考文献 [5]。由这两个方程即可得到待定系数 $a_0$ 和 $a_{0\mathrm{w}}$，这样就确定了 $Kn$ 层内的分布函数，对该分布函数求矩即可得到速度滑移的表达式。采用相同的思路，也可得到 $Kn$ 层内的温度跳跃，区别仅在于修正项的不同。

对于 Maxwell 散射模型，Loyalka[6] 推导得到了以下结果：

$$C^*_{\mathrm{m,Maxwell}}=\frac{2-\sigma}{\sigma}\frac{\sqrt{\pi}}{2}(1+0.1366\sigma) \tag{6.37}$$

$$C^*_{\mathrm{t,Maxwell}}=\frac{2-\sigma}{\sigma}\frac{15\sqrt{\pi}}{16}(1+0.1621\sigma) \tag{6.38}$$

从结果来看，Loyalka 确定的滑移系数同采用半通量方法得到的滑移系数十分相似，区别仅在于后面的修正系数。

由于 CLL 散射模型相比 Maxwell 散射模型更为先进，作者所在团队推导得到了对应于 CLL 散射模型的滑移系数 [5]:

$$C^*_{\mathrm{m,CLL}}=\frac{2-\sigma_{\mathrm{t}}}{\sigma_{\mathrm{t}}}\frac{\sqrt{\pi}}{2}(1+0.1366\sigma_{\mathrm{t}}) \tag{6.39}$$

$$\begin{aligned}C^*_{\mathrm{t,CLL}}=&\frac{3}{8}\cdot\frac{10-2\alpha_{\mathrm{t}}-3\alpha_{\mathrm{n}}}{\alpha_{\mathrm{t}}+\alpha_{\mathrm{n}}}\left[1-\frac{2\alpha_{\mathrm{t}}+3\alpha_{\mathrm{n}}}{10}+\frac{2}{5\pi}\frac{(26-4\alpha_{\mathrm{t}}-9\alpha_{\mathrm{n}})(\alpha_{\mathrm{t}}+\alpha_{\mathrm{n}})}{10-2\alpha_{\mathrm{t}}-3\alpha_{\mathrm{n}}}\right]\sqrt{\pi}\\&+\frac{3}{2}\cdot\frac{\pi-4}{10\pi}\alpha_{\mathrm{n}}(1-\alpha_{\mathrm{t}})\sqrt{\pi}\end{aligned} \tag{6.40}$$

其中，$\alpha_{\mathrm{t}}$ 为切向动能适应系数；$\alpha_{\mathrm{n}}$ 为法向能量适应系数。

值得注意的是，这是目前已知的基于理论推导得到的 CLL 滑移边界条件最准确的结果。为了评估以上滑移系数表达式的准确性，可以将该结果同 Sharipov 通过离散速度法直接求解简化的 Boltzmann 方程 (Shakhov 模型) 而获得的数值解 [7] 做比较，如图 6.4 所示。从图中可以看出，速度滑移系数和温度跳跃系数都

随着适应系数的增大而减小，速度滑移系数几乎只与切向动量适应系数有关，而温度跳跃系数与切向动量适应系数、法向能量系数都有关。与数值解定量相比，通过矩方法推导得到的速度滑移系数和温度跳跃系数的最大相对误差仅为 1.1%和 4.4%。

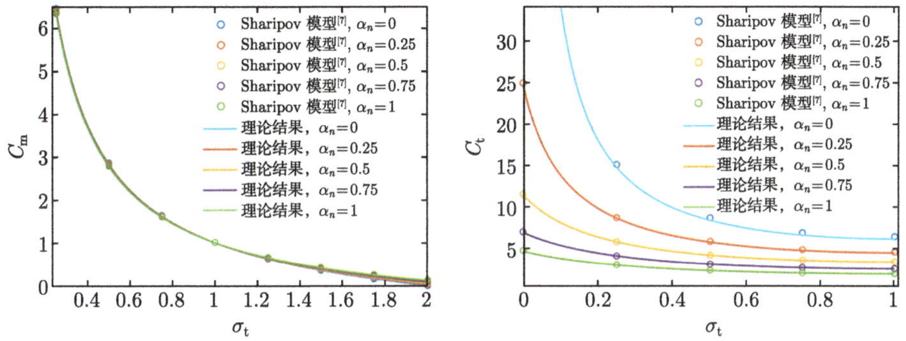


(a) 速度滑移系数　　(b) 温度跳跃系数

图 6.4 基于 CLL 散射模型的速度滑移系数和温度跳跃系数同文献 [7] 中数值解的比较

## 6.3 滑移边界条件的应用

本节首先对库埃特流动问题进行理论分析，阐明滑移边界条件相对于无滑移边界条件对理论结果的改进。之后，通过 CFD 数值求解一个二维问题——高超声速圆柱绕流，展现滑移边界条件相对于无滑移边界条件对结果的提升。

### 6.3.1 库埃特流动的理论分析

这里考虑的是平面库埃特流动，即两平板间的剪切流动。两个相距为 $h$ 的平行无限长平板，下方平板固定，上方平板以 $U$ 的速度运动，取 $x$ 轴为运动方向，$y$ 轴与之垂直，下方平板位于 $y$ 轴原点，如图 6.5 所示。很明显，流动与 $x$ 坐标无关，速度仅有平行于 $x$ 轴的分量 $u$，$u$ 与剪切应力 $\tau_{xy}$ 仅从属于 $y$ 坐标。

对 Navier-Stokes 方程组的动量方程进行简化，可得到作用于气体的力的平衡方程 (假设温度变化不大，分子黏性系数 $\mu$ 为常数)

$$\frac{\partial^2 u}{\partial y^2} = 0 \tag{6.41}$$

进而可得

$$\frac{\partial u}{\partial y} = C_1 \tag{6.42}$$

$$u = C_1 y + C_2 \tag{6.43}$$

其中，$C_1$ 和 $C_2$ 是两个待定系数，$C_1$ 和 $C_2$ 的求解需要给定适当的边界条件。

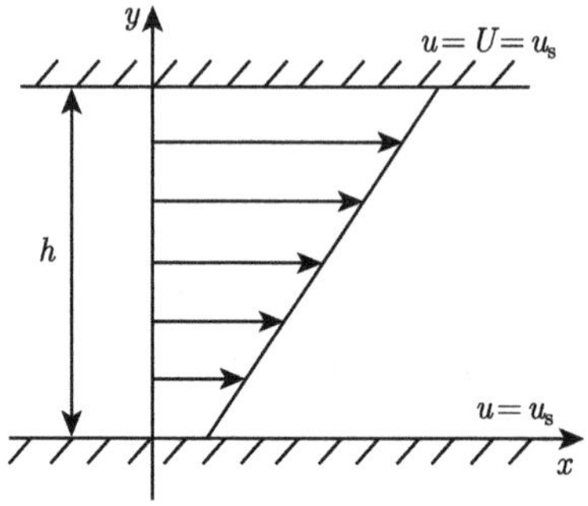


图 6.5　带滑移的库埃特流动

(1) 若采用无滑移边界条件，则可得到对应的 $C_1$ 和 $C_2$ 如下：

$$\begin{cases} u = 0, & y = 0 \\ u = U, & y = h \end{cases} \Rightarrow \begin{cases} C_1 = \dfrac{U}{h} \\ C_2 = 0 \end{cases} \tag{6.44}$$

将式 (6.44) 代入式 (6.43)，可得到无滑移下的速度分布：

$$u = \frac{U}{h} \cdot y \tag{6.45}$$

由 $\tau = \mu\partial u/\partial y$，可得到此时对应的剪切应力

$$\tau_\mathrm{c} = \mu\frac{U}{h} \tag{6.46}$$

(2) 若采用滑移边界条件，则可得到对应的 $C_1$ 和 $C_2$ 如下：

$$\begin{cases} u = C_\mathrm{m} \cdot \lambda \left.\dfrac{\partial u}{\partial y}\right|_{y=0}, & y = 0 \\ u = U - C_\mathrm{m} \cdot \lambda \left.\dfrac{\partial u}{\partial y}\right|_{y=h}, & y = h \end{cases} \Rightarrow \begin{cases} C_1 = \dfrac{U}{h + 2C_\mathrm{m} \cdot \lambda} \\ C_2 = \dfrac{C_\mathrm{m} \cdot \lambda U}{h + 2C_\mathrm{m} \cdot \lambda} \end{cases} \tag{6.47}$$

其中，$C_\mathrm{m}$ 为滑移系数。将式 (6.47) 代入式 (6.43)，可得到滑移边界条件下的速度分布

$$u = \frac{U}{h + 2C_\mathrm{m} \cdot \lambda} y + \frac{C_\mathrm{m} \cdot \lambda U}{h + 2C_\mathrm{m} \cdot \lambda} \tag{6.48}$$

由 $\tau = \mu\partial u/\partial y$，可得到此时对应的剪切应力

$$\tau_{\text{slip}} = \mu \cdot \frac{U}{h + 2C_{\text{m}} \cdot \lambda} \tag{6.49}$$

若定义 $Kn = \lambda/h$，则式 (6.49) 可用 $Kn$ 进一步表示

$$\tau_{\text{slip}} = \mu\frac{U}{h} \cdot \frac{1}{1 + 2C_{\text{m}} \cdot Kn} \tag{6.50}$$

可见当 $Kn \to 0$ 时，式 (6.50) 即回到无滑移的结果式 (6.46)。

(3) 在自由分子流的极限下，库埃特流动的剪切应力为

$$\tau_{\text{FM}} = \rho U\sqrt{\frac{RT}{2\pi}} \tag{6.51}$$

可将无滑移条件下的剪切应力 $\tau_{\text{c}}$(式 (6.46)) 及滑移边界条件下的剪切应力 $\tau_{\text{slip}}$(式 (6.49))，用自由分子流下的剪切应力 $\tau_{\text{FM}}$ 无量纲化，可得

$$\frac{\tau_{\text{c}}}{\tau_{\text{FM}}} = \frac{5\pi}{8} \cdot Kn \tag{6.52}$$

$$\frac{\tau_{\text{slip}}}{\tau_{\text{FM}}} = \frac{5\pi}{8} \cdot \frac{Kn}{1 + 2C_{\text{m}} \cdot Kn} \tag{6.53}$$

可见，当 $Kn \to \infty$ 时，$\tau_{\text{c}}/\tau_{\text{FM}}$ 也趋于无穷，而 $\tau_{\text{slip}}/\tau_{\text{FM}}$ 趋于一个有限值。这充分表明，无滑移边界条件只是真实物理的简单近似，考虑壁面处的滑移速度，可以更加准确地反映真实的物理现象，而不是像无滑移边界条件那样，产生非物理的理论结果。

### 6.3.2 高超声速圆柱绕流的数值计算

将以上推导得到的速度滑移边界条件和温度跳跃边界条件应用到实际的 CFD 计算中，基于开源软件 OpenFOAM 中的 rhoCentralFoam 求解器，采用不同的边界条件计算了一个二维高超声速圆柱绕流算例，得到的温度云图如图 6.6 上半部分所示，图 6.6 下半部分的云图是 DSMC 的计算结果，作为比较的标准。DSMC 的计算是基于开源软件 SPARTA，边界处采用的都是 CLL 散射模型。CFD 和 DSMC 黏性系数的计算均采用 VHS 模型，参考温度取为 1000 K。圆柱绕流的来流取为 2624.1 m/s，算例设置参考文献 [8]，相关参数见表 6.1。

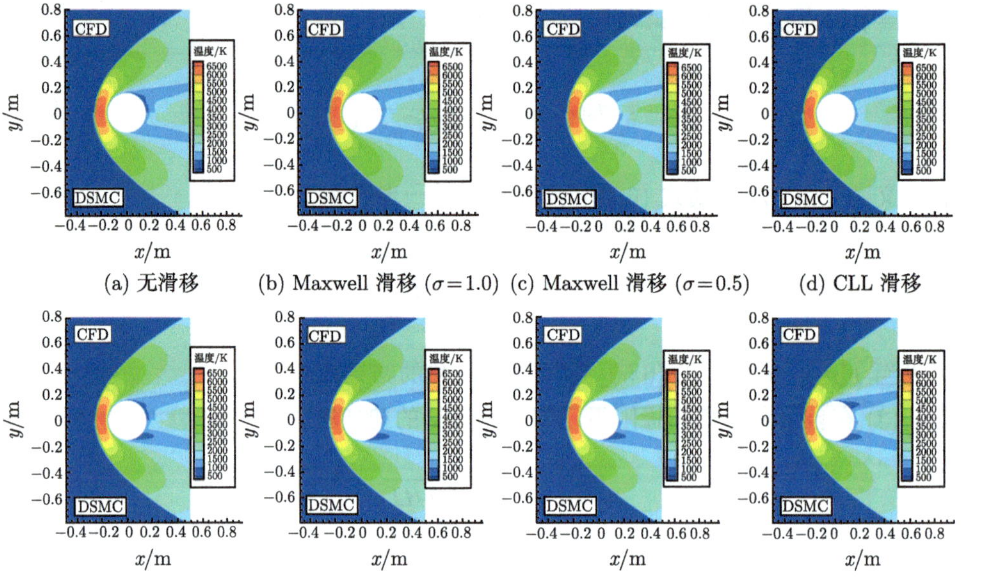


(a) 无滑移　(b) Maxwell 滑移 ($\sigma=1.0$)　(c) Maxwell 滑移 ($\sigma=0.5$)　(d) CLL 滑移

(e) 无滑移　(f) Maxwell 滑移 ($\sigma=1.0$)　(g) Maxwell 滑移 ($\sigma=0.5$)　(h) CLL 滑移

图 6.6　二维圆柱绕流采用不同边界条件计算得到的温度场同 DSMC 结果的比较

流场的全局 $Kn$ 为 0.01；其中 (a)~(d) 对应 $\alpha_\mathrm{t}=1.0, \alpha_\mathrm{n}=0.5$；(e)~(f) 对应 $\alpha_\mathrm{t}=0.5, \alpha_\mathrm{n}=1.0$

**表 6.1　圆柱绕流的算例设置**

| 气体种类 | 克努森数 $Kn$ | 圆柱直径 $D$/m | 马赫数 $Ma$ | 来流温度 $T_\infty$/K | 来流压强 $P_\infty$/Pa | 壁面温度 $T_\mathrm{w}$/K | 参考温度 $T_\mathrm{ref}$/K |
|---|---|---|---|---|---|---|---|
| 氩气 | 0.01 | 0.3048 | 10 | 200 | 1.17 | 500 | 1000 |

由图 6.6 可以看出，采用无滑移边界条件时，计算结果显著偏离了 DSMC；若采用 Maxwell 滑移边界条件，则适应系数无论是取为 0.5 还是 1.0，与 DSMC 的偏离也很大。而采用这里所推导得到的 CLL 滑移边界条件，若适应系数同 DSMC 取成一致，则 CFD 结果和 DSMC 符合得很好，尤其是在圆柱的尾流区。当然，在激波前缘和边界层附近，这些强非平衡的区域仍然有一定差别，这是由于尽管全局 $Kn$ 为 0.01，但这些区域的局部 $Kn$ 已经超过了 0.1，达到了过渡流的所属范围，则不仅在壁面附近需要考虑滑移边界条件，在主流区也要考虑更高阶的本构关系。

以上算例展示了滑移边界条件在滑移流域的应用，在理论分析方面，相比于无滑移边界条件，采用滑移边界可以得到更符合物理事实的理论结果；在数值计算方面，在 CFD 计算中采用合适的滑移边界条件可以在保持宏观方法较高计算效率的同时提高流场的预测精度。

# 参考文献


[1] 沈青. 稀薄气体动力学. 北京: 国防工业出版社, 2003.

[2] Patterson G N. Molecular Flow of Gases. New York: Wiley, 1956.

[3] Shidlovsky V P. Introduction to the Dynamics of Rarefied Gases. Amsterdam: Elsevier, 1967.

[4] Zhang J, Luan P, Deng J C, et al. Theoretical derivation of slip boundary conditions for single-species gas and binary gas mixture. Phys. Rev. E, 2021, 104(5): 11.

[5] Luan P, Yang H, Ma Q, et al. A theoretical derivation of slip boundary conditions based on the Cercignani-Lampis-Lord scattering model. Journal of Fluid Mechanics, 2024, 999: A36.

[6] Loyalka S K. Approximate method in the kinetic theory. The Physics of Fluids, 1971, 14(11): 2291-2294.

[7] Sharipov F. Data on the velocity slip and temperature jump on a gas-solid interface. Journal of Physical Chemical Reference Data, 2011, 40(2): 651-696.

[8] Lofthouse A J, Scalabrin L C, Boyd I D. Velocity slip and temperature jump in hypersonic aerothermodynamics. Journal of Thermophysics Heat Transfer, 2008, 22(1): 38-49.

# 第 7 章　多原子分子的内能模式

前面章节阐述的理论及方法主要聚焦于单原子气体。然而，在实际工程问题中，气体组成往往涉及多原子分子，展现出比单原子气体更为复杂的物理化学特性。以临近空间高超声速飞行器所面临的高温气动热环境为例，其中的氮气 ($N_2$) 和氧气 ($O_2$) 分子的振动能激发必须要予以考虑；此外，在极高温度下，分子还可能经历离解、电离等化学反应过程 [1]。因此，对多原子气体的这些特性进行深入研究是分子气体动力学的重要内容。

本章将以双原子气体为主要研究对象，介绍分子的内能模式、气体的内能松弛过程等基本概念，以及相关内能模型在 DSMC 中的实现方法。最后，本章给出了应用 DSMC 方法求解多原子气体流动的几个实例。与化学反应有关的内容将在第 8 章介绍。

## 7.1　多原子气体的内能松弛

### 7.1.1　分子的内能模式、内自由度与内能分布函数

对多原子气体而言，分子除了具有质心的平动能 (translational energy)，还具有分子内部原子相对运动产生的转动能 (rotational energy) 与振动能 (vibrational energy)。此外，在原子内部，电子围绕原子核运动还携带有电子能 (electronic energy)[2,3]。上述每种微观层面的运动都对应一种能量模式 (energy mode)[4]，且各能量模式之间存在复杂的能量交换过程。一个分子的总能量 $\varepsilon_{\text{total}}$ 为分子平动能、转动能、振动能与电子能的总和。

本书 2.2 节已经对分子平动的有关概念进行了介绍，并给出了气体比平动能 $e_{\text{tr}}$ 的表达式 (式 (2.31) 和式 (2.32))。事实上，根据统计物理学知识，气体任意一种能量模式的比能量 $e_i$ 均可通过其对应的配分函数 (partition function)$Q_i$ 计算得到，其具体关系为 [3]

$$e_i = RT^2 \frac{\partial}{\partial T} \left[ \ln \left( Q_i \right) \right] \tag{7.1}$$

式中，温度 $T$ 为不区分具体能量模式的热力学温度。对于分子平动，其对应的配分函数为

$$Q_{\text{tr}} = V \left( \frac{2\pi m k_{\text{B}} T}{h^2} \right)^{3/2} \tag{7.2}$$

其中，$V$ 为系统体积；$h$ 为普朗克常量。将式 (7.2) 代入式 (7.1)，不难得到 $e_{\mathrm{tr}} = 3RT/2$，即为式 (2.32)。对于双原子分子的转动、振动及电子运动，其对应的配分函数表达式分别为

$$Q_{\mathrm{rot}} = \frac{T}{\varepsilon\theta_{\mathrm{rot}}} \tag{7.3}$$

$$Q_{\mathrm{vib}} = \frac{1}{1-\exp\left(-\theta_{\mathrm{vib}}/T\right)} \tag{7.4}$$

$$Q_{\mathrm{el}} = \sum_{i=0}^{j} g_{\mathrm{el},i} \exp\left(-\theta_{\mathrm{el},i}/T\right) \tag{7.5}$$

式中，$\theta_{\mathrm{rot}}$、$\theta_{\mathrm{vib}}$、$\theta_{\mathrm{el},i}$ 分别为分子的转动、振动及电子激发特征温度；$g_{\mathrm{el},i}$ 为电子能级 $i$ 对应的简并度 (degeneracy)。表 7.1 给出了空气中常见双原子气体的相关数据 [3,5]，并假定基态的电子特征温度 $\theta_{\mathrm{el},0} = 0$。式 (7.3) 中的 $\varepsilon$ 为对称因子 (symmetry factor)，对于同核分子 (如 $N_2$) 取 2，对于异核分子 (如 NO) 取 1。在推导转动、振动配分函数时，分别基于双原子分子的刚性转子 (rigid rotor) 及谐振子 (harmonic oscillator) 模型，有关的量子力学知识详见文献 [3, 6]。

**表 7.1 空气中常见双原子分子的内能特征温度及电子能级简并度**

| 组分 | $\theta_{\mathrm{rot}}$/K | $\theta_{\mathrm{vib}}$/K | $g_{\mathrm{el},0}$ | $g_{\mathrm{el},1}$ | $\theta_{\mathrm{el},1}$/K |
|---|---|---|---|---|---|
| $N_2$ | 2.9 | 3390 | 1 | 3 | 71000 |
| $O_2$ | 2.1 | 2270 | 3 | 2 | 11393 |
| NO | 2.5 | 2740 | 2 | 2 | 174 |

本章后续主要关注分子的转动与振动模式。将式 (7.3) 和式 (7.4) 代入式 (7.1)，可得到双原子气体的比转动能与比振动能为

$$e_{\mathrm{rot}} = RT \tag{7.6}$$

$$e_{\mathrm{vib}} = \frac{R\theta_{\mathrm{vib}}}{\exp\left(\theta_{\mathrm{vib}}/T\right)-1} \tag{7.7}$$

基于其可进一步得到双原子气体的分子转动、振动自由度及相应 (定容) 比热：

$$\xi_i \equiv \frac{e_i}{RT/2} = \begin{cases} 2, & \text{转动} \\ \dfrac{2\left(\theta_{\mathrm{vib}}/T\right)}{\exp\left(\theta_{\mathrm{vib}}/T\right)-1}, & \text{振动} \end{cases} \tag{7.8}$$

$$c_{v,i} \equiv \left(\frac{\partial e_i}{\partial T}\right)_V = \begin{cases} R, & \text{转动} \\ R\left[\dfrac{{\theta_{\mathrm{vib}}}^2 \exp\left(\theta_{\mathrm{vib}}/T\right)}{\left(\exp\left(\theta_{\mathrm{vib}}/T\right)-1\right)^2 T^2}\right], & \text{振动} \end{cases} \tag{7.9}$$

结合本书 2.2 节关于分子平动的讨论可知，双原子分子的平动、转动自由度与对应的气体比热不随温度变化，而振动自由度与比热则随温度变化明显。此外，由式 (7.7)~ 式 (7.9)，可知当 $T \ll \theta_{\text{vib}}$ 时，$e_{\text{vib}} \to 0$，即在较低温度下无须考虑振动能对气体热力学性质的贡献；而当 $T \gg \theta_{\text{vib}}$ 时，振动能完全激发，$e_{\text{vib}} \to RT$，进一步有 $\xi_{\text{vib}} \to 2$ 与 $c_{v,\text{vib}} \to R$。

基于以上分析，可以得到空气中双原子组分气体 ($N_2$、$O_2$) 的总比热随温度的变化趋势 [1]，如图 7.1 所示。可见，在极低的温度 (约 1 K) 下，分子仅平动能被完全激发，气体总定容比热为 $3R/2$(式 (2.38))；随着温度上升，分子转动能被迅速激发，当温度达到约 3 K 后，气体总比热 (“平动 + 转动”) 为定值 ($5R/2$)，此时气体可视为量热完全气体 (calorically perfect gas)；而随着温度进一步上升 (大于 600 K)，分子的振动能激发必须予以考虑，此时气体的总比热 (“平动 + 转动 + 振动”) 为温度的函数，气体被称为热完全气体 (thermally perfect gas)[4]。

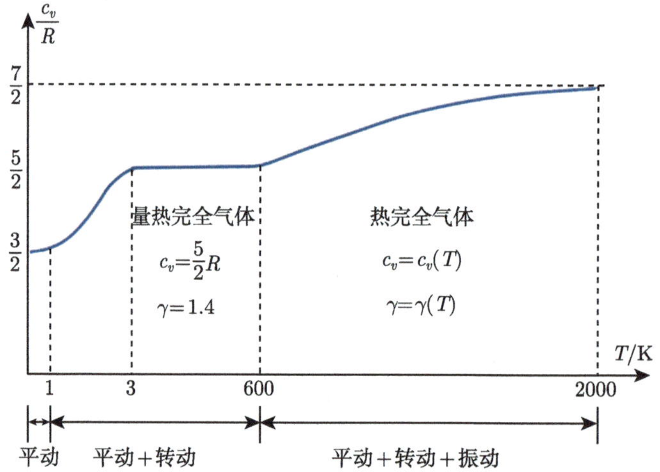


图 7.1　空气中双原子气体比热容随温度变化示意图

上述讨论主要关注气体的宏观性质。类似于第 2 章介绍的分子 (平动) 速度分布函数概念，我们在本章也关注分子不同能量模式的能量分布情况。在平衡态下，若假定分子某一模态的能量 $\varepsilon_i$ 满足连续分布，则分子的能量分布函数 $f(\varepsilon_i)$ 为 [3,6]

$$f(\varepsilon_i) = \frac{1}{\Gamma(\xi_i/2)k_{\mathrm{B}}T}\left(\frac{\varepsilon_i}{k_{\mathrm{B}}T}\right)^{\frac{\xi_i}{2}-1}\exp\left(-\frac{\varepsilon_i}{k_{\mathrm{B}}T}\right) \tag{7.10}$$

其中，$\Gamma(\cdot)$ 为 gamma 函数。需要说明的是，式 (7.10) 不仅适用于单个分子的平动、转动及振动模式，也同样适用于气体分子所组成的二体碰撞对的能量分布，此时只需将单个分子的能量和自由度替换为碰撞对的总能量与总自由度。式 (7.10) 将在本章 7.2 节介绍 DSMC 方法中的内能模型时起到至关重要的作用。

### 7.1.2 气体内能松弛过程

7.1.1 节推导中所采用的温度 $T$ 为单一的热力学平衡温度。而在实际工程问题中，多原子气体的平动温度 ($T_{\mathrm{tr}}$)、转动温度 ($T_{\mathrm{rot}}$) 与振动温度 ($T_{\mathrm{vib}}$) 通常不完全相等，此时气体处于热非平衡 (thermal non-equilibrium) 状态。

由本书 3.3 节的讨论可知，气体分子的弹性碰撞在微观上导致了分子间动量和平动能的传递，使得分子速度分布函数向平衡态下的 Maxwell 分布松弛。类似地，当气体处于热非平衡态时，气体分子的一部分碰撞将使得分子不同能量模式之间的能量相互转换，分子的内能分布函数趋向于平衡态分布，最终各能量模式对应的宏观温度一致，此时气体达到热平衡状态。我们把气体分子的该部分碰撞称为非弹性碰撞，而把气体由热非平衡态向平衡态的演化过程称为内能松弛过程。

在宏观上，一般用 Jeans 方程和 Landau-Teller 方程分别描述平动–转动模式之间及平动–振动模式之间的能量交换过程。对于单组分气体，Jeans 方程和 Landau-Teller 方程分别为 [3]

$$\frac{\mathrm{d}E_{\mathrm{rot}}}{\mathrm{d}t}=\frac{E_{\mathrm{rot}}^{*}(t)-E_{\mathrm{rot}}(t)}{\tau_{\mathrm{rot}}} \tag{7.11}$$

$$\frac{\mathrm{d}E_{\mathrm{vib}}}{\mathrm{d}t}=\frac{E_{\mathrm{vib}}^{*}(t)-E_{\mathrm{vib}}(t)}{\tau_{\mathrm{vib}}} \tag{7.12}$$

其中，$E_{\mathrm{rot}}$、$E_{\mathrm{vib}}$ 分别为气体的瞬时平均转动能与振动能，其定义为

$$E_{\mathrm{rot}}(t)=\frac{\xi_{\mathrm{rot}}}{2}k_{\mathrm{B}}T_{\mathrm{rot}}(t),\quad E_{\mathrm{vib}}(t)=\frac{\xi_{\mathrm{vib}}}{2}k_{\mathrm{B}}T_{\mathrm{vib}}(t) \tag{7.13}$$

注意到，式 (7.13) 中的温度不再采用热平衡态温度 $T$，而应采用与内能模式对应的温度。$E_{\mathrm{rot}}^{*}(t)$、$E_{\mathrm{vib}}^{*}(t)$ 为气体的瞬时“平衡态”内能，其定义为 [3]

$$E_{\mathrm{rot}}^{*}(t)=\frac{\xi_{\mathrm{rot}}^{*}}{2}k_{\mathrm{B}}T_{\mathrm{tr}}(t),\quad E_{\mathrm{vib}}^{*}(t)=\frac{\xi_{\mathrm{vib}}^{*}}{2}k_{\mathrm{B}}T_{\mathrm{tr}}(t) \tag{7.14}$$

注意到，式 (7.14) 中的温度为平动温度。因此，Jeans 方程、Landau-Teller 方程本质上分别刻画了热非平衡态下转动模式能量及振动模式能量 ($E_{\mathrm{rot}}(t)$、$E_{\mathrm{vib}}(t)$) 与平动能量 $E_{\mathrm{tr}}^{*}(t)=1.5k_{\mathrm{B}}T_{\mathrm{tr}}(t)$ 之间的转换过程，最终使得气体不同能量模式的温度趋于一致。将式 (7.13)、式 (7.14) 分别代入式 (7.11)、式 (7.12)，可以得到对应的温度松弛方程

$$\frac{\mathrm{d}T_{\mathrm{rot}}}{\mathrm{d}t}=\frac{T_{\mathrm{tr}}\left(t\right)-T_{\mathrm{rot}}\left(t\right)}{\tau_{\mathrm{rot}}} \tag{7.15}$$

$$\frac{\mathrm{d}\left(\xi_{\mathrm{vib}}T_{\mathrm{vib}}\right)}{\mathrm{d}t}=\frac{\xi_{\mathrm{vib}}^{*}T_{\mathrm{tr}}\left(t\right)-\xi_{\mathrm{vib}}T_{\mathrm{vib}}\left(t\right)}{\tau_{\mathrm{vib}}} \tag{7.16}$$

其中，由式 (7.11) 导出式 (7.15) 的过程中，由于双原子气体的转动自由度恒为 2，可以直接在等式中约分。

最后，在 Jeans 方程、Landau-Teller 方程中，$\tau_{\mathrm{rot}}$、$\tau_{\mathrm{vib}}$ 分别为气体的转动松弛时间及振动松弛时间，其表征了内能松弛过程的速率大小。在通常情况下，转动松弛时间、振动松弛时间与分子平均碰撞时间 $\tau$(式 (2.8)) 之间的大小关系为

$$\tau<\tau_{\mathrm{rot}}\ll\tau_{\mathrm{vib}} \tag{7.17}$$

由式 (7.17) 可知，当气体处于热非平衡态时，气体的转动能松弛到平衡态的速率较快 (通常仅为 5~10 倍弹性碰撞时间)，而振动能则需要相当长的时间才会达到平衡态。在高超声速空气动力学研究中，为考察流动的非平衡状态，还定义了达姆科勒 (Damköhler) 数 ($Da_{\mathrm{i}}$)，为流动特征时间 $\tau_{\mathrm{f}}$ 与内能松弛时间 $\tau_{\mathrm{i}}$ 之比 [4]：

$$Da_{\mathrm{i}}=\frac{\tau_{\mathrm{f}}}{\tau_{\mathrm{i}}} \tag{7.18}$$

式 (7.18) 中的 $\tau_{\mathrm{i}}$ 可取 $\tau_{\mathrm{rot}}$、$\tau_{\mathrm{vib}}$，或其他有限速率过程 (如热化学过程) 的特征时间。流动特征时间 $\tau_{\mathrm{f}}$ 可用流场特征长度 $L_{\mathrm{f}}$ 除以流场宏观速度大小 $u$ 来定义。由式 (7.18) 可知，当 $Da_{\mathrm{i}}\gg 1$ 时，流动特征时间远大于内能松弛时间，这意味着气体在流动过程中有充足的时间进行内能松弛，松弛过程可视为在“瞬间”完成，此时的流动称为平衡流；当 $Da_{\mathrm{i}}\ll 1$ 时，流动特征时间远小于内能松弛时间，此时在气体流动过程中其内能状态来不及做出任何调整，此时的流动称为冻结流；而当 $Da_{\mathrm{i}}\sim 1$ 时，流动特征时间与内能松弛时间相当，此时内能松弛在有限速率下进行，流动易处于非平衡状态。

### 7.1.3　碰撞松弛数

为进一步描述内能松弛时间与分子平均碰撞时间的关系，可定义碰撞松弛数 $Z_{\mathrm{i}}$[3]：

$$\begin{aligned}Z_{\mathrm{rot}}&=\tau_{\mathrm{rot}}/\tau\\Z_{\mathrm{vib}}&=\tau_{\mathrm{vib}}/\tau\end{aligned} \tag{7.19}$$

在粒子模拟时可通过对碰撞松弛数进行设置来对内能松弛速率进行调节。在真实情况下，碰撞松弛数是随温度变化的，其变化规律通常可通过实验测量 [7,8]、分子动力学模拟 [9]、第一性原理计算 [10] 等方式进行确定，进一步可以拟合得到松弛数随温度的变化模型。

对于转动松弛数，目前应用最为广泛的模型为 Parker 模型 [11]，其给出的转动松弛数随平动温度 $T_{\rm tr}$ 变化

$$Z_{\rm rot}^{\rm Parker}(T_{\rm tr}) = Z_{\rm rot}^{\infty} \Bigg/ \left[1 + \left(\pi + \frac{\pi^2}{4}\right)\frac{T^*}{T_{\rm tr}} + \frac{\pi^{3/2}}{2}\left(\frac{T^*}{T_{\rm tr}}\right)^{1/2}\right] \tag{7.20}$$

其中，$T^*$ 为与分子作用势有关的特征温度；$Z_{\rm rot}^{\rm Parker}$ 为松弛数极限值。对氮气而言，推荐取 $Z_{\rm rot}^{\rm Parker} = 23.5$ 和 $T^* = 91.5\ {\rm K}$[12]，其余常见气体数据可参考文献 [3]。值得注意的是，Parker 模型在确定模型参数时采用的分子平均碰撞时间定义为 $\tau^{\rm Parker} = \pi\mu/(4p)$，这与 DSMC 中采用唯象碰撞模型给出的 $\tau$ 定义不同。例如，对于 VSS 模型，基于前文所述理论可以推导得到 $\tau$ 与黏性系数 $\mu$、压强 $p$ 的关系为 [5]

$$\tau^{\rm DSMC} = \frac{\alpha(5-2\omega)(7-2\omega)}{5(\alpha+1)(\alpha+2)}\frac{\mu}{p} \tag{7.21}$$

为使 DSMC 模拟得到的内能松弛速率与 Parker 模型一致，在 DSMC 中实际设置的转动松弛数 $Z_{\rm rot}^{\rm DSMC}$ 应满足：

$$Z_{\rm rot}^{\rm DSMC} = \frac{\tau_{\rm rot}}{\tau^{\rm DSMC}} = \frac{Z_{\rm rot}^{\rm Parker}\tau^{\rm Parker}}{\tau^{\rm DSMC}} \tag{7.22}$$

图 7.2 给出了氮气转动松弛数随温度变化的示意图，可见转动松弛数随温度升高缓慢上升。

对于振动松弛数，目前应用最为广泛的模型为 Millikan-White(M-W) 模型 [13]，其描述了振动松弛速率随平动温度 $T_{\rm tr}$ 的变化

$$(p\tau_{\rm vib})^{\text{M-W}} = 101325 \times \exp[A\left(T_{\rm tr}^{-1/3} - B\right) - 18.42] \tag{7.23}$$

其中，常数 $A$、$B$ 的表达式分别为

$$A = C\left(\widehat{m}_{\rm r}\right)^{1/2}\left(\theta_{\rm vib}\right)^{4/3}, \quad B = 0.015\left(\widehat{m}_{\rm r}\right)^{1/4} \tag{7.24}$$

式中，$C$ 为一常数，对氮气可取 $1.15\times10^{-3}$；$\widehat{m}_{\mathrm{r}}$ 表示气体分子碰撞对的约化质量，其数值采用相对分子质量形式表示 [13]，需要说明的是，对于有些气体组分，式 (7.24) 可能不适用，此时可基于实验数据直接对 $A$、$B$ 进行拟合 [14]。

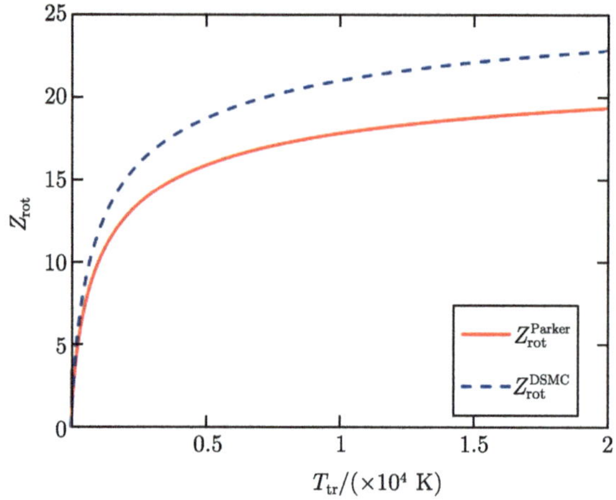


图 7.2　氮气转动松弛数随平动温度的变化，弹性碰撞模型采用 VSS 模型 [5]

类似于转动松弛数时的情况，为得到 DSMC 模拟时应采用的振动松弛数，应进行如下的参数转换：

$$Z_{\mathrm{vib}}^{\mathrm{DSMC,M\text{-}W}}=\frac{(p\tau_{\mathrm{vib}})^{\mathrm{M\text{-}W}}}{p\tau^{\mathrm{DSMC}}}\tag{7.25}$$

此外，在高温情况 (大于 10000 K) 下，由 M-W 模型给出的振动松弛数偏小，甚至违背物理规律。因此在实际模拟时常对高温下的 M-W 模型松弛数进行修正：

$$Z_{\mathrm{vib}}^{\mathrm{DSMC,correct}}=Z_{\mathrm{vib}}^{\mathrm{DSMC,M\text{-}W}}+Z_{\mathrm{vib}}^{\mathrm{HT}}\tag{7.26}$$

其中一种常见的修正方式由 Hass 和 Boyd 提出 [15]：

$$Z_{\mathrm{vib}}^{\mathrm{HT}}=\pi d_{\mathrm{ref}}^{2}\frac{1}{\sigma_{\mathrm{vib}}}\left(\frac{T_{\mathrm{ref}}}{T_{\mathrm{tr}}}\right)^{\omega-0.5}\tag{7.27}$$

其中，$\sigma_{\mathrm{vib}}=5.81\times10^{-21}\ \mathrm{m}^2$。图 7.3 给出了氮气振动松弛数随温度变化的示意图，可见在 $T_{\mathrm{tr}}\approx2000$ K 时，振动松弛数高达 $10^6$ 量级，而后振动松弛数随温度上升而迅速衰减。

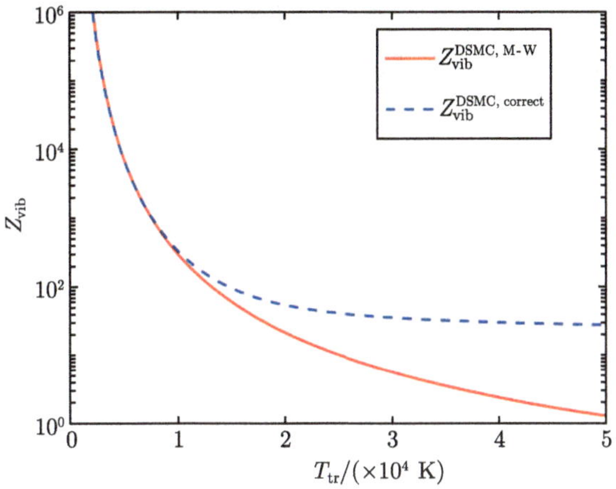


图 7.3 氮气振动松弛数随平动温度变化，弹性碰撞模型采用 VSS 模型 [5]

## 7.2 DSMC 中的多原子内能模型

7.1 节简要介绍了多原子气体内能松弛的有关概念。本节进一步讨论内能松弛过程在 DSMC 中的实现方法。对 DSMC 方法而言，其内能模型不仅要给出碰撞对各个能量模式的能量在非弹性碰撞后的分配方法，同时还要能够对内能松弛速率进行设置。宏观上，一般要求 DSMC 模拟的转动、振动松弛过程分别满足 Jeans 方程和 Landau-Teller 方程，能够使得初始的热非平衡系统最终演化至平衡态。以下首先对 DSMC 中的粒子内能初始化及宏观量统计方法进行介绍，进一步详细讨论 DSMC 中的内能松弛模型。

### 7.2.1 粒子内能的初始化及温度统计

本书第 4 章已经对 DSMC 模拟粒子的初始速度抽样方法进行了介绍。类似地，对于多原子分子，DSMC 需要基于平衡态分布函数，随机生成每个粒子的初始转动能 $\varepsilon_{\text{rot},0}$ 与振动能 $\varepsilon_{\text{vib},0}$。对于转动能，基于式 (7.10) 可得到平衡态下双原子分子的转动能分布

$$f\left(\frac{\varepsilon_{\text{rot}}}{k_B T_{\text{rot}}}\right) d\left(\frac{\varepsilon_{\text{rot}}}{k_B T_{\text{rot}}}\right) = \exp\left(-\frac{\varepsilon_{\text{rot}}}{k_B T_{\text{rot}}}\right) d\left(\frac{\varepsilon_{\text{rot}}}{k_B T_{\text{rot}}}\right) \tag{7.28}$$

因此，利用逆累积分布函数法 (见 4.1.3 节)，可抽样得到每个粒子的转动能为

$$\varepsilon_{\text{rot}} = -\ln(R_f) k_B T_{\text{rot}}, \quad R_f \sim U(0,1) \tag{7.29}$$

式 (7.29) 同样适用于振动能完全激发 ($\xi_{\text{vib}} = 2$) 时的情况，此时只需将转动温度 $T_{\text{rot}}$ 替换为振动温度 $T_{\text{vib}}$。

在 DSMC 模拟过程中，需要对气体的各个网格宏观量进行统计，其中对于内能模式来说最重要的统计量是温度。对于转动与振动模式，可采用相同的方式计算温度 [3]：

$$T_i = \frac{2}{\xi_i k_{\mathrm{B}}}\left[\left(\sum_{j=1}^{N_{\mathrm{s}}} \varepsilon_{i,j}\right)/N_{\mathrm{s}}\right], \quad i = \mathrm{rot}, \mathrm{vib} \tag{7.30}$$

其中，$N_{\mathrm{s}}$ 为采样粒子数。进一步，若振动能采用谐振子模型描述，则将式 (7.8) 代入式 (7.30) 可以推导出振动温度的计算公式：

$$T_{\mathrm{vib}} = \theta_{\mathrm{vib}}/\ln\left[1 + (k_{\mathrm{B}}\theta_{\mathrm{vib}}N_{\mathrm{s}})\Big/\sum_{j=1}^{N_{\mathrm{s}}} \varepsilon_{\mathrm{vib},j}\right] \tag{7.31}$$

### 7.2.2 非弹性碰撞后的能量分配

目前，DSMC 中广泛采用的非弹性碰撞能量分配模型为 Borgnakke-Larsen(BL) 模型 [16]。该模型的核心思想是假设分子碰撞过程中的碰撞对平动能和内能总量守恒，若发生非弹性碰撞，则各能量模式的碰撞后能量按照总能量确定时的某种“平衡”分布取值。因此，应用 BL 模型的关键在于如何确定碰撞对的“平衡”能量分布。为简化讨论，本节后续以平动–转动能交换为例对 BL 模型进行介绍，类似步骤可以应用于平动–振动能交换。

对于一个被选中执行非弹性碰撞的粒子对，其参与 BL 模型能量分配的平动能由相对速度定义

$$\varepsilon_{\mathrm{tr}} = \frac{1}{2}m_{\mathrm{r}}c_{\mathrm{r}}^2 \tag{7.32}$$

在平衡态下可推导得到其分布函数为 [3]

$$f\left(\varepsilon_{\mathrm{tr}}; T_{\mathrm{tr}}\right) \approx \varepsilon_{\mathrm{tr}}^{3/2-\omega} \exp\left(-\frac{\varepsilon_{\mathrm{tr}}}{k_{\mathrm{B}}T_{\mathrm{tr}}}\right) \tag{7.33}$$

其中，$\omega$ 为 VHS 模型中的黏性指数。公式采用约等于号 “≈” 是因为式中省略了不重要的积分常数。对比式 (7.33) 与式 (7.10) 可知，平衡态下碰撞对的等效平动自由度为 $(5-2\omega)$，不同于分子自身的平动自由度 (3)。这是因为在物理上，相对速度大的分子更易发生碰撞，因此碰撞对分子的等效自由度要大于气体的平均自由度。

进一步，考虑碰撞对的转动能分布。基于式 (7.10)，碰撞对中粒子 1 的转动能分布为

$$f\left(\varepsilon_{\mathrm{rot},1}; T_{\mathrm{rot}}\right) \approx \varepsilon_{\mathrm{rot},1}^{\xi_{\mathrm{rot}}/2-1} \exp\left(-\frac{\varepsilon_{\mathrm{rot},1}}{k_{\mathrm{B}}T_{\mathrm{rot}}}\right) \tag{7.34}$$

为进一步考察碰撞对总转动能 $\varepsilon_{\text{rot}}$ 的分布函数，首先将碰撞对中 $\varepsilon_{\text{rot},1}$ 的大小固定，则对于粒子 2 的转动能有 $\mathrm{d}\varepsilon_{\text{rot},2} = \mathrm{d}\left(\varepsilon_{\text{rot}} - \varepsilon_{\text{rot},1}\right) = \mathrm{d}\varepsilon_{\text{rot}}$。此时，碰撞对粒子转动能的联合分布可表示为

$$\varepsilon_{\text{rot},1}^{\xi_{\text{rot}}/2-1}\left(\varepsilon_{\text{rot}} - \varepsilon_{\text{rot},1}\right)^{\xi_{\text{rot}}/2-1} \exp\left(-\frac{\varepsilon_{\text{rot}}}{k_{\text{B}}T_{\text{rot}}}\right) \mathrm{d}\varepsilon_{\text{rot},1}\mathrm{d}\varepsilon_{\text{rot}} \tag{7.35}$$

式 (7.35) 假设了碰撞对粒子的转动自由度相同。为得到碰撞对总转动能的分布函数，可在式 (7.35) 中对 $\epsilon_{\text{rot},1}$ 在 $[0, \varepsilon_{\text{rot}}]$ 积分，结果为

$$f\left(\varepsilon_{\text{rot}}; T_{\text{rot}}\right) \approx \varepsilon_{\text{rot}}^{\xi_{\text{rot}}-1} \exp\left(-\frac{\varepsilon_{\text{rot}}}{k_{\text{B}}T_{\text{rot}}}\right) \tag{7.36}$$

在推导式 (7.36) 的过程中，实际上隐含了碰撞对的非弹性碰撞概率不依赖于转动能这一假设 [3]，这在大部分 DSMC 模型中均可满足。

下面，讨论在碰撞对总能量 $\varepsilon_{\text{coll}}$ 已知的情况下，如何确定碰撞后总能量在平动与转动模式中的分配情况。利用式 (7.33) 与式 (7.3)，可得到总能量 $\varepsilon_{\text{coll}}$ $(=\varepsilon_{\text{tr}}+\varepsilon_{\text{rot}})$ 固定时，平动、转动模式的联合概率分布：

$$f\left(\varepsilon_{\text{tr}}; T_{\text{coll}}\right) f\left(\varepsilon_{\text{coll}} - \varepsilon_{\text{tr}}; T_{\text{coll}}\right) \approx \varepsilon_{\text{tr}}^{3/2-\omega}\left(\varepsilon_{\text{coll}} - \varepsilon_{\text{tr}}\right)^{\xi_{\text{rot}}-1} \exp\left(-\frac{\varepsilon_{\text{coll}}}{k_{\text{B}}T_{\text{coll}}}\right) \tag{7.37}$$

其中，$T_{\text{coll}}$ 是与 $\varepsilon_{\text{coll}}$ 有关的“平衡态”温度，实际上并无明确的物理意义，在后续推导中会被约去。由式 (7.37) 可知，碰撞对在碰撞后的平动能取 $\varepsilon_{\text{tr}}$ 的概率为

$$P = B\varepsilon_{\text{tr}}^{3/2-\omega}\left(\varepsilon_{\text{coll}} - \varepsilon_{\text{tr}}\right)^{\xi_{\text{rot}}-1} \tag{7.38}$$

其中，$B$ 是积分常数 (注意到，$\exp\left[-\left(\varepsilon_{\text{coll}}/k_{\text{B}}T_{\text{coll}}\right)\right]$ 为定值)。式 (7.38) 中对 $P$ 关于 $\varepsilon_{\text{tr}}$ 求偏导，可得当 $P$ 最大时，有以下关系：

$$\frac{\varepsilon_{\text{tr}}}{\varepsilon_{\text{coll}}} = \frac{3/2-\omega}{\xi_{\text{rot}} + 1/2 - \omega} \tag{7.39}$$

其所对应的概率最大值为

$$P_{\max} = B\left(3/2-\omega\right)^{3/2-\omega}\left(\xi_{\text{rot}} - 1\right)^{\xi_{\text{rot}}-1}\left[\varepsilon_{\text{coll}}/\left(\xi_{\text{rot}} + 1/2 - \omega\right)\right]^{\xi_{\text{rot}}+1/2-\omega} \tag{7.40}$$

进一步，可得到 $P$ 与 $P_{\max}$ 之比：

$$\frac{P}{P_{\max}} = \left[\frac{\xi_{\text{rot}} + 1/2 - \omega}{3/2-\omega}\left(\frac{\varepsilon_{\text{tr}}}{\varepsilon_{\text{coll}}}\right)\right]^{3/2-\omega}\left[\frac{\xi_{\text{rot}} + 1/2 - \omega}{\xi_{\text{rot}} - 1}\left(1 - \frac{\varepsilon_{\text{tr}}}{\varepsilon_{\text{coll}}}\right)\right]^{\xi_{\text{rot}}-1} \tag{7.41}$$

基于此，使用取舍法 (见 4.1.3 节) 可以分配碰撞后的平动能 $\varepsilon'_{\mathrm{tr}}$。利用 $\varepsilon'_{\mathrm{tr}}$ 可计算粒子碰撞后的相对速度大小，进一步可基于 4.2.2 节介绍的弹性散射算法得到碰撞后的分子平动速度。

因碰撞对总能量守恒，在平动能确定后，即可确定碰撞后的总转动能为 $\varepsilon'_{\mathrm{rot}} = \varepsilon_{\mathrm{coll}} - \varepsilon'_{\mathrm{tr}}$。类似于上述对 $\varepsilon'_{\mathrm{tr}}$ 的分配方法，可以确定 $\varepsilon'_{\mathrm{rot}}$ 如何在两个粒子之间进行分配。具体来说，在 $\varepsilon'_{\mathrm{rot}}$ 固定的条件下，粒子 1 转动能为 $\varepsilon'_{\mathrm{rot},1}$ 的概率是

$$P = C\varepsilon'^{\xi_{\mathrm{rot}}/2-1}_{\mathrm{rot},1}\left(\varepsilon'_{\mathrm{rot}} - \varepsilon'_{\mathrm{rot},1}\right)^{\xi_{\mathrm{rot}}/2-1} \tag{7.42}$$

其中，$C$ 是积分常数。对 $P$ 关于 $\varepsilon'_{\mathrm{rot},1}$ 求偏导，可得 $\varepsilon'_{\mathrm{rot},1} = 0.5\varepsilon'_{\mathrm{rot}}$ 时概率最大，进而使用取舍法可以对单个粒子的转动能进行抽样。特别地，对于双原子分子，$\xi_{\mathrm{rot}} = 2$，式 (7.42) 中的 $P$ 简化为常数。此时单个粒子的转动能分布退化为 $[0, \varepsilon'_{\mathrm{rot}}]$ 范围内的均匀分布，不需要取舍法即可确定碰撞后两粒子的转动能大小。

上述讨论仅涉及了平动–转动模式的能量分配。事实上，BL 模型作为一种较为普适的能量分配方法，可以应用于一般性的非弹性碰撞情况 [5]，以下举例进行说明。对于双原子气体，考虑粒子 1、2 的非弹性碰撞，其碰撞总能量为

$$\varepsilon_{\mathrm{coll}} = \varepsilon_{\mathrm{tr}} + \varepsilon_{\mathrm{rot}} + \varepsilon_{\mathrm{vib}} = \varepsilon_{\mathrm{tr}} + (\varepsilon_{\mathrm{rot},1} + \varepsilon_{\mathrm{rot},2}) + (\varepsilon_{\mathrm{vib},1} + \varepsilon_{\mathrm{vib},2}) \tag{7.43}$$

式 (7.43) 同时考虑了碰撞对粒子的平动、转动及振动模式。BL 模型中的一个重要参数为碰撞对的平均自由度 $\overline{\xi}$，对应于式 (7.43) 有

$$\overline{\xi} = (5/2 - \omega_{1\text{-}2}) + \xi_{\mathrm{rot},1}/2 + \xi_{\mathrm{rot},2}/2 + \xi_{\mathrm{vib},1}/2 + \xi_{\mathrm{vib},2}/2 \tag{7.44}$$

式 (7.44) 考虑了多组分时的情况，若粒子 1、2 组分不同，则其平动自由度应采用不同组分对之间的黏性指数 $\omega_{1\text{-}2}$，相关数据可参考 Bird 的专著 [5]。

进一步，考虑采用 BL 模型对碰撞后的某部分能量 $\varepsilon_i$ 进行分配，该部分对应的平均自由度为 $\bar{\xi}_i$，则剩余部分的能量及平均自由度分别为 $(\varepsilon_{\mathrm{coll}} - \varepsilon_i)$ 与 $(\bar{\xi} - \bar{\xi}_i)$。可将式 (7.38) 拓展至一般情况，得到 $\varepsilon_{\mathrm{coll}}$ 固定时 $\varepsilon_i$ 的概率 [5]

$$P = D\varepsilon_i^{\bar{\xi}_i - 1}\left(\varepsilon_{\mathrm{coll}} - \varepsilon_i\right)^{(\bar{\xi} - \bar{\xi}_i) - 1} \tag{7.45}$$

因此，基于式 (7.45)，可以利用取舍法分配碰撞后的 $\varepsilon'_i$。最后，考虑一种能量分配的特殊情况，即待分配的能量 $\varepsilon'_i$ 仅对应于一个单独能量模式，且该模式的自由度为 2，此时 $\bar{\xi}_i = 1$。基于式 (7.45) 可得到 $\varepsilon_i$ 此时的分布函数 [5]

$$f\left(\frac{\varepsilon_i}{\varepsilon_{\mathrm{coll}}}\right) = (\bar{\xi} - 1)\left(1 - \frac{\varepsilon_i}{\varepsilon_{\mathrm{coll}}}\right)^{(\bar{\xi} - 1) - 1} \tag{7.46}$$

进而可以利用 4.1.3 节介绍的逆累积分布函数法，直接抽样得到 $\varepsilon_i'$[3]

$$\varepsilon_i' = \varepsilon_{\text{coll}} \left(1 - R_{\text{f}}^{1/\left(\bar{\xi}-1\right)}\right), \quad R_{\text{f}} \sim U(0,1) \tag{7.47}$$

### 7.2.3 振动能的离散量子模型

在 7.2.1 节及 7.2.2 节中，内能模式能量被假定为连续分布，这对于平动能及转动能来说一般是成立的。而对于振动能来说，由于其能级之间的间距通常较大，此时对于振动能采用基于量子力学的离散化描述更为合理 [3]。以下将对 DSMC 中的振动能量子模型进行简要介绍。

若振动能采用简单谐振子模型进行描述，则对于粒子的某振动模式，其 (相对于基态的) 振动能表达式为 [3]

$$\varepsilon_{\text{vib},i} = ik_{\text{B}}\theta_{\text{vib}} \tag{7.48}$$

其中，$\theta_{\text{vib}}$ 为振动特征温度；$i$ 可取非负整数。进一步，可以将能量连续时的平衡态分布进行推广，得到振动能离散情况下的内能分布函数 [5]

$$\begin{aligned} f\left(\varepsilon_{\text{vib}}, i; T_{\text{vib}}\right) = & \left(1 - \exp\left(-\frac{\theta_{\text{vib}}}{T_{\text{vib}}}\right)\right) \exp\left(-\frac{\varepsilon_{\text{vib}}}{k_{\text{B}}T_{\text{vib}}}\right) \\ & \delta\left(\varepsilon_{\text{vib}} - ik_{\text{B}}\theta_{\text{vib}}\right), \quad i = 0, 1, 2, \cdots, \infty \end{aligned} \tag{7.49}$$

其中，$\delta(\cdot)$ 为狄拉克 delta 函数。利用 delta 函数的性质，对式 (7.49) 的积分等价于对离散振动能分布的叠加。类比式 (7.29) 的形式，可以对粒子所处的初始振动能进行抽样 [5]：

$$\begin{aligned} &\varepsilon_{\text{vib},0} = k_{\text{B}}\theta_{\text{vib}} i_{\text{vib}} \\ &i_{\text{vib}} = \left\lfloor -\ln(R_{\text{f}}) \times \left(\frac{T_{\text{vib}}}{\theta_{\text{vib}}}\right) \right\rfloor, \quad R_{\text{f}} \sim U(0,1) \end{aligned} \tag{7.50}$$

其中，$\lfloor\rfloor$ 为取整符号。

对于非弹性碰撞后的能量分配，Bergemann 和 Boyd 将 BL 模型进一步拓展至振动能离散情况 [17]。若考虑对碰撞对中某个粒子的振动能进行分配，则可以得到 “振动能–碰撞对剩余能量” 的联合概率分布 [5]

$$f(\varepsilon_{\text{vib}}, i; T_{\text{coll}}) f(\varepsilon_{\text{coll}} - \varepsilon_{\text{vib}}; T_{\text{coll}}) \approx (\varepsilon_{\text{coll}} - \varepsilon_{\text{vib}})^{\bar{\xi}_{\text{re}}-1} \delta\left(\varepsilon_{\text{vib}} - ik_{\text{B}}\theta_{\text{vib}}\right) \exp\left(-\frac{\varepsilon_{\text{coll}}}{k_B T_{\text{coll}}}\right) \tag{7.51}$$

其中，$\bar{\xi}_{\mathrm{re}}$ 为碰撞对剩余能量对应的平均自由度。由于 $\varepsilon_{\mathrm{coll}}$ 为定值，则式 (7.5.1) 中的指数项为定值。式 (7.5.1) 实际上给出了 $\varepsilon_{\mathrm{coll}}$ 固定时，振动能取 $\varepsilon'_{\mathrm{vib}}$ 的概率 $P$，当 $P$ 取最大值时有 $\varepsilon'_{\mathrm{vib}}=0(i'=0)$。此时可得到用于取舍法的概率比例 [5]：

$$I=\frac{P}{P_{\max}}=\left(1-\frac{i'k_{\mathrm{B}}\theta_{\mathrm{vib}}}{\varepsilon_{\mathrm{coll}}}\right)^{\bar{\xi}_{\mathrm{re}}-1} \tag{7.52}$$

基于式 (7.52) 可知，应用取舍法得到分配后粒子振动能的步骤如下所述 [3]。

(1) 计算允许的最大振动能级数：$i_{\max}=\lfloor\varepsilon_{\mathrm{coll}}/k_{\mathrm{B}}\theta_{\mathrm{vib}}\rfloor$。

(2) 采用如下公式随机生成一个振动能级：$i'=\lfloor(i_{\max}+1)R_1\rfloor$，其中 $R_1\sim U(0,1)$。

(3) 将 $i'$ 代入式 (7.52)，计算 $I$ 值。

(4) 生成另一个 (0,1) 均匀分布的随机数 $R_2$。若 $R_2\leqslant I$，则可利用 $i'$ 计算得到分配后的粒子振动能 $\varepsilon'_{\mathrm{vib}}=i'k_{\mathrm{B}}\theta_{\mathrm{vib}}$；若 $R_2>I$，则重复上述步骤 (1)~(3)，直到 $R_2\leqslant I$ 为止。

### 7.2.4 非弹性碰撞对选择算法

7.2.2 节和 7.2.3 节介绍的 BL 模型解决了 DSMC 对于发生非弹性碰撞后的粒子能量如何进行分配的问题。为了在宏观上准确反映内能松弛速率，DSMC 的内能模型实现还需要准确设置碰撞对发生非弹性碰撞的概率 $P$，以控制某一时刻发生非弹性碰撞的粒子比例。此外，在 DSMC 中还需要对碰撞对发生非弹性碰撞的选择判断顺序进行设计，该部分算法一般称为非弹性碰撞对选择算法 (inelastic collision pair selection procedures)[3]。

目前常见的 DSMC 程序中，非弹性碰撞对的选择算法主要有三类。以下以平动–转动能量交换进行说明，其算法思想可以直接迁移至平动–振动能量交换。

(1) 粒子对选择 [18](pair selection)：在该方案中，将以概率 $P$ 来判断对碰撞对执行非弹性碰撞，若发生，则碰撞对两个粒子的内能同时进行更新。具体来说，对每一对被选中做非弹性碰撞的粒子对，首先将总能量 $(\varepsilon_{\mathrm{coll}}=\varepsilon_{\mathrm{tr}}+\varepsilon_{\mathrm{rot},1}+\varepsilon_{\mathrm{rot},2})$ 在平动、转动模态间重新分配 $(\varepsilon_{\mathrm{coll}}=\varepsilon'_{\mathrm{tr}}+\varepsilon'_{\mathrm{rot}})$，随后，将转动能 $\varepsilon'_{\mathrm{rot}}$ 在两个粒子间做重新分配 $(\varepsilon'_{\mathrm{rot}}=\varepsilon'_{\mathrm{rot},1}+\varepsilon'_{\mathrm{rot},2})$。该流程即为 7.2.2 节介绍 BL 模型时所基于的流程。

(2) 允许双松弛的粒子选择 [5](particle selection permitting double relaxation)：在该方案中，碰撞对中的每个粒子将各自以概率 $P_i$ 独立判断是否发生非弹性碰撞。如果粒子 1 被选中发生非弹性碰撞，则采用 BL 模型对碰撞对平动能与粒子 1 的内能进行再分配 $(\varepsilon_{\mathrm{tr}}+\varepsilon_{\mathrm{rot},1}=\varepsilon'_{\mathrm{tr}}+\varepsilon'_{\mathrm{rot},1})$；类似地，若粒子 2 进一

步被选中发生非弹性碰撞，则采用 BL 模型对碰撞对平动能与粒子 2 的内能进行再分配 ($\varepsilon'_{\rm tr}+\varepsilon_{\rm rot,2}=\varepsilon''_{\rm tr}+\varepsilon'_{\rm rot,2}$)。

(3) 禁止双松弛的粒子选择 [19−21](particle selection prohibiting double relaxation)：该方案与方案 (2) 类似，区别在于该方案仅允许最多一个粒子发生非弹性碰撞。若第一个粒子发生非弹性碰撞，则算法将直接终止对第二个粒子的非弹性碰撞判断。

经分析不难发现，上述前两个非弹性选择方案在实施过程中均会导致两个粒子的内能分配过程存在耦合 (对于方案 (2)，当两个粒子均被选中发生非弹性碰撞时即发生耦合)。对于多组分问题，该问题会导致 DSMC 无法准确给出组分各自的 Jeans 方程和 Landau-Teller 方程 [19]。此外，即使对于单组分问题，若要同时考虑转动、振动松弛，则上述前两个非弹性选择方案也会导致粒子的转动能及振动能分配存在耦合，使得 DSMC 无法分别给出 Jeans 方程与 Landau-Teller 方程。与前两种方案相比，方案 (3) 在单次碰撞中最多仅对一个粒子的单个内能模式能量进行更新，可以有效避免不同组分、不同内能模式之间的松弛过程耦合问题。

原始版本的禁止双松弛方案是由 Haas 等 [19] 在 1994 年提出的，之后 Gimelshein 等 [20]、Zhang 等 [21] 相继提出了改进版本的禁止双松弛方案。从理论上可证明三种方案可以导出相同的能量松弛速率 [21]。这里以 Zhang 等的版本为例，介绍禁止双松弛方案的执行流程。

图 7.4 为禁止双松弛方案流程图，其中 $R_i$ 为 0 到 1 之间均匀分布的随机数。一个碰撞对在上述流程中只允许其中一个粒子的一个内能模态进行能量更新，更新后该部分程序立即终止。在图 7.4 中，$P_{\rm vib,1}$、$P_{\rm vib,2}$、$P_{\rm rot,2}$、$P_{\rm rot,2}$ 为算法中执行取舍法所用到的选择概率，其具体表达式如图 7.4 右侧所示。其中 $p_{\rm rot,i}$、$p_{\rm vib,i}$ 的表达式分别为

$$p_{\rm rot,i}=\frac{\xi_{\rm tr,pair}+\xi_{{\rm rot},i}}{\xi_{\rm tr,pair}Z_{{\rm rot},i}} \tag{7.53}$$

$$p_{{\rm vib},i}=\frac{\xi_{\rm tr,pair}+\varGamma_{\rm i}}{\xi_{\rm tr,pair}Z_{{\rm vib},i}} \tag{7.54}$$

其中，$\xi_{\rm tr,pair}=5-2\omega_{1-2}$ 为碰撞对等效平动自由度。可见式 (7.53)、式 (7.54) 建立了非弹性碰撞选择概率和内能松弛数之间的对应关系，在 DSMC 模拟中可以根据需要的内能松弛数来确定选择概率。在式 (7.54) 中，若振动能采用连续模型，则 $\varGamma_i=\xi_{{\rm vib},i}$；若振动能采用谐振子离散描述，则 $\varGamma_i=\xi_{{\rm vib},i}\left(T\right)^2\exp\left(\theta_{\rm vib}/T\right)/2$[20]，其中 Zhang 等 [21] 建议 $T$ 取为网格平动温度 $T_{\rm tr}$。

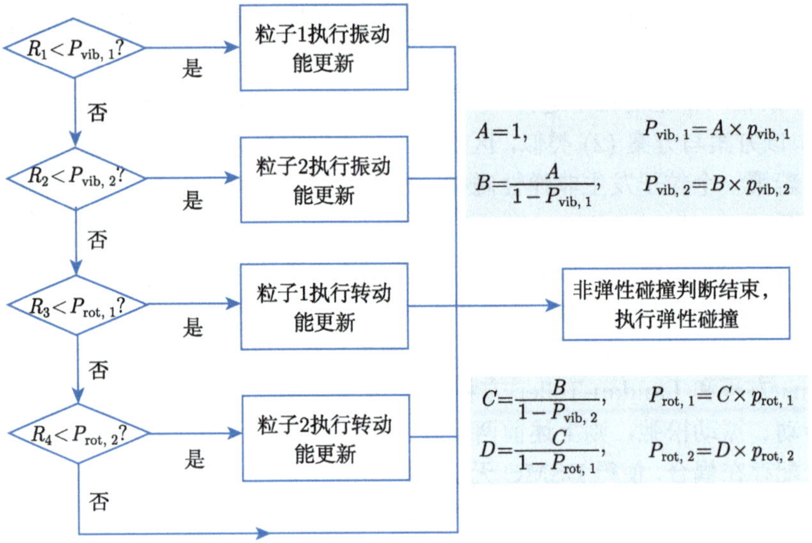


图 7.4　禁止双松弛的非弹性碰撞对选择方案 [21]

最后需要指出，对于任何形式的禁止双松弛选择方案，都需满足如下条件：

$$p_{\text{rot},1} + p_{\text{rot},2} + p_{\text{vib},1} + p_{\text{vib},2} < 1 \tag{7.55}$$

由于气体的振动松弛数一般很大 ($p_{\text{vib},i}$ 很小)，因此在图 7.4 所展示的方案中首先对分子振动模式进行选择判断，以保证气体在转动松弛速率很快的情况下仍可得到准确的振动松弛速率。

## 7.3　多原子分子气体流动的 DSMC 应用实例

本节给出了 DSMC 方法求解双原子气体热非平衡流动的一些实例。

### 7.3.1　热非平衡气体的多温度松弛

多原子气体的多温度松弛问题是最为简单的热非平衡测试算例之一，该问题不涉及分子的迁移，仅考虑由分子碰撞引起的能量松弛过程，故在文献中常被用于验证 DSMC 多原子内能模型的实现正确性 [19−21]。

本节采用 DSMC 开源软件 SPARTA[22] 模拟了氮气的多温度松弛问题。该问题为一“零维”问题，即在模拟时无须在任何方向上划分网格，粒子仅被布置于一个网格内进行碰撞，发生能量交换。模拟时氮气分子的弹性碰撞模型采用 VSS 模型，非弹性碰撞采用 7.2.4 节介绍的禁止双松弛粒子选择算法进行处理，其中对于氮气的振动能采用了离散能级描述。转动松弛数和振动松弛数随平动温度的变化规律分别满足 Parker 模型和 M-W 模型，其中对于振动松弛数采用了 Hass 和 Boyd 提出的高温修正，其具体实现方法见 7.1.3 节。

为了验证 DSMC 模拟结果和 Jeans 方程、Landau-Teller 方程理论结果的一致性，本节在模拟时参考了 Zhang 等 [21] 的做法，在模拟过程中始终控制系统平动温度 $T_{\text{tr}}$ 不变。此时，系统的平均碰撞时间 $\tau$ 和内能松弛数 $Z_{\text{i}}$ 均为定值，使得气体的转动、振动温度松弛方程 (式 (7.15) 和式 (7.16)) 可以退化为常微分方程。对式 (7.15)、式 (7.16) 分别积分，可以得到在等温弛豫条件下，转动、振动温度松弛的理论解：

$$\frac{T_{\text{rot}}(\infty)-T_{\text{rot}}(t)}{T_{\text{rot}}(\infty)-T_{\text{rot}}(0)}=\exp\left(-\frac{t}{\tau Z_{\text{rot}}}\right) \tag{7.56}$$

$$\frac{\xi_{\text{vib}}(\infty)T_{\text{vib}}(\infty)-\xi_{\text{vib}}(t)T_{\text{vib}}(t)}{\xi_{\text{vib}}(\infty)T_{\text{vib}}(\infty)-\xi_{\text{vib}}(0)T_{\text{vib}}(0)}=\exp\left(-\frac{t}{\tau Z_{\text{vib}}}\right) \tag{7.57}$$

在式 (7.56) 和式 (7.57) 中，待求变量 $T_{\text{rot}}$、$\xi_{\text{vib}}T_{\text{vib}}$ 的初态、终态均已知，其变化过程可通过式 (7.56) 和式 (7.57) 分别给出。根据振动自由度的定义 (式 (7.8))，可知 $\xi_{\text{vib}}T_{\text{vib}}$ 实为温度 $T_{\text{vib}}$ 的函数：

$$\xi_{\text{vib}}T_{\text{vib}}=\frac{2\theta_{\text{vib}}}{\exp\left(\theta_{\text{vib}}/T_{\text{vib}}\right)-1} \tag{7.58}$$

利用式 (7.58) 可反解得到 $T_{\text{vib}}$。利用上述理论解可以对 DSMC 的模拟结果进行验证。

图 7.5 展示了两组多温度松弛模拟结果，其平动温度分别控制为 5000 K 和 10000 K，初始转动、振动温度均为 500 K。图中横坐标时间 $t$ 采用平均碰撞时间 $\tau$ 进行无量纲化。为降低 DSMC 统计噪声，模拟时粒子数设置为 100000，且计算产生了多个独立样本进行系综平均。

由图 7.5 可见，对于不同的平动温度情况，DSMC 模拟给出的转动温度、振动温度的变化结果均与 Jeans 方程、Landau-Teller 方程给出的理论结果吻合，从而验证了 DSMC 模拟的正确性。对比图 7.5(a) 和 (b) 可见，在两组模拟中，转动温度均在极快的时间内与平动温度达到平衡；对于振动温度，其在低温情况下在模拟时间范围内未与平动温度达到平衡，而在高温情况下则能够较快地与平动温度达到平衡。这是因为在模拟中，低温情况下的振动松弛数 (=6841) 远高于高温情况 (=328)。

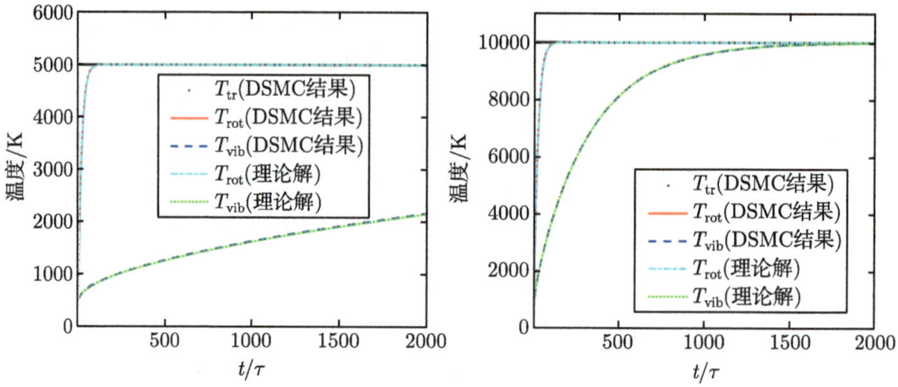


(a) 温度为5000 K时　　(b) 温度为10000 K时

图 7.5　零维多温度松弛过程的 DSMC 模拟结果与理论解对比

平动温度分别为 (a)5000 K 与 (b)10000 K，转动温度、振动温度初始均为 500 K

### 7.3.2　高超声速圆柱绕流

圆柱绕流是高超声速流动的经典问题之一，绝大多数高超声速飞行器的头部或机翼前缘附近的流动可简化为圆柱绕流。本节使用 DSMC 软件 SPARTA 模拟该问题，模拟的自由来流数密度为 $n_\infty = 1.61\times10^{21}\ \text{m}^{-3}$，速度为 $V_\infty = 4510\ \text{m/s}$，温度为 $T_{\text{tr}} = T_{\text{rot}} = T_{\text{vib}} = 217.5\ \text{K}$。圆柱直径为 0.08 m，壁面温度设定为 1000 K，分子在壁面的反射遵循完全漫反射模型。模拟气体为氮气，碰撞模型采用 VHS 模型 [23]，转动松弛数和振动松弛数随平动温度的变化规律分别满足 Parker 模型和 M-W 模型。由上述参数确定的流动无量纲参数为 $Ma = 15$，$Kn = 0.01$。

图 7.6 展示了圆柱绕流的平动、转动和振动温度分布情况。从平动温度分布来看，高速气体在圆柱前方受到压缩，形成一道弓形激波，激波后平动温度迅速上升到 10000 K 以上；在弓形激波后，平动能逐渐向转动能、振动能松弛，平动温度有所下降，转动温度、振动温度逐渐上升。由于转动松弛数远小于振动松弛数，转动温度上升的速度较快，激波后转动温度的峰值在 8500 K 以上；而振动温度上升的速度较慢，峰值约为 4000 K。由于圆柱壁面设置为恒温冷壁，边界层内呈现出较强的温度梯度。

为进一步验证 DSMC 模拟的准确性，利用 DSMC 统计的壁面热流 $q_{\text{surf}}$ 计算了热流系数：

$$C_{\text{f}} = \frac{q_{\text{surf}}}{\dfrac{1}{2}\rho_\infty V_\infty^3} \tag{7.59}$$

图 7.7 展示了目前的 DSMC 模拟结果与 Deschenes 和 Boyd[23] 基于 DSMC 方法的模拟结果的对比，可见两者在沿圆柱的周向范围内均符合较好，进一步验证了本节 DSMC 模拟的计算准确性。

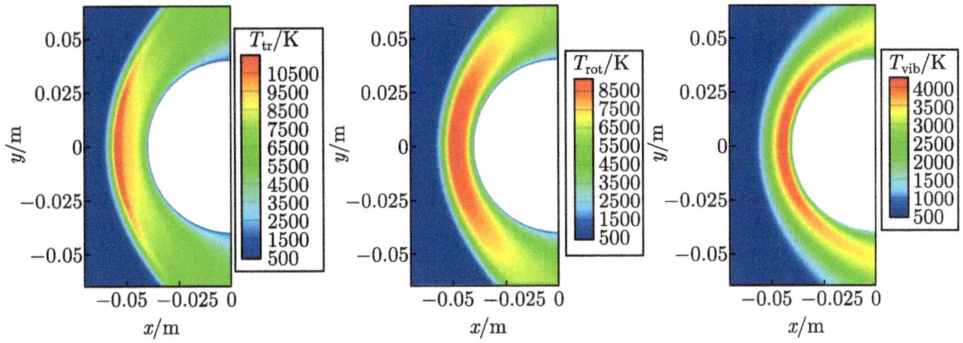


图 7.6 圆柱绕流的平动、转动、振动温度云图

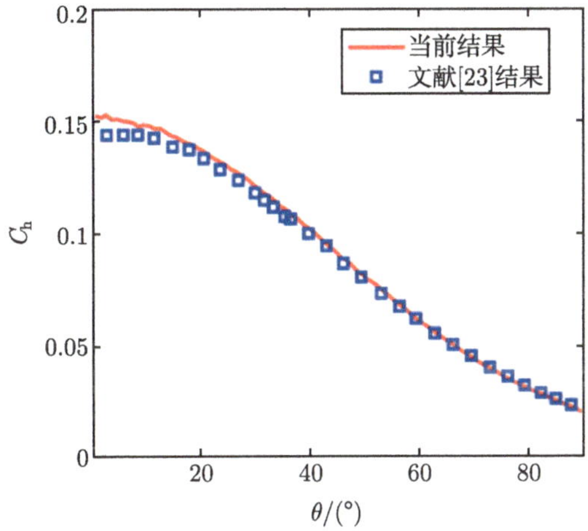


图 7.7 壁面热流系数沿圆柱上壁面分布

# 参 考 文 献

[1] Anderson J D. Hypersonic and High-Temperature Gas Dynamics. 3rd ed. Reston, Virginia: AIAA, 2019.

[2] 苏汝铿. 统计物理学. 北京: 高等教育出版社, 2004.

[3] Boyd I D, Schwartzentruber T E. Nonequilibrium Gas Dynamics and Molecular Simulation. Cambridge: Cambridge University Press, 2017.

[4] 卞荫贵, 徐立功. 气动热力学. 合肥: 中国科学技术大学出版社, 2011.

[5] Bird G A. Molecular Gas Dynamics and the Direct Simulation of Gas Flows. Oxford: Clarendon Press, 1994.

[6] 沈青. 稀薄气体动力学. 北京: 国防工业出版社, 2003.

[7] Carnevale E H, Carey C, Larson G. Ultrasonic determination of rotational collision numbers and vibrational relaxation times of polyatomic gases at high temperatures.

The Journal of Chemical Physics, 1967, 47(8): 2829-2835.

[8] Streicher J W, Krish A, Hanson R K, et al. Shock-tube measurements of coupled vibration-dissociation time-histories and rate parameters in oxygen and argon mixtures from 5000 K to 10000 K. Physics of Fluids, 2020, 32(7): 076103.

[9] Valentini P, Zhang C, Schwartzentruber T E. Molecular dynamics simulation of rotational relaxation in nitrogen: implications for rotational collision number models. Physics of Fluids, 2012, 24(10): 106101.

[10] Hong Q, Storchi L, Sun Q, et al. Improved quantum-classical treatment of $N_2$-$N_2$ inelastic collisions: effect of the potentials and complete rate coefficient data sets. Journal of Chemical Theory and Computation, 2023, 19(23): 8557-8571.

[11] Parker J G. Rotational and vibrational relaxation in diatomic gases. Physics of Fluids, 1959, 2(4): 449.

[12] Lordi J A, Mates R E. Rotational relaxation in nonpolar diatomic gases. Physics of Fluids, 1970, 13(2): 291-308.

[13] Millikan R C, White D R. Systematics of vibrational relaxation. The Journal of Chemical Physics, 1963, 39(12): 3209-3213.

[14] Park C. Review of chemical-kinetic problems of future NASA missions. I. Earth entries. Journal of Thermophysics and Heat Transfer, 1993, 7(3): 385-398.

[15] Haas B L, Boyd I D. Models for direct Monte Carlo simulation of coupled vibration-dissociation. Physics of Fluids A: Fluid Dynamics, 1993, 5(2): 478-489.

[16] Borgnakke C, Larsen P S. Statistical collision model for Monte Carlo simulation of polyatomic gas mixture. Journal of Computational Physics, 1975, 18(4): 405-420.

[17] Bergemann F, Boyd I D. New discrete vibrational energy model for the direct simulation Monte Carlo method//Shizgal B D, Weaver D P. Rarefied Gas Dynamics: Experimental Techniques and Physical Systems. Washington, D. C: American Institute of Aeronautics and Astronautics, 1994: 174-183.

[18] Lumpkin F E, Haas B L, Boyd I D. Resolution of differences between collision number definitions in particle and continuum simulations. Physics of Fluids A: Fluid Dynamics, 1991, 3(9): 2282-2284.

[19] Haas B L, Hash D B, Bird G A, et al. Rates of thermal relaxation in direct simulation Monte Carlo methods. Physics of Fluids, 1994, 6(6): 2191-2201.

[20] Gimelshein N E, Gimelshein S F, Levin D A. Vibrational relaxation rates in the direct simulation Monte Carlo method. Physics of Fluids, 2002, 14(12): 4452-4455.

[21] Zhang C, Schwartzentruber T E. Inelastic collision selection procedures for direct simulation Monte Carlo calculations of gas mixtures. Physics of Fluids, 2013, 25(10): 2191-2201.

[22] Plimpton S J, Moore S G, Borner A, et al. Direct simulation Monte Carlo on petaflop supercomputers and beyond. Physics of Fluids, 2019, 31(8): 086101.

[23] Deschenes T R, Boyd I D. Extension of a modular particle-continuum method to vibrationally excited, hypersonic flows. AIAA Journal, 2011, 49(9): 1951-1959.

# 第 8 章　化学反应

在高超声速流动中，多原子气体的化学反应主要包括离解反应、复合反应和置换反应等。这些反应过程不仅会改变气体的宏观热力学性质，还会影响高超声速飞行器的气动特性。在 DSMC 方法中，通常采用基于唯象理论的反应概率模型来刻画碰撞粒子对的化学反应行为，以确保在宏观尺度上准确再现目标化学反应的动力学特征，从而实现对复杂气动热化学过程的可靠模拟。

本章首先对宏观流动的经典化学反应速率模型进行介绍；其次，对 DSMC 中的化学反应模型以及反应后的粒子能量分配方案进行介绍；最后，通过零维离解-复合系统算例对化学反应模型进行验证，并进一步通过二维高超声速圆柱绕流算例，探讨化学反应对高超声速飞行器气动特性的影响。

## 8.1　宏观流动的化学反应速率模型

对于任意化学反应过程，其一般化学反应式可以用化学计量数和相应组分表示为

$$\nu_{\mathrm{r},1}X_1+\nu_{\mathrm{r},2}X_2+\cdots\longrightarrow\nu_{\mathrm{p},1}X_1+\nu_{\mathrm{p},2}X_2+\cdots \tag{8.1}$$

其中，$\nu$ 为化学计量数；下标 r 和 p 分别代表反应物和生成物。例如，对于由氮气分子催化的氮气离解反应 $\mathrm{N_2}+\mathrm{N_2}\longrightarrow\mathrm{N}+\mathrm{N}+\mathrm{N_2}$，在 $X_1$ 为 $\mathrm{N_2}$、$X_2$ 为 N 的条件下，对应 $\nu_{\mathrm{r},1}=2$、$\nu_{\mathrm{r},2}=0$、$\nu_{\mathrm{p},1}=1$、$\nu_{\mathrm{p},2}=2$。

根据化学动力学理论 [1]，$X_i$ 的生成速率可以表示为

$$\frac{\mathrm{d}\left[X_i\right]}{\mathrm{d}t}=\nu_{\mathrm{p},i}k(T)\prod_{s}\left[X_s\right]^{\nu_{\mathrm{r},s}} \tag{8.2}$$

其中，$[X_i]$ 表示 $X_i$ 的物质的量浓度；$k$ 为化学速率常数，是一个依赖于温度的参数，通常由实验进行确定。在一定温度区间内，$k$ 的取值可以通过阿伦尼乌斯 (Arrhenius) 公式进行拟合，其形式为式 (8.3) 所示

$$k(T)=AT^{b}\exp\left(-\frac{\varepsilon_{\mathrm{a}}}{k_{\mathrm{B}}T}\right) \tag{8.3}$$

其中，$A$、$b$、$\varepsilon_{\mathrm{a}}$ 均为常数；$\varepsilon_{\mathrm{a}}$ 称作反应活化能。

对于一般的化学反应过程，正向 (生成 $X_i$ 的反应方向) 和逆向 (消耗 $X_i$ 的反应方向) 反应过程同时进行，因此对于 $X_i$ 的实际生成速率需要同时考虑正逆过程的综合作用

$$\frac{\mathrm{d}\left[X_i\right]}{\mathrm{d}t}=\nu_{\mathrm{p},i}k_{\mathrm{f}}\prod_{s}\left[X_s\right]^{\nu_{\mathrm{r},s}}-\nu_{\mathrm{r},i}k_{\mathrm{b}}\prod_{t}\left[X_t\right]^{\nu_{\mathrm{p},t}} \tag{8.4}$$

式中，$k_{\mathrm{f}}$ 和 $k_{\mathrm{b}}$ 分别代表正向和逆向化学速率常数。

化学平衡态是指反应物和生成物的浓度均达到稳定的状态，根据化学动力学理论，此时正向和逆向反应速率相等。根据式 (8.4) 可以得到

$$\nu_{\mathrm{p},i}k_{\mathrm{f}}\prod_{s}\left[X_s^*\right]^{\nu_{\mathrm{r},s}}=\nu_{\mathrm{r},i}k_{\mathrm{b}}\prod_{t}\left[X_t^*\right]^{\nu_{\mathrm{p},t}} \tag{8.5}$$

其中，$[X^*]$ 表示化学平衡态时组分 $X$ 的物质的量浓度。在化学平衡态下，各组分的浓度稳定，进一步可定义平衡化学速率常数:

$$k_{\mathrm{c}}=\frac{k_{\mathrm{f}}}{k_{\mathrm{b}}}=\frac{\nu_{\mathrm{r},i}\prod\limits_{t}\left[X_t^*\right]^{\nu_{\mathrm{p},t}}}{\nu_{\mathrm{p},i}\prod\limits_{s}\left[X_s^*\right]^{\nu_{\mathrm{r},s}}} \tag{8.6}$$

利用反应体系的配分函数，平衡化学速率常数一般可以预先确定 [2]。这样，在确定任一方向的化学速率常数后，利用平衡化学速率常数可以计算得到另一方向的化学速率常数。需要注意的是，对于不同催化组分参与的同种反应，其化学速率常数通常是不同的，但通过配分函数计算得到的平衡化学速率常数却是相同的 [2]，这时引入平衡化学速率常数可以有效简化描述化学反应的参数集。

## 8.2　DSMC 方法中的化学反应模型

### 8.2.1　DSMC 方法中的离解化学反应速率模型

在 DSMC 等粒子方法中，不仅需要考虑化学反应速率 (即有多少粒子参与化学反应)，还需要考虑粒子的物理参数对化学反应的偏向作用 (即哪些粒子更容易发生化学反应)。基于 DSMC 方法的基本框架，已有许多化学反应模型被提出。在具体实施时，通过将粒子对碰撞过程和化学反应耦合，根据粒子对的信息计算发生化学反应的概率，能够直接简单地解决上述两个问题。

由前述章节对于弹性碰撞的分析可知，粒子对的相对速度大小会影响碰撞发生的概率。类似地，在化学反应过程中，粒子对的能量、碰撞角度等信息也会影响化学反应发生的概率。在微观层面，化学反应的发生遵循如下两条基本规则: ① 当发生碰撞的粒子对能量超过一定阈值 (即活化能) 时，碰撞有机会破坏原子

间的化学键；② 碰撞角度正对化学键时有更大的概率破坏化学键，从而发生化学反应。

基于以上对化学反应碰撞的描述，这里介绍 Bird[3] 提出的 TCE (total collision energy) 化学反应模型。对于 DSMC 中的二体碰撞，如果认为总碰撞能等于碰撞粒子对的相对平动能和内能之和，即

$$\varepsilon_{\text{coll}} = \varepsilon_{\text{tr,1-2}} + \varepsilon_{\text{rot,1}} + \varepsilon_{\text{rot,2}} + \varepsilon_{\text{vib,1}} + \varepsilon_{\text{vib,2}} \tag{8.7}$$

则在 TCE 模型中，粒子对发生化学反应的概率 $P_{\text{react}}$ 与粒子对总碰撞能 $\varepsilon_{\text{coll}}$ 满足如下关系：

$$P_{\text{react}} = \begin{cases} 0, & \varepsilon_{\text{coll}} \leqslant \varepsilon_{\text{a}} \\ C_1(\varepsilon_{\text{coll}} - \varepsilon_{\text{a}})^{C_2}(1 - \varepsilon_{\text{a}}/\varepsilon_{\text{coll}})^{C_3}, & \varepsilon_{\text{coll}} > \varepsilon_{\text{a}} \end{cases} \tag{8.8}$$

其中，$C_1$、$C_2$、$C_3$ 为待定常数，可以根据 Arrhenius 公式中的参数进行标定。

为了使 TCE 模型给出的反应速率与 Arrhenius 公式相匹配，需要首先求得 TCE 模型在统计意义上的化学反应速率。在热平衡 ($T_{\text{tr}} = T_{\text{rot}} = T_{\text{vib}} = T$) 假设下，与催化剂粒子 P 碰撞发生化学反应的粒子 M 的反应速率可以表示为

$$\frac{\mathrm{d}n_{\text{M}}}{\mathrm{d}t} = -Z_{\text{MP}} \int_{\varepsilon_{\text{a}}}^{\infty} P_{\text{react}}(\varepsilon_{\text{coll}}) f(\varepsilon_{\text{coll}}) \mathrm{d}(\varepsilon_{\text{coll}}) \tag{8.9}$$

其中，$Z_{\text{MP}}$ 为粒子 M 与 P 的碰撞数；$f(\varepsilon_{\text{coll}})$ 是从参与碰撞的粒子对中统计出的总碰撞能分布函数。为使问题简化，在近平衡分布假设下，$f(\varepsilon_{\text{coll}})$ 可以取 Boltzmann 能量分布 $f_0(\varepsilon_{\text{coll}})$，即

$$f(\varepsilon_{\text{coll}}) = \frac{1}{k_{\text{B}} T \Gamma(\xi_{\text{T}}/2)} \left(\frac{\varepsilon_{\text{coll}}}{k_{\text{B}} T}\right)^{\xi_{\text{T}}/2-1} \mathrm{e}^{-\frac{\varepsilon_{\text{coll}}}{k_{\text{B}} T}} \tag{8.10}$$

式 (8.10) 中的 $\xi_{\text{T}}$ 为 $\varepsilon_{\text{coll}}$ 对应的总自由度，在 VHS 模型假设下有

$$\xi_{\text{T}} = (5 - 2\omega) + \xi_{\text{rot,M}} + \xi_{\text{rot,P}} + \xi_{\text{vib,M}} + \xi_{\text{vib,P}} \tag{8.11}$$

根据分子动理论，可以得到碰撞数 $Z_{\text{MP}}$ 和碰撞截面积 $\sigma_{\text{MP}}$ 之间的关系式 [3]：

$$Z_{\text{MP}} = \frac{1}{1 + \delta_{\text{MP}}} n_{\text{M}} n_{\text{P}} \overline{\sigma_{\text{MP}} c_{\text{r}}} \tag{8.12}$$

式中，$\delta_{\text{MP}}$ 为对称因子，当 M = P 时有 $\delta_{\text{MP}} = 1$，否则 $\delta_{\text{MP}} = 0$。

在 VHS 模型假设下，有 [4]

$$\overline{\sigma_{\mathrm{MP}}c_{\mathrm{r}}}=\pi d_{\mathrm{ref}}^{2}\frac{c_{\mathrm{r,ref}}^{2\omega-1}}{\langle c_{\mathrm{r}}^{2\omega-2}\rangle} \tag{8.13}$$

其中，$c_{\mathrm{r,ref}}^{2\omega-1}$ 根据 VHS 模型对参考相对速度的定义可表示为

$$c_{\mathrm{r,ref}}^{2\omega-1}=\left\langle c_{\mathrm{r}}^{2\omega-1}\right\rangle_{\mathrm{collision}}^{T=T_{\mathrm{ref}}}=\frac{(2k_{\mathrm{B}}T_{\mathrm{ref}}/m_{\mathrm{r}})^{\omega-1/2}}{\Gamma(5/2-\omega)} \tag{8.14}$$

其中，下标 collision 代表该物理量从参与碰撞的粒子对中统计得出。进一步，利用近平衡分布假设下质心速度 $c_{\mathrm{m}}$ 和相对速度 $c_{\mathrm{r}}$ 的平衡态分布 (式 (2.97) 和式 (2.98))，可以求得式 (8.13) 中的分母项为

$$\left\langle c_{\mathrm{r}}^{2\omega-2}\right\rangle=\int_{0}^{\infty}f_{\mathrm{M},c_{\mathrm{m}}}(c_{\mathrm{m}})\,\mathrm{d}c_{\mathrm{m}}\int_{0}^{\infty}c_{\mathrm{r}}^{2\omega-2}f_{\mathrm{M},c_{\mathrm{r}}}(c_{\mathrm{r}})\,\mathrm{d}c_{\mathrm{r}}=\frac{2}{\sqrt{\pi}}\left(\frac{2k_{\mathrm{B}}T}{m_{\mathrm{r}}}\right)^{\omega-1}\Gamma\left(\omega+\frac{1}{2}\right) \tag{8.15}$$

将式 (8.14)、式 (8.15) 代入式 (8.13)，可以得到

$$\overline{\sigma_{\mathrm{MP}}c_{\mathrm{r}}}=2\sqrt{\pi}d_{\mathrm{ref}}^{2}\sqrt{\frac{2k_{\mathrm{B}}T_{\mathrm{ref}}}{m_{\mathrm{r}}}}\left(\frac{T}{T_{\mathrm{ref}}}\right)^{1-\omega} \tag{8.16}$$

将式 (8.8)、式 (8.10)、式 (8.12) 代入式 (8.9)，整理得到

$$\begin{aligned}\frac{\mathrm{d}n_{\mathrm{M}}}{\mathrm{d}t}=&-\frac{2}{1+\delta_{\mathrm{MP}}}n_{\mathrm{M}}n_{\mathrm{P}}d_{\mathrm{ref}}^{2}\sqrt{\frac{2\pi k_{\mathrm{B}}T_{\mathrm{ref}}}{m_{\mathrm{r}}}}\left(\frac{T}{T_{\mathrm{ref}}}\right)^{1-\omega}\\&\times\int_{\varepsilon_{\mathrm{a}}}^{\infty}C_{1}(\varepsilon_{\mathrm{coll}}-\varepsilon_{\mathrm{a}})^{C_{2}}\left(1-\frac{\varepsilon_{\mathrm{a}}}{\varepsilon_{\mathrm{coll}}}\right)^{C_{3}}\frac{1}{k_{\mathrm{B}}T\Gamma(\xi_{\mathrm{T}}/2)}\left(\frac{\varepsilon_{\mathrm{coll}}}{k_{\mathrm{B}}T}\right)^{\xi_{\mathrm{T}}/2-1}\mathrm{e}^{-\frac{\varepsilon_{\mathrm{coll}}}{k_{\mathrm{B}}T}}\mathrm{d}(\varepsilon_{\mathrm{coll}})\end{aligned} \tag{8.17}$$

观察到当 $C_3$ 取 $\xi_{\mathrm{T}}/2-1$ 的形式时，式 (8.17) 的积分项中包含 $\varepsilon_{\mathrm{coll}}$ 的幂次项均以 $\varepsilon_{\mathrm{coll}}-\varepsilon_{\mathrm{a}}$ 出现，便于积分求解。通过换元法，将积分变量 $\varepsilon_{\mathrm{coll}}$ 替换为 $t=\dfrac{\varepsilon_{\mathrm{coll}}-\varepsilon_{\mathrm{a}}}{kT}$ 可以得到

$$\frac{\mathrm{d}n_{\mathrm{M}}}{\mathrm{d}t}=-\frac{n_{\mathrm{M}}n_{\mathrm{P}}d_{\mathrm{ref}}^{2}}{1+\delta_{\mathrm{MP}}}\sqrt{\frac{8\pi k_{\mathrm{B}}T_{\mathrm{ref}}}{m_{\mathrm{r}}}}\left(\frac{T}{T_{\mathrm{ref}}}\right)^{1-\omega}\frac{C_{1}(k_{\mathrm{B}}T)^{C_{2}}}{\Gamma(\xi_{\mathrm{T}}/2)}\mathrm{e}^{-\frac{\varepsilon_{\mathrm{a}}}{k_{\mathrm{B}}T}}\int_{0}^{\infty}t^{C_{2}+\xi_{\mathrm{T}}/2-1}\mathrm{e}^{-t}\mathrm{d}t \tag{8.18}$$

进一步，将式 (8.18) 中的积分项写为伽马函数形式，可得到最终 TCE 模型的化学反应速率表达式：

$$\frac{\mathrm{d}n_{\mathrm{M}}}{\mathrm{d}t}=-\frac{n_{\mathrm{M}}n_{\mathrm{P}}d_{\mathrm{ref}}^{2}}{1+\delta_{\mathrm{MP}}}\sqrt{\frac{8\pi k_{\mathrm{B}}T_{\mathrm{ref}}}{m_{\mathrm{r}}}}\left(\frac{T}{T_{\mathrm{ref}}}\right)^{1-\omega}\frac{\Gamma(C_2+\xi_{\mathrm{T}}/2)}{\Gamma(\xi_{\mathrm{T}}/2)}C_1(k_{\mathrm{B}}T)^{C_2}\mathrm{e}^{-\frac{\varepsilon_{\mathrm{a}}}{k_{\mathrm{B}}T}} \tag{8.19}$$

接下来，可将 TCE 模型计算的化学反应速率与 8.1 节介绍的宏观化学反应速率相匹配，确定 TCE 模型中的待定参数。由式 (8.2)～ 式 (8.3)，对于 M+P $\longrightarrow$ $\cdots$ 型的离解反应，其宏观反应速率公式为

$$\frac{\mathrm{d}n_{\mathrm{M}}}{\mathrm{d}t}=-aT^{b}\mathrm{e}^{-\frac{\varepsilon_{\mathrm{a}}}{k_{\mathrm{B}}T}}n_{\mathrm{M}}n_{\mathrm{P}} \tag{8.20}$$

区别于式 (8.3) 中的 $A$，式 (8.20) 中的 $a$ 代表速率公式在数密度形式下的系数项。对比式 (8.19) 与式 (8.20)，按 $T$ 的幂次和常数项求解待定系数可以分别得到

$$C_2=b-1+\omega \tag{8.21}$$

$$C_1=a\frac{1+\delta_{\mathrm{MP}}}{d_{\mathrm{ref}}^{2}}\sqrt{\frac{m_{\mathrm{r}}}{8\pi k_{\mathrm{B}}T_{\mathrm{ref}}}}\frac{\Gamma(\xi_{\mathrm{T}}/2)}{\Gamma(C_2+\xi_{\mathrm{T}}/2)}\frac{T_{\mathrm{ref}}^{1-\omega}}{k_{\mathrm{B}}^{C_2}} \tag{8.22}$$

最后，需要强调的是，上述推导 TCE 模型的过程适用于所有基于二体碰撞的反应过程，因此对于置换反应可以类比上述过程进行分析。

### 8.2.2 DSMC 方法中的复合化学反应速率模型

在处理离解反应时，由于反应式左端的两粒子与 DSMC 二体碰撞相对应，处理总能量和计算速率时不需要额外的修正。对于 $\mathrm{A}_1+\mathrm{A}_2+\mathrm{P}\longrightarrow\mathrm{M}+\mathrm{P}$ 型的复合反应，$k_{\mathrm{b}}$ 由 $k_{\mathrm{f}}$ 和 $k_{\mathrm{c}}$ 决定，通常式中包含活化能的指数项会被消掉，得到不包含活化能的表达式 [5]：

$$k_{\mathrm{b}}=\frac{a_{\mathrm{f}}}{a_{\mathrm{c}}}T^{b_{\mathrm{f}}-b_{\mathrm{c}}} \tag{8.23}$$

式中，$a_{\mathrm{f}}$、$b_{\mathrm{f}}$ 与 $a_{\mathrm{c}}$、$b_{\mathrm{c}}$ 分别代表 $k_{\mathrm{f}}$ 与 $k_{\mathrm{c}}$ 中的系数。

上述复合反应的宏观反应速率公式为

$$\frac{\mathrm{d}n_{\mathrm{A}_1}}{\mathrm{d}t}=\frac{\mathrm{d}n_{\mathrm{A}_2}}{\mathrm{d}t}=-k_{\mathrm{b}}n_{\mathrm{A}_1}n_{\mathrm{A}_2}n_{\mathrm{P}} \tag{8.24}$$

由于原始的 DSMC 只能处理二体碰撞，因此对于三粒子参与的复合反应需要做额外处理。Bird[6] 最早提出将 $\mathrm{A}_1$、$\mathrm{A}_2$ 首先通过二体碰撞的方法生成一个伪粒子 (pseudo particle)，根据总碰撞能确定伪粒子的留存时间，在这个时间范围

内，伪粒子可以与第三个粒子发生碰撞进行复合反应。之后 Boyd[5] 指出，这种方法在一些极端情况下可能导致伪粒子的存留时间过长，不符合物理实际，计算也比较复杂。一种更简单的方法是在选中可能进行复合反应的粒子对后，随机抽取网格内的粒子作为第三粒子进行复合反应的判定，此时相应的 TCE 模型反应速率公式为

$$\frac{\mathrm{d}n_{\mathrm{A}_1}}{\mathrm{d}t}=\frac{\mathrm{d}n_{\mathrm{A}_2}}{\mathrm{d}t}=-\frac{n_{\mathrm{P}}}{n}Z_{\mathrm{A}_1\mathrm{A}_2}\int_{\varepsilon_{\mathrm{a}}}^{\infty}P_{\mathrm{react}}(\varepsilon_{\mathrm{coll}})f(\varepsilon_{\mathrm{coll}})\mathrm{d}(\varepsilon_{\mathrm{coll}}) \tag{8.25}$$

式中，$n_{\mathrm{P}}/n$ 项代表从所有粒子中选中对应的 P 粒子作为第三粒子的概率。为保证复合微观过程的动量和能量守恒，第三粒子 P 对总碰撞能贡献的平动能是按 $\mathrm{A}_1$、$\mathrm{A}_2$ 复合生成的伪粒子 M 和 P 的相对平动能，此时总碰撞能的表达式为

$$\varepsilon_{\mathrm{coll}}=\varepsilon_{\mathrm{tr,A_1\text{-}A_2}}+\varepsilon_{\mathrm{tr,M\text{-}P}}+\varepsilon_{\mathrm{rot,P}}+\varepsilon_{\mathrm{vib,P}} \tag{8.26}$$

需要注意的是，碰撞对 $\mathrm{A}_1$-$\mathrm{A}_2$ 因为有相对速度对碰撞选取的偏向作用，因此 $\varepsilon_{\mathrm{tr,A_1\text{-}A_2}}$ 对应的自由度为 $5-2\omega_{\mathrm{A_1\text{-}A_2}}$；而 P 是被随机选取的，因此 $\varepsilon_{\mathrm{tr,M\text{-}P}}$ 对应的自由度为 3。此时对应于总碰撞能的总自由度为

$$\xi_{\mathrm{T}}=(5-2\omega_{\mathrm{A_1\text{-}A_2}})+3+\xi_{\mathrm{rot,P}}+\xi_{\mathrm{vib,P}} \tag{8.27}$$

类比 8.2.1 节的 TCE 模型推导过程，取 $\varepsilon_{\mathrm{a}}=0$，可以得到复合反应对应的模型参数：

$$C_2=b_{\mathrm{f}}-b_{\mathrm{c}}-1+\omega_{\mathrm{A_1\text{-}A_2}} \tag{8.28}$$

$$C_1=n\frac{a_{\mathrm{f}}}{a_{\mathrm{c}}}\frac{1+\delta_{\mathrm{A_1\text{-}A_2}}}{d^2_{\mathrm{ref,A_1\text{-}A_2}}}\sqrt{\frac{m_{\mathrm{r,A_1\text{-}A_2}}}{8\pi k_{\mathrm{B}}T_{\mathrm{ref,A_1\text{-}A_2}}}}\frac{\Gamma(\xi_{\mathrm{T}}/2)}{\Gamma(C_2+\xi_{\mathrm{T}}/2)}\frac{T_{\mathrm{ref,A_1\text{-}A_2}}^{1-\omega_{\mathrm{A_1\text{-}A_2}}}}{k_{\mathrm{B}}^{C_2}} \tag{8.29}$$

### 8.2.3 化学反应后粒子速度和能量分配

由 8.2.1 节和 8.2.2 节内容可知，在 DSMC 方法中，执行碰撞的粒子对会按照概率 $P_{\mathrm{react}}$ 进行化学反应判定。若化学反应发生，则需要进一步对化学反应后所有生成物粒子的能量和速度进行分配。具体来说，可根据反应的放热或吸热性质，首先得到化学反应后的粒子对总碰撞能；进一步，可使用 7.2.2 节介绍的 BL 模型依次分配生成物粒子各能量模式的能量。在得到化学反应后的碰撞对平动能 $\varepsilon'_{\mathrm{tr}}$ 后，相对速度大小 $c'_{\mathrm{r}}$ 可按如下公式确定：

$$c_{\mathrm{r}}' = \sqrt{\frac{2\varepsilon_{\mathrm{tr}}'}{m_{\mathrm{r}}}} \tag{8.30}$$

粒子绝对速度可基于质心速度 $c_{\mathrm{m}}$ 和 $c_{\mathrm{r}}'$ 按照对应的弹性碰撞模型进行计算。

对于离解反应和复合反应，其具体的粒子能量和速度分配流程分别如图 8.1 和图 8.2 所示 [7]。

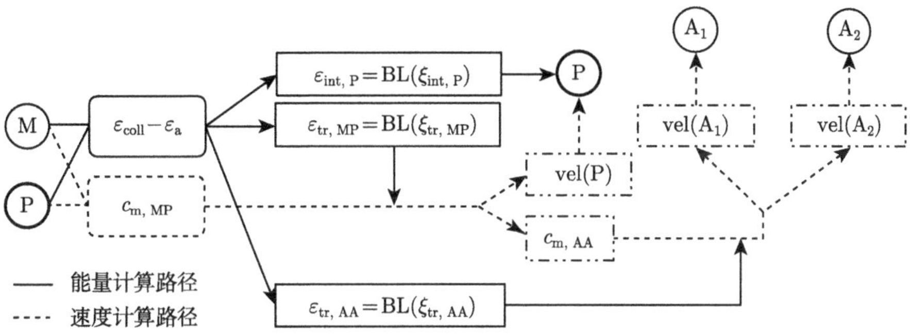


图 8.1　离解反应的速度和能量分配流程图

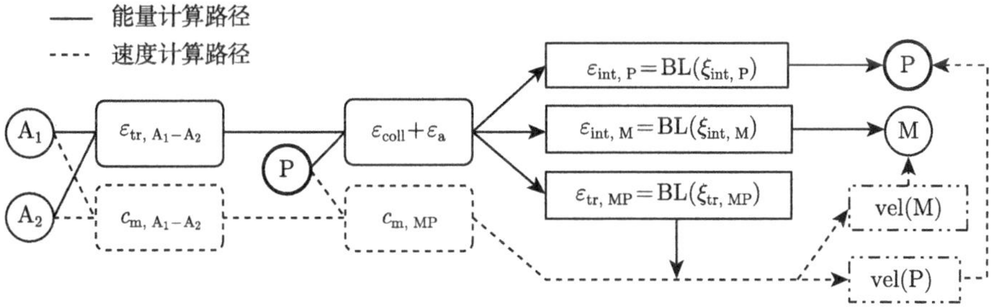


图 8.2　复合反应的速度和能量分配流程图

以离解反应为例，其粒子能量和速度分配的详细步骤如下：

(1) 根据碰撞粒子对 M 和 P 计算总碰撞能 $\varepsilon_{\mathrm{coll}}$ 和质心速度 $c_{\mathrm{m,MP}}$。

(2) 计算反应后的总碰撞能 $\varepsilon_{\mathrm{coll}} - \varepsilon_{\mathrm{a}}$(对于离解反应，反应热 $\Delta\varepsilon = \varepsilon_{\mathrm{a}}$)，并按照反应后粒子的内能自由度 $\xi_{\mathrm{int,P}}$ 和相对平动自由度 $\xi_{\mathrm{tr,MP}}, \xi_{\mathrm{tr,AA}}$，采用 BL 方法依次分配内能 $\varepsilon_{\mathrm{int,P}}$ 和相对平动能 $\varepsilon_{\mathrm{tr,MP}}$、$\varepsilon_{\mathrm{tr,AA}}$。

(3) 根据相对平动能 $\varepsilon_{\mathrm{tr,MP}}$，按式 (8.30) 计算相对速度大小 $c_{\mathrm{r,MP}}'$，再结合质心速度 $c_{\mathrm{m,MP}}$ 计算碰撞后粒子 M 和 P 的速度 $c_{\mathrm{M}}'$、$c_{\mathrm{P}}'$，将 M 的速度 $c_{\mathrm{M}}'$ 作为离解后两粒子 $A_1$ 和 $A_2$ 的质心速度 $c_{\mathrm{m,AA}}$。

(4) 重复 (3) 的操作，基于 $\varepsilon_{\mathrm{tr,AA}}$ 和 $c_{\mathrm{m,AA}}$ 计算 $A_1$ 和 $A_2$ 的速度 $c_{A_1}'$、$c_{A_2}'$。

# 8.3　DSMC 模拟化学反应流动实例

## 8.3.1　零维化学反应验证

在不考虑宏观量随空间的变化时，我们可以对由阿伦尼乌斯公式描述的宏观化学反应速率方程 (式 (8.2)) 进行数值求解，得到目标宏观参数随时间演化的理论结果，以此作为参考来验证 DSMC 方法使用 TCE 模型的计算准确性。这里针对氮气离解问题，同时考虑氮气分子催化 ($N_2 + N_2 \longrightarrow N + N + N_2$) 和氮原子催化 ($N_2 + N \longrightarrow N + N + N$) 两种反应，采用 DSMC 分别对定温和绝热条件下的零维化学反应过程进行模拟。用于对比的物理量选用氮原子的质量分数 $\alpha$，其表达式为

$$\alpha = \frac{n_{\mathrm{N}}}{n_{\mathrm{N}} + 2n_{\mathrm{N}_2}} \tag{8.31}$$

计算采用的阿伦尼乌斯公式参数是参考 Boyd[5] 文章的有关数据，如表 8.1 所示。体系初始仅存在氮气分子，初始条件和计算参数如表 8.2 所示。由于采用不同的 DSMC 碰撞模型时并不影响计算结果，在此未列出相关数据。

**表 8.1　阿伦尼乌斯公式参数**

| 反应速率常数 | $a$ | $b$ | $\varepsilon_{\mathrm{a}}$ |
|---|---|---|---|
| $k_{\mathrm{f}}(\mathrm{N_2\text{-}N_2})$ | $7.97 \times 10^{-13}$ | $-0.5$ | $1.561 \times 10^{-18}$ |
| $k_{\mathrm{f}}(\mathrm{N_2\text{-}N})$ | $7.14 \times 10^{-8}$ | $-1.5$ | $1.561 \times 10^{-18}$ |
| $k_{\mathrm{c}}(\mathrm{N_2})$ | $1.084 \times 10^{31}$ | 0 | $1.561 \times 10^{-18}$ |

**表 8.2　初始条件和计算参数**

| 模拟粒子数 $N_{\mathrm{p},0}$ | 温度 $T_0/\mathrm{K}$ | 数密度 $n_0/\mathrm{m}^{-3}$ | 时间步 $\Delta t/\mathrm{s}$ |
|---|---|---|---|
| 10000 | 7500 | $9.7899 \times 10^{23}$ | $5 \times 10^{-10}$ |

在定温条件下，化学反应速率只与混合物的组分状态有关，可以验证 DSMC 对化学反应速率的模拟准确性；而在绝热条件下，从体系的温度变化结果可以验证化学反应后粒子能量分配和速度计算处理的正确性。定温和绝热条件下的计算结果分别如图 8.3 和图 8.4 所示，可见模拟结果与理论结果基本一致；相比于定温过程，绝热过程中的离解反应速率由于温度的不断下降而逐渐减缓，最终趋于化学平衡时的离解程度也更小。

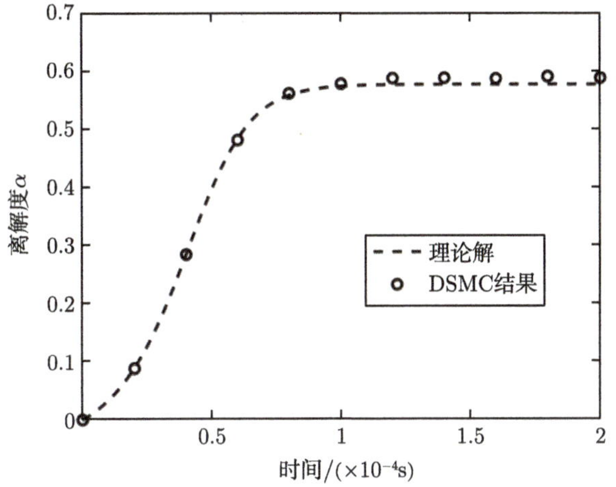


图 8.3 定温条件的氮气离解–复合计算结果

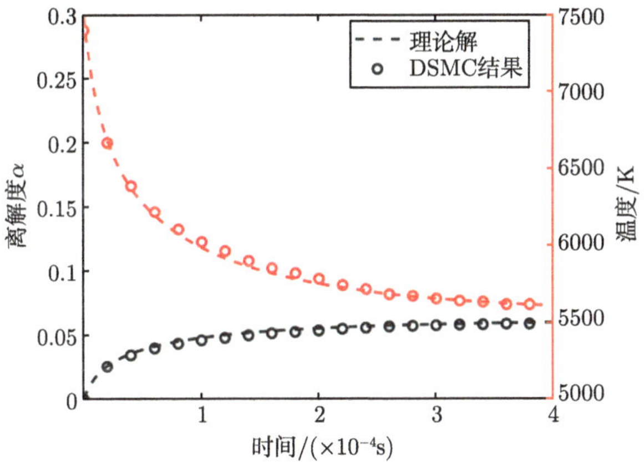


图 8.4 绝热条件的氮气离解–复合计算结果

### 8.3.2 二维化学反应计算结果

这里以二维高超声速圆柱绕流为例，讨论化学反应对高超声速飞行器气动特性的影响。组分包含氮气、氧气，以及通过化学反应产生的衍生物：$N_2$、$O_2$、NO、N、O。二维流场计算采用修改后的开源程序 SPARTA(Stochastic PArallel Rarefied-gas Time-accurate Analyzer) 进行。DSMC 碰撞模型选用 VHS 模型，各组分对应的粒子参数列于表 8.3。粒子的非弹性碰撞采用禁止双松弛粒子选择算法进行处理，转动、振动松弛数分别固定为 5 和 50，粒子的振动能采用离散能级描述。圆柱半径为 1 m，壁面温度设定为 200 K，表面为漫反射边界。圆柱左侧的自由来流仅包含氮气和氧气，具体参数[8]列于表 8.4。由于复合反应进行的速率远小于离解反应和置换反应，为简化计算，不考虑复合反应，涉及上述 5 组分的化学反应参数列于表 8.5。

**表 8.3　空气 5 组分气体参数**

| 气体组分 | 单粒子质量 $m$/kg | 参考半径 $d_{\text{ref}}$/m | 黏性指数 $\omega$ | 参考温度 $T_{\text{ref}}$/K |
|---|---|---|---|---|
| $N_2$ | $4.65\times10^{-26}$ | $4.17\times10^{-10}$ | 0.74 | 273.15 |
| $O_2$ | $5.31\times10^{-26}$ | $3.96\times10^{-10}$ | 0.77 | 273.15 |
| NO | $4.98\times10^{-26}$ | $4.00\times10^{-10}$ | 0.80 | 273.15 |
| N | $2.33\times10^{-26}$ | $3.00\times10^{-10}$ | 0.80 | 273.15 |
| O | $2.65\times10^{-26}$ | $3.00\times10^{-10}$ | 0.80 | 273.15 |

**表 8.4　圆柱绕流来流参数**

| 速度 $C_\infty$/(m/s) | 温度 $T_\infty$/K | 数密度 $n_\infty$/(m$^{-3}$) | 氮氧体积分数之比 $V(N_2)$ ：$V(O_2)$ |
|---|---|---|---|
| 6813 | 187 | $1.43\times10^{20}$ | 79 ：21 |

**表 8.5　空气 5 组分化学反应参数**

| 类型 | 化学反应 | $a$ | $b$ | $\varepsilon_a$ | $\Delta\varepsilon$ |
|---|---|---|---|---|---|
| $O_2$ 离解 | $O_2+N\longrightarrow O+O+N$ | $1.1\times10^{-10}$ | −1.0 | $8.197\times10^{-19}$ | $-8.197\times10^{-19}$ |
| | $O_2+NO\longrightarrow O+O+NO$ | $1.1\times10^{-10}$ | −1.0 | | |
| | $O_2+N_2\longrightarrow O+O+N_2$ | $1.3\times10^{-10}$ | −1.0 | | |
| | $O_2+O_2\longrightarrow O+O+O_2$ | $5.33\times10^{-11}$ | −1.0 | | |
| | $O_2+O\longrightarrow O+O+O$ | $1.5\times10^{-10}$ | −1.05 | | |
| $N_2$ 离解 | $N_2+O\longrightarrow N+N+O$ | $1.1\times10^{-10}$ | −0.54 | $1.567\times10^{-18}$ | $-1.567\times10^{-18}$ |
| | $N_2+O_2\longrightarrow N+N+O_2$ | $1.1\times10^{-10}$ | −0.68 | | |
| | $N_2+NO\longrightarrow N+N+NO$ | $1.3\times10^{-10}$ | −0.68 | | |
| | $N_2+N_2\longrightarrow N+N+N_2$ | $5.33\times10^{-11}$ | −0.62 | | |
| | $N_2+N\longrightarrow N+N+N$ | $1.5\times10^{-10}$ | −0.68 | | |
| NO 离解 | $NO+N_2\longrightarrow N+O+N_2$ | $2.1\times10^{-10}$ | −1.0 | $1.043\times10^{-18}$ | $-1.043\times10^{-18}$ |
| | $NO+O_2\longrightarrow N+O+O_2$ | $2.0\times10^{-10}$ | −1.0 | | |
| | $NO+NO\longrightarrow N+O+NO$ | $1.0\times10^{-10}$ | −1.0 | | |
| | $NO+O\longrightarrow N+O+O$ | $4.0\times10^{-10}$ | −1.1 | | |
| | $NO+N\longrightarrow N+O+N$ | $4.0\times10^{-10}$ | −1.1 | | |
| 置换 | $NO+O\longrightarrow O_2+N$ | $2.3\times10^{-19}$ | 0.5 | $2.719\times10^{-19}$ | $-2.719\times10^{-19}$ |
| | $N_2+O\longrightarrow NO+N$ | $0.8\times10^{-16}$ | 0.0 | $5.175\times10^{-19}$ | $-5.175\times10^{-19}$ |
| | $O_2+N\longrightarrow NO+O$ | $4.0\times10^{-15}$ | −0.39 | $2.0\times10^{-20}$ | $2.719\times10^{-19}$ |
| | $NO+N\longrightarrow N_2+O$ | $2.0\times10^{-16}$ | −0.35 | $2.0\times10^{-20}$ | $5.175\times10^{-19}$ |

通过对达到稳态后的流场粒子进行统计分析，分别得到无化学反应和有化学反应下的圆柱绕流宏观参数，通过对比画出平动温度云图 (图 8.5) 和驻点线温度曲线 (图 8.6 和图 8.7)。从对比结果看出，化学反应使得圆柱前缘激波更薄且更贴体，驻点线峰值温度相对于无化学反应条件时有所下降。

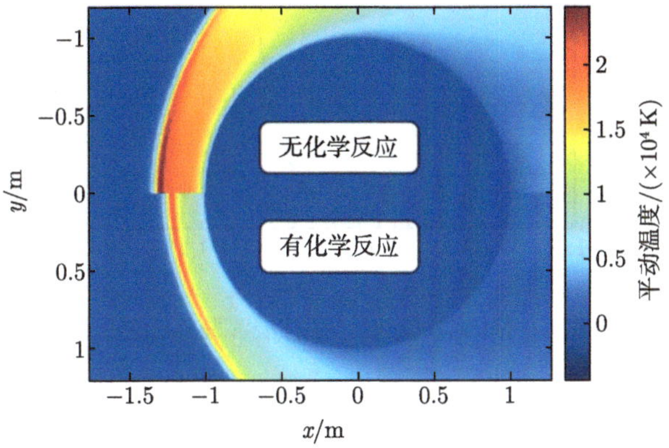


图 8.5　有/无化学反应条件下，圆柱绕流流场平动温度对比

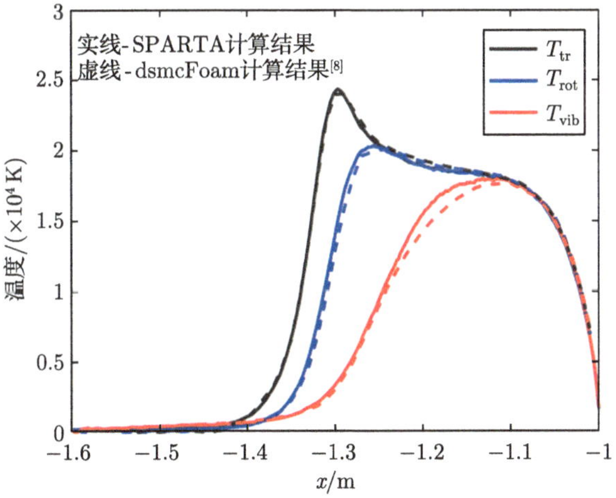


图 8.6　无化学反应时，圆柱绕流驻点线温度分布

图 8.8 给出了化学反应工况的组分数密度沿驻点线的分布。可见，在化学反应进行和驻点前空气压缩的作用下，$N_2$、N、O 数密度随着靠近驻点而有所上升，$O_2$、NO 数密度随着靠近驻点而明显下降，这种组分间的差异与相应的化学反应参数设置有直接关系。

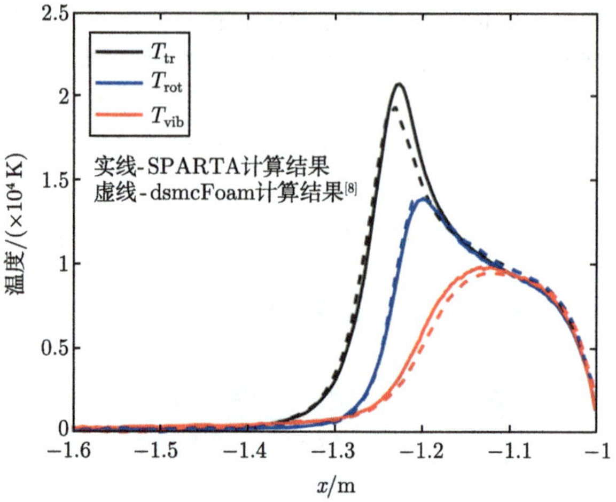


图 8.7　有化学反应时，圆柱绕流驻点线温度分布

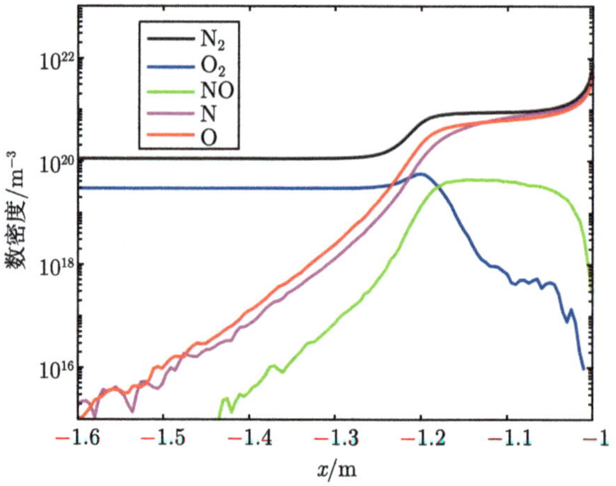


图 8.8　化学反应下圆柱绕流驻点线组分数密度对比

# 参 考 文 献

[1] 卞荫贵, 徐立功. 气动热力学. 2 版. 合肥: 中国科学技术大学出版社, 2011.

[2] Boyd I D. Modeling backward chemical rate processes in the direct simulation Monte Carlo method. Physics of Fluids, 2007, 19(12): 1208.

[3] Bird G A. Molecular Gas Dynamics and the Direct Simulation of Gas Flows. 2nd ed. Oxford: Clarendon Press, 1994.

[4] Lilley C R, Macrossan M N. A macroscopic chemistry method for the direct simulation of gas flows. Physics of Fluids, 2004, 16(6): 2054-2066.

[5] Boyd I D. Analysis of vibration-dissociation-recombination processes behind strong shock waves of nitrogen. Physics of Fluids A: Fluid Dynamics, 1992, 4(1): 178-185.

[6] Bird G A. Direct molecular simulation of a dissociating diatomic gas. Journal of Computational Physics, 1977, 25(4): 353-365.

[7] Boyd I D, Schwartzentruber T E. Nonequilibrium Gas Dynamics and Molecular Simulation. Cambridge: Cambridge University Press, 2017.

[8] Scanlon T J, White C, Borg M K, et al. Open-source direct simulation Monte Carlo chemistry modeling for hypersonic flows. AIAA Journal, 2015, 53(6): 1670-1680.

# 第 9 章　多尺度粒子方法

在临近空间高超声速飞行和航天器再入等问题中，对跨流域气体流动的高效、准确模拟至关重要。这些流动具有显著的多尺度特性，流场中往往既包含连续流域又涉及稀薄流域。对于这类流动，当前广泛使用的基于 NSF 方程的计算流体力学 (CFD) 方法在稀薄流域失效，因而需要从动理学出发进行建模和计算。第 4 章介绍的 DSMC 方法通过追踪模拟粒子的运动与碰撞，实现了对 Boltzmann 方程的求解，在高超声速稀薄气体流动中得到了广泛的应用。然而，DSMC 方法是在一个时间步长内，将分子的运动和碰撞进行解耦处理。为了保证其在物理上的准确性，要求模拟时间步长小于分子平均碰撞时间，网格尺度小于分子平均自由程。这一要求对于连续流的计算是极其苛刻的。在目前的计算资源条件下，直接采用 DSMC 方法模拟实际工程中的三维连续/近连续流不太现实，因此亟须发展能够克服时空步长限制的多尺度粒子方法，以更好地满足工程需求。

本章将介绍基于 BGK 模型的统一随机粒子 (unified stochastic particle, USP) 方法和基于 Fokker-Planck 模型的多尺度随机粒子 (multiscale stochastic particle, MSP) 方法。这两种方法在原有的随机粒子 (stochastic particle, SP) 方法基础上，通过嵌入耦合宏观通量的松弛模型，以修正由运动–松弛解耦引起的数值误差，使其具有多尺度特性，在近连续/连续流域的计算效率相比于 DSMC 方法提升了几个数量级。

## 9.1　基于 BGK 模型的随机粒子方法

### 9.1.1　BGK 类模型方程

本书第 3 章介绍了气体分子速度分布函数时空演化的控制方程，即 Boltzmann 方程，以及为简化碰撞项而发展的各类动理学模型方程。其中一类是由 Bhatnagar、Gross 和 Krook[1] 提出的，用分布函数的松弛过程近似二体碰撞过程的 BGK 类模型方程：

$$\frac{\partial f}{\partial t}+c_i\frac{\partial f}{\partial x_i}=\frac{f_{\mathrm{t}}-f}{\tau} \tag{9.1}$$

其中，$\tau$ 为特征松弛时间；$f_{\mathrm{t}}$ 为目标分布函数，在原始 BGK 方程中取平衡态分布，即 Maxwell 分布：

$$f_{\mathrm{t}} = f_{\mathrm{M}} = \frac{n}{(2\pi RT)^{3/2}} \exp\left(-\frac{c_i' c_i'}{2RT}\right) \tag{9.2}$$

为了解决原始 BGK 方程中普朗特数不可调的问题，Holway[2] 和 Shakhov[3] 分别提出了 ES-BGK 模型和 Shakhov-BGK(S-BGK) 模型。两者的基本形式与式 (9.1) 相似，区别在于使用了不同的目标分布函数，如下所示：

$$\text{ES-BGK}: f_{\mathrm{t}} = f_{\text{ES-BGK}} = \frac{n}{\sqrt{\det[2\pi\lambda_{ij}]}} \exp\left(-\frac{1}{2}\lambda_{ij}^{-1} c_i' c_j'\right)$$
$$\lambda_{ij} = RT\delta_{ij} - \left(1 - \frac{1}{Pr}\right)\frac{\tau_{ij}}{\rho} \tag{9.3}$$

$$\text{S-BGK}: f_{\mathrm{t}} = f_{\text{Shakhov}} = f_{\mathrm{M}}\left[1 + (1 - Pr)\frac{q_i c_i'}{5pRT}\left(\frac{c'^2}{RT} - 5\right)\right] \tag{9.4}$$

与 Boltzmann 方程相比，BGK 类模型方程使用了分布函数的线性松弛项代替了复杂的积分–微分形式的碰撞项。其物理依据在于，分子间的相互碰撞会使分布函数朝着平衡态松弛。BGK 模型在保留了这一特点的同时极大地简化了碰撞项的形式，在各类数值算法中得到了广泛应用。9.1.2 节将对基于 BGK 类模型方程的随机粒子方法做简要介绍。

### 9.1.2 随机粒子方法的实现

本书第 4 章系统地介绍了 DSMC 方法的原理和实现步骤。DSMC 方法通过追踪模拟分子的运动和碰撞而实现了对 Boltzmann 方程的求解。与基于二体碰撞的 DSMC 方法类似，一些研究者 [4-6] 基于 BGK 类模型方程发展了 SP 方法。SP 方法在网格划分、边界条件设置、粒子运动追踪和流场宏观量统计等方面与 DSMC 完全相同。唯一不同的是粒子的速度松弛步 (对应于 DSMC 方法中的碰撞步)，下文将着重介绍。

SP 方法可以看作对式 (9.1) 的算子分裂格式 (operator splitting scheme) 的求解，具体来说，运动步和松弛步的控制方程分别为

$$\text{运动步}: \frac{\partial f^*}{\partial t} + c_i \frac{\partial f^*}{\partial x_i} = 0 \tag{9.5}$$

$$\text{松弛步}: \frac{\partial f}{\partial t} = \frac{f_{\mathrm{t}} - f}{\tau} \tag{9.6}$$

对运动步和松弛步的控制方程分别在一个时间步 $(0 \sim \Delta t)$ 内积分可得

$$f^*(\boldsymbol{c};\boldsymbol{x},\Delta t) = f(\boldsymbol{c};\boldsymbol{x}-\boldsymbol{c}\Delta t,0) \tag{9.7}$$

$$f(\boldsymbol{c};\boldsymbol{x},\Delta t) = f^*(\boldsymbol{c};\boldsymbol{x},\Delta t)\,\mathrm{e}^{-\Delta t/\tau} + \left(1-\mathrm{e}^{-\Delta t/\tau}\right) f_{\mathrm{t}}^*(\boldsymbol{c};\boldsymbol{x},\Delta t) \tag{9.8}$$

其中，上标 * 代表一个时间步内运动后和速度松弛前的中间状态。在 SP 方法中，运动步与 DSMC 完全一致，均为粒子的弹道运动。对于 SP 方法的松弛步，由式 (9.8) 可知，有 $\left(1-\mathrm{e}^{-\Delta t/\tau}\right)$ 比例的粒子的热运动速度按照目标分布函数 $f_{\mathrm{t}}^*$ 松弛，剩余粒子的速度保持不变。具体来说，速度松弛步包含以下几个子步骤。

(1) 运动步后宏观量的统计。

需要统计的宏观量包括分子数密度 $n$、温度 $T$ 和宏观速度 $u_i$ 等，对于基于 S-BGK 方程或 ES-BGK 方程的 SP 方法，还需要分别额外统计热流 $q_i$ 和应力 $\tau_{ij}$。

(2) 确定需要松弛速度的粒子比例和数目。

根据式 (9.8)，需要松弛的粒子比例为 $1-\mathrm{e}^{-\Delta t/\tau}$，其中松弛时间 $\tau$ 是由气体的黏性系数 $\mu$ 决定的，对于 BGK 方程或 S-BGK 方程，有 $\tau=\mu/p$，对于 ES-BGK 方程取 $\tau=\mu/(Pr\cdot p)$。设某网格中的模拟粒子数为 $N_{\mathrm{p}}$，一般可等概率随机选取 $\left\lfloor N_{\mathrm{p}}\left(1-\mathrm{e}^{-\Delta t/\tau}\right)+U(0,1)\right\rfloor$ 个模拟粒子进行速度松弛，其中 $U(0,1)$ 为均匀分布，$\lfloor ...\rfloor$ 为向下取整。

(3) 从目标分布函数 $f_{\mathrm{t}}^*$ 中抽样，并对选中的粒子重新分配速度。

以 S-BGK 的目标分布函数 (式 (9.4)) 为例，由于分布函数 $f_{\mathrm{s}}$ 的形式较为复杂，通常使用 4.1.2 节介绍的取舍法对 $f_{\mathrm{s}}$ 进行抽样。一般建议采用的分布函数为相应的 Maxwell 分布 $f_{\mathrm{M}}$。值得注意的是，当 $q_i c_i' \to +\infty$ 时，$f_{\mathrm{s}}/f_{\mathrm{M}} \to +\infty$，显然无法取常数 $c=[f_{\mathrm{s}}/f_{\mathrm{M}}]_{\max}$。Garcia 等 [4] 的研究指出，取 $c=1+30\left|\dfrac{q_i}{p\sqrt{RT/2}}\right|$ 可在抽样误差小于 $10^{-6}$ 的前提下兼顾抽样效率 $(1/c)$。

(4) 动量和能量守恒。

在 DSMC 方法中，模拟粒子的二体碰撞过程 (在不考虑浮点误差的前提下) 是严格满足动量和能量守恒的。然而，由于 SP 中松弛粒子的速度是从 $f_{\mathrm{t}}^*$ 中抽样得到的，需要额外的速度缩放以强制保证该过程中的动量和能量守恒。具体方法如下所述。对于当前网格内的所有粒子，设其速度松弛后的速度为 $c_i^*$。基于 $c_i^*$ 统计得出宏观量 $T^*$ 和 $u_i^*$，利用速度松弛前统计的宏观量 $T$ 和 $u_i$ 对网格内所有粒子速度缩放为

$$c_i = (c_i^* - u_i^*)\cdot\sqrt{\frac{T}{T^*}} + u_i \tag{9.9}$$

以上是对速度松弛步的内容的介绍，算法的详细介绍可参考文献 [5] 和 [6]。

## 9.2 基于 BGK 模型的统一随机粒子方法

相较于 DSMC 方法，9.1 节介绍的 SP 方法用松弛过程替代了分子的二体碰撞过程，因此提高了碰撞过程的计算效率。但是，由于 SP 方法依然采用了基于算子分裂方法的求解框架，其不可避免地受到由算子分裂引入的数值误差的影响，导致其在时空步长选择上受到与 DSMC 方法类似的限制。近年来，费飞和张俊等 [8−10] 提出了统一随机粒子 (unified stochastic particle, USP) 方法，其通过修正碰撞步中的目标分布函数，正好抵消了算子分裂算法带来的数值误差，在保留算法简洁的同时，突破了传统 SP 方法在时空步长上的限制。USP 方法在近连续流域的计算效率相较于 SP 方法有几个数量级的提升，已得到了广泛关注和应用 [11−14]。

### 9.2.1 USP 方法的导出

1. 算子分裂格式的通量

SP 方法与 DSMC 方法采用了类似的算子分裂框架，即在一个时间步内，依次进行粒子的运动和速度松弛，分别对应式 (9.9) 与式 (9.10)。算子分裂框架解耦了运动与碰撞 (松弛)，让对应的算法实施变得简单，但也不可避免地引入了数值误差，导致 SP 方法需要采用与 DSMC 相当的时间步长和网格尺度，相关时空尺度的讨论见 4.2.2 节。

在算子分裂框架中，运动步与碰撞步对于模拟结果的影响是以不同的方式实现的。具体来说，在运动步中实际上存在两个重要的过程：粒子携带的物理量随着粒子的运动在不同网格之间的输运，以及粒子运动过程中与壁面的相互作用。而在松弛步中，粒子的位置是冻结的，这一步中只涉及部分粒子速度的重新采样，需要强调的是，这个过程中网格内的宏观速度以及温度是守恒的，这意味着碰撞步不会直接改变速度场或温度场。运动步中的粒子运动对物理量的输运实际上对应通量的概念。接下来将把通量作为主要的研究对象来讨论算子分裂对应的误差。

图 9.1 展示了物理真实与算子分裂格式对应的粒子输运的区别，其中粒子的不同颜色代表处于不同的局部平衡态，研究的对象是图中点划线的对应通量。在物理真实 (图 9.1 (a)) 中，粒子在穿过点划线的过程中会发生碰撞，进而适应相应的局部平衡 (变为橙色)，即穿过点划线的粒子具有相同的宏观速度或温度。而在算子分裂方法 (图 9.1 (b)) 中，粒子是以一个冻结速度运动的，穿过点划线的粒子对应运动起始点的局部平衡态。当流场具有速度梯度时，蓝色的粒子对应的宏观速度与绿色的粒子对应的宏观速度不同，它们分别从点划线的上方和下方穿过，对应的宏观速度的差值会贡献一个物理上不存在的数值通量，上述分析也适

用于存在温度梯度的情形。这个物理上不应存在的数值通量即为分裂格式对应的数值误差。

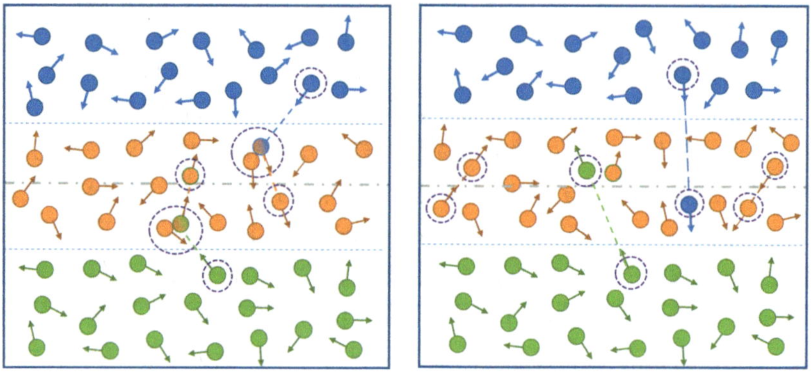

(a) 物理真实　　(b) 算子分裂格式

图 9.1　物理真实和算子分裂格式的粒子输运对比图，粒子的不同颜色代表不同的局部平衡态

上述讨论为算子分裂误差提供了定性认识，接下来将定量地分析算子分裂格式中的通量组成，同时量化相应的分裂误差，为之后修正该误差进而提出 USP 方法提供理论基础。在一个时间步 $[0,\Delta t]$ 内，粒子的弹道运动产生的速度分布函数的平均通量 $F_i^{\mathrm{SP}}$ 可以基于运动步的控制方程 (9.7) 得到

$$F_i^{\mathrm{SP}}=\frac{1}{\Delta t}\int_0^{\Delta t} c_i f\left(c_i, x_i-c_i t, 0\right) \mathrm{d} t \tag{9.10}$$

对式 (9.10) 在 $\boldsymbol{x}$ 附近进行泰勒 (Taylor) 展开可以得到

$$\begin{aligned}
F_i^{\mathrm{SP}} & =\frac{1}{\Delta t} \int_0^{\Delta t} c_i\left[f\left(c_i, x_i, 0\right)-c_j t \frac{\partial f}{\partial x_j}+O\left(t^2\right)\right] \mathrm{d} t \\
& =c_i\left[f\left(c_i, x_i, 0\right)-c_j \frac{\partial f}{\partial x_j} \frac{\Delta t}{2}\right]+O\left(\Delta t^2\right)
\end{aligned} \tag{9.11}$$

从式 (9.11) 可以看出，$[0,\Delta t]$ 内的通量不仅依赖于初始速度分布函数 $f(c_i,x_i,0)$，还依赖于分布函数的梯度 $\partial f/\partial x_i$，接下来将这两部分简称为初始项和梯度项。

SP 方法的通量的这两部分可以结合图 9.1 (b) 理解，初始项代表点划线附近的橘色粒子穿过点划线时贡献的通量，而梯度项则代表远离点划线的蓝色或绿色粒子贡献的通量。橘色粒子可以用初始分布函数来刻画，而蓝色和绿色的粒子则需要考虑分布函数的梯度才能刻画，这可以解释通量中梯度项的存在。同时，在一个时间步长内穿过该界面的粒子位置范围与时间步长的大小成正比，这为梯度项的系数 $c_i\Delta t/2$ 给出了一个直观的解释。这里的梯度项部分对应于图 9.1 定性分析时提到的由算子分裂格式引入的主要误差。

上述分析聚焦于分裂格式中的运动步，而碰撞步似乎是缺位的。在这里需要指出的是，算子分裂框架中，运动步与碰撞步是依次进行的，运动步的初始分布函数 $f(c_i, x_i, 0)$ 是上一个碰撞步结束时的分布函数。换句话说，碰撞步的影响是隐含在通量的初始项中的，这一点将在 USP 方法的设计中发挥重要作用。

2. 通量的定量分析

式 (9.11) 提供了 SP 方法对应的数值通量的表达式，然而，在粒子方法中，对应的分布函数及其梯度是未知的。为了显式地给出通量的表达式，需要利用在 SP 方法中可以统计得到的宏观量来重构初始项和梯度项。

首先，对 S-BGK 模型进行 Chapman-Enskog 展开可以得到

$$\frac{\partial_0 f^{(0)}}{\partial t}+c_i\frac{\partial f^{(0)}}{\partial x_i}=-\frac{f_{\mathrm{M}}}{\tau}\left[\frac{\sigma_{ij}^{(1)}}{2pRT}c'_{\langle i}c'_{j\rangle}+\frac{2c'_k q_k^{(1)}Pr}{5pRT}\left(\frac{c'_i c'_i}{2RT}-\frac{5}{2}\right)\right] \tag{9.12}$$

其中，$\sigma_{ij}^{(1)}=-p\tau\frac{\partial u_{\langle i}}{\partial x_{j\rangle}}$，$q_i^{(1)}=-\frac{5}{2}p\tau R\frac{\partial T}{\partial x_i}$，它们分别是应力和热流的一阶近似；$c'_{\langle i}c'_{j\rangle}$ 表示张量 $c'_i c'_j$ 的对称无迹部分。在此利用零阶分布函数的梯度来近似对应的通量中未知分布函数的梯度，即

$$-c_i\frac{\partial f}{\partial x_i}\approx -c_i\frac{\partial f^{(0)}}{\partial x_i}=\frac{\partial_0 f^{(0)}}{\partial t}+\frac{f_{\mathrm{M}}}{\tau}\left[\frac{\sigma_{ij}^{(1)}}{2pRT}c'_{\langle i}c'_{j\rangle}+\frac{2c'_k q_k^{(1)}Pr}{5pRT}\left(\frac{c'_i c'_i}{2RT}-\frac{5}{2}\right)\right] \tag{9.13}$$

其中，利用 $\sigma_{ij}^{(1)}$ 与 $q_k^{(1)}$ 给出了梯度项的显式表达式。简洁起见，应力和热流的上标在后续推导中将会省略。

同样地，为了用统计矩重构初始项，将初始分布函数在局部平衡态附近展开

$$f(\boldsymbol{c};\boldsymbol{x},0)\approx f_{\mathrm{M}}\left[1+\frac{\sigma_{ij}^{\mathrm{c}}}{2pRT}c'_{\langle i}c'_{j\rangle}+\frac{2c'_k q_k^{\mathrm{c}}}{5pRT}\left(\frac{c'_i c'_i}{2RT}-\frac{5}{2}\right)\right] \tag{9.14}$$

其中，$\sigma_{ij}^{\mathrm{c}}$ 和 $q_k^{\mathrm{c}}$ 分别是运动步初始时对网格内粒子速度求矩得到的初始应力和热流，即

$$\sigma_{ij}^{\mathrm{c}}=\int mc'_{\langle i}c'_{j\rangle}f(\boldsymbol{c};\boldsymbol{x},0)\,\mathrm{d}\boldsymbol{c},\quad q_k^{\mathrm{c}}=\int\frac{1}{2}mc'_i c'_k c'_k f(\boldsymbol{c};\boldsymbol{x},0)\,\mathrm{d}\boldsymbol{c} \tag{9.15}$$

将式 (9.14) 和式 (9.13) 代入式 (9.11) 可得

$$F_i^{\mathrm{SP}} = c_i \left\{ f_{\mathrm{M}}\left(\frac{\Delta t}{2}\right) + f_{\mathrm{M}} \left[ \frac{\sigma_{ij}^{\mathrm{c}} + \dfrac{\Delta t}{2\tau}\sigma_{ij}}{2pRT} c'_{\langle i}c'_{j\rangle} + \frac{c'_k\left(q_k^{\mathrm{c}} + \dfrac{Pr\Delta t}{2\tau}q_k\right)}{pRT}\left(\frac{c'_ic'_i}{5RT} - 1\right) \right] \right\} + O\left(\Delta t^2\right) \tag{9.16}$$

其中，$f_{\mathrm{M}}\left(\dfrac{\Delta t}{2}\right) = f_{\mathrm{M}}\left(\boldsymbol{c};\boldsymbol{x},0\right) + \dfrac{\Delta t}{2}\dfrac{\partial_0 f^{(0)}}{\partial t}$。再对式（9.16）左右两边同时乘以 $mc'_i$ 和 $\dfrac{1}{2}mc'_ic'_i$ 并在速度空间积分可得

$$\tilde{\sigma}_{ij} = \sigma_{ij}^{\mathrm{c}} + \frac{\Delta t}{2\tau}\sigma_{ij} + O(\Delta t^2), \quad \tilde{q}_i = q_k^{\mathrm{c}} + \frac{Pr\Delta t}{2\tau}q_i + O(\Delta t^2) \tag{9.17}$$

其中，左侧的 $\tilde{\sigma}_{ij}$ 和 $\tilde{q}_i$ 分别代表 SP 方法的数值应力和热流；右侧的 $\sigma_{ij}^{\mathrm{c}}$ 和 $q_k^{\mathrm{c}}$ 代表网格的初始应力和热流，而 $\sigma_{ij}$ 和 $q_i$ 分别对应 CE 展开中的一阶应力和热流，也即对应近连续流域的 Navier-Stokes-Fourier 本构给出的应力与热流。式 (9.17) 将数值通量从基于分布函数的描述，转化为更适用于 SP 方法的宏观量描述。

从式 (9.17) 可以观察到，在 SP 方法中，数值通量由两部分组成：一部分源自计算网格内的初始非平衡程度，这部分可以由初始网格应力和热流表征；另一部分则对应于梯度项，值得注意的是，梯度项与时间步长成正比。实际上，可以将梯度项的影响纳入输运系数中，即梯度项在输运系数中贡献了与时间步长成正比的部分，反映了分裂格式的数值耗散特性。

3. 通过碰撞步进行通量修正

上述分析中指出的分裂格式的数值耗散特性会导致 SP 方法在大时间步长时的结果偏离真实值，这可以解释为什么在 SP 方法中不能选取大时间步长。接下来将详细介绍 USP 方法，其在保留分裂格式的简易算法实施框架的同时，在碰撞步中加入了对应的反耗散项，最终，USP 方法对应的数值通量以二阶精度匹配 NSF 方程对应的通量。这使得 USP 方法突破了传统 SP 方法对应的时间步长的限制。

算子分裂格式中，求解被分为运动步和碰撞步依次进行，运动步的初始分布函数实际上是上一个碰撞步结束后的分布函数。换句话说，可以通过对碰撞步的

修改，来调节式 (9.17) 中对应的初始网格应力 $\sigma_{ij}^{\mathrm{c}}$ 和 $q_k^{\mathrm{c}}$，再进一步调控整体的数值通量。修正项应当使得修正后的数值通量与 NSF 方程的通量一致，即

$$\tilde{\sigma}_{ij}=\sigma_{ij},\quad \tilde{q}_i=q_i \tag{9.18}$$

结合式 (9.17) 可知，为了使数值通量满足式 (9.18)，对应的初始项应为

$$\sigma_{ij}^{\mathrm{c}}=\left(1-\frac{\Delta t}{2\tau}\right)\sigma_{ij},\quad q_i^{\mathrm{c}}=\left(1-\frac{Pr\Delta t}{2\tau}\right)q_i \tag{9.19}$$

USP 方法保留了 SP 方法的整体框架，只修改了碰撞步中的目标分布，碰撞步对应的控制方程为

$$f\left(\boldsymbol{c};\boldsymbol{x},\Delta t\right)=f^{*}\mathrm{e}^{-\Delta t/\tau}+\left(1-\mathrm{e}^{-\Delta t/\tau}\right)f_{\mathrm{USP}} \tag{9.20}$$

为了使得碰撞后的网格应力和热流满足式 (9.19)，假设目标分布函数 $f_{\mathrm{USP}}$ 具有如下形式：

$$f_{\mathrm{USP}}=f_{\mathrm{M}}\left[1+\psi_1\frac{\sigma_{ij}}{2pRT}c'_{\langle i}c'_{j\rangle}+\psi_2\frac{2c'_kq_kPr}{5pRT}\left(\frac{c'_ic'_i}{2RT}-\frac{5}{2}\right)\right] \tag{9.21}$$

其中，$\psi_1$、$\psi_2$ 分别为调节应力和热流的待定系数。对式 (9.20) 分别乘以 $mc'_{\langle i}c'_{j\rangle}$ 和 $\frac{1}{2}mc'_ic'_kc'_k$ 并对速度空间积分可得

$$\sigma_{ij}^{\mathrm{c}}=\sigma_{ij}^{\mathrm{c}*}\mathrm{e}^{-\nu\Delta t}+\left(1-\mathrm{e}^{-\nu\Delta t}\right)\psi_1\sigma_{ij},\quad q_i^{\mathrm{c}}=q_i^{\mathrm{c}*}\mathrm{e}^{-\nu\Delta t}+\left(1-\mathrm{e}^{-\nu\Delta t}\right)\psi_2q_i \tag{9.22}$$

其中，$\sigma_{ij}^{\mathrm{c}*}=\displaystyle\int mc'_{\langle i}c'_{j\rangle}f^{*}\left(\boldsymbol{c};\boldsymbol{x},\Delta t\right)\mathrm{d}\boldsymbol{c}$，$q_i^{\mathrm{c}*}=\displaystyle\int\frac{1}{2}mc'_ic'_kc'_kf^{*}\left(\boldsymbol{c};\boldsymbol{x},\Delta t\right)\mathrm{d}\boldsymbol{c}$，为碰撞步发生前的网格应力和热流，它们可以通过对模拟粒子求矩而直接得到。为了确定 $\psi_1$、$\psi_2$，还需要给出 $\sigma_{ij}$ 和 $q_i$ 与 $\sigma_{ij}^{\mathrm{c}*}$ 和 $q_i^{\mathrm{c}*}$ 的关系。利用类似的通量分析思想，首先将式 (9.7) 与式 (9.10) 结合并在 $(\boldsymbol{c};\boldsymbol{x},\Delta t)$ 对 $f$ 进行泰勒展开，可以得到

$$\begin{aligned}F_i^{\mathrm{SP}}&=\frac{1}{\Delta t}\int_0^{\Delta t}c_if\left(c_i,x_i-c_it,0\right)\mathrm{d}t=\frac{1}{\Delta t}\int_0^{\Delta t}c_if^{*}\left(c_i,x_i+c_i\Delta t-c_it,\Delta t\right)\mathrm{d}t\\&=c_i\left[f^{*}\left(\boldsymbol{c};\boldsymbol{x},\Delta t\right)+c_j\frac{\partial f}{\partial x_j}\frac{\Delta t}{2}\right]+O\left(\Delta t^2\right)\end{aligned} \tag{9.23}$$

利用类似的重构思路，再将式 (9.23) 分别乘以 $mc'_{\langle i}c'_{j\rangle}$ 和 $\frac{1}{2}mc'_ic'_kc'_k$ 并对速度空间积分可得

$$\sigma_{ij}^{\mathrm{c}*}=\left(1+\frac{\Delta t}{2\tau}\right)\sigma_{ij},\quad q_i^{\mathrm{c}*}=\left(1+\frac{Pr\Delta t}{2\tau}\right)q_i \tag{9.24}$$

结合式 (9.24)、式 (9.22) 及式 (9.19)，可以求得待定系数 $\psi_1$、$\psi_2$：

$$\psi_1 = 1 - \frac{\Delta t}{2\tau}\frac{1+\mathrm{e}^{-\nu\Delta t}}{1-\mathrm{e}^{-\nu\Delta t}}, \quad \psi_2 = \frac{1}{Pr} - \frac{\Delta t}{2\tau}\frac{1+\mathrm{e}^{-\nu\Delta t}}{1-\mathrm{e}^{-\nu\Delta t}} \tag{9.25}$$

文献 [19] 总结了本节中 USP 方法对应的导出思想以及主要的算法步骤。综上所述，通过设计目标分布函数 $f_{\mathrm{USP}}$，在碰撞步中加入了对应的反耗散项，可以弥补下一个运动步中的数值通量误差，使得对应的数值通量复现 NSF 通量。与 SP 方法相比，USP 方法有效修正了大时间步长下的数值耗散，允许使用更大的时间步长，从而实现更高效的数值模拟，见图 9.2。

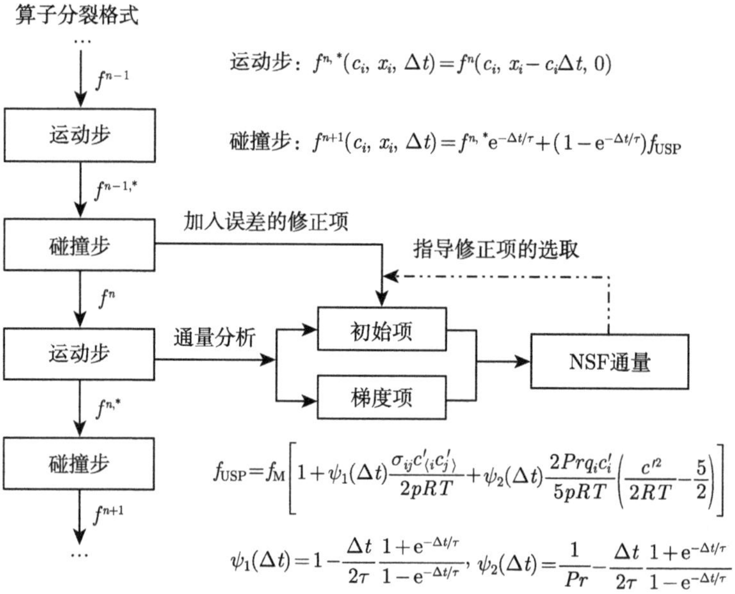


图 9.2　USP 方法的导出思想及主要算法步骤示意图

### 9.2.2　USP 方法的实现

USP 方法的实现步骤总体上与 9.1.2 节介绍的 SP 方法一致，核心要点是将目标分布函数替换为 $f_{\mathrm{USP}}$(式 (9.21))。此外，为了提高空间精度，USP 方法在计算粒子当地的宏观量时还需要引入空间插值技术。

在确定性方法如 CFD 中，有诸多方法可以实现二阶精度的空间插值。这些插值方法在 USP 等随机方法中也是可实现的。然而，由于受到随机粒子方法本身统计涨落的影响，这些插值方法会产生额外的数值耗散。因此，Fei 等 [10] 在 USP 方法中引入了随机插值方法。具体而言，流场中任意点 $\boldsymbol{x}_p$ 的宏观特性可以

从其周围网格单元中心点 $\boldsymbol{x}_c$ 的宏观特性插值得到，即

$$\eta(\boldsymbol{x}_p,t)=\frac{\sum\limits_{c=1}^{N_{\text{cell}}}\eta(\boldsymbol{x}_c,t)K(\boldsymbol{x}_c-\boldsymbol{x}_p)}{\sum\limits_{c=1}^{N_{\text{cell}}}K(\boldsymbol{x}_c-\boldsymbol{x}_p)} \tag{9.26}$$

其中，$\eta(\boldsymbol{x}_p,t)$ 可以是 $\boldsymbol{x}_p$ 处的任何宏观变量；$N_{\text{cell}}$ 表示 $\boldsymbol{x}_p$ 周围的单元格数量；$K(\boldsymbol{x}_c-\boldsymbol{x}_p)$ 为核函数，其自变量是 $\boldsymbol{x}_p$ 和邻近单元格中心 $\boldsymbol{x}_c$ 之间的距离。从随机理论的角度来看，这相当于通过从其相邻网格中采样来获得宏观特性，即

$$\eta(\boldsymbol{x}_p,t)=\frac{\sum\limits_{s=1}^{N_{\text{sample}}}\eta(\boldsymbol{x}_c,t;\boldsymbol{x}_s\in c)K'(\boldsymbol{x}_s-\boldsymbol{x}_p)}{\sum\limits_{s=1}^{N_{\text{sample}}}K'(\boldsymbol{x}_s-\boldsymbol{x}_p)} \tag{9.27}$$

式 (9.27) 的意义为，基于预定义的核函数 $K'(\boldsymbol{x}_s-\boldsymbol{x}_p)$，随机选择有限数量 ($N_{\text{sample}}$) 的点 $\boldsymbol{x}_s$，其中 $\boldsymbol{x}_c$ 是 $\boldsymbol{x}_s$ 所属的具有索引 $c$ 的单元格的中心点。为了防止在流场中可能发生的非物理信息传递，函数 $K'$ 的定义域一般限制为 $|\boldsymbol{x}_s-\boldsymbol{x}_p|<l_c/2$，其中 $l_c$ 是 $\boldsymbol{x}_p$ 所属单元格的特征长度。

为了进一步提高插值的计算效率，每个粒子在每个计算时间步长不需要对 $N_{\text{sample}}$ 个点进行采样。相反，如图 9.3 所示，如果选择在位置 $\boldsymbol{x}_p$ 的一个粒子来分配新的速度，则将基于预定义的核函数生成一个随机距离 $\Delta\boldsymbol{x}=\boldsymbol{x}_s-\boldsymbol{x}_p$，然后该粒子获取 $\boldsymbol{x}_s$ 所在单元格的宏观特性。如果 $\boldsymbol{x}_s$ 超出了计算域，则该粒子将获取壁面的温度和速度。先前的研究表明，这种随机采样方法是宏观变量 $\eta(\boldsymbol{x}_p,t)$ 的一个具有二阶精度的估计 [10]。

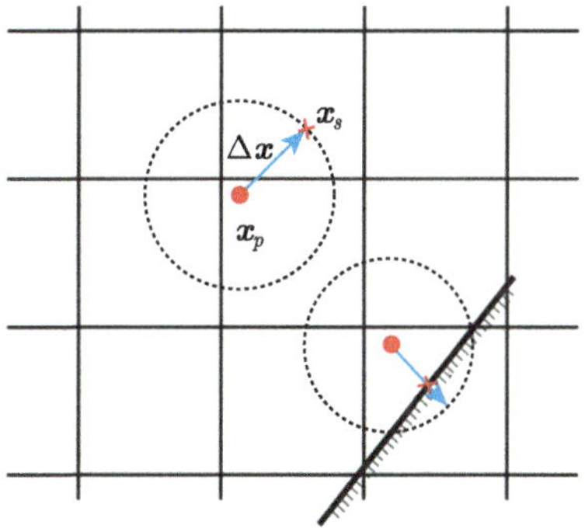


图 9.3 随机插值示意图

图 9.4 显示了插值前后的流场比较。每个网格中的粒子都被赋予一种随机的特定颜色，代表宏观性质的不同值。在插值之前，一个网格中的每个粒子具有相同的宏观性质，因此它们的颜色相同。在插值之后，每个粒子随机获取其相邻单元格 (或壁面) 之一的宏观特性。从统计的角度来看，它们所在位置的宏观特性被进行了插值。需要注意的是，在此步骤中，粒子的位置保持不变，粒子颜色的变化仅代表随机插值的效果。

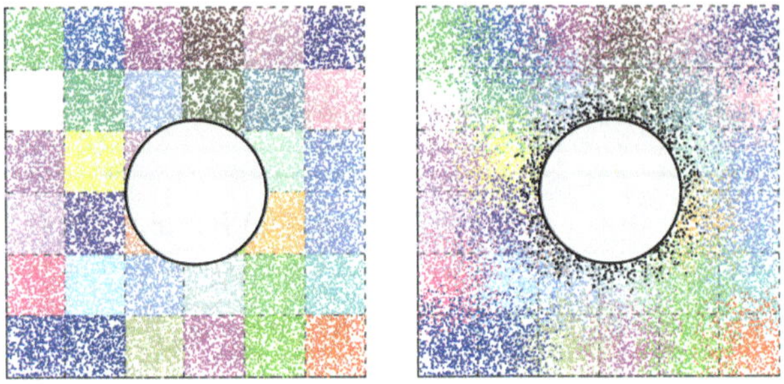

(a)　　(b)

图 9.4　随机插值 (a) 前和 (b) 后的示意图

## 9.3　USP 方法在多尺度流动中的应用

USP 方法由于其出色的多尺度特性，在多尺度计算中相对于传统 DSMC 方法或 SP 方法具有巨大的效率优势。本节将对基于 USP 方法的开源求解器 SPARTACUS[11] (SPARTA combined with USP) 进行简要介绍，并在 SPARTACUS 框架内对几个算例进行模拟，以展现 USP 算法及 SPARTACUS 求解器的多尺度特性。

### 9.3.1　SPARTACUS 求解器介绍

SPARTACUS 是一个基于 USP 方法的开源通用求解器，在 DSMC 方法的开源框架 SPARTA(stochastic parallel rarefied-gas time-accurate analyzer) 基础上发展而来，具有出色的通用性，能够对任意 1~3 维几何外形的内外流场进行计算。此外，该求解器使用基于消息传递接口 (MPI) 的并行策略，具有支持上百万核规模并行的潜力。如 9.2.1 节所述，USP 方法中的运动步与 DSMC 完全相同，唯一的区别在于使用速度松弛过程代替了 DSMC 求解器中的碰撞步。此外，SPARTACUS 也实现了 9.2.2 节所述的空间插值技巧，以满足更高的空间精度要求。

SPARTACUS 完全在 SPARTA 框架内开发，因此它的安装和使用方式与

SPARTA 完全相同。用户可以从相应 GitHub 仓库 (https://github.com/KKFeng/spartacus)[15] 中下载。与 SPARTA 相同，该求解器目前只可运行在基于 Linux 内核的操作系统上。

除 SPARTA 的所有基础命令外，该求解器新增的命令主要与 BGK 分子模型和 USP 松弛过程有关。其一是 BGK 模型文件，以氩气分子为例，其模型文件如下所示：

```
###### ar.bgk ############
# ## BGK 模型参数文件 ##
# id
# reference viscosity
# omega
# reference temperature
Ar  2.117e-5 0.81 273.15
```

该文件的作用与 DSMC 中的变径软球模型 (VSS) 文件相同。除此之外，SPARTACUS 新增的用于定义和控制松弛过程的命令如下所示：

```
# 使用不同的松弛模型
## DSMC or BGK/ESBGK/SBGK/USP
# collide    vss air ar.vss
# collide    bgk air esbgk ar.bgk
# collide    bgk air sbgk ar.bgk
# collide    bgk air bgk ar.bgk
collide      bgk air usp ar.bgk
# pr_num    全局参考普朗特数
# time_ave  设置时间平均系数
# reset_wmax 设置Wmax
collide_bgk_modify pr_num 0.67
```

相关完整文档也在对应代码仓库中给出，感兴趣的读者可以自行获取。

图 9.5 给出了在计算资源消耗相当的情况下不同求解器的计算效率和适用范围对比图。其中 SPARTACUS V1.0 为该求解器的初始版本，V2.0 还包含了时空自适应 (即时间步长和网格尺度的耦合自适应) 模块，进一步提高了其计算效率，拓宽了其可计算的海拔范围。

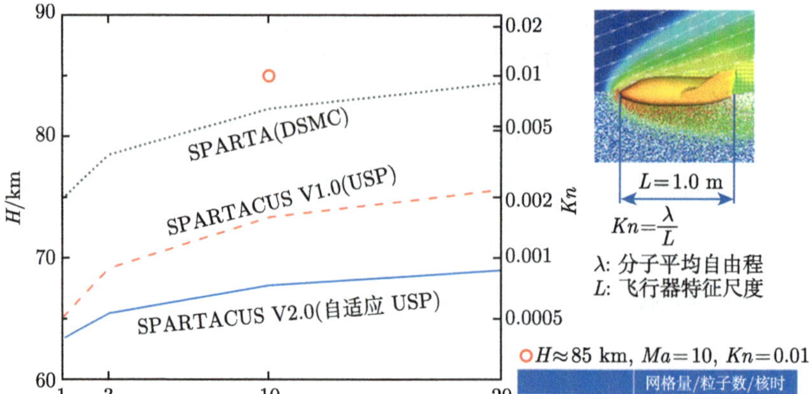


| | 网格量/粒子数/核时 |
|---|---|
| SPARTA | $1.4\times10^7/5.30\times10^8/2100$ |
| SPARTACUS V1.0 | $1.6\times10^6/9.7\times10^7/387$ |
| SPARTACUS V2.0 | $5.3\times10^5/4\times10^7/81.5$ |

计算资源、统计精度相当的条件下不同求解器求解海拔下限(三维算例、半模，约5000核时)

图 9.5　SPARTACUS 求解器与 SPARTA 求解器计算效率及适用范围对比

### 9.3.2　顶盖驱动的方腔流

顶盖驱动的方腔流 (lid-driven cavity flow) 是一个由顶部盖子以恒定速度 $U_{\mathrm{lid}}$ 驱动的在正方形腔体内的内部流动，如图 9.6 所示。这里模拟了四种不同 $Kn$ 和 $Re$ 的情况，计算参数如表 9.1 所示，所有算例中均使用均匀网格。该算例中使用的工质为氩气，其黏性系数 $\mu$ 与温度 $T$ 的关系为

$$\mu = \mu_{\mathrm{ref}}\left(\frac{T}{T_{\mathrm{ref}}}\right)^{\omega} \tag{9.28}$$

其中，$\mu_{\mathrm{ref}}$ 为氩气在参考温度 $T_{\mathrm{ref}}$ 下的参考黏性系数。在本算例中 $\mu_{\mathrm{ref}}$、$T_{\mathrm{ref}}$ 和 $\omega$ 的取值分别为 $2.117\times10^{-5}$ Pa · s、273 K 和 0.81。腔体的四面都是漫反射壁面，

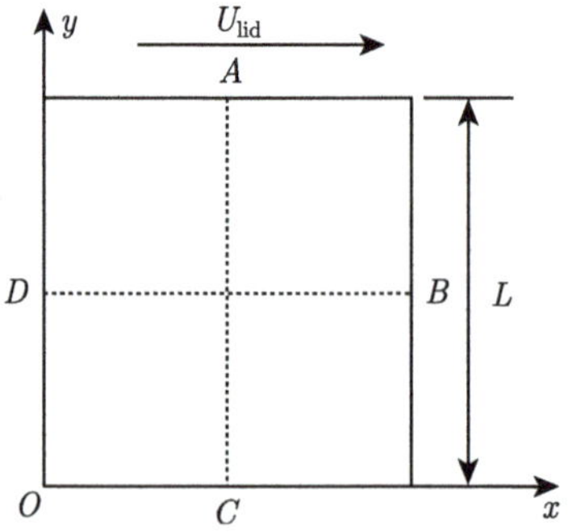


图 9.6　顶盖驱动方腔流动示意图

其温度为 $T_{\mathrm{wall}} = 273$ K。在四个不同的算例中，方腔边长 $L$ 由 $Kn = \lambda/L$ 确定，顶盖速度 $U_{\mathrm{lid}}$ 由 $Re = \rho U_{\mathrm{lid}} L/\mu$ 确定。

**表 9.1 顶盖驱动方腔流动模拟参数**

| 算例 | $Kn$ | $Re$ | $N_{\mathrm{cell}}$ | $\Delta t/(\times 10^{-12}$ s) | $L/(\times 10^{-7}$ m) | $U_{\mathrm{lid}}/(\mathrm{m/s})$ |
|---|---|---|---|---|---|---|
| 1 | 1.0 | 0.268 | $56 \times 56$ | 0.0787 | 0.495 | 64.2 |
| 2 | 0.075 | 3.57 | $56 \times 56$ | 10.5 | 6.61 | 64.2 |
| 3 | $1.44 \times 10^{-3}$ | 100 | $72 \times 72$ | 425 | 344 | 34.5 |
| 4 | $5.42 \times 10^{-4}$ | 1000 | $100 \times 100$ | 813 | 914 | 129.9 |

基于表 9.1 中给出的各算例 $Kn$，算例 1 和 2 为典型的稀薄流动，相关的模拟结果与参考文献 [16] 中的 DSMC 结果进行对比；算例 3 和 4 处于连续流域，相关结果与参考文献 [17] 的 CFD 计算结果进行对比。这里选取了图 9.6 所示的对称轴 $AC$ 和 $BD$ 上的速度分布进行了对比验证，相关结果如图 9.7 所示。结果

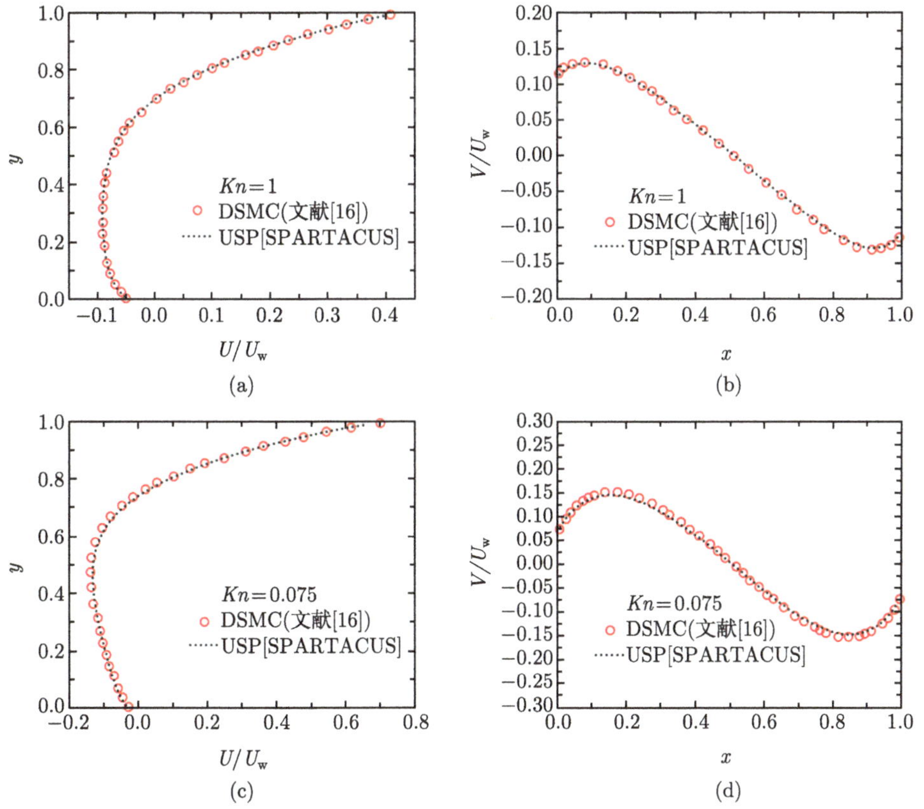

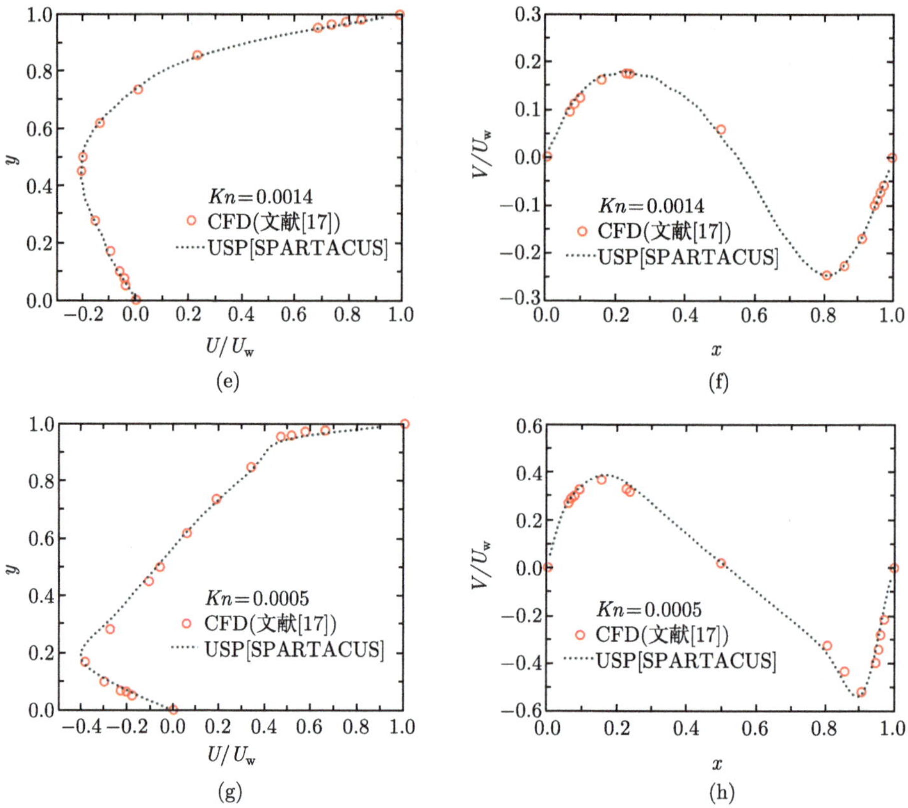


图 9.7　顶盖驱动的方腔流动 $AC$ 轴水平速度分布（左）和 $BD$ 轴垂向速度分布（右）

表明，USP 求解器在连续和稀薄流域均取得了与参考结果一致的计算结果。值得注意的是，即使在连续流领域，USP 中的网格数仍然不超过 $100 \times 100$。如果在算例 4 中采用 DSMC 进行计算，则考虑到 DSMC 中网格尺度须小于分子平均自由程的限制，将采用至少 $2000 \times 2000$ 的网格才能满足要求。

除此之外，图 9.8 还给出了算例 4 使用随机空间插值 (9.2.2 节) 前后的流场速度云图和流线图对比。可见，使用随机插值提高算法空间精度在该流场中是必要的。若不使用插值则由于空间精度较低而无法正确解析流场，尤其是方腔角部的涡结构。

### 9.3.3　高超声速圆柱绕流

9.3.2 节的 4 个顶盖驱动方腔流的算例横跨了连续流域和稀薄流域，部分展示了 USP 的多尺度计算能力。但值得注意的是，该组算例中每个算例本身是单尺度的，即单个流场的不同区域其特征尺度相差不大。这里将对高超声速氩气二维圆柱绕流算例 ($Ma = 10.0$，$Kn = 0.01$) 进行模拟。该算例被广泛应用在数个

DSMC 求解器的基准测试中。其具体参数为来流温度 $T_0 = 200$ K、来流速度 $V_\infty = 2633$ m/s、来流分子数密度 $4.247\times10^{20}$ m$^{-3}$。$Kn$ 是基于圆柱直径 $D= 0.3048$ m(12 inch) 定义的，壁面温度为 $T_{\rm wall} = 500$ K。黏性系数与温度的关系定义同式 (9.28)，其中 $\mu_{\rm ref}$、$T_{\rm ref}$、$\omega$ 的取值分别为 $5.0685\times10^{-5}$ Pa·s、1000 K、0.734。参考 DSMC 算例 [18] 中采用的时间步长为 $\Delta t_{\rm ref} = 1.2\times10^{-7}$ s。

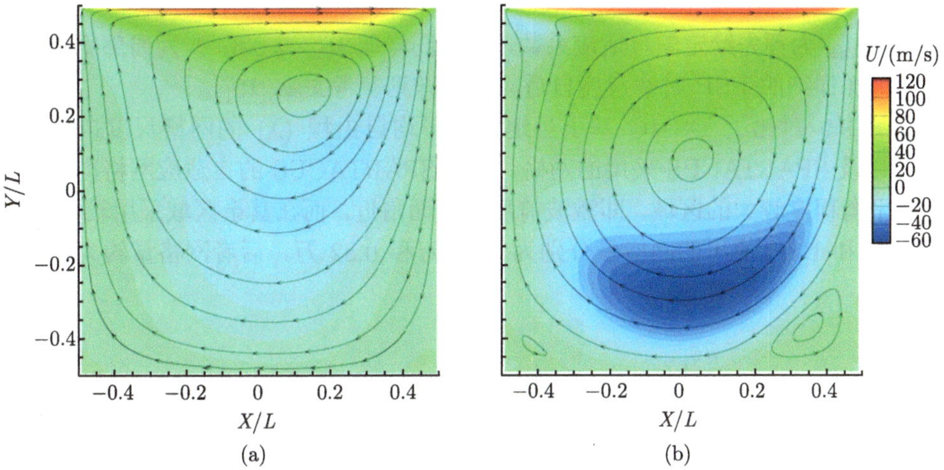


图 9.8 顶盖驱动的方腔流动使用随机空间插值 (a) 前和 (b) 后的流场对比

该算例具有显著的多尺度特性，流场中不同局部的特征尺度相差约 2 个数量级。虽然 USP 方法在这类多尺度流动模拟方面具有巨大的潜在优势，但其计算效率仍然有提高的空间。在 9.3.1 节中，单一算例的模拟中的 USP 实际上仍是“单尺度”的，即均匀网格和单一的时间步长。如果在高超声速圆柱绕流中仍然采用类似的策略，那么其网格尺度和时间步长将受到气体稀薄程度最大或特征尺度最小的区域的限制 (如激波前后或圆柱壁面附近)，从而导致计算效率较低。

鉴于 USP 不受 DSMC 中平均碰撞时间和平均自由程对时间步长和网格尺寸限制，有必要为 USP 方法开发相应更加高效的网格和时间步长自适应算法，以实现更有效的多尺度计算。本算例中 USP 采用的最大时间步长为 100 倍的参考时间步长 ($\Delta t_{\max} = 100\Delta t_{\rm ref}$)。网格和时间步长基于当地特征尺度和特征时间进行了自适应。对于局部时间步长采用判据：

$$\Delta t = k_{\Delta t} \max\left(\frac{L_{\rm grad,min}}{V_{\rm RMS}}, \tau_{\rm c}\right) \tag{9.29}$$

其中，$\tau_{\rm c}$ 为当地平均碰撞时间；$k_{\Delta t}$ 为预先给定的自适应系数，这里取 $k_{\Delta t} = 0.3$。

$L_{\mathrm{grad,min}}$ 为基于宏观量及其梯度的比值 $(|Q/\nabla Q|)$ 定义的局部特征尺度：

$$L_{\mathrm{grad,min}} \approx \min(|\rho/\nabla\rho|\,,|T/\nabla T|\,,|U/\nabla U|) \tag{9.30}$$

网格尺度的自适应判据为

$$\Delta x \approx k_{\Delta x}\max\left(L_{\mathrm{grad,max}},\lambda\right) \tag{9.31}$$

其中，$k_{\Delta x}$ 为预先给定的自适应系数，这里同样取 $k_{\Delta x}=0.3$；$\lambda$ 为局部平均自由程。更加详细的 USP 时空尺度自适应理论详见参考文献 [19]。

图 9.9 对比了 DSMC 基于当地分子平均自由程 $(\lambda)$ 的网格尺度自适应约 $0.3\lambda$ 以及 SPARTACUS 采用的网格。可见 SPARTACUS 的自适应网格准确捕捉到非平衡程度较大的区域，即激波前后及壁面附近，而在其余区域采用较大网格。DSMC 和 USP 使用的网格量分别为 46.7 万和 0.82 万，后者网格量约为前者的 1/57。

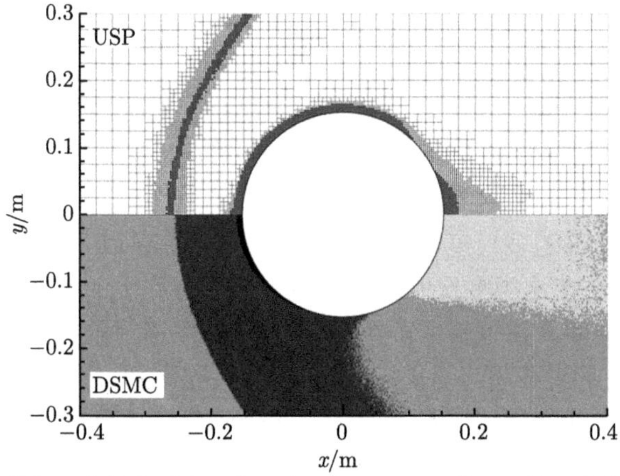


图 9.9　USP 基于特征尺度的自适应网格（上）与 DSMC 基于平均自由程的自适应网格结果（下）

图 9.10 给出了网格和时间步长自适应过程。该过程在 SPARTACUS 中的实现是完全自动化的，仅需预先给定式 (9.29) 和式 (9.31) 中的参数 $k_{\Delta t}$ 和 $k_{\Delta t}$ 即可完成。初始时刻，使用均匀大网格和时间步长对全流场进行粗糙模拟，基于该结果进行流场的初步自适应。在此基础上，对流场和网格/时间步长进行同步迭代，最终得到收敛的结果。

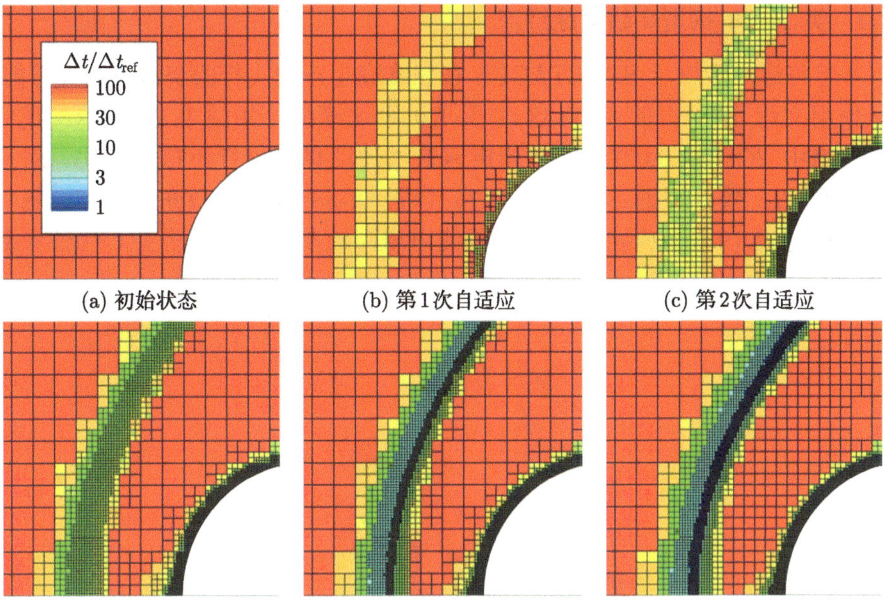


(a) 初始状态 (b) 第 1 次自适应 (c) 第 2 次自适应

(d) 第 3 次自适应 (e) 第 4 次自适应 (f) 第 10 次自适应

图 9.10 圆柱绕流网格和时间步长自适应过程

图 9.11 给出了圆柱表面热流的对比，其中参考 DSMC 结果时间步长为 $\Delta t_{ref} = 1.2\times10^{-7}$ s，USP 采用最大时间步长为 $100\Delta t_{ref}$，同时给出了 DSMC 使用 $10\Delta t_{ref}$ 时间步长的结果。可见，通过合适的时间步长自适应，USP 在 $100\Delta t_{ref}$ 下仍然能够给出正确的结果，而 DSMC 在 $10\Delta t_{ref}$ 时间步长下的结果已经不再正确。

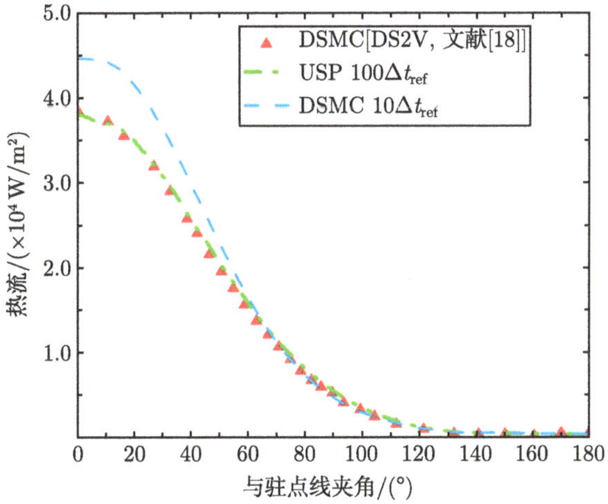


图 9.11 圆柱壁面热流对比示意图

### 9.3.4　类 X-38 构型高超声速绕流

本节将进一步展示 SPARTACUS 在三维高超声速飞行器绕流中的计算能力。这里使用文献 [20] 中的类 X-38 空天飞机缩比模型，如图 9.12 所示。我们选取了文献中 $Kn$ 为 0.0275 的高超声速氩气流动算例进行模拟和对比。对应的 $Ma$ 数和 $Re$ 数分别为 8.0 和 593.7。该类 X-38 模型的攻角为 10°。氩气的黏度遵循与式 (9.28) 相同的规律，并使用相同的参数。其他模型和物性参数见文献 [20]。

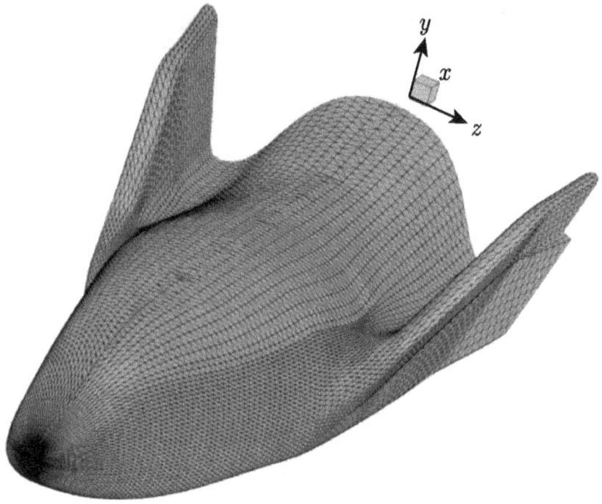


图 9.12　类 X-38 模型示意图

入口速度 ($U_\infty$)、温度 ($T_\infty$) 和质量密度 ($\rho$) 分别设定为 1115.31 m/s、56 K 和 $1.11 \times 10^{-5}$ kg/m$^3$。模型的特征长度和参考面积分别为 0.28 m 和 0.012 m$^2$。表面被视为温度 ($T_\mathrm{w}$) 为 300 K 的完全扩散边界。

本算例采用了与 9.3.3 节类似的自适应策略，这里不再赘述。图 9.13 展示了在对称平面的收敛网格和时间步长。最大时间步长为 $2.2 \times 10^{-5}$ s。作为对比，参考 DSMC 模拟使用的时间步长为 $\Delta t_\mathrm{ref} = 1.1 \times 10^{-7}$ s，仅为 USP 最大时间步长的 1/200。

图 9.14 给出了流场密度和温度云图，与参考的 DSMC 结果一致。图 9.15 则展示了模型对称平面的压力和热流分布，同样与参考数据相符。结果表明，飞行器表面热流最大的位置出现在流场驻点附近。

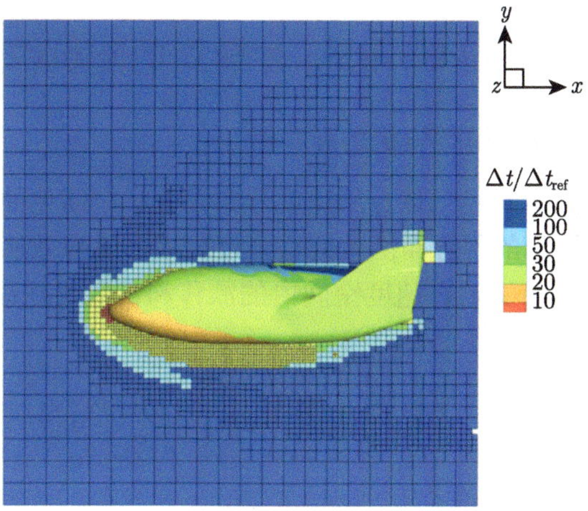


图 9.13 模拟网格和时间步长

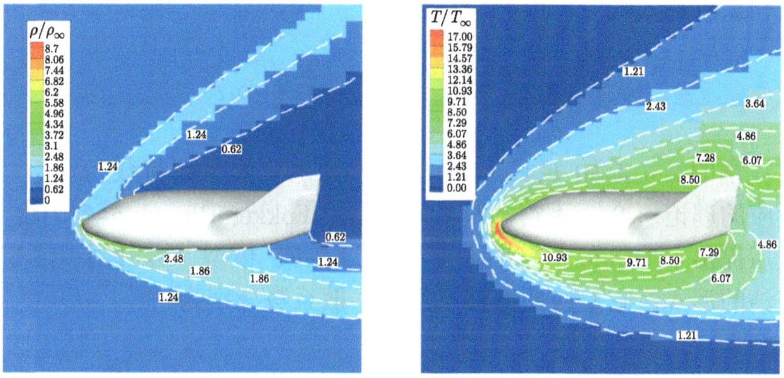


(a) (b)

图 9.14 类 X-38 绕流的 (a) 密度和 (b) 温度云图。其中虚线为参考 DSMC 结果 [20]，带色云图为当前 USP 结果

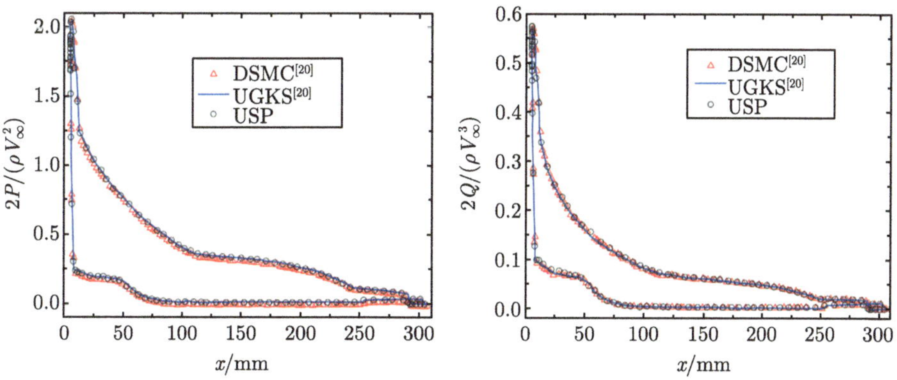


(a) (b)

图 9.15 类 X-38 绕流算例壁面的 (a) 压力和 (b) 热流分布

# 9.4 基于 Fokker-Planck 模型的随机粒子方法

## 9.4.1 Fokker-Planck 模型与朗之万方程

本书第 3 章介绍了描述气体分子速度分布函数时空演化的各类动理学模型方程，除了 9.1 节中提到的用分布函数的松弛过程描述碰撞效应的 BGK 类模型方程外，另一类是用分布函数在速度空间内的漂移和扩散描述碰撞效应的 Fokker-Planck(FP) 类模型方程 [22]：

$$\frac{\partial f}{\partial t}+c_i\frac{\partial f}{\partial x_i}=-\frac{\partial(A_i f)}{\partial c_i}+\frac{1}{2}\frac{\partial^2(D_{ij}f)}{\partial c_i\partial c_j} \tag{9.32}$$

其中，$A_i$ 被称为漂移系数；$D_{ij}$ 为扩散系数。原始的 Fokker-Planck 方程对应的漂移系数和扩散系数为

$$A_i=-\frac{c_i'}{\tau},\quad D_{ij}=\frac{2k_{\mathrm{B}}T}{m\tau}\delta_{ij} \tag{9.33}$$

需要注意的是，原始 Fokker-Planck 模型对应的普朗特数为 1.5，这与单原子气体对应的理论值 2/3 不符。为了弥补原始 Fokker-Planck 模型的这一局限性，研究者先后提出了 Cubic-FP 模型 [23] 以及 ES-FP 模型 [24]。其中 ES-FP 模型具有较为简洁的形式，它对应的漂移系数和扩散系数分别为

$$A_i=-\frac{c_i'}{\tau},\quad D_{ij}=\frac{2k_{\mathrm{B}}T}{m\tau}E_{ij},\quad E_{ij}=\delta_{ij}+b\frac{\sigma_{ij}}{p} \tag{9.34}$$

可以看到，ES-FP 模型相较于原始 Fokker-Planck 模型增加了各向异性部分，其中 $b$ 为无量纲的可调参数，取 $b=1-3/(2Pr)$ 即可使得 ES-FP 模型给出正确的普朗特数。

Fokker-Planck 类模型实际上与描述分子位移和速度的连续随机变化的朗之万方程等价，这一点为基于 Fokker-Planck 模型进行随机粒子模拟带来了很大便利。以原始 Fokker-Planck 模型为例，其对应的朗之万方程为

$$\begin{aligned}\mathrm{d}x_i&=c_i\mathrm{d}t\\ \mathrm{d}c_i&=-\frac{c_i'}{\tau}\mathrm{d}t+\sqrt{\frac{2k_{\mathrm{B}}T}{m\tau}}\mathrm{d}W_i(t)\end{aligned} \tag{9.35}$$

其中，$W_i(t)$ 为维纳过程。根据随机过程理论，维纳过程的增量为独立的高斯白噪声，即 $\mathrm{d}W_i(t)\sim\xi_i(t)\sqrt{\mathrm{d}t}$，其中，$\xi_i(t)$ 为每个时刻互相独立的高斯随机数；$\sqrt{\mathrm{d}t}$

为增量的标准差，其由随机过程的特性决定。朗之万方程给出了粒子位置与速度的控制方程，对其中的速度控制方程积分可以得到

$$c_i(t) = c_i(0)\mathrm{e}^{-t/\tau} + \mathrm{e}^{-t/\tau}\int_0^t \mathrm{e}^{s/\tau}\sqrt{\frac{2k_\mathrm{B}T}{m\tau}}\mathrm{d}W_i(s) \tag{9.36}$$

需要注意的是，由于维纳过程的随机性，上述积分与传统定积分不同，其结果具有随机性，我们研究单个样本的结果是没有意义的，研究中关注的是分子速度的统计性质。以速度关联函数为例，将不同的终止时刻 $t$ 与 $t^*$ 分别对应的积分式 (9.36) 相乘，再取平均可以得到

$$\begin{aligned}\langle c_i(t)c_j(t^*)\rangle &= c_i(0)c_j(0)\mathrm{e}^{-(t+t^*)/\tau} + \mathrm{e}^{-(t+t^*)/\tau}\int_0^{\min(t,t^*)} \frac{2k_\mathrm{B}T}{m\tau}\mathrm{e}^{2s/\tau}\delta_{ij}\mathrm{d}s \\ &= c_i(0)c_j(0)\mathrm{e}^{-(t+t^*)/\tau} + \frac{k_\mathrm{B}T}{m}(\mathrm{e}^{-|t-t^*|/\tau} - \mathrm{e}^{-(t+t^*)/\tau})\delta_{ij}\end{aligned} \tag{9.37}$$

其中用到了维纳过程不同时刻与不同方向的增量的独立性以及零均值特性。当取 $t = t^*$ 时，可以给出 $t$ 时刻对应的分子速度的二阶矩，即

$$\langle c_i(t)c_j(t)\rangle = c_i(0)c_j(0)\mathrm{e}^{-2t/\tau} + \frac{k_\mathrm{B}T}{m}(1 - \mathrm{e}^{-2t/\tau})\delta_{ij} \tag{9.38}$$

基于速度关联函数还可以导出速度–位移二阶相关矩，具体来说，位移 $\Delta x_i(t) = \int_0^t c_i(s)\mathrm{d}s$ 与速度 $c_j(t)$ 的关联函数可写为

$$\begin{aligned}\langle c_i(t)\Delta x_j(t)\rangle &= \left\langle c_i(t)\int_0^t c_i(s)\mathrm{d}s\right\rangle = \int_0^t \langle c_i(t)c_j(s)\rangle\mathrm{d}s \\ &= c_i(0)c_j(0)\tau\mathrm{e}^{-t/\tau}(1 - \mathrm{e}^{-t/\tau}) + \frac{k_\mathrm{B}T\tau}{m}(1 - \mathrm{e}^{-t/\tau})^2\delta_{ij}\end{aligned} \tag{9.39}$$

而对于位移的二阶矩 $\langle\Delta x_i(t)\Delta x_j(t)\rangle$，可以研究对应的增量：

$$\begin{aligned}\mathrm{d}(\Delta x_i(t)\Delta x_j(t)) &= (\Delta x_i(t) + \mathrm{d}x_i)(\Delta x_j(t) + \mathrm{d}x_j) - \Delta x_i(t)\Delta x_j(t) \\ &= 2c_i(t)\Delta x_j(t)\mathrm{d}t + c_ic_j(\mathrm{d}t)^2\end{aligned} \tag{9.40}$$

其中用到了位移与粒子速度的关系 $\mathrm{d}x_i = c_i(t)\mathrm{d}t$。略去高阶微分项后，对式 (9.40) 两侧积分可得位移的二阶矩为

$$\begin{aligned}\langle \Delta x_i(t)\Delta x_j(t)\rangle &= \int_0^t 2\,\langle c_i(s)\Delta x_j(s)\rangle\,\mathrm{d}s \\ &= c_i(0)c_j(0)\tau^2(1-\mathrm{e}^{-t/\tau})^2 \\ &\quad + \frac{k_\mathrm{B}T\tau^2}{m}\left(\frac{2t}{\tau} - (1-\mathrm{e}^{-t/\tau})(3-\mathrm{e}^{-t/\tau})\right)\delta_{ij}\end{aligned} \tag{9.41}$$

以上推导利用了朗之万方程的积分解，得到了粒子在随机力作用下对应的速度二阶矩、速度–位移相关矩以及位移二阶矩。需要注意的是，维纳过程为一个正态增量的随机过程，相应的粒子速度对应的也是一个正态分布，对于正态分布而言，确定了二阶矩即确定了对应的分布函数。而接下来将要介绍的粒子 Fokker-Planck 方法的基本思想也即在数值实现中复现对应的理论二阶矩。

### 9.4.2 粒子 Fokker-Planck 方法实现

基于 Fokker-Planck 模型的随机粒子方法的基本原则是通过随机粒子格式复现朗之万方程对应的粒子速度演化的统计特性，9.4.1 节中基于朗之万方程的积分得到了粒子的速度–速度二阶矩、速度–位移二阶矩以及位移–位移二阶矩，即

$$\begin{aligned}\langle c_i(t)c_j(t)\rangle &= c_i(0)c_j(0)\mathrm{e}^{-2t/\tau} + \overbrace{\frac{k_\mathrm{B}T}{m}(1-\mathrm{e}^{-2t/\tau})}^{A}\delta_{ij} \\ \langle c_i(t)\Delta x_j(t)\rangle &= c_i(0)c_j(0)\tau\mathrm{e}^{-t/\tau}(1-\mathrm{e}^{-t/\tau}) + \overbrace{\frac{k_\mathrm{B}T\tau}{m}(1-\mathrm{e}^{-t/\tau})^2}^{C}\delta_{ij} \\ \langle \Delta x_i(t)\Delta x_j(t)\rangle &= c_i(0)c_j(0)\tau^2(1-\mathrm{e}^{-t/\tau})^2 + \overbrace{\frac{k_\mathrm{B}T\tau^2}{m}\left[\frac{2t}{\tau}-(1-\mathrm{e}^{-t/\tau})(3-\mathrm{e}^{-t/\tau})\right]}^{B}\delta_{ij}\end{aligned} \tag{9.42}$$

在理论上，涨落力对应的维纳过程遵循正态分布，在对应的数值实现中，利用正态随机数，模拟涨落力带来的速度变化量。而正态随机数的系数则应当使得二阶矩与朗之万方程给出的理论值相同。具体来说，原始 Fokker-Planck 模型对应的粒子速度与位移更新格式为 [22]

$$x_i(t) = x_i(0) + c_i(0)\tau(1-\mathrm{e}^{-t/\tau}) + \sqrt{B}\xi_i$$

$$c_i(t) = c_i(0)\mathrm{e}^{-t/\tau} + \sqrt{\frac{C^2}{B}}\xi_i + \sqrt{A - \frac{C^2}{B}}\eta_i \tag{9.43}$$

其中，$\xi_i$、$\eta_i$ 为独立的标准正态分布随机数；$c_i(t)$ 与 $c_i(0)$ 为分子的速度。对于式 (9.43) 分别求速度方差、位移方差以及速度位移相关矩

$$\begin{aligned}
\langle c_i(t)c_j(t)\rangle &= c_i(0)c_j(0)\mathrm{e}^{-2t/\tau} + \frac{C^2}{B}\langle\xi_i\xi_j\rangle + \left(A - \frac{C^2}{B}\right)\langle\eta_i\eta_j\rangle \\
\langle\Delta x_i(t)\Delta x_j(t)\rangle &= c_i(0)c_j(0)\tau^2(1-\mathrm{e}^{-t/\tau})^2 + B\langle\xi_i\xi_j\rangle \\
\langle c_i(t)\Delta x_j(t)\rangle &= c_i(0)c_j(0)\tau(1-\mathrm{e}^{-t/\tau})\mathrm{e}^{-t/\tau} + C\langle\xi_i\xi_j\rangle
\end{aligned} \tag{9.44}$$

由于各个随机变量之间的独立性，其中的交叉项在取平均后消失。其中标准正态分布随机数的方差 $\langle\xi_i\xi_j\rangle = \langle\eta_i\eta_j\rangle = \delta_{ij}$，容易看出，式 (9.43) 的格式完全复现了朗之万方程给出的理论解。进一步将格式推广到存在宏观速度的情形可以得到

$$\begin{aligned}
c_i(t) &= (c_i(0)-u_i)\mathrm{e}^{-t/\tau} + u_i + \sqrt{\frac{C^2}{B}}\xi_i + \sqrt{A - \frac{C^2}{B}}\eta_i \\
x_i(t) - x_i(0) &= (c_i(0)-u_i)\tau(1-\mathrm{e}^{-t/\tau}) + \sqrt{B}\xi_i + u_i\Delta t
\end{aligned} \tag{9.45}$$

速度更新格式中增加了对宏观速度的适应，同时漂移项变为分子速度对宏观速度的漂移，对于位置更新格式，则增加了随宏观速度的匀速运动项。

与 9.1 节中提到的利用分裂格式将分子的运动与碰撞解耦，进而求解 BGK 方程的 SP 方法不同，式 (9.45) 中的粒子 Fokker-Planck 方法的速度与位置更新是强耦合的，考虑了在运动过程中对应的阻尼力所导致的速度衰减，以及涨落力所导致的速度随机变化对位移的影响。这在格式中体现为位移的初速度项为指数衰减形式，而在随机项部分，速度与位移共用了同一个随机数 $\xi_i$。这些特性使得粒子 Fokker-Planck 方法在大时间步长下可以复现均方位移对应的扩散极限 [21] $\langle\Delta x^2\rangle = 2k_\mathrm{B}Tt/m = 2Dt$。然而，对于具有复杂边界的流动而言，这种对应于布朗运动的位移选取方式会使边界条件的处理变得困难 [25]，进而影响整个问题的求解。

在后续的工作中，粒子 Fokker-Planck 方法的实施回归了与 SP-BGK 方法类似的分裂格式处理方法。即将 Fokker-Planck 方程对应的朗之万方程视为一种碰撞模型，而在运动中不考虑与碰撞的耦合作用，直接进行弹道运动，这样可以使用 DSMC 或 SP-BGK 方法中已经非常成熟的边界条件。相应的粒子 Fokker-Planck 方法的框架与 9.1.2 节中讨论的 SP-BGK 方法类似，只有其中的碰撞步被替换为

式 (9.45) 中的速度更新格式，同时与 DSMC 或 SP-BGK 方法不同的是，粒子 Fokker-Planck 方法不需要随机抽取粒子，在网格内的粒子都需要按照相应的格式更新速度。

## 9.5 基于 Fokker-Planck 模型的多尺度随机粒子方法

### 9.5.1 粒子 ES-FP 方法

9.4 节中以原始 Fokker-Planck 模型为例，介绍了对应的粒子方法的导出与实现。其中介绍了可以调节普朗特数的 ES-FP 模型，接下来将介绍其对应的粒子 ES-FP 方法，该方法可以解决原始的粒子 Fokker-Planck 方法无法给出正确普朗特数的短板。

与粒子 Fokker-Planck 方法类似，粒子 ES-FP 方法是基于 ES-FP 模型对应的朗之万方程实现的。式 (9.34) 的 ES-FP 方程对应的朗之万方程的具体形式为

$$\begin{aligned} \mathrm{d}x_i &= c_i \mathrm{d}t, \\ \mathrm{d}c_i &= -\frac{c_i'}{\tau}\mathrm{d}t + \sqrt{\frac{2k_\mathrm{B}T}{m\tau}} L_{ij}(t)\mathrm{d}W_j(t) \end{aligned} \tag{9.46}$$

其中，$L_{ij}(t)$ 为 $E_{ij}(t)$ 的 Cholesky 分解矩阵，即有 $L_{ik}L_{jk} = E_{ij} = \delta_{ij} + b\sigma_{ij}/p$。对其中的速度演化方程积分可以得到

$$c_i(t) = c_i(0)\mathrm{e}^{-t/\tau} + \mathrm{e}^{-t/\tau}\int_0^t \mathrm{e}^{s/\tau}\sqrt{\frac{2k_\mathrm{B}T}{m\tau}} L_{ij}(s)\mathrm{d}W_j(s) \tag{9.47}$$

利用 9.4.1 节中的类似思路，可以利用式 (9.47) 得到 ES-FP 模型对应的二阶矩。将式 (9.47) 平方可得

$$\begin{aligned} \langle c_i(t)c_j(t)\rangle &= c_i(0)c_j(0)\mathrm{e}^{-2t/\tau} + \mathrm{e}^{-2t/\tau}\int_0^t \mathrm{e}^{2s/\tau}\frac{2k_\mathrm{B}T}{m\tau}E_{ij}(s)\mathrm{d}s \\ &= c_i(0)c_j(0)\mathrm{e}^{-2t/\tau} + \mathrm{e}^{-2t/\tau}\int_0^t \mathrm{e}^{2s/\tau}\frac{2k_\mathrm{B}T}{m\tau}(\delta_{ij} + b\sigma_{ij}(s)/p)\mathrm{d}s \end{aligned} \tag{9.48}$$

其中，$\sigma_{ij}(s)$ 为 $s$ 时刻对应的无迹应力。由于无迹应力的衰减特性，此处将其视为时间的函数。需要注意的是，式 (9.48) 左边的 $\langle c_i(t)c_j(t)\rangle$ 与 $t$ 时刻的应力有关，也就是该等式实际上暗含了应力的衰减关系。在式 (9.48) 两边乘以密度后取无迹部分，再对时间求导可得

$$\frac{\mathrm{d}\sigma_{ij}}{\mathrm{d}t} = -\frac{2(1-b)\sigma_{ij}}{\tau} \tag{9.49}$$

即 ES-FP 模型对应的应力衰减满足式 (9.49)。对式 (9.49) 积分可以得到其对应的理论解为

$$\sigma_{ij}(s) = \sigma_{ij}(0)\mathrm{e}^{-2(1-b)s/\tau} \tag{9.50}$$

将式 (9.50) 代入式 (9.48) 可得 ES-FP 模型对应的速度二阶矩为

$$\begin{aligned}\langle c_i(t)c_j(t)\rangle &= c_i(0)c_j(0)\mathrm{e}^{-2t/\tau} + \mathrm{e}^{-2t/\tau}\int_0^t \mathrm{e}^{2s/\tau}\frac{2k_\mathrm{B}T}{m\tau} \\ &\quad \times (\delta_{ij} + b\sigma_{ij}(0)\mathrm{e}^{-2(1-b)s/\tau}/p)\mathrm{d}s \\ &= c_i(0)c_j(0)\mathrm{e}^{-2t/\tau} + \frac{k_\mathrm{B}T}{m} \\ &\quad \times \left[\delta_{ij}(1-\mathrm{e}^{-2t/\tau}) + (\mathrm{e}^{-2(1-b)t/\tau} - \mathrm{e}^{-2t/\tau})\frac{\sigma_{ij}(0)}{p}\right]\end{aligned} \tag{9.51}$$

根据式 (9.51) 可以给出粒子 ES-FP 方法对应的粒子速度更新格式：

$$\begin{aligned}c_i(t) &= c_i(0)\mathrm{e}^{-t/\tau} + \sqrt{\frac{k_\mathrm{B}T}{m}}\tilde{L}_{ij}(t)\xi_j \\ \tilde{L}_{ik}(t)\tilde{L}_{jk}(t) &= (1-\mathrm{e}^{-2t/\tau})\delta_{ij} + (\mathrm{e}^{-2(1-b)t/\tau} - \mathrm{e}^{-2t/\tau})\sigma_{ij}(0)/p\end{aligned} \tag{9.52}$$

如 9.4.2 节所述，在粒子 ES-FP 方法中，不再考虑速度变化与位移的耦合关系，而是直接将朗之万方程视为一个碰撞模型，将其与算子分裂框架结合，利用式 (9.52) 实施对应的碰撞步，而运动步则与 DSMC 和 SP-BGK 方法相同，采用弹道运动。这种处理方式使得粒子 ES-FP 方法对应的边界条件更容易实施，但分裂格式的采用也使得粒子 ES-FP 方法的时间步长受到与 SP-BGK 方法类似的限制。

### 9.5.2 MSP 方法

在 9.2.1 节中分析了 SP-BGK 方法由分裂格式而导致的数值耗散，并在碰撞步中加入对应的反耗散项将对应的数值耗散进行修正，最终导出了 USP 方法。而类似的思想可以推广到粒子 ES-FP 方法中，进而导出多尺度随机粒子 (MSP) 方法。

具体来说，由于采用了与 SP 方法相同的弹道运动步，因此，式 (9.11) 中的通量分析也适用于粒子 ES-FP 方法。对于初始项的重构没有基于某个特定模型方程的假设，在粒子 ES-FP 方法中也可以将初始分布函数在局部平衡态附近展开为

$$f(\boldsymbol{c};\boldsymbol{x},0) \approx f_\mathrm{M}\left[1 + \frac{\sigma_{ij}^\mathrm{c}}{2pRT}c'_{\langle i}c'_{j\rangle} + \frac{2c'_k q_k^\mathrm{c}}{5pRT}\left(\frac{c'_i c'_i}{2RT} - \frac{5}{2}\right)\right] \tag{9.53}$$

同时利用 ES-FP 模型的一阶 CE 展开 [23] 对梯度项重构可以得到

$$-c_i\frac{\partial f}{\partial x_i}\approx -c_i\frac{\partial f^{(0)}}{\partial x_i}=\frac{\partial_0 f^{(0)}}{\partial t}+\frac{f_{\mathrm{M}}}{\tau}\left[\frac{(1-b)\sigma_{ij}^{(1)}}{pRT}c'_{\langle i}c'_{j\rangle}+\frac{6c'_k q_k^{(1)}}{5pRT}\left(\frac{c'_ic'_i}{2RT}-\frac{5}{2}\right)\right] \tag{9.54}$$

利用与式 (9.17) 类似的分析方法可以得到粒子 ES-FP 方法对应的数值通量为

$$\tilde{\sigma}_{ij}=\sigma_{ij}^{\mathrm{c}}+\frac{(1-b)\Delta t}{\tau}\sigma_{ij}+O(\Delta t^2),\quad \tilde{q}_i=q_i^{\mathrm{c}}+\frac{3\Delta t}{2\tau}q_i+O(\Delta t^2) \tag{9.55}$$

这一结论看似与 SP 方法的结论略有差别，这是由 S-BGK 模型与 ES-FP 模型的松弛时间 $\tau$ 的定义不一致导致的，如果转化为相同的定义，则可以发现式 (9.55) 与式 (9.17) 给出的结论是一致的。实际上，S-BGK 模型以及 ES-FP 模型的一阶 CE 展开对应的都是 NSF 方程，两者对于梯度项的重构实际上是等价的。

基于式 (9.55) 可知，要在粒子 ES-FP 方法中修正数值耗散，需要将对应的初始项设置为

$$\sigma_{ij}^{\mathrm{c}}=\left[1-\frac{(1-b)\Delta t}{\tau}\right]\sigma_{ij},\quad q_i^{\mathrm{c}}=\left(1-\frac{3\Delta t}{2\tau}\right)q_i \tag{9.56}$$

为此，将式 (9.52) 中的速度更新格式修改为如下形式：

$$\begin{aligned}&c_i(t)=c_i(0)\psi_2+\sqrt{\frac{k_{\mathrm{B}}T}{m}}\tilde{L}_{ij}(t)\xi_j\\&\tilde{L}_{ik}(t)\tilde{L}_{jk}(t)=(1-\psi_2^2)\delta_{ij}+(\psi_1-\psi_2^2)\sigma_{ij}(0)/p\end{aligned} \tag{9.57}$$

容易验证，式 (9.57) 满足碰撞前后的动量与能量守恒。同时，式 (9.57) 提供了两个可调参数 $\psi_1$ 与 $\psi_2$，分别控制了应力和热流的松弛速率。对式 (9.57) 求矩可以得到碰撞前后的应力与热流的关系为

$$\sigma_{ij}^{\mathrm{c}}=\sigma_{ij}^{\mathrm{c}*}\psi_1,\quad q_i^{\mathrm{c}}=q_i^{\mathrm{c}*}\psi_2^3 \tag{9.58}$$

使用与导出 USP 方法时类似的思路 (详见式 (9.23)~ 式 (9.25))，可以确定 $\psi_1$ 与 $\psi_2$ 的值为

$$\psi_1=\frac{1-(1-b)\Delta t/\tau}{1+(1-b)\Delta t/\tau},\quad \psi_2=\left(\frac{1-3\Delta t/2\tau}{1+3\Delta t/2\tau}\right)^{1/3} \tag{9.59}$$

MSP 方法在数值实验中展现了与 USP 方法接近的精度与效率 [26]，更重要的是，MSP 方法的成功可以证明 USP 方法对应的理论框架的普适性。读者可参考相关阅读资料 [23–26] 深入了解粒子 Fokker-Planck 类算法。

# 参考文献

[1] Bhatnagar P L, Gross E P, Krook M. A model for collision processes in gases. I. Small amplitude processes in charged and neutral one-component systems. Physical Review, 1954, 94(3): 511-525.

[2] Holway L H. Kinetic theory of shock structure using an ellipsoidal distribution function. Rarefied Gas Dynamics, 1965, 1: 193.

[3] Shakhov E M. Generalization of the Krook kinetic relaxation equation. Fluid Dynamics, 1972, 3(5): 95-96.

[4] Garcia A L, Alder B J. Generation of the Chapman-Enskog distribution. Journal of Computational Physics, 1998, 140(1): 66-70.

[5] Macrossan M N. ν-DSMC: a fast simulation method for rarefied flow. Journal of Computational Physics, 2001, 173(2): 600-619.

[6] Gallis M, Torczynski J. The application of the BGK model in particle simulations//34th Thermophysics Conference. 2000: 2360.

[7] Burt J, Boyd I. Evaluation of a particle method for the ellipsoidal statistical Bhatnagar-Gross-Krook equation//44th AIAA Aerospace Sciences Meeting and Exhibit. 2006: 989.

[8] Fei F, Zhang J, Li J, et al. A unified stochastic particle Bhatnagar-Gross-Krook method for multiscale gas flows. Journal of Computational Physics, 2020, 400: 108972.

[9] Zhang J, John B, Pfeiffer M, et al. Particle-based hybrid and multiscale methods for nonequilibrium gas flows. Advances in Aerodynamics, 2019, 1(1): 12.

[10] Fei F, Ma Y, Wu J, et al. An efficient algorithm of the unified stochastic particle Bhatnagar-Gross-Krook method for the simulation of multi-scale gas flows. Advances in Aerodynamics, 2021, 3(1): 18.

[11] Feng K, Tian P, Zhang J, et al. SPARTACUS: an open-source unified stochastic particle solver for the simulation of multiscale nonequilibrium gas flows. Computer Physics Communications, 2023, 284: 108607.

[12] Tian P, Feng K, Ma Q, et al. Unified stochastic particle simulation of polyatomic gas flows using SPARTACUS. Computers & Fluids, 2023, 265: 105987.

[13] Zhang J, Yao S, Fei F, et al. Competition of natural convection and thermal creep in a square enclosure[J]. Physics of Fluids, 2020, 32(10): 102001.

[14] Ma Q, Yang C, Chen S, et al. Effect of thermal fluctuations on homogeneous compressible turbulence. Advances in Aerodynamics, 2023, 5(1): 3.

[15] Feng K. SPARTACUS: a unified stochastic particle (USP) solver based on SPARTA. [2022-7-8]. https://github.com/KKFeng/spartacus.

[16] Huang J C, Xu K, Yu P. A unified gas-kinetic scheme for continuum and rarefied flows Ⅱ: Multi-dimensional cases. Communications in Computational Physics, 2012, 12(3): 662-690.

[17] Ghia U, Ghia K N, Shin C T. High-*Re* solutions for incompressible flow using the Navier-Stokes equations and a multigrid method. Journal of Computational Physics, 1982, 48(3): 387-411.

[18] Bird G. Sophisticated DSMC//Notes prepared for a short course at the DSMC07 meeting, Santa Fe, USA. 2007.

[19] Feng K, Cui Z, Tian P, et al. A unified stochastic particle method with spatiotemporal adaptation for simulating multiscale gas flows. Journal of Computational Physics, 2024, 505: 112915.

[20] Li J, Jiang D, Geng X, et al. Kinetic comparative study on aerodynamic characteristics of hypersonic reentry vehicle from near-continuous flow to free molecular flow. Advances in Aerodynamics, 2021, 3: 1-10.

[21] 汪志诚. 热力学 · 统计物理. 5 版. 北京：高等教育出版社，2013.

[22] Jenny P, Torrilhon M, Heinz S. A solution algorithm for the fluid dynamic equations based on a stochastic model for molecular motion. Journal of Computational Physics, 2010, 229(4): 1077-1098.

[23] Gorji M H, Torrilhon M, Jenny P. Fokker-Planck model for computational studies of monatomic rarefied gas flows. Journal of fluid mechanics, 2011, 680: 574-601.

[24] Mathiaud J, Mieussens L. A Fokker-Planck model of the Boltzmann equation with correct Prandtl number. Journal of Statistical Physics, 2016, 162: 397-414.

[25] Fei F, Liu Z, Zhang J, et al. A particle Fokker-Planck algorithm with multiscale temporal discretization for rarefied and continuum gas flows. Communications in Computational Physics, 2017, 22(2): 338-374.

[26] Cui Z, Feng K, Ma Q, et al. A multiscale stochastic particle method based on the Fokker-Planck model for nonequilibrium gas flows. Journal of Computational Physics, 2025, 520: 113458.

# 第 10 章　低噪声粒子方法

DSMC 方法是一种统计模拟方法，其不可避免地存在统计涨落问题 [1]：设取样粒子数为 $N_{\mathrm{sam}}$，则速度的统计涨落 (噪声) 为 $c'_{\mathrm{m}}/\sqrt{N_{\mathrm{sam}}}$，其中 $c'_{\mathrm{m}}$ 为最概然热运动速度。要想获得有用的宏观统计信息，如宏观速度 $u$，需满足 $u \gg c'_{\mathrm{m}}/\sqrt{N_{\mathrm{sam}}}$。对于低速流动，$u$ 很小，达到上述条件需要极大数目的统计样本粒子数。因此，DSMC 方法对于微尺度低速流动的模拟存在困难。

为克服 DSMC 的统计涨落问题，研究者们进行了大量探索工作，包括后处理方法 [2,3] 以及发展具有低噪声特性的粒子方法。其中包括 LVDSMC (low variance deviational simulation Monte Carlo) 方法 [4]、VRDSMC (variance reduced direct simulation Monte Carlo) 方法 [5]、MGMC (moment-guided Monte Carlo) 方法 [6]、low-diffusion particle 方法 [7]，以及中国科学院力学研究所樊菁研究员和沈青研究员提出的信息保存 (information preservation, IP) 方法 [8,9]。本章着重介绍信息保存方法的原理与最新进展。

## 10.1　信息保存方法的发展历程

信息保存方法 [8,9] 是由樊菁和沈青在 1999 年提出的，最早用于模拟一维、等密度、低速稀薄气体流动。他们建议在 DSMC 方法中为每个分子赋予两个速度，一个为原始的微观分子速度，用于计算分子运动与碰撞，步骤与 DSMC 方法中完全相同；另一个称为信息速度，其对应于每个模拟粒子所代表的大量真实分子的集体速度。在信息保存方法中，宏观流动速度从信息速度采样平均得到，而不是像 DSMC 方法中对分子速度进行采样。结果表明，与原始 DSMC 方法相比，这种采样方式显著降低了统计散布，具有低噪声特性。在低速流动中，相较于 DSMC 方法，信息保存方法可以节省几个数量级的计算时间。

后续的研究进一步将信息保存方法拓展到更复杂的流动。例如，Cai 等 [10] 引入了压力梯度项来更新信息速度，并成功应用到二维等温可压缩流动的模拟，其中的流场密度通过连续性方程求解。此外，沈青等 [11] 将此技术拓展到了微槽道内的气体流动问题中，通过信息保存方法给出的微槽道内的流向压力分布和质量流量，均与实验结果符合得很好。在早期信息保存方法对碰撞步的处理中，碰撞对的信息速度平均后可作为粒子新的信息速度。而为了保证模拟黏性系数的准确性，需要修改分子的碰撞直径。

为了将信息保存方法拓展至非等温流动，孙泉华和 Boyd[12] 提出了在每个模拟分子上保存信息温度。为了保证正确的模拟输运系数，他们引入了分子碰撞后信息分配与偏转角有关的唯象模型，其中两个与气体种类有关的参数 $C_\mu$ 和 $C_\kappa$ 通过数值模拟确定。在以上所有研究中，都需要引入一个额外的更新/补偿步骤来补偿分子运动和碰撞无法捕捉到的质量、动量、能量输运性质。

为了更加准确地对信息更新/补偿进行建模和分析，孙泉华和 Boyd[13] 基于 Maxwell 输运方程建立了信息量更新的理论框架。其中引入了两个模型，即局部热力学平衡 (local thermal equilibrium, LTE) 模型和通量分裂 (flux splitting, FS) 模型，来估计信息更新所需要求解的关联项。LTE 方法假设每个模拟分子代表一个局部的 Maxwell 分布，而 FS 方法则将一个网格中的粒子按照其速度方向分为两类，每类分子服从这一类分子信息速度、温度均值为参数的半空间 Maxwell 分布。结果表明，FS 模型可以很好地捕捉不同 $Ma$ 下正激波结构以及不同 $Kn$ 下傅里叶流动的温度分布。

针对高维问题，Masters 和 Ye[14] 通过多维度的分裂，将 FS 模型拓展为 Octant FS 模型，并且成功预测了由边界处温度梯度或不连续性引起的热蠕动现象。此外，张俊等 [15] 提出了多温度模型，并假设每个模拟粒子代表了一个包含二阶温度张量的高斯分布来估计关联项。此外，一些研究者 [16,17] 发展了 CFD 与信息保存方法的耦合求解方法，用于多尺度气体流动模拟。和 DSMC 方法相比，信息保存方法的统计涨落小几个数量级，因此便于宏观量与微观量之间的信息传递。

## 10.2 信息保存方法的统一理论框架

### 10.2.1 速度–信息联合分布和信息增广的 Boltzmann 方程

在信息保存方法中，分子携带了宏观流场的集体信息，并将这些信息在空间中输运。由于信息量的输运载体——分子——进行无规则的热运动，分子热运动的随机性决定了信息分布的随机性。因此，信息保存方法中的信息量也具有随机性，其数学表述应为随机变量，且有相对应的分布函数。基于这一观点，杨浩和张俊等 [19] 基于分子动理论提出了信息保存方法的统一理论框架。

对于信息保存方法描述的系统，在时刻 $t$、空间点 $\boldsymbol{x}$，分子携带了分子速度 $\boldsymbol{c}$、信息速度 $\boldsymbol{u}_{\mathrm{IP}}$ 和信息温度 $T_{\mathrm{IP}}$ 三组随机变量。系统状态可由一联合分布表示：

$$F\left(t, \boldsymbol{x}, \boldsymbol{c}, \boldsymbol{u}_{\mathrm{IP}}, T_{\mathrm{IP}}\right) \tag{10.1}$$

称这一分布为速度–信息联合分布函数 (velocity-information joint distribution function, VIJDF)。

考虑以下四个过程主导下的分子信息的变化。

(1) 分子运动，分子位置发生改变，

$$\boldsymbol{x}(t+\mathrm{d}t)=\boldsymbol{x}(t)+\boldsymbol{c}\mathrm{d}t \tag{10.2}$$

(2) 外力驱动，分子速度发生改变，

$$\boldsymbol{c}(t+\mathrm{d}t)=\boldsymbol{c}(t)+\boldsymbol{F}\mathrm{d}t \tag{10.3}$$

(3) 分子碰撞，$(\boldsymbol{c},\boldsymbol{u}_{\mathrm{IP}},T_{\mathrm{IP}})$ 类分子与 $(\boldsymbol{c}_1,\boldsymbol{u}_{\mathrm{IP},1},T_{\mathrm{IP},1})$ 类分子发生碰撞，分子速度、信息速度和信息温度均发生改变，

$$(\boldsymbol{c},\boldsymbol{c}_1)\to(\boldsymbol{c}^*,\boldsymbol{c}_1^*),\quad(\boldsymbol{u}_{\mathrm{IP}},\boldsymbol{u}_{\mathrm{IP},1})\to\left(\boldsymbol{u}_{\mathrm{IP}}^*,\boldsymbol{u}_{\mathrm{IP},1}^*\right),\quad(T_{\mathrm{IP}},T_{\mathrm{IP},1})\to\left(T_{\mathrm{IP}}^*,T_{\mathrm{IP},1}^*\right) \tag{10.4}$$

其中，分子碰撞遵从弹性碰撞，而信息速度、信息温度采用孙泉华和 Boyd 建议的唯象论模型 [12]：

$$\boldsymbol{u}_{\mathrm{IP}}^*=\frac{1}{2}(\boldsymbol{u}_{\mathrm{IP}}+\boldsymbol{u}_{\mathrm{IP},1})+\frac{1}{2}C_\mu\cos(\chi)(\boldsymbol{u}_{\mathrm{IP}}-\boldsymbol{u}_{\mathrm{IP},1}) \tag{10.5}$$

$$\boldsymbol{u}_{\mathrm{IP},1}^*=\frac{1}{2}(\boldsymbol{u}_{\mathrm{IP}}+\boldsymbol{u}_{\mathrm{IP},1})-\frac{1}{2}C_\mu\cos(\chi)(\boldsymbol{u}_{\mathrm{IP}}-\boldsymbol{u}_{\mathrm{IP},1}) \tag{10.6}$$

$$T_{\mathrm{IP}}^*=\frac{1}{2}(T_{\mathrm{IP}}+T_{\mathrm{IP},1})+\frac{1}{2}C_\kappa\cos(\chi)(T_{\mathrm{IP}}-T_{\mathrm{IP},1})+\left[1-C_\mu^2\cos^2(\chi)\right]\frac{u_{\mathrm{IP,r}}^2}{12R} \tag{10.7}$$

$$T_{\mathrm{IP}}^*=\frac{1}{2}(T_{\mathrm{IP}}+T_{\mathrm{IP},1})-\frac{1}{2}C_\kappa\cos(\chi)(T_{\mathrm{IP}}-T_{\mathrm{IP},1})+\left[1-C_\mu^2\cos^2(\chi)\right]\frac{u_{\mathrm{IP,r}}^2}{12R} \tag{10.8}$$

其中，$\chi$ 是分子碰撞后碰撞平面内微观速度的散射角，$\cos(\chi)=\boldsymbol{c}_{\mathrm{r}}\cdot\boldsymbol{c}_{\mathrm{r}}^*/c_{\mathrm{r}}^2$；$C_\mu$ 和 $C_\kappa$ 是依赖于气体种类的碰撞参数。

(4) 信息更新，同一网格内分子的信息速度、信息温度增量为 $\boldsymbol{P}_1(\boldsymbol{x},t)\,\mathrm{d}t$、$P_2(\boldsymbol{x},t)\,\mathrm{d}t$，

$$\boldsymbol{u}_{\mathrm{IP}}(t+\mathrm{d}t)=\boldsymbol{u}_{\mathrm{IP}}(t)+\boldsymbol{P}_1(\boldsymbol{x},t)\,\mathrm{d}t \tag{10.9}$$

$$T_{\mathrm{IP}}(t+\mathrm{d}t)=T_{\mathrm{IP}}(t)+\boldsymbol{P}_2(\boldsymbol{x},t)\,\mathrm{d}t \tag{10.10}$$

其中，$\boldsymbol{P}_1(\boldsymbol{x},t)$、$\boldsymbol{P}_2(\boldsymbol{x},t)$ 可以为宏观物理量的任意函数。

考虑以上四个因素导致的分子信息变化，可以得到联合分布 $F(t,\boldsymbol{x},\boldsymbol{c},\boldsymbol{u}_{\mathrm{IP}},T_{\mathrm{IP}})$ 的控制方程，即信息增广的 Boltzmann 方程：

$$\frac{\partial F}{\partial t}+c_i\frac{\partial F}{\partial x_i}+F_i\frac{\partial F}{\partial c_i}+P_{1,i}\frac{\partial F}{\partial u_{\mathrm{IP},i}}+P_2\frac{\partial F}{\partial T_{\mathrm{IP}}}$$

$$= \int_{-\infty}^{\infty} \int_{0}^{4\pi} \left(F^* F_1^* J_{\mathrm{IP}} - F F_1\right) c_{\mathrm{r}} \sigma \mathrm{d}\Omega \mathrm{d}\boldsymbol{c}_1 \mathrm{d}\boldsymbol{u}_{\mathrm{IP},1} \mathrm{d}T_{\mathrm{IP},1} \tag{10.11}$$

其中，$J_{\mathrm{IP}} = |C_\mu|^3 |C_\kappa| \cos^4(\chi)$ 为碰撞前后相空间值的雅可比矩阵。

### 10.2.2 宏观信息输运方程

信息增广 Boltzmann 方程 (10.11) 描述分子速度、信息速度和信息温度的联合分布演化规律，即反映了携带信息的分子的微观行为。为了得到宏观流场特征，需要对式 (10.11) 求矩。对于变量 $Q(\boldsymbol{c}, \boldsymbol{u}_{\mathrm{IP}}, T_{\mathrm{IP}})$，广义矩方程为

$$\frac{\partial \overline{nQ}}{\partial t} + \frac{\partial \overline{nc_i Q}}{\partial x_i} - nF_i \overline{\frac{\partial Q}{\partial c_i}} - nP_{1,i} \overline{\frac{\partial Q}{\partial u_{\mathrm{IP},i}}} - P_2 \overline{\frac{\partial Q}{\partial T_{\mathrm{IP}}}} = \Delta[Q] \tag{10.12}$$

取 $Q = m, mc_i, mc^2/2$ 即可得到守恒方程组。取 $Q = mu_{\mathrm{IP},i}, m\left(u_{\mathrm{IP}}^2 + 3RT_{\mathrm{IP}}\right)/2$ 可以得到信息动量方程和信息能量方程：

$$\frac{\partial \rho \bar{u}_{\mathrm{IP},i}}{\partial t} + \frac{\partial \rho \bar{u}_{\mathrm{IP},i} \bar{c}_j}{\partial x_j} = -\frac{\partial p_{ij}^{\mathrm{I}}}{\partial x_j} + \rho P_{1,i} \tag{10.13}$$

$$\frac{\partial \rho E^{\mathrm{I}}}{\partial t} + \frac{\partial \rho E^{\mathrm{I}} \bar{c}_j}{\partial x_j} = -\frac{\partial p_{ij}^{\mathrm{I}} \bar{u}_{\mathrm{IP},i}}{\partial x_j} - \frac{\partial q_j^{\mathrm{I}}}{\partial x_j} + \left(\rho \bar{u}_{\mathrm{IP},i} P_{1,i} + \frac{3}{2} \rho R P_2\right) \tag{10.14}$$

其中，$E^{\mathrm{I}}$ 为信息能量：

$$E^{\mathrm{I}} = \frac{1}{2} \overline{\left(u_{\mathrm{IP}}^2 + 3RT_{\mathrm{IP}}\right)} = \frac{1}{2}\left(\bar{u}_{\mathrm{IP}}^2 + 3RT^{\mathrm{I}}\right) \tag{10.15}$$

$p_{ij}^{\mathrm{I}}$ 和 $q_j^{\mathrm{I}}$ 分别为信息应力和信息热流：

$$p_{ij}^{\mathrm{I}} = \rho \overline{u_{\mathrm{IP},i} c_j'}, \quad q_j^{\mathrm{I}} = \frac{1}{2} \rho \overline{\left(u_{\mathrm{IP}}'^2 + 3RT_{\mathrm{IP}}\right) c_j'} \tag{10.16}$$

式中，$u_{\mathrm{IP},i}' = u_{\mathrm{IP},i} - \bar{u}_{\mathrm{IP},i}$，$T_{\mathrm{IP}}' = T_{\mathrm{IP}} - \bar{T}_{\mathrm{IP}}$ 分别表示信息速度和温度的涨落分量。信息应力表征了分子对信息的输运所引起的信息动量交换，而信息能量则表征了分子对信息输运所引起的信息能量交换。式 (10.13) 和式 (10.14) 中的补偿项可以按物理意义写为补偿应力和补偿热流：

$$P_{1,i} = -\frac{1}{\rho} \frac{\partial p_{ij}^{\mathrm{c}}}{\partial x_j}, \quad \frac{3}{2} R P_2 = -\frac{p_{ij}^{\mathrm{c}}}{\rho} \frac{\partial \bar{u}_{\mathrm{IP},i}}{\partial x_j} - \frac{1}{\rho} \frac{\partial q_j^{\mathrm{c}}}{\partial x_j} \tag{10.17}$$

为了使信息输运方程式 (10.13) 和式 (10.14) 与分子的宏观输运方程对应，核心在于使信息的应力与热流与分子应力和热流一致。其中信息应力和信息热流是分子运动和碰撞过程中产生的，不易调节；而补偿应力和热流则是可以人为设计的。

### 10.2.3　信息输运性质分析

为了给出补偿应力和热流的设计目标，首先需要对信息应力 $p_{ij}^{\mathrm{I}}$ 和信息热流 $q_j^{\mathrm{I}}$ 有充分的认识，即分析信息保存方法中的信息输运特性，以揭示分子运动、碰撞对信息输运的影响。这里对速度信息联合分布函数做 Chapman-Enskog 展开：

$$F = F^{(0)} + F^{(1)} + F^{(2)} + \cdots \tag{10.18}$$

其中，平衡态分布函数为分子微观速度、信息速度、信息温度的独立正态分布：

$$F^{(0)}\left(\boldsymbol{c}, \boldsymbol{u}_{\mathrm{IP}}, T_{\mathrm{IP}}\right) = f_M\left(\boldsymbol{c}\right) f_u^{(0)}\left(\boldsymbol{u}_{\mathrm{IP}}\right) f_T^{(0)}\left(T_{\mathrm{IP}}\right) \tag{10.19}$$

$$f_u^{(0)}\left(\boldsymbol{u}_{\mathrm{IP}}\right) = \delta(u_{\mathrm{IP}} - u^{\mathrm{I}}) \tag{10.20}$$

$$f_T^{(0)}\left(T_{\mathrm{IP}}\right) = \delta(T_{\mathrm{IP}} - T^{\mathrm{I}}) \tag{10.21}$$

一阶分布函数为

$$\begin{aligned} F^{(1)} =& F^{(0)}\left[\frac{c'_{\langle i}c'_{j\rangle}}{2pRT}\sigma_{ij}^{(1)} - \frac{2c'_i}{5pRT}q_i^{(1)}\left(\frac{c'^2}{2RT} - \frac{5}{2}\right)\right] \\ & - \tau\left[\frac{\partial F^{(0)}}{\partial u_{\mathrm{IP},i}}c'_i\frac{\partial \bar{u}_{\mathrm{IP},i}}{\partial x_j} + \frac{\partial F^{(0)}}{\partial T_{\mathrm{IP}}}c'_i\frac{\partial \bar{T}_{\mathrm{IP}}}{\partial x_i}\right] \end{aligned} \tag{10.22}$$

因此可以得到相应的信息应力和热流表达式：

$$\sigma_{ij}^{(1)} = -\mu^{\mathrm{I}}\frac{\partial \bar{u}_{\mathrm{IP},i}}{\partial x_j} \tag{10.23}$$

$$q_i^{(1)} = -\kappa^{\mathrm{I}}\frac{\partial \bar{T}_{\mathrm{IP}}}{\partial x_i} \tag{10.24}$$

其中，输运系数为

$$\mu^{\mathrm{I}} = \frac{\dfrac{3}{8}\sqrt{\pi m k_{\mathrm{B}} T}}{\left(\dfrac{m}{4k_{\mathrm{B}}T}\right)^3 \displaystyle\int_0^{\infty} c_{\mathrm{r}}^5 \sigma_{\eta 1} \exp\left[-mc_{\mathrm{r}}^2/\left(4k_{\mathrm{B}}T\right)\right] \mathrm{d}c_{\mathrm{r}}} \tag{10.25}$$

$$\kappa^{\mathrm{I}} = \frac{\dfrac{9}{16}R\sqrt{\pi m k_{\mathrm{B}} T}}{\left(\dfrac{m}{4k_{\mathrm{B}}T}\right)^3 \displaystyle\int_0^{\infty} c_{\mathrm{r}}^5 \sigma_{\eta 2} \exp\left[-mc_{\mathrm{r}}^2/\left(4k_{\mathrm{B}}T\right)\right] \mathrm{d}c_{\mathrm{r}}} \tag{10.26}$$

以及碰撞截面为

$$\sigma_{\eta1} = (1 - C_\mu)\,\sigma_{\mathrm{T}} + C_\mu \sigma_\mu, \quad \sigma_{\eta2} = (1 - C_\kappa)\,\sigma_{\mathrm{T}} + C_\kappa \sigma_\mu \tag{10.27}$$

因此，可以根据式 (10.25) 和式 (10.26) 中输运系数的表达式，从理论上求解出碰撞参数 $C_\mu$ 和 $C_\kappa$ 的结果。例如，在 VHS 模型下，

$$\begin{aligned} C_\mu &= 3\left[1 - \frac{2}{5}\frac{\Gamma(4.5-\omega)}{\Gamma(3.5-\omega)}\right] \\ C_\kappa &= 3\left[1 - \frac{4}{25}\left(1 + \frac{2}{3\pi}\right)\frac{\Gamma(4.5-\omega)}{\Gamma(3.5-\omega)}\right] \end{aligned} \tag{10.28}$$

表 10.1 给出了部分气体相应的碰撞参数值。这与文献 [12] 中通过数值模拟拟合出的唯象参数结果相符。

**表 10.1 信息保存方法的碰撞参数 (VHS 模型)**

| | He | Ne | Ar | Kr | Xe |
|---|---|---|---|---|---|
| $\omega$ | 0.66 | 0.66 | 0.81 | 0.80 | 0.85 |
| $C_\mu$ | −0.4080 | −0.4080 | −0.2280 | −0.2400 | −0.1800 |
| $C_\kappa$ | 1.3475 | 1.3475 | 1.4348 | 1.4290 | 1.4581 |

### 10.2.4 信息补偿

为了估计补偿项，文献 [19] 提出了非平衡 (non-equlibrium，NEQ) 模型，这一模型假设 VIJDF 在二维情况下是由四个半空间 Maxwell 分布构成的，每个 Maxwell 分布的温度由各类分子的信息温度统计得到，如图 10.1 所示。

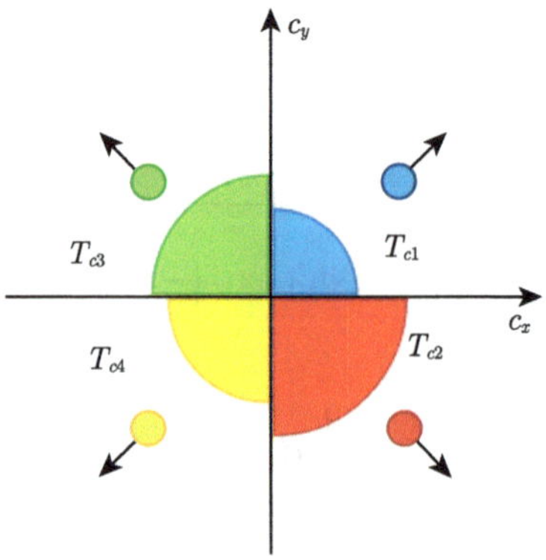


图 10.1 NEQ 模型示意图

其中，各类分子的特征温度为

$$T_{c1}=\frac{1}{N_{c1}}\sum_{c_x>0,c_y>0}T_{\mathrm{IP}},\quad T_{c2}=\frac{1}{N_{c2}}\sum_{c_x<0,c_y>0}T_{\mathrm{IP}}$$

$$T_{c3}=\frac{1}{N_{c3}}\sum_{c_x>0,c_y<0}T_{\mathrm{IP}},\quad T_{c4}=\frac{1}{N_{c4}}\sum_{c_x<0,c_y<0}T_{\mathrm{IP}} \tag{10.29}$$

而 VIJDF 的 NEQ 模型可以表示为

$$\begin{aligned}F_{\mathrm{NEQ}}=&f_{u1}f_{T1}f_{c1}I_{\left\{\substack{c_x>0\\c_y>0}\right\}}+f_{u2}f_{T2}f_{c2}I_{\left\{\substack{c_x<0\\c_y>0}\right\}}\\&+f_{u3}f_{T3}f_{c3}I_{\left\{\substack{c_x>0\\c_y<0}\right\}}+f_{u4}f_{T4}f_{c4}I_{\left\{\substack{c_x<0\\c_y<0}\right\}}\end{aligned} \tag{10.30}$$

其中，

$$f_{ui}=\delta\left(u_{\mathrm{IP}}-u_c\right),\quad f_{Ti}=\delta\left(T_{\mathrm{IP}}-T_{ci}\right),\quad f_{ci}=\left(\frac{1}{2\pi RT_{ci}}\right)^{\frac{3}{2}}\exp\left[-\frac{c'^2}{2RT_{ci}}\right] \tag{10.31}$$

### 10.2.5 信息保存方法的实现

信息保存方法是在 DSMC 方法的基础上实现的。模拟开始时，每个分子根据环境条件被赋予信息速度和信息温度。同时以网格为单位定义的信息密度设置为与宏观流场的密度相同。在每个时间步，分子的运动和分子间碰撞分别执行，与 DSMC 的实现步骤一样，如图 10.2 所示。详细步骤总结如下所述。

1. 分子运动步

分子根据其分子速度运动。运动过程中信息速度和信息温度保持不变。当分子与固体壁碰撞时，对于镜面反射，仅信息速度的法向分量会反向；对于漫反射，反射分子的速度和温度设置为与壁面速度和温度相同。

2. 分子碰撞步

碰撞对按照 DSMC 方法进行选择。选定碰撞对的碰撞后信息速度和信息温度根据式 (10.5)~ 式 (10.8) 给定。不同气体种类的碰撞参数值由式 (10.28) 确定，具体可参考表 9.1。

3. 信息补偿步

在二维情况下，首先根据式 (10.29) 对每个单元的四类特征温度进行采样。然后，通过 VIJDF 的 NEQ 模型对补偿应力和热流进行估计。信息速度和温度根据式 (10.9) 和式 (10.10) 进行更新，网格的信息密度则根据连续性方程进行更新。在三维情况下可以采用文献 [17] 给出的 Octant 分裂方法。

4. 采样步

流动速度和温度通过对网格中每个分子的信息速度和信息温度采样得到。对于稳态流动，可以通过时间平均获得流场结果；对于非稳态流动，通过系综平均获得瞬时流场结果。

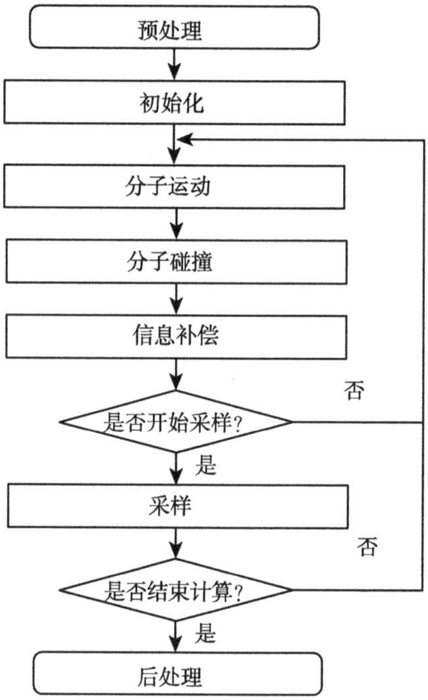


图 10.2 信息保存方法实现步骤

## 10.3 信息保存方法的应用

本节将介绍信息保存方法在微尺度流动中的应用。通过将信息保存方法的计算结果与 DSMC 的结果进行对比，展现了信息保存方法的精度与计算效率。第一个问题是低速库埃特流，旨在验证信息保存方法在不同稀薄程度下捕捉剪切流动机制的有效性。第二个问题是傅里叶流动，旨在研究信息保存方法捕捉热传导机理的能力。第三个问题是外力驱动的泊肃叶流，旨在研究在外力存在下信息保存方法的有效性，特别是其在稀薄条件下捕捉温度曲线双峰形状的能力。最后一个问题是模拟微槽道壁面存在温度梯度的情况，以及由其引起的热蠕动现象。

### 10.3.1 低速库埃特流动

图 10.3 给出了库埃特流动的示意图。流场初始处于静止状态，密度为 $\rho_0$，温度为 $T_0$。两个向相反方向运动的无限长平板间距为 $L_y$。两个平板温度一致，$T_{w1}=T_{w2}=T_0$。在这里，平板运动速度相对较低，$U_{w1}=10\ \mathrm{m/s}$，$U_{w2}=-10\ \mathrm{m/s}$，因此可以视为等温流动。壁面处的气固相互作用为完全漫反射。网格尺寸小于 $0.3\lambda$，时间步长满足 $\Delta t/\tau=0.15\Delta L_y/\lambda$，其中 $\lambda$ 和 $\tau$ 分别为平均自由程和平均碰撞时间。分子碰撞采用 VHS 模型描述。

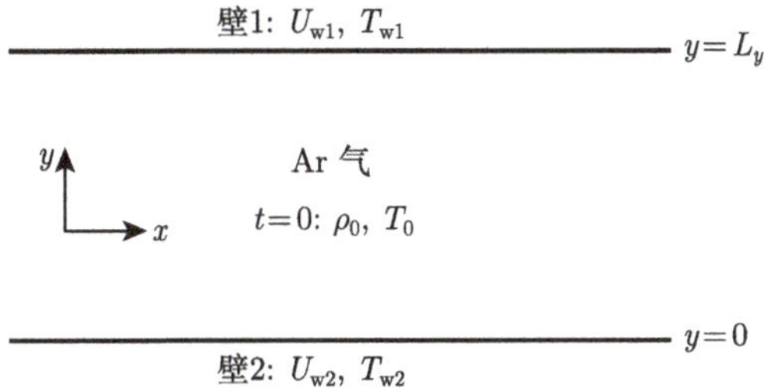


图 10.3 库埃特流动示意图

为了评估信息保存方法在不同 $Kn$ 下捕捉一维流动剪切机制的能力，进行了低速库埃特流动的模拟。模拟使用氩气作为工作气体，模拟温度为 $T_0=273$ K，$Kn$ 范围从 0.01 到 10。图 10.4 显示了 $Kn=0.01$、0.1、1 和 10 时沿 $y$ 方向的速度和剪切应力分布。速度通过板的移动速度进行无量纲化，剪切应力通过 NS 解 $\tau_{xy}^{c}=-\mu\Delta U_w/L_y$ 进行无量纲化。可以看出，信息保存方法的结果在不同 $Kn$ 下与 DSMC 方法获得的结果一致。

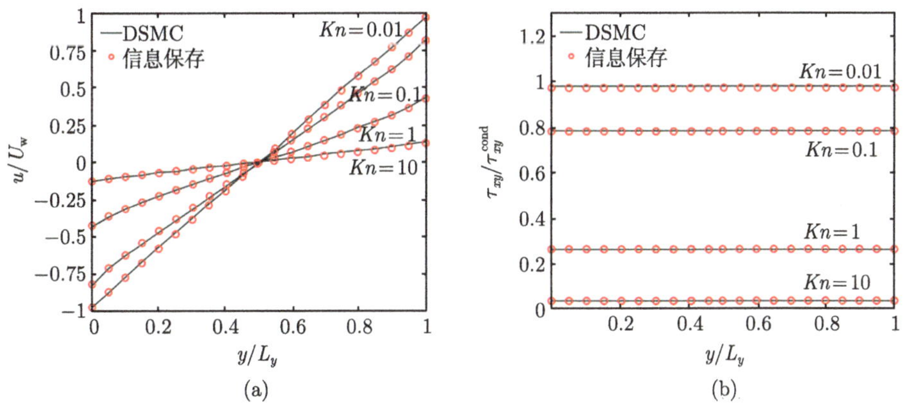


图 10.4 低速库埃特流动计算结果：(a) 速度与 (b) 剪切应力分布

### 10.3.2　傅里叶流动

傅里叶流动是稀薄气体动力学中热传输的基本示例。它指的是在两块具有不同温度的无限平行板之间的流动。图 10.3 可以作为傅里叶流动的示意图，其中板是静止的 ($U_{\mathrm{w1}} = U_{\mathrm{w2}} = 0$)。板的温度设置为 $T_{\mathrm{w1}} = 1.2T_0$ 和 $T_{\mathrm{w2}} = 0.8T_0$。网格尺寸、时间步长、分子碰撞模型和气体–表面相互作用的设置与低速库埃特流动中的相同。为了进一步验证 IP 方法在不同 $Kn$ 下捕捉热传导机制的能力，使用氩气作为工作气体进行了傅里叶流动的模拟。模拟温度 $T_0$ 设为 273 K，$Kn$ 范围为 0.01~10。图 10.5 展示了 $Kn = 0.01$、0.1、1 和 10 时沿 $y$ 方向的温度和热流分布。温度通过模拟温度进行无量纲化，热流通过 NS 解 $q_y^{\mathrm{c}} = -\kappa\Delta T_{\mathrm{w}}/L_y$ 进行无量纲化。结果表明，信息保存方法在傅里叶流动中的温度和热流预测准确，与 DSMC 方法获得的结果高度一致。

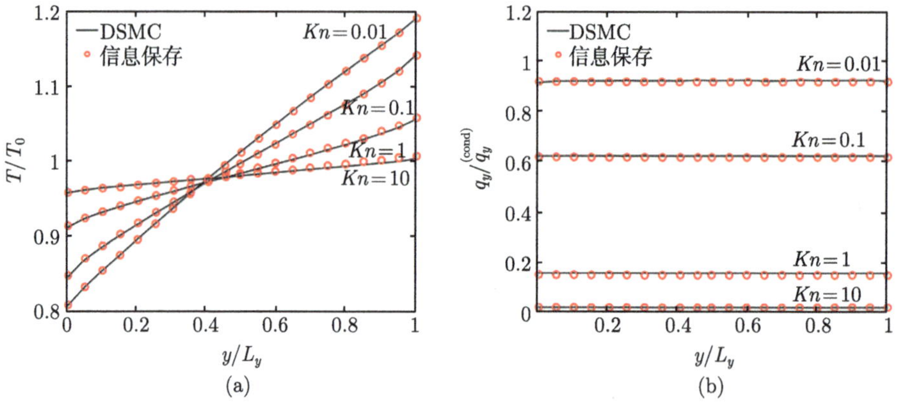


图 10.5　傅里叶流动计算结果：(a) 温度与 (b) 热流分布

### 10.3.3　泊肃叶流动

外力驱动的泊肃叶流动发生在两个静止的无限平行板之间，由平行于板的均匀外力驱动。图 10.6 展示了泊肃叶流动的示意图。模拟使用氩气作为工作气体，两平行板的温度保持在 273 K。在每个计算时间步长中，分子速度和信息速度获得增量 $a\Delta t$，其中 $a = 0.0262/L_y^2$ 表示由外力引起的加速度。其他设置与前述单向流动相同。图 10.7 展示了在 $Kn = 0.01$ 时泊肃叶流动中沿 $y$ 方向的速度、剪切应力、温度和热流分布。信息保存方法得到的结果与 DSMC 在 $Kn = 0.01$ 时的结果高度一致。图 10.8 展示了 $Kn = 0.1$ 时的结果，其中信息保存方法的速度、剪切应力和热流分布与 DSMC 结果非常吻合。此外，信息保存模拟能够捕捉到温度分布在板间中心略有凹陷的双峰形状，尽管信息保存结果与 DSMC 结果之间存在微小差异 (相对 L2 误差为 0.0015)。

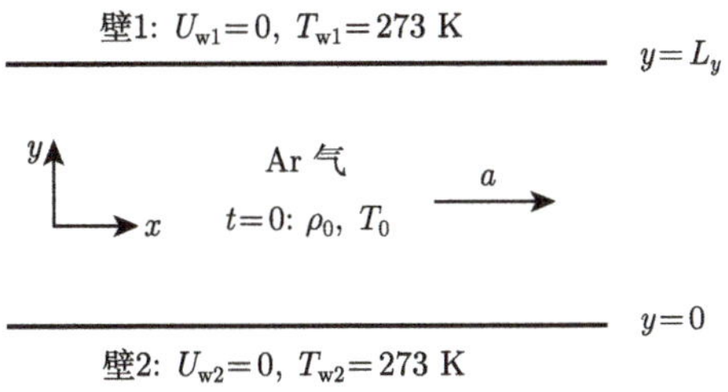


图 10.6 泊肃叶流动示意图

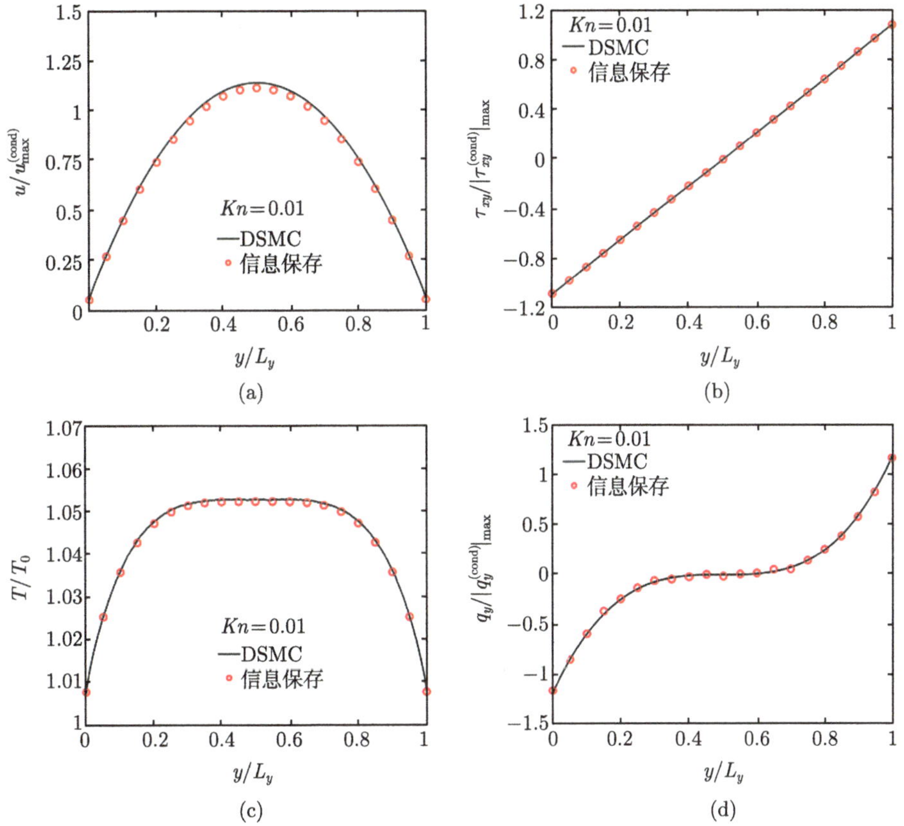


图 10.7 泊肃叶流动 ($Kn = 0.01$) 计算结果

(a) 速度；(b) 剪切应力；(c) 温度；(d) 热流分布

### 10.3.4 热蠕动

热蠕动是由边界壁面上的温度梯度引起的。这种机制可以通过动理论来解释。当气体在平行于边界壁面的方向存在温度梯度时，离开壁面的分子的平均切向动量为零。然而，来自较热区域的分子比来自较冷区域的分子能向壁面传递更多的切向动量。因此，壁面上会产生净剪切应力，并作为反作用力作用在从较冷区域流向较热区域的气体上。

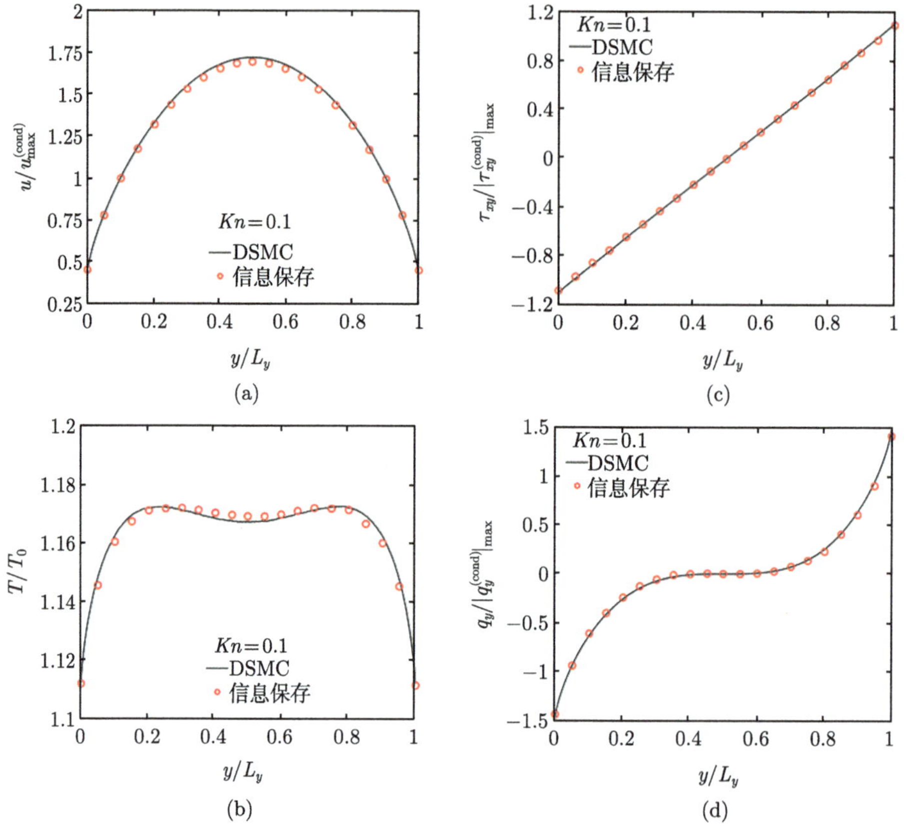


图 10.8　泊肃叶流动 ($Kn = 0.1$) 计算结果：(a) 速度、(b) 剪切应力、(c) 温度与 (d) 热流分布

在当前的模拟中，考虑一个具有矩形截面的二维微通道，如图 10.9 所示，通道长度为 $L_x = 5\ \mu\text{m}$，宽度为 $L_y = 1\ \mu\text{m}$。通道的两端维持在不同的温度 $T_{\text{w1}} = 273\ \text{K}$ 和 $T_{\text{w2}} = 573\ \text{K}$，而侧壁的温度沿通道长度线性变化。工作气体最初与壁面热平衡，即 $T(x,y) = T_{\text{w1}} + (T_{\text{w2}} - T_{\text{w1}})\,x/L_x$，并具有均匀的 1 atm 压力。信息保存方法的每个计算网格中的样本量为 $N_{\text{sam}} = 1.5 \times 10^5$，而 DSMC 方法每个单元使用 $N_{\text{sam}} = 1.5 \times 10^9$ 个样本分子。

图 10.10 和图 10.11 分别展示了信息保存方法和 DSMC 方法中温度云图和速度流线与水平速度等高线的分布。结果表明，信息保存方法能够以显著较少的样本量准确模拟由热驱动的非平衡流动行为。图 10.12 展示了沿竖直中心线的水平速度分布。尽管 DSMC 模拟使用了更大的样本量，但其速度分布仍然由于流动

速度 (约 0.5 m/s) 远小于分子热运动速度而显示出统计散射。相比之下，信息保存方法的结果非常光滑。

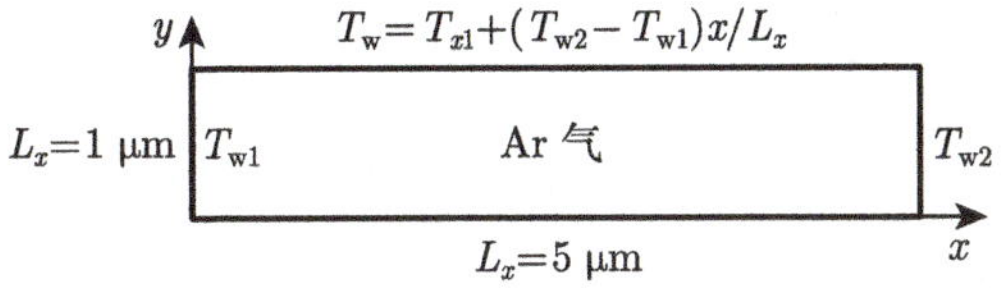


图 10.9 热蠕动示意图

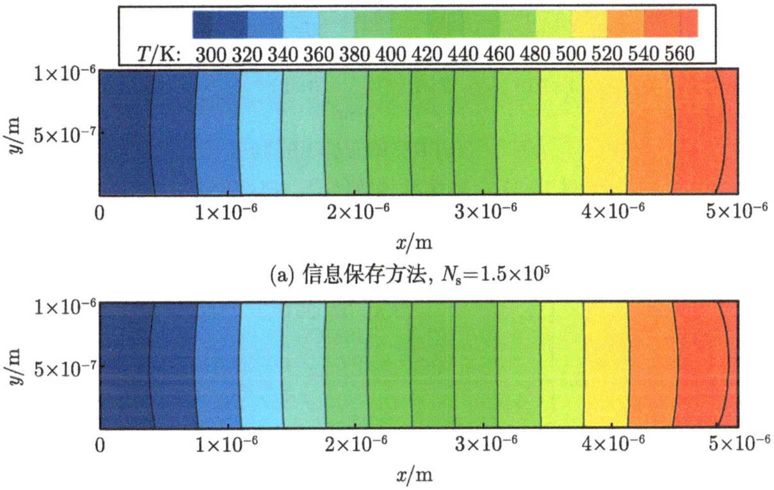


(a) 信息保存方法, $N_s=1.5\times10^5$

(b) DSMC, $N_s=1.5\times10^9$

图 10.10 热蠕动计算结果：温度分布

信息保存方法极大地提高了粒子方法的统计效率，并且其信息量的更新与模拟粒子相对独立，使得其易于与其他粒子方法结合。例如，杨浩等 [19] 提出了低噪声多尺度粒子 (denoising multiscale particle, DMP) 方法，以克服 DSMC 方法固有的时空步长限制以及统计噪声问题，实现低速跨流域气体流动的高效粒子模拟。DMP 方法借鉴了信息保存方法的思想，通过在每个粒子上引入低噪声信息来降低宏观量统计涨落，低噪声信息的演化服从信息增广 Shakhov-BGK 方程。文献 [19] 对信息增广 Shakhov-BGK 方程的算子分裂格式进行了误差分析，通过构造多尺度目标分布函数和信息补偿项以抵消算子分裂产生的数值耗散，实现了在 Navier-Stokes 极限下的渐进保持性质。相比于以 DSMC 为代表的传统粒子方法，DMP 方法克服了时空步长的限制，并且只需要少量的模拟粒子数与采样数即可获得光滑的流场结果，在微扰动、近连续、非定常流动问题中具有显著的优势。

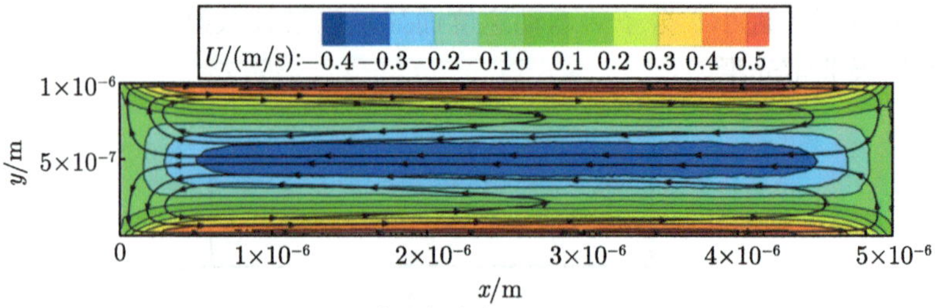


(a) 信息保存方法, $N_s=1.5\times10^5$

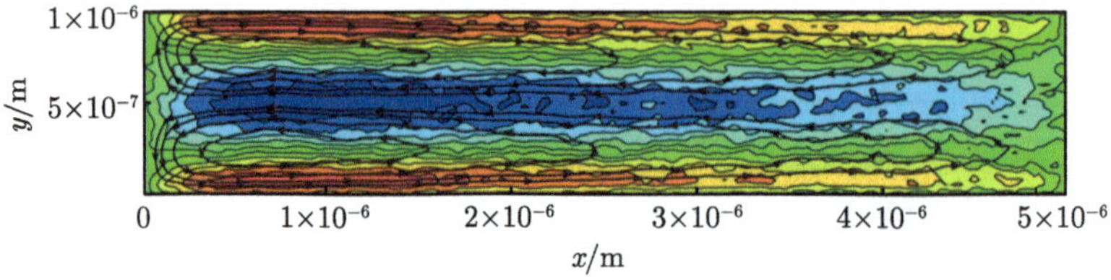


(b) DSMC, $N_s=1.5\times10^9$

图 10.11 热蠕动计算结果：速度分布

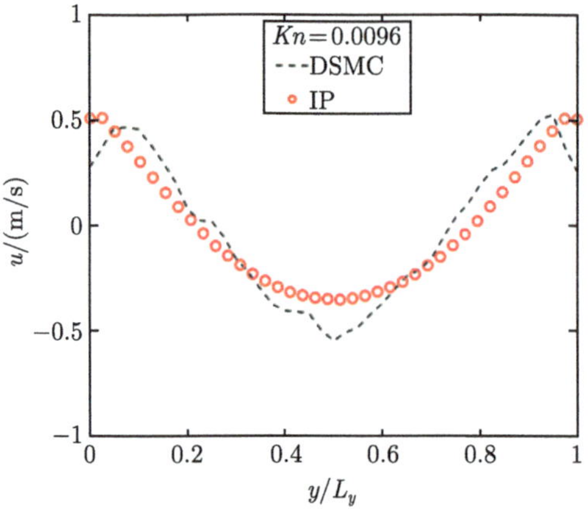


图 10.12 竖直中心线处水平流动速度分布

# 参 考 文 献

[1] Hadjiconstantinou N G, Garcia A L, Bazant M Z, et al. Statistical error in particle simulations of hydrodynamic phenomena. Journal of Computational Physics, 2003, 187(1): 274-297.

[2] Kaplan C R, Oran E S. Nonlinear filtering for low-velocity gaseous microflows. AIAA Journal, 2002, 40(1): 82-90.

[3] Kumar R, Chinnappan A K, Akhil M V. Denoising of direct simulation Monte Carlo data using proper orthogonal decomposition technique. Journal of Spacecraft and Rockets, 2018, 55(4): 841-847.
[4] Homolle T M M, Hadjiconstantinou N G. A low-variance deviational simulation Monte Carlo for the Boltzmann equation. Journal of Computational Physics, 2007, 226(2): 2341-2358.
[5] Sadr M, Hadjiconstantinou N G. A variance-reduced direct Monte Carlo simulation method for solving the Boltzmann equation over a wide range of rarefaction. Journal of Computational Physics, 2023, 472: 111677.
[6] Degond P, Dimarco G, Pareschi L. The moment-guided Monte Carlo method. International Journal for Numerical Methods in Fluids, 2011, 67(2): 189-213.
[7] Burt J M, Boyd I D. A low diffusion particle method for simulating compressible inviscid flows. Journal of Computational Physics, 2008, 227(9): 4653-4670.
[8] Fan J, Shen C. Statistical simulation of low-speed unidirectional flows in transition regime//International Symposium on Rarefied Gas Dynamics. Marseille, 26-31 July 1998.
[9] Fan J, Shen C. Statistical simulation of low-speed rarefied gas flows. Journal of Computational Physics, 2001, 167(2): 393-412.
[10] Cai C, Boyd I D, Fan J, et al. Direct simulation methods for low-speed microchannel flows. Journal of Thermophysics and Heat Transfer, 2000, 14(3): 368-378.
[11] Shen C, Fan J, Xie C. Statistical simulation of rarefied gas flows in micro-channels. Journal of Computational Physics, 2003, 189(2): 512-526.
[12] Sun Q, Boyd I D. A direct simulation method for subsonic, microscale gas flows. Journal of Computational Physics, 2002, 179(2): 400-425.
[13] Sun Q, Boyd I. Theoretical development of the information preservation method for strongly nonequilibrium gas flows//38th AIAA Thermophysics Conference. 2005: 4828.
[14] Masters N D, Ye W. Octant flux splitting information preservation DSMC method for thermally driven flows. Journal of Computational Physics, 2007, 226(2): 2044-2062.
[15] Zhang J, Fan J, Jiang J. Multiple temperature model for the information preservation method and its application to nonequilibrium gas flows. Journal of Computational Physics, 2011, 230(19): 7250-7265.
[16] Sun Q, Boyd I D, Candler G V. A hybrid continuum/particle approach for modeling subsonic, rarefied gas flows. Journal of Computational Physics, 2004, 194(1): 256-277.
[17] Xu X, Wang X, Zhang M, et al. A parallelized hybrid NS/DSMC-IP approach based on adaptive structured/unstructured overlapping grids for hypersonic transitional flows. Journal of Computational Physics, 2018, 371: 409-433.
[18] Yang H, Zhang J. A theoretical framework of information preservation method and its application to low-speed nonequilibrium gas flows. Physics of Fluids, 2023, 35(7).
[19] Yang H, Feng K, Cui Z, et al. A denoising multiscale particle method for nonequilibrium flow simulations. Journal of Computational Physics, 2025: 114096.

# 第 11 章　分子热涨落

由本书第 4 章、第 9 章内容可知，以 DSMC、USP 为代表的随机粒子方法由于模拟粒子数有限，该方法得到的瞬时流场具有较大的统计噪声。对于大部分工程问题而言，流场统计噪声并不具有实际意义，因此模拟时通常采用时间平均、系综平均等方式降低统计噪声得到较为光滑的流场统计结果。然而，对于统计物理学研究而言，随机粒子方法中的噪声对应于由分子无序热运动引发的热涨落 (thermal fluctuation)，而热涨落的时、空关联特性内在反映了流体的宏观输运性质 [1]。因此，基于随机粒子方法可以对热涨落进行模拟，探讨其自身性质及其对流体宏观流动的影响。

本章将首先对平衡态热涨落的理论进行介绍，进一步讨论粒子方法的模拟结果。最后，将以湍流这一典型多尺度流动为例，讨论热涨落对湍流统计性质与可预测性的影响。

## 11.1　平衡态热涨落关联及输运特性

### 11.1.1　热涨落的方均值

根据统计物理学定义，热涨落 (也称热噪声) 定义为体系宏观量局部瞬时值与系综平均值的偏差

$$\delta A(\boldsymbol{r},t) = A(\boldsymbol{r},t) - \bar{A} \tag{11.1}$$

其中，$\delta$ 表示涨落；$A$ 为某一宏观量。由式 (11.1) 易知，热涨落的均值为零。在物理上，人们更感兴趣的是热涨落的方均值，定义为

$$\overline{(\delta A)^2} = \overline{A^2} - \left(\bar{A}\right)^2 \tag{11.2}$$

对于处在完全平衡态下的气体，计算热涨落的方均值可归结为求解各种相应的热力学量，该方法称为斯莫卢霍夫斯基–爱因斯坦 (Smoluchowski-Einstein) 方法 [2]。令气体处于平衡态下的平均温度、平均数密度与平均压强分别为 $T_0$、$n_0$ 及 $P_0$，则温度、数密度、压强的热涨落方均值可由以下公式计算：

$$\overline{(\delta T)^2} = \frac{k_{\mathrm{B}} T_0^2}{c_v \rho_0 V} \tag{11.3}$$

$$\overline{(\delta n)^2} = \frac{\kappa_T k_{\mathrm{B}} T_0 (n_0)^2}{V} \tag{11.4}$$

$$\overline{(\delta P)^2} = \frac{\gamma k_{\mathrm{B}} T_0}{V \kappa_T} \tag{11.5}$$

其中，$V$ 为体系体积大小；$\rho_0 = mn_0$ 为平均质量密度；$\gamma$ 为比热比；$\kappa_T$ 为等温压缩系数，对于稀薄气体而言为平均压强 $P_0$ 的倒数 [3]。令气体沿空间 $i$ 方向的宏观速度为 $u_i$，则 $i$ 方向的速度热涨落为

$$\overline{(\delta u_i)^2} = \frac{k_{\mathrm{B}} T_0}{V \rho_0} = \frac{k_{\mathrm{B}} T_0}{m N_0}, \quad i = x, y, z \tag{11.6}$$

其中，$N_0 = n_0 V$ 为体积 $V$ 内的气体平均分子数。式 (11.6) 可利用平衡态下的 Maxwell 速度分布函数 (式 (2.76)) 简单导出。根据式 (2.76) 可知，分子的热运动速度分量 $c_i'$ 符合均值为 0、方差为 $k_{\mathrm{B}}T/m$ 的正态分布。由于稀薄气体分子在统计上满足近独立假设，根据独立、同分布高斯随机变量的性质可知，由 $N_0$ 个分子的热运动速度统计得到的平衡态宏观速度 $u_i$ 满足均值为 0、方差为 $k_{\mathrm{B}}T/(mN_0)$ 的正态分布，即得到式 (11.6)。

在 DSMC、USP 等随机粒子方法中，网格处的宏观量是由粒子信息进行统计平均得到的。在应用式 (11.3)∼ 式 (11.6) 计算热涨落方均值时，体积 $V$ 可直接取网格体积。此外，由于一个模拟粒子通常代表 $w_{\mathrm{p}}$ 个真实气体分子，所以随机粒子方法直接统计得到的热涨落方均值为真实气体的 $w_{\mathrm{p}}$ 倍 [3]。

### 11.1.2 热涨落的空间关联

这里考察热涨落在同一时刻、不同位置的关联性 (也称相关性)。定义涨落的空间两点自相关函数为

$$R_A(\boldsymbol{r}_1, \boldsymbol{r}_2) = \overline{\delta A(\boldsymbol{r}_1)\,\delta A(\boldsymbol{r}_2)} = \overline{\delta A(\boldsymbol{r}_1)\,\delta A(\boldsymbol{r}_1 + \boldsymbol{l})} \tag{11.7}$$

对于平衡态热涨落，其满足空间均匀性，空间两点相关函数只与两点的相对位置有关，而与两点本身的空间位置无关，则有 $R_A(\boldsymbol{r}_1, \boldsymbol{r}_2) = R_A(\boldsymbol{l})$。由 $R_A(\boldsymbol{r}_1, \boldsymbol{r}_2) = R_A(\boldsymbol{r}_2, \boldsymbol{r}_1)$，易得 $R_A(\boldsymbol{l}) = R_A(-\boldsymbol{l})$，即自相关函数为关联向量 $\boldsymbol{l}$ 的偶函数 [4]。此外，对于空间均匀涨落，可以用空间平均取代系综平均对相关函数进行计算。

在考察流体涨落关联时，关联距离 $l = |\boldsymbol{l}|$ 一般远大于分子的相互作用间距。在此条件下，平衡态热涨落的关联是“短程”的，不同位置处的热涨落满足无关性 [5]。离散形式的空间自相关函数可表示为

$$R_A(\boldsymbol{l}) = \overline{(\delta A)^2}\,\delta_{\mathrm{D}}(\boldsymbol{l}) \tag{11.8}$$

其中，$\delta_{\mathrm{D}}(\boldsymbol{l})$ 的表达式为

$$\delta_{\mathrm{D}}(\boldsymbol{l})=\begin{cases}1, & \boldsymbol{l}=0\\ 0, & \boldsymbol{l}\neq 0\end{cases} \tag{11.9}$$

将式 (11.3)~ 式 (11.6) 代入式 (11.8)，并令体积 $V\to 0$，可分别得到温度、密度、压强及速度分量的平衡态涨落空间关联函数：

$$R_T(\boldsymbol{l})=\frac{k_{\mathrm{B}}T_0^2}{c_v\rho_0}\delta(\boldsymbol{l}) \tag{11.10}$$

$$R_n(\boldsymbol{l})=\kappa_T k_{\mathrm{B}}T_0(n_0)^2\delta(\boldsymbol{l}) \tag{11.11}$$

$$R_P(\boldsymbol{l})=\frac{\gamma k_{\mathrm{B}}T_0}{\kappa_T}\delta(\boldsymbol{l}) \tag{11.12}$$

$$R_{u_i}(\boldsymbol{l})=\frac{k_{\mathrm{B}}T_0}{\rho_0}\delta(\boldsymbol{l}) \tag{11.13}$$

其中，$\delta(\boldsymbol{l})$ 为狄拉克 delta 函数

$$\begin{cases}\delta(\boldsymbol{l})=0, & \boldsymbol{l}\neq 0\\ \delta(\boldsymbol{l})=+\infty, & \boldsymbol{l}=0\\ \displaystyle\int_{-\infty}^{+\infty}\delta(\boldsymbol{l})\,\mathrm{d}\boldsymbol{l}=1 & \end{cases} \tag{11.14}$$

上述给出的关联函数定义在物理空间，相应地，也可以将关联函数变换到波数空间，在该空间中考察涨落的空间关联。定义变量 $A$ 的空间傅里叶变换为：$\mathcal{F}_{\boldsymbol{k}}\{A\}=\displaystyle\int_{-\infty}^{+\infty}A(\boldsymbol{l})\mathrm{e}^{-\mathrm{i}\boldsymbol{k}\cdot\boldsymbol{l}}\mathrm{d}\boldsymbol{l}$，其中 $\boldsymbol{k}$ 为波矢量，则空间关联函数 (式 (11.7)) 的空间傅里叶变换定义为对应相关变量的波数谱 $E(\boldsymbol{k})$[4]。利用 delta 函数的积分性质，可分别给出平衡态下温度、密度、压强及速度分量的波谱表达式

$$E_T(\boldsymbol{k})=\frac{k_{\mathrm{B}}T_0^2}{c_v\rho_0} \tag{11.15}$$

$$E_n(\boldsymbol{k})=\kappa_T k_{\mathrm{B}}T_0(n_0)^2 \tag{11.16}$$

$$E_P(\boldsymbol{k})=\frac{\gamma k_{\mathrm{B}}T_0}{\kappa_T} \tag{11.17}$$

$$E_{u_i}(\boldsymbol{k})=\frac{k_{\mathrm{B}}T_0}{\rho_0} \tag{11.18}$$

由式 (11.15)~ 式 (11.18)，可知平衡态热涨落的波谱为常值，不随波矢量 $\boldsymbol{k}$ 变化。

需要强调的是,上述给出的涨落关联公式 (式 (11.10)~ 式 (11.13)、式 (11.15)~ 式 (11.18)) 均针对平衡态热涨落。当流体受到温度梯度、浓度梯度、剪切力等外部条件影响时，流动将偏离完全的平衡态。非平衡态下的热涨落关联往往是“长程”的，进一步导致热涨落波谱 $E(\boldsymbol{k})$ 随波矢量 $\boldsymbol{k}$ 呈一定规律变化。本章主要关注平衡态热涨落的有关性质，对于非平衡态热涨落感兴趣的读者可进一步参考文献 [1, 6-8] 的有关内容。

最后，可将 $E(\boldsymbol{k})$ 在半径为 $k=|\boldsymbol{k}|$ 的圆环 (二维) 或球面 (三维) 上积分，得到标量波谱 $E(k)$[9]。由于平衡态热涨落满足各向同性，$E(k)$ 与 $E(\boldsymbol{k})$ 的关系为

$$E(k)=\begin{cases}\text{二维情况:} & E(\boldsymbol{k})\times 2\pi k\\ \text{三维情况:} & E(\boldsymbol{k})\times 4\pi k^2\end{cases} \tag{11.19}$$

结合式 (11.15)~ 式 (11.18)，可知平衡态热涨落的标量波谱 $E(k)$ 在二维情况下正比于波数 $k$，而在三维情况下正比于 $k^2$。

### 11.1.3 热涨落的时空关联

前文讨论的热涨落空间关联是针对同一时刻而言的。进一步，可以考虑热涨落在不同位置、不同时刻的关联问题。定义涨落的时空自相关函数为

$$R_A(\boldsymbol{l},t)=\overline{\delta A(\boldsymbol{r},\tau)\,\delta A(\boldsymbol{r}+\boldsymbol{l},\tau+t)} \tag{11.20}$$

其中，$\boldsymbol{l}$、$t$ 分别代表关联空间向量与时间间距。在式 (11.20) 中，已经假设了涨落量具有空间均匀性和时间平稳性，即时空关联函数的统计值仅与关联间距 $\boldsymbol{l}$、$t$ 有关，而与计算关联的时间、空间起点无关。进一步，对式 (11.20) 做空间傅里叶变换，可以得到波数域的时间关联函数 [10]：

$$C_A(\boldsymbol{k},t)=\mathcal{F}_{\boldsymbol{k}}\{R_A(\boldsymbol{l},t)\}=\overline{\delta A(-\boldsymbol{k},\tau)\,\delta A(\boldsymbol{k},\tau+t)} \tag{11.21}$$

由式 (11.21)，易得波数谱 $E(\boldsymbol{k})$ 与 $C_A(\boldsymbol{k},t)$ 的关系为：$E(\boldsymbol{k})=C_A(\boldsymbol{k},0)$，此处用到了 $E(\boldsymbol{k})=\overline{|\delta A(\boldsymbol{k})|^2}$ 这一关系。此外，也可以直接对式 (11.20) 做时–空傅里叶变换，得到涨落的频率–波数谱

$$S_A(\boldsymbol{k},\omega)=\int_{-\infty}^{+\infty}\mathrm{e}^{\mathrm{i}\omega t}\mathrm{d}t\int_{-\infty}^{+\infty}R_A(\boldsymbol{l},t)\mathrm{e}^{-\mathrm{i}\boldsymbol{k}\cdot\boldsymbol{l}}\mathrm{d}\boldsymbol{l}=\overline{|\delta A(\boldsymbol{k},\omega)|^2} \tag{11.22}$$

式 (11.20)~ 式 (11.22) 为涨落时空关联的三种等价形式。为对不同流域的涨落时空关联问题进行研究，可定义参数 $Y$，表征涨落特征波长 $L(=2\pi/k)$ 与分子平均自由程 $\lambda$ 之比 [11]：

$$Y=\frac{L}{2\pi\lambda}=\frac{1}{k\lambda} \tag{11.23}$$

可知 $Y$ 正比于流体力学中通常定义的 $Kn$ 的倒数。

相比于热涨落的空间关联，热涨落的时空关联可以额外反映热涨落的传播及耗散特性，热涨落的时空关联函数及频率–波数谱可以反映流体的输运性质。下面以平衡态下的密度热涨落 $\delta n\left(\boldsymbol{r},t\right)$ 为例进行说明。当 $Y\gg 1$ 时，气体处于连续流域，此时可对小扰动线化的涨落 Navier-Stokes 方程组做傅里叶–拉普拉斯变换，得到单组分气体的波数域时间关联函数 [12]：

$$\begin{aligned}C_n\left(\boldsymbol{k},t\right)=&\kappa_T k_{\mathrm{B}}T_0\left(n_0\right)^2\left[\left(1-\frac{1}{\gamma}\right)\exp\left(-k^2D_{\mathrm{T}}\left|t\right|\right)+\frac{1}{\gamma}\exp\left(-k^2\varGamma\left|t\right|\right)\cos\left(\omega_k\left|t\right|\right)\right.\\&\left.+\frac{1}{\gamma}b_k\exp\left(-k^2\varGamma\left|t\right|\right)\sin\left(\omega_k\left|t\right|\right)\right]\end{aligned} \tag{11.24}$$

其中，$D_{\mathrm{T}}=\kappa/(\rho_0c_p)$ 为气体的热扩散系数，这里 $\kappa$、$c_p$ 分别为气体的热传导系数与定压比热；$\varGamma$ 为经典声衰减系数 [12]，定义为

$$\varGamma=\frac{1}{2}\left[(\gamma-1)D_{\mathrm{T}}+D_{\mathrm{V}}\right] \tag{11.25}$$

式中，$D_{\mathrm{V}}$ 称为纵向运动黏性系数，可用气体的剪切黏性系数 $\mu$ 与体积黏性系数 $\mu_{\mathrm{b}}$ 表示：

$$D_{\mathrm{V}}=\frac{\mu_{\mathrm{b}}+4\mu/3}{\rho_0} \tag{11.26}$$

式 (11.24) 中的 $\omega_k$、$b_k$ 为两个与波数 $k$ 有关的系数：

$$\omega_k=c_{\mathrm{s}}k,\quad b_k=k\left[\frac{3\varGamma-D_{\mathrm{V}}}{\gamma c_{\mathrm{s}}}\right] \tag{11.27}$$

其中，$c_{\mathrm{s}}$ 为绝热声速。由式 (11.24)~ 式 (11.27) 可知，平衡态密度热涨落的波数域时间关联函数反映了气体的黏性、热传导等输运性质。

进一步，对式 (11.24) 做时间傅里叶变换，可得到平衡态密度热涨落的频率-波数谱表达式 [12]：

$$S_n\left(\boldsymbol{k},\omega\right)=2\kappa_T k_{\mathrm{B}}T_0\left(n_0\right)^2\left\{\left(1-\frac{1}{\gamma}\right)\frac{D_{\mathrm{T}}k^2}{\omega^2+\left(D_{\mathrm{T}}k^2\right)^2}\right.$$

$$+\frac{1}{\gamma}\left[\frac{\Gamma k^2}{(\omega-\omega_k)^2+(\Gamma k^2)^2}+\frac{\Gamma k^2}{(\omega+\omega_k)^2+(\Gamma k^2)^2}\right]$$

$$\left.+\frac{1}{\gamma}b_k\left[\frac{(\omega+\omega_k)}{(\omega+\omega_k)^2+(\Gamma k^2)^2}-\frac{(\omega-\omega_k)}{(\omega-\omega_k)^2+(\Gamma k^2)^2}\right]\right\} \tag{11.28}$$

密度热涨落的频率–波数谱 $S_n(\boldsymbol{k},\omega)$ 常称为瑞利–布里渊散射 (Rayleigh-Brillouin scattering, RBS) 谱，可以通过光散射实验直接测定。式 (11.28) 大括号中的第一项对应于 RBS 谱中的瑞利线，其源于恒压下的熵涨落，反映了流体的热扩散模式 (thermal diffusivity mode)；第二、三项对应于 RBS 谱中的布里渊双峰，以频率 $\pm\omega_k=\pm c_s k$ 对称位于瑞利峰两侧，其源于等熵条件下的压力涨落，反映了流体的声模式 (sound mode)[12,13]；第四、五项在实验中很难被观察到，一般可予以忽略。由于 RBS 谱内在包含了气体几乎所有的热力学宏观性质与输运性质，因此在过往的研究中通常以实验测量出的 RBS 谱作为基准，通过将计算谱线与实验谱线进行拟合，对气体的宏观输运参数进行反演 [14−16]。近年来，RBS 技术在大气遥感 [17]、流场测量 [18] 等工程领域得到了广泛应用。

最后，需要强调的是，上述给出的密度热涨落时空关联表达式 (式 (11.24) 与式 (11.28)) 是在连续流情况下导出的。当 $Y\ll 1$ 时，气体处于自由分子流域，此时 RBS 谱的形状可用高斯分布进行描述，对应于平衡态气体分子的 Maxwell 速度分布 [11,19]。而当 $Y\approx 1$ 时，涨落特征波长 $L$ 与气体分子平均自由程 $\lambda$ 处于同一量级，气体处于动理学流域 (kinetic regime)，RBS 谱并无严格的解析表达式。此时，对于单原子气体，其分子运动规律服从 Boltzmann 方程，而对于多原子气体则需要考虑分子内能模式的影响，使用 Wang-Chang-Uhlenbeck (WCU) 方程 [20] 来描述分子的运动和能量交换。Boltzmann 方程及 WCU 方程的复杂性为动理学流域的 RBS 谱精确计算带来了困难。

## 11.2 热涨落的分子模拟

由于热涨落源于分子的随机热运动，因此采用 DSMC 等粒子模拟方法可以直接对热涨落进行模拟。在过去几十年间，研究者基于 DSMC 方法已经开展了对热涨落关联特性的广泛研究，表明 DSMC 模拟中统计噪声的时、空关联性质与真实情况下热涨落的性质一致，模拟结果得到了实验及涨落流体力学理论的验证 [21−23]。此外，由于 DSMC 方法对应的控制方程为 Boltzmann 方程，所以该方法研究涨落关联问题时不会受到气体所处流域的限制。

本书作者研究团队近年来针对密度热涨落的时空关联问题开展了大量研究，在前人研究基础上完善和发展了基于分子模拟计算 RBS 谱的一般性方法，可适用于任意的多原子、多组分气体[24]。图 11.1 给出了 RBS 谱的计算示意图，具体计算流程可总结如下。

(1) 用 DSMC 等粒子方法模拟处于平衡态下的气体分子运动。

(2) 由于密度热涨落具有各向同性，因此模拟时可以只选择单一方向划分网格，作为密度热涨落 $\delta n$ 的采样方向。该方向的计算域高度设置为涨落特征波长 $L$。

(3) 每隔一段时间输出一次瞬时密度涨落场，最终得到一组离散的时、空密度涨落数据。

(4) 根据式 (11.22)，可对密度涨落数据进行时–空傅里叶变换，求变换后的幅值平方，即为 RBS 谱 $S_n(k,\omega)$。由于对密度涨落仅作一维采样，波矢量可以直接用波数表示。

(5) 实际计算时，为降低 RBS 谱噪声，可计算多组 RBS 谱后进行系综平均。

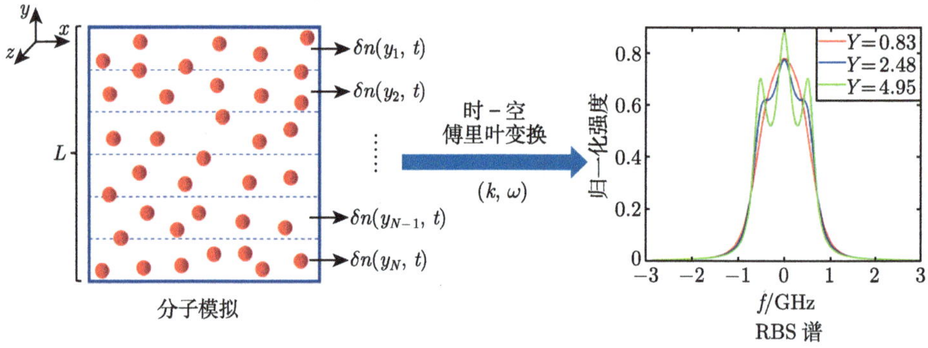


图 11.1　RBS 谱计算示意图

图 11.1 右侧给出了由 DSMC 计算得到的不同 $Y$ 值下的 RBS 谱，横坐标 $f=\omega/(2\pi)$，纵坐标用谱线积分面积进行归一化。可见，当 $Y$ 值较大时，RBS 谱中央的瑞利线与两侧的布里渊峰分立明显；当 $Y$ 值逐渐减小时，分子的碰撞效应减弱，与声波有关的布里渊峰逐渐消失。

注意到，前述给出的热涨落频率–波数谱公式 (11.22) 是针对单组分气体而言的。对于具有 $s$ 个组分的多组分气体，其 RBS 谱具有如下计算公式[24]：

$$S_n(\boldsymbol{k},\omega)=\sum_{i=1}^{s}\sum_{j=1}^{s}\alpha_i\alpha_j\overline{\delta n_i^*(\boldsymbol{k},\omega)\delta n_j(\boldsymbol{k},\omega)} \tag{11.29}$$

其中，$\alpha_i$ 代表组分 $i$ 的原子或分子极化率；星号 “*” 代表取复共轭。由式 (11.29) 可知，计算多组分 RBS 谱的流程与单组分时类似，只需要对各个组分的密度涨落时–空傅里叶变换值进行相乘后，按极化率进行加权组合。

为验证上述 RBS 谱计算方法的正确性，作者研究团队采用 MD 和 DSMC 两种分子模拟方法，计算了氩气 (Ar)、氦气 (He) 两种气体所组成混合气体的 RBS 谱，结果如图 11.2 所示。图中四个工况的模拟温度均为 297 K，涨落特征波长 $L$ 均为 284.96 nm，通过改变组分压强 $P_{\mathrm{Ar}}$、$P_{\mathrm{He}}$ 而实现不同的组分浓度配比。在分子相互作用建模方面，MD 模拟采用 Lennard-Jones 势，而 DSMC 模拟采用 VSS 模型 [24]。在图 11.2 中，除 DSMC 和 MD 计算结果外，还对比了文献 [25] 的实验结果，图 11.2(c) 中进一步对比了 BGK 模型方程的计算结果 [25]。可见，在如图所示的四个工况下，MD 和 DSMC 计算结果均与实验符合较好，验证了 RBS 谱计算方法的正确性。

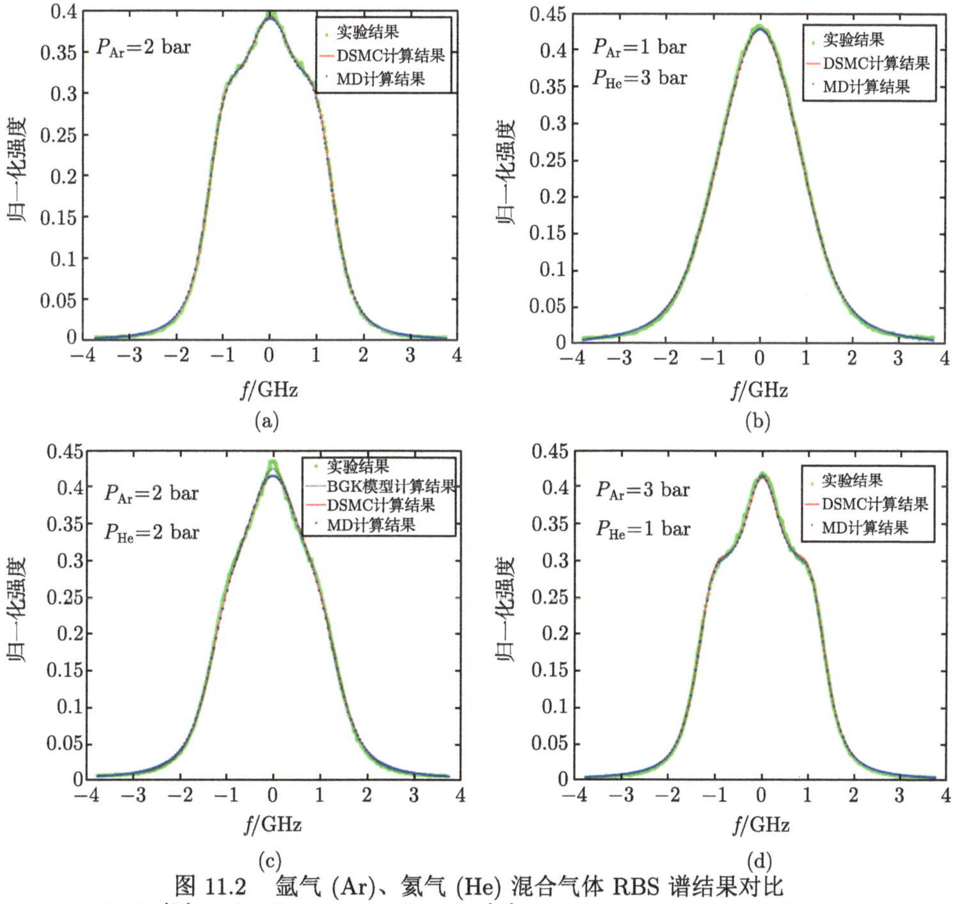


图 11.2 氩气 (Ar)、氦气 (He) 混合气体 RBS 谱结果对比

绿色点：实验结果 [25]；黑色点线：BGK 模型计算结果 [25]；红色线：DSMC 计算结果；蓝色点：MD 计算结果。横坐标为频率，纵坐标为用谱线积分面积进行归一化后的谱线强度 (1 bar = $10^5$Pa)

11.1.3 节中已经表明 RBS 谱包含了气体的一系列输运系数，如热传导系数

$\kappa$、剪切黏性系数 $\mu$、体积黏性系数 $\mu_b$ 等。其中，体积黏性系数 $\mu_b$ 与可压缩流体的内能松弛过程有关，其与内能松弛特征时间的关系为 [26]

$$\mu_b = \frac{P_0 R}{c_v} \sum_j \frac{c_{v,j}}{c_v} \tau_j \tag{11.30}$$

该式适用于单组分、多原子气体，其中，$c_{v,j}$ 为分子第 $j$ 个内能模态的定容比热；$c_v$ 为总比热；$\tau_j$ 为第 $j$ 个内能模态的松弛时间。对于 RBS 谱计算的一般情况，热涨落的特征时间尺度远小于分子的振动松弛时间 [16]，因此在 RBS 问题中分子的振动模态可以被视为“冻结”，不予以考虑。故式 (11.30) 可简化为

$$\mu_b = \frac{P_0 R}{c_v^2} c_{v,\text{rot}} \tau_{\text{rot}} \tag{11.31}$$

对于氮气、氧气而言，根据其平动、转动自由度计算可得：$c_{v,\text{rot}} = \xi_{\text{rot}} R/2 = R$，$c_v = c_{v,\text{rot}} + \xi_{\text{tr}} R/2 = R + 1.5R = 2.5R$，故有 $\mu_b = 4P_0\tau_{\text{rot}}/25$。

根据式 (7.19)，已知多原子气体的转动松弛数 $Z_{\text{rot}}$，可计算转动松弛时间 $\tau_{\text{rot}} = Z_{\text{rot}}\tau$。由于 $Z_{\text{rot}}$ 需要在 DSMC 计算时预先给定，以进一步确定分子碰撞对执行非弹性碰撞的概率，则在已知 RBS 谱标准结果的情况下，可以通过将 DSMC 计算的 RBS 谱线与标准谱线进行拟合，对气体真实情况下的 $Z_{\text{rot}}$ 进行反演，进一步可对气体的体积黏性系数进行反演 [22]。作者团队针对该问题也开展了相关研究，以高精度的 MD 计算谱线作为参考标准，对气体转动松弛数进行反演。图 11.3 展示了用 DSMC 计算的氮气 RBS 谱拟合 MD 谱线的示意图，可见随着 DSMC 中设置的 $Z_{\text{rot}}$ 变化，DSMC 模拟得到的 RBS 谱在布里渊峰位置有明显的形状差异。气体在真实情况下的转动松弛数为谱线达到最优拟合时的 DSMC 设置结果。

基于上述拟合方法，作者得到了氮气转动松弛数在 200 ~ 750 K 温度范围的变化情况，进一步基于转动松弛数计算得到了氮气体积黏性系数随温度的变化情况，如图 11.4 所示。在图中除目前的 RBS 谱拟合结果外，还展示了 Sharma 等的 MD 计算结果 [27]，以及洪启臻等 [28] 基于混合量子–经典 (mixed quantum-classical, MQC) 方法的计算结果。由图 11.4 可见，目前基于 RBS 谱的体积黏性系数反演结果在所考察的温度范围内与 Sharma 等的结果较为接近，而与洪启臻等的结果在温度较高时差距较大。这可能是因为洪启臻等采用的 MQC 方法相比于其他两种方法额外考虑了分子振动对体积黏性的影响。总结来看，利用 DSMC 等粒子模拟方法可以计算得到高精度的 RBS 谱线，并可以基于谱线对气体的输运性质进行反演。

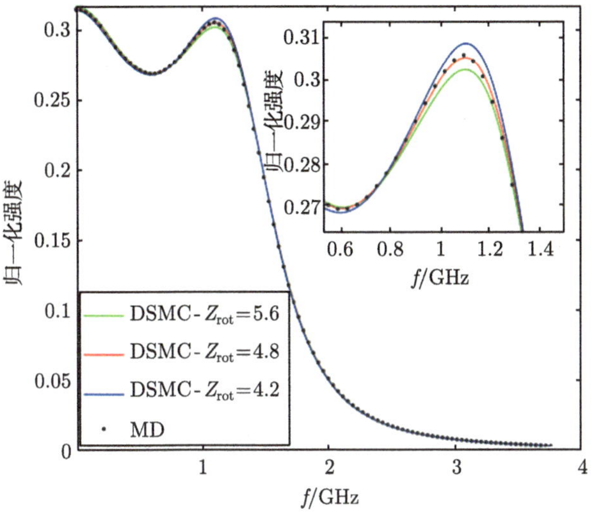


图 11.3 不同转动松弛数 $Z_{rot}$ 下的 DSMC 计算谱线与 MD 计算谱线拟合示意图

其中右上小图为布里渊峰位置的放大图

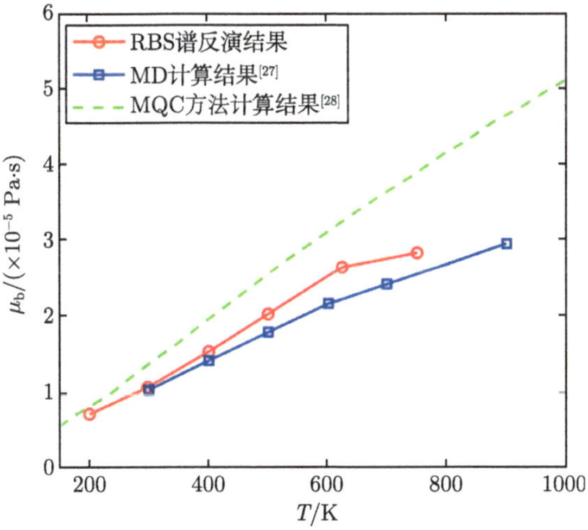


图 11.4 氮气体积黏性系数随温度变化情况

## 11.3 热涨落对湍流的影响

湍流是一个典型的非线性多尺度问题。随着湍流涨落的特征尺度不断减小，出现了一个有趣的问题：分子效应是否会对湍流的性质产生显著影响？针对气态湍流，前人分析了分子平均自由程 $\lambda$ 与湍流黏性耗散尺度 (即 Kolmogorov 尺度) $\eta$

之比 [29]

$$\frac{\lambda}{\eta}=C\frac{Ma_{\mathrm{t}}}{Re_{\mathrm{T}}^{1/4}} \tag{11.32}$$

其中，$Ma_{\mathrm{t}}$ 为湍流马赫数；$Re_{\mathrm{T}}$ 为湍流雷诺数；$C$ 为一比例系数。可见，对于高雷诺数、低马赫数湍流，有 $\eta \gg \lambda$，此时一般认为确定性的 Navier-Stokes(NS) 方程足以描述各个尺度下的湍流涨落，而无须考虑分子效应。基于确定性 NS 方程的直接数值模拟 (direct numerical simulation，DNS) 方法 [4,9] 是小尺度湍流研究中应用最为广泛的数值模拟方法。

另一方面，早在 20 世纪中叶，知名流体力学家 Betchov 就在其论文中分析指出，由分子无序运动产生的热涨落效应会在远大于分子平均自由程的尺度上产生作用，进而影响湍流耗散尺度的统计关联性质 [30,31]。但由于当时的数值模拟和实验手段受限，Betchov 这一具有前瞻性的论断并未得到验证，也就没有引起人们的广泛重视。近年来，随着计算机性能的提升以及数值模拟方法的发展，人们通过求解涨落流体力学方程 [32,33]，或采用 DSMC 方法 [34]，使得 Betchov 的猜想终于得到证实。数值模拟结果表明，对于三维湍流，热涨落将会在与 Kolmogorov 尺度相当的水平上改变以往由确定性 NS 方程给出的呈指数衰减的湍流耗散区能谱，新的能谱随波数平方变化，反映了平衡态热涨落的特点 [32,34]。除湍流能谱外，热涨落还会影响湍流的间歇性，使得湍流的高阶速度梯度概率密度函数、纵向结构函数等统计量与基于 NS 方程给出的结果呈现显著差异 [32,35]。

作者研究团队近年来基于 DSMC 和 USP 两种随机粒子方法对二维和三维均匀各向同性可压缩衰减湍流开展了数值模拟工作，重点分析了热涨落对湍流小尺度统计性质的影响 [36,37]。作为示例，图 11.5 展示了二维和三维衰减湍流的瞬时标量能谱 $E_u(k)$ 结果，其中蓝色点划线为基于确定性 NS 方程的 DNS 方法计算结果，红色、绿色曲线分别为 DSMC 和 USP 方法计算结果。二维湍流能谱横坐标由湍流拟涡能耗散尺度 $\eta_\Omega$ 进行无量纲化，三维湍流能谱横坐标由 Kolmogorov 尺度 $\eta$ 进行无量纲化。由图可见，随机粒子方法给出的湍流能谱结果在低波数 (大尺度) 部分与 DNS 方法结果吻合；在高波数 (小尺度) 部分，DNS 方法计算的能谱随波数 $k$ 继续衰减，而由随机粒子方法给出的能谱呈 $k^1$(二维) 或 $k^2$(三维) 变化，体现出平衡态热涨落的性质 (见式 (11.19))。进一步，可定义热涨落作用临界尺度 $l_{\mathrm{c}}=2\pi/k_{\mathrm{c}}$，表征湍流能谱标度率转换为热涨落标度率时的空间尺度。可见，对于二维和三维情况，$l_{\mathrm{c}}$ 与湍流耗散尺度均处于同一量级，这表明热涨落会显著影响湍流耗散尺度的统计性质。

热涨落作为流体的自发“微扰动”，除了会对湍流的小尺度统计性质产生影响外，还可能会对湍流的可预测性 (predictability) 产生影响 [38]。这是因为湍流具有混沌特性，使得流场中的任意小扰动会随着时间推移而放大，进而使得湍流的大尺度结构无法被准确预测。

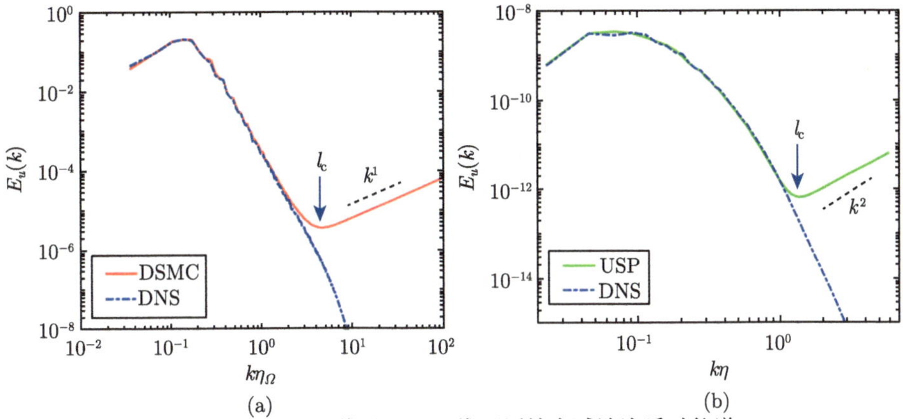


图 11.5 (a) 二维及 (b) 三维可压缩衰减湍流瞬时能谱

红色：DSMC 结果；绿色：USP 结果；蓝色：基于确定性 NS 方程的 DNS 方法结果

湍流可预测性的研究最早可追溯至 Thompson[39]、Lorenz[40] 等关于大气湍流预测的工作。后续研究者基于理论分析与 DNS 模拟，通过在湍流场中人为施加初始微扰动构造流场“系综”，对扰动 (误差) 的增长率、能量级串方向与湍流可预测时间等问题开展了大量研究工作 [41−43]。考虑到 USP 方法可以高效模拟热涨落对湍流的影响，作者团队采用 USP 方法研究了热涨落对可压缩衰减湍流可预测性的影响 [37]。在 USP 模拟中，流场宏观量在初始化时可以分解为 $A^{\mathrm{USP}}=A^{\mathrm{NS}}+A^{\mathrm{th}}$，其中上标 NS、th 分别代表满足确定性 NS 方程的湍流场和热涨落场。由此，模拟中构造了一组 $A^{\mathrm{NS}}$ 相同而 $A^{\mathrm{th}}$ 不同的系综流场，使得系综不同次流场实现之间的初始微小差异仅来自热涨落，进一步可以观察不同次实现之间的流场结构演化差异。

以二维衰减湍流为例，图 11.6 展示了湍流两次实现的涡量场随时间演化结果，绘图时采用了较低的网格分辨率 ($N_{\mathrm{g}}^2$)，以观察流场的大尺度结构。可见，两次实现的初始涡量场 (图 11.6(a)、(d)) 几乎完全一致，说明此时热涨落对湍流的大尺度结构无显著影响。而随着时间推移，两次实现的涡量场呈现显著差异 (图 11.6(b)、(e))，最终几乎完全不同 (图 11.6(c)、(f))。这说明由热涨落导致的差异随时间推移而传播到了更大的尺度上，最终导致了湍流大尺度结构的不可预测性。

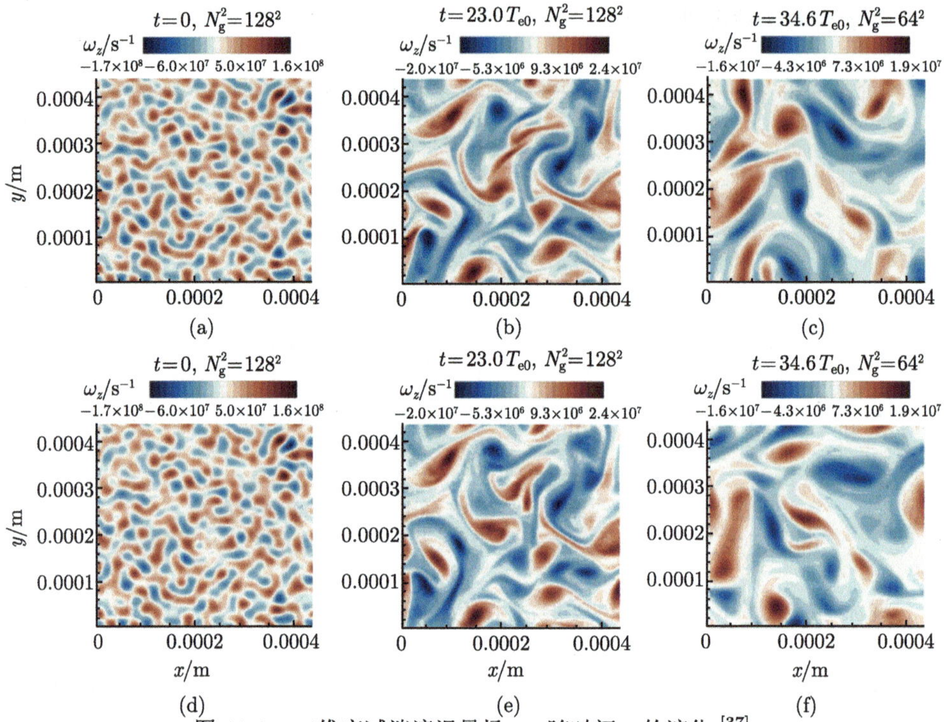


图 11.6　二维衰减湍流涡量场 $\omega_z$ 随时间 $t$ 的演化 [37]

(a)~(c)、(d)~(f) 展示了一个系综的两次独立实现；$T_{e0}$ 为初始大涡周转时间；$N_g^2$ 为绘图网格分辨率

# 参 考 文 献


[1] de Zarate J M O, Sengers J V. Hydrodynamic Fluctuations in Fluids and Fluid Mixtures. Amsterdam: Elsevier, 2006.

[2] 苏汝铿. 统计物理学. 北京: 高等教育出版社, 2004.

[3] Hadjiconstantinou N G, Garcia A L, Bazant M Z, et al. Statistical error in particle simulations of hydrodynamic phenomena. Journal of Computational Physics, 2003, 187(1): 274-297.

[4] 张兆顺, 崔桂香, 许春晓, 等. 湍流理论与模拟. 2 版. 北京: 清华大学出版社, 2017.

[5] Lifshitz E M, Pitaevskii L P. Statistical Physics, Part 2. Oxford: Pergamon Press, 1980.

[6] Vailati A, Giglio M. Nonequilibrium fluctuations in time-dependent diffusion processes. Physical Review E, 1998, 58(4): 4361-4371.

[7] Croccolo F, Ortiz de Z J M, Sengers J V. Non-local fluctuation phenomena in liquids. The European Physical Journal E, 2016, 39(12): 125.

[8] Zhang J, Fan J. Monte Carlo simulation of thermal fluctuations below the onset of Rayleigh-Bénard convection. Physical Review E, 2009, 79(5): 056302.

[9] Pope S B. Turbulent Flows. Cambridge: Cambridge University Press, 2000.
[10] He G, Jin G, Yang Y. Space-time correlations and dynamic coupling in turbulent flows. Annual Review of Fluid Mechanics, 2017, 49(1): 51-70.
[11] Miles R B, Lempert W R, Forkey J N. Laser Rayleigh scattering. Measurement Science and Technology, 2001, 12(5): R33-R51.
[12] Berne B J, Pecora R. Dynamic Light Scattering. New York: Wiley, 1976.
[13] Boon J P, Yip S. Molecular Hydrodynamics. New York: McGraw-Hill, 1980.
[14] Witschas B, Gu Z, Ubachs W. Temperature retrieval from Rayleigh-Brillouin scattering profiles measured in air. Optics Express, 2014, 22(24): 29655-29667.
[15] Gu Z, Ubachs W. A systematic study of Rayleigh-Brillouin scattering in air, $N_2$, and $O_2$ gases. The Journal of Chemical Physics, 2014, 141(10): 104320.
[16] Wu L, Li Q, Liu H, et al. Extraction of the translational Eucken factor from light scattering by molecular gas. Journal of Fluid Mechanics, 2020, 901: A23.
[17] Zhai X, Marksteiner U, Weiler F, et al. Rayleigh wind retrieval for the ALADIN airborne demonstrator of the Aeolus mission using simulated response calibration. Atmospheric Measurement Techniques, 2020, 13(2): 445-465.
[18] Panda J. Spectrally-resolved Rayleigh scattering to measure velocity, temperature, density, and density fluctuations in high-speed flows. Experiments in Fluids, 2020, 61(3): 74.
[19] Wang Y, Gu Z, Liang K, et al. Rayleigh-Brillouin light scattering spectroscopy of air; experiment, predictive model and dimensionless scaling. Molecular Physics, 2021, 119(1-2): e1804635.
[20] Gu Z. Spontaneous Rayleigh-Brillouin Scattering on Atmospheric Gases. Amsterdam: Vrije Universiteit Amsterdam, 2015.
[21] Mansour M M, Garcia A L, Lie G C, et al. Fluctuating hydrodynamics in a dilute gas. Physical Review Letters, 1987, 58(9): 874-877.
[22] Bruno D. Direct simulation Monte Carlo simulation of thermal fluctuations in gases. Physics of Fluids, 2019, 31(4).
[23] Donev A, Bell J B, de la Fuente A, et al. Diffusive transport by thermal velocity fluctuations. Phys. Rev. Lett., 2011, 106(20): 204501.
[24] Ma Q, Yang C, Bruno D, et al. Molecular simulation of Rayleigh-Brillouin scattering in binary gas mixtures and extraction of the rotational relaxation numbers. Physical Review E, 2021, 104(3): 035109.
[25] Gu Z, Ubachs W, Marques W, et al. Rayleigh-Brillouin scattering in binary-gas mixtures. Physical Review Letters, 2015, 114(24): 243902.
[26] Li X D, Hu Z M, Jiang Z L. Continuum perspective of bulk viscosity in compressible fluids. Journal of Fluid Mechanics, 2017, 812: 966-990.
[27] Sharma B, Kumar R, Gupta P, et al. On the estimation of bulk viscosity of dilute nitrogen gas using equilibrium molecular dynamics approach. Physics of Fluids, 2022, 34(5): 057104.

[28] Hong Q, Storchi L, Sun Q, et al. Improved quantum-classical treatment of $N_2$-$N_2$ inelastic collisions: effect of the potentials and complete rate coefficient data sets. Journal of Chemical Theory and Computation, 2023, 19(23): 8557-8571.

[29] Moser R D. On the validity of the continuum approximation in high Reynolds number turbulence. Physics of Fluids, 2006, 18(7): 078105.

[30] Betchov R. On the fine structure of turbulent flows. Journal of Fluid Mechanics, 1957, 3(2): 205-216.

[31] Betchov R. Measure of the intricacy of turbulence. Physics of Fluids, 1964, 7(8): 1160-1162.

[32] Bell J B, Nonaka A, Garcia A L, et al. Thermal fluctuations in the dissipation range of homogeneous isotropic turbulence. Journal of Fluid Mechanics, 2022, 939: A12.

[33] Bandak D, Goldenfeld N, Mailybaev A A, et al. Dissipation-range fluid turbulence and thermal noise. Physical Review E, 2022, 105(6): 065113.

[34] McMullen R M, Krygier M C, Torczynski J R, et al. Navier-Stokes equations do not describe the smallest scales of turbulence in gases. Physical Review Letters, 2022, 128(11): 114501.

[35] McMullen R M, Torczynski J R, Gallis M A. Thermal-fluctuation effects on small-scale statistics in turbulent gas flow. Physics of Fluids, 2023, 35(1): 011705.

[36] Ma Q, Yang C, Chen S, et al. Effect of thermal fluctuations on homogeneous compressible turbulence. Advances in Aerodynamics, 2023, 5(1): 3.

[37] Ma Q, Yang C, Chen S, et al. Effect of thermal fluctuations on spectra and predictability in compressible decaying isotropic turbulence. Journal of Fluid Mechanics, 2024, 987: A29.

[38] Ruelle D. Microscopic fluctuations and turbulence. Physics Letters A, 1979, 72A(2): 81-82.

[39] Thompson P D. Uncertainty of initial state as a factor in the predictability of large scale atmospheric flow patterns. Tellus, 1957, 9(3): 275-295.

[40] Lorenz E N. The predictability of a flow which possesses many scales of motion. Tellus, 1969, 21(3): 289-307.

[41] Leith C E, Kraichnan R H. Predictability of turbulent flows. Journal of Atmospheric Sciences, 1972, 29(6): 1041-1058.

[42] Métais O, Lesieur M. Statistical predictability of decaying turbulence. Journal of Atmospheric Sciences, 1986, 43(9): 857-870.

[43] Boffetta G, Musacchio S. Chaos and predictability of homogeneous-isotropic turbulence. Phys. Rev. Lett., 2017, 119(5): 054102.

# 附录 A Chapman-Enskog 展开

3.4 节对于 Chapman-Enskog 方法的思想以及步骤进行了讨论，这里主要关注其中的细节。在 Chapman-Enskog 展开中，将分布函数展开为幂级数:

$$f = f^{(0)} + f^{(1)} + f^{(2)} + \cdots \tag{A.1}$$

其中，记一阶分布 $f^{(1)} = f^{(0)}\phi^{(1)}$。其中一阶分布的近似方程为

$$\begin{aligned}Q\left(f^{(1)}, f^{(1)}\right) &= \frac{\partial f^{(0)}}{\partial t} + c_i \frac{\partial f^{(0)}}{\partial x_i} \\ &= f_{\mathrm{M}}\left[\frac{1}{RT}\left(c_i' c_j' - \frac{1}{3}c'^2\delta_{ij}\right)\frac{\partial u_i}{\partial x_j} + \frac{c_i'}{T}\left(\frac{c'^2}{2RT} - \frac{5}{2}\right)\frac{\partial T}{\partial x_i}\right]\end{aligned} \tag{A.2}$$

下面讨论不同动理学模型，以及 Boltzmann 方程中一阶近似方程的求解。

## A.1 BGK 模型方程

在 BGK 模型中，一阶松弛项 $Q\left(f^{(1)}, f^{(1)}\right) \approx J_{\mathrm{BGK}}\left(f^{(1)}\right) = -f^{(1)}\nu_{\mathrm{BGK}}$，因此式 (A.2) 可简化为

$$-f^{(1)}\nu_{\mathrm{BGK}} = f_{\mathrm{M}}\left[\frac{c_{\langle i}' c_{j\rangle}'}{RT}\frac{\partial u_i}{\partial x_j} + \frac{c_i'}{T}\left(\frac{c'^2}{2RT} - \frac{5}{2}\right)\frac{\partial T}{\partial x_i}\right] \tag{A.3}$$

因此 BGK 模型给出的一阶 Chapman-Enskog 分布为

$$f^{(1)} = -\frac{f_{\mathrm{M}}}{\nu_{\mathrm{BGK}}}\left[\frac{c_{\langle i}' c_{j\rangle}'}{RT}\frac{\partial u_i}{\partial x_j} + \frac{c_i'}{T}\left(\frac{c'^2}{2RT} - \frac{5}{2}\right)\frac{\partial T}{\partial x_i}\right] \tag{A.4}$$

## A.2 Fokker-Planck 模型方程

在 Fokker-Planck 模型方程中，一阶松弛项为

$$Q\left(f^{(1)}, f^{(1)}\right) \approx J_{\mathrm{FP}}\left(f^{(1)}\right) = \frac{\partial}{\partial c_i}\left(\nu_{\mathrm{FP}} c_i' f^{(1)}\right) + \frac{\partial^2}{\partial c_i \partial c_i}\left(\nu_{\mathrm{FP}} RT f^{(1)}\right) \tag{A.5}$$

因此式 (A.2) 可简化为

$$\frac{\partial}{\partial c_i}\left[c_i' f^{(1)} + RT\frac{\partial f^{(1)}}{\partial c_i}\right] = \frac{f_{\mathrm{M}}}{\nu_{\mathrm{FP}}}\left[\frac{c'_{\langle i}c'_{j\rangle}}{RT}\frac{\partial u_i}{\partial x_j} + \frac{c_i'}{T}\left(\frac{c'^2}{2RT} - \frac{5}{2}\right)\frac{\partial T}{\partial x_i}\right] \tag{A.6}$$

注意到

$$\frac{\partial}{\partial c_i}\left(\frac{f^{(1)}}{f_{\mathrm{M}}}\right) = \frac{1}{f_{\mathrm{M}}}\left(\frac{\partial f^{(1)}}{\partial c_i} - f^{(1)}\frac{\partial \ln f_{\mathrm{M}}}{\partial c_i}\right) = \frac{1}{f_{\mathrm{M}}}\left(\frac{\partial f^{(1)}}{\partial c_i} + \frac{c_i'}{RT}f^{(1)}\right) \tag{A.7}$$

式 (A.6) 可以写为

$$\frac{1}{f_{\mathrm{M}}}\frac{\partial}{\partial c_i}\left[f_{\mathrm{M}}\frac{\partial}{\partial c_i}\left(\frac{f^{(1)}}{f_{\mathrm{M}}}\right)\right] = \frac{1}{\nu_{\mathrm{FP}}RT}\left[\frac{c'_{\langle i}c'_{j\rangle}}{RT}\frac{\partial u_i}{\partial x_j} + \frac{c_i'}{T}\left(\frac{c'^2}{2RT} - \frac{5}{2}\right)\frac{\partial T}{\partial x_i}\right] \tag{A.8}$$

其中，式 (A.8) 左侧为关于 $\phi^{(1)} = f^{(1)}/f^{(0)}$ 的线性算子，记为 $L\left[\phi^{(1)}\right]$。根据式 (A.8) 右侧可以推测 $\phi^{(1)}$ 作为分子速度函数的形式为

$$\phi^{(1)} = a_{ij}\left(c'_{\langle i}c'_{j\rangle}\right) + b_i c_i'\left(\frac{c'^2}{2RT} - \frac{5}{2}\right) \tag{A.9}$$

注意到

$$\begin{aligned}
\frac{\partial}{\partial c_k}\left(c'_{\langle i}c'_{j\rangle}\right) &= \frac{\partial}{\partial c_k}\left(c_i'c_j' - \frac{1}{3}c'^2\delta_{ij}\right) = c_i'\delta_{jk} + c_j'\delta_{ik} - \frac{2}{3}c_k'\delta_{ij} \\
L\left[c'_{\langle i}c'_{j\rangle}\right] &= \frac{1}{f_{\mathrm{M}}}\frac{\partial}{\partial c_k}\left[f_{\mathrm{M}}\frac{\partial}{\partial c_k}\left(c'_{\langle i}c'_{j\rangle}\right)\right] \\
&= \frac{\partial}{\partial c_k}\left[\frac{\partial}{\partial c_k}\left(c'_{\langle i}c'_{j\rangle}\right)\right] + \frac{\partial}{\partial c_k}\left(c'_{\langle i}c'_{j\rangle}\right)\frac{\partial \ln f_{\mathrm{M}}}{\partial c_k} \\
&= -2\frac{c'_{\langle i}c'_{j\rangle}}{RT}
\end{aligned} \tag{A.10}$$

$$\begin{aligned}
\frac{\partial}{\partial c_k}\left[c_i'\left(\frac{c'^2}{2RT} - \frac{5}{2}\right)\right] &= \delta_{jk}\left(\frac{c'^2}{2RT} - \frac{5}{2}\right) + \frac{c_j'c_k'}{RT} \\
L\left[c_i'\left(\frac{c'^2}{2RT} - \frac{5}{2}\right)\right] &= -3\frac{c_i'}{RT}\left(\frac{c'^2}{2RT} - \frac{5}{2}\right)
\end{aligned} \tag{A.11}$$

因此 $L\left[\phi^{(1)}\right] = \dfrac{1}{RT}\left[-2a_{ij}\left(c'_{\langle i}c'_{j\rangle}\right) - 3b_i c_i'\left(\dfrac{c'^2}{2RT} - \dfrac{5}{2}\right)\right]$。代入式 (A.8) 可以求出系数：

$$a_{ij} = -\frac{1}{2RT\nu_{\mathrm{FP}}}\frac{\partial u_i}{\partial x_j}, \quad b_i = -\frac{1}{3T\nu_{\mathrm{FP}}}\frac{\partial T}{\partial x_i} \tag{A.12}$$

因此 Fokker-Planck 模型给出的一阶 Chapman-Enskog 分布为

$$f^{(1)}=-\frac{f_{\mathrm{M}}}{\nu_{\mathrm{FP}}}\left[\frac{c'_{\langle i}c'_{j\rangle}}{2RT}\frac{\partial u_i}{\partial x_j}+\frac{c'_i}{3T}\left(\frac{c'^2}{2RT}-\frac{5}{2}\right)\frac{\partial T}{\partial x_i}\right] \tag{A.13}$$

## A.3 Boltzmann 方程

Boltzmann 方程给出的一阶近似方程为

$$I\left[\phi^{(1)}\right]=\frac{c'_{\langle i}c'_{j\rangle}}{RT}\frac{\partial u_i}{\partial x_j}+\frac{c'_j}{T}\left(\frac{c'^2}{2RT}-\frac{5}{2}\right)\frac{\partial T}{\partial x_j} \tag{A.14}$$

其中，线性积分算子：

$$I\left[\phi^{(1)}\right]=\int_{-\infty}^{\infty}\int_{0}^{4\pi}\left[\phi^{(1)}\left(\boldsymbol{c}^*\right)+\phi^{(1)}\left(\boldsymbol{c}_1^*\right)-\phi^{(1)}(\boldsymbol{c})-\phi^{(1)}\left(\boldsymbol{c}_1\right)\right]f_1^{(0)}c_{\mathrm{r}}\sigma\mathrm{d}\Omega\mathrm{d}\boldsymbol{c}_1 \tag{A.15}$$

式 (A.14) 是关于 $\phi^{(1)}$ 的线性积分方程，可以推理出其解的形式。首先，$\phi^{(1)}$ 应不显含时空坐标 $(x_i,t)$，而是直接依赖于宏观量。从式 (A.14) 右侧中可以看出，$\phi^{(1)}$ 应当线性依赖于速度梯度 $\partial u_i/\partial x_j$ 和温度梯度 $\partial\ln T/\partial x_j$，且不显式依赖于宏观速度 $u_i$。因此，可以得到 $\phi^{(1)}$ 的形式如下：

$$\phi^{(1)}=\frac{1}{n}\left(A_j\frac{\partial\ln T}{\partial x_j}+B_{ij}\frac{\partial u_i}{\partial x_j}+\phi_h\right) \tag{A.16}$$

其中，$A_i$、$B_{ij}$ 和 $\phi_h$ 是关于 $\boldsymbol{c}'$ 和 $T$ 的未知函数。将式 (A.16) 代入式 (A.14) 并比较相应宏观量的系数，可以得到这三个未知函数的控制方程

$$I\left[A_i\left(c'_i,T\right)\right]=\left(\frac{c'^2}{2RT}-\frac{5}{2}\right)c'_i,\quad I\left[B_{ij}\left(c'_i,T\right)\right]=\frac{c'_{\langle i}c'_{j\rangle}}{RT},\quad I\left[\phi_h\left(c'_i,T\right)\right]=0 \tag{A.17}$$

注意到，$A_i$ 为矢量；$B_{ij}$ 为二阶无迹对称张量，可以进一步将它们转化为标量形式的未知函数 $A_i(c'_i,T)=A(c',T)c'_i$，$B_{ij}(c'_i,T)=B(c',T)c'_{\langle i}c'_{j\rangle}$。此外，式 (A.17) 表明，$\phi_h$ 应为碰撞不变量的线性组合，因此将 $\phi_h$ 表示为 $\phi_h=\alpha+\beta_i c'_i+\gamma c'^2$。

1. 兼容性条件

式 (A.16) 中的 $\phi^{(1)}$ 需要满足兼容性条件 (式 (3.79))。因此可以得到未知函数 $A(c',T)$、$B(c',T)$ 和 $\phi_h$ 的约束条件：

$$\int_{-\infty}^{\infty}\left(\alpha+\gamma c'^2\right)f_{\mathrm{M}}\mathrm{d}\boldsymbol{c}=0,\quad \int_{-\infty}^{\infty}c'_k\left(Ac'_j\frac{\partial\ln T}{\partial x_j}+\beta_i c'_i\right)f_{\mathrm{M}}\mathrm{d}\boldsymbol{c}=0$$

$$\int_{-\infty}^{\infty} c'^2 \left(\alpha + \gamma c'^2\right) f_{\mathrm{M}} \mathrm{d}\boldsymbol{c} = 0 \tag{A.18}$$

所以 $\alpha = \gamma = 0$，$\beta_i = -\dfrac{\partial \ln T}{\partial x_i} \left(\displaystyle\int_{-\infty}^{\infty} c'^2 f_{\mathrm{M}} \mathrm{d}\boldsymbol{c}\right)^{-1} \displaystyle\int_{-\infty}^{\infty} A c'^2 f_{\mathrm{M}} \mathrm{d}\boldsymbol{c}$。$\beta_i$ 项可以被吸收到 $A$ 项中。

基于以上讨论，得到了简化形式的 $\phi^{(1)}$：

$$\phi^{(1)} = \frac{1}{n}\left[A\left(c', T\right) c_i' \frac{\partial \ln T}{\partial x_j} + B\left(c', T\right) c_{\langle i}' c_{j\rangle}' \frac{\partial u_i}{\partial x_j}\right] \tag{A.19}$$

其中，$A$ 和 $B$ 满足积分方程：

$$I\left[A\left(c', T\right) c_i'\right] = \left(\frac{c'^2}{2RT} - \frac{5}{2}\right) c_i', \quad I\left[B\left(c', T\right) c_{\langle i}' c_{j\rangle}'\right] = \frac{c_{\langle i}' c_{j\rangle}'}{RT} \tag{A.20}$$

以及兼容性条件：

$$\int_{-\infty}^{\infty} A c'^2 f_{\mathrm{M}} \mathrm{d}\boldsymbol{c} = 0 \tag{A.21}$$

2. Sonine 多项式展开

为求解积分方程 (A.20)，我们可以通过将未知函数 $A(c', T)$ 和 $B(c', T)$ 展开为 Sonine 多项式。Sonine 多项式 $S_l^{(r)}(x)$ 定义如下：

$$S_l^{(r)}(x) = \sum_{p=0}^{r} \frac{(l+r)!}{(l+p)!p!(r-p)!}(-x)^p \tag{A.22}$$

特别地，$S_l^{(0)}(x) = 1$，$S_l^{(1)}(x) = (l+1) - x$。Sonine 多项式满足正交性条件：

$$\int_0^{\infty} x^l \mathrm{e}^{-x} S_l^{(r)}(x) S_l^{(t)}(x) \mathrm{d}x = \begin{cases} (l+r)!/r!, & r = t \\ 0, & r \neq t \end{cases} \tag{A.23}$$

将未知函数 $A(c', T)$ 和 $B(c', T)$ 展开为 Sonine 多项式的级数：

$$A(c', T) = \sum_{r=0}^{\infty} a_r S_{3/2}^{(r)}[\tilde{c}'^2], \quad B(c', T) = (2RT)^{-1} \sum_{r=1}^{\infty} b_r S_{5/2}^{(r-1)}[\tilde{c}'^2] \tag{A.24}$$

其中，$\tilde{c'} = c'/\sqrt{2RT}$ 为无量纲的热运动速度值。将展开式 (A.24) 代入 $A(c',T)$ 和 $B(c',T)$ 的控制方程 (A.20)，可以得到多项式系数的方程：

$$\begin{aligned}
&\sum_{r=0}^{\infty} a_r I\left[S_{3/2}^{(r)}\left(\tilde{c}'^2\right)\tilde{c}'_i\right] = -\tilde{c}'_i S_{3/2}^{(1)}\left(\tilde{c}'^2\right) \\
&\sum_{r=1}^{\infty} b_r I\left[S_{5/2}^{(r-1)}\left(\tilde{c}'^2\right)\tilde{c}'_{\langle i}\tilde{c}'_{j\rangle}\right] = 2\tilde{c}'_{\langle i}\tilde{c}'_{j\rangle} S_{5/2}^{(0)}\left(\tilde{c}'^2\right)
\end{aligned} \tag{A.25}$$

另外，将式 (A.24) 代入 $A(c',T)$ 的兼容性条件 (A.21)，并利用 Sonine 多项式的正交性，可知 $a_0 = 0$。

求解其余系数 $a_n$ 和 $b_n$ 最便捷的方法是对式 (A.25) 中 $I[\cdot]$ 部分再进行一次展开：

$$\begin{aligned}
&I[S_{3/2}^{(r)}(\tilde{c}'^2)\tilde{c}'_i] = \tilde{c}'_i \sum_{s=0}^{\infty} \frac{\sqrt{\pi}}{2} \frac{s!}{(s+3/2)!} a_{rs} S_{3/2}^{(s)}(\tilde{c}'^2) \\
&I[S_{5/2}^{(r-1)}(\tilde{c}'^2)\tilde{c}'_{\langle i}\tilde{c}'_{j\rangle}] = \tilde{c}'_{\langle i}\tilde{c}'_{j\rangle} \sum_{s=1}^{\infty} \frac{3\sqrt{\pi}}{4} \frac{(s-1)!}{(s+3/2)!} b_{rs} S_{5/2}^{(s-1)}(\tilde{c}'^2)
\end{aligned} \tag{A.26}$$

其中，系数 $a_{rs}$ 和 $b_{rs}$ 可以利用 Sonine 多项式的正交性，对式 (A.26) 做反演得到

$$\begin{aligned}
&a_{rs} = \int_{-\infty}^{\infty} S_{3/2}^{(s)}(\tilde{c}'^2)\tilde{c}'_i I[S_{3/2}^{(r)}(\tilde{c}'^2)\tilde{c}'_i] f_{\mathrm{M}} \mathrm{d}\boldsymbol{c} \\
&b_{rs} = \int_{-\infty}^{\infty} S_{5/2}^{(s-1)}(\tilde{c}'^2)\tilde{c}'_{\langle i}\tilde{c}'_{j\rangle} I[S_{5/2}^{(r-1)}(\tilde{c}'^2)\tilde{c}'_{\langle i}\tilde{c}'_{j\rangle}] f_{\mathrm{M}} d\boldsymbol{c}
\end{aligned} \tag{A.27}$$

将式 (A.26) 代入式 (A.25) 中，并对不同阶 Sonine 多项式系数做匹配，可以得到

$$\sum_{r=1}^{\infty} a_r a_{rs} = \begin{cases} -15/4, & s=1 \\ 0, & s>1 \end{cases}, \quad \sum_{r=1}^{\infty} b_r b_{rs} = \begin{cases} 5, & s=1 \\ 0, & s>1 \end{cases} \tag{A.28}$$

需要注意的是，式 (A.28) 中的 $a_{rs}$ 和 $b_{rs}$ 可认为是已知的 (见式 (A.27))。因此式 (A.28) 是关于 $a_r$ 和 $b_r$ 的线性方程组，方程和未知量的个数均为无穷。为了求解方程组 (A.28)，可以考虑对其作截断，以能够计算前 $q$ 项的系数：

$$A \approx A^{[q]} = \sum_{r=1}^{q} a_r^{[q]} S_{3/2}^{(r)}[\tilde{c}'^2], \quad \sum_{r=1}^{q} a_r^{[q]} a_{rs} = \begin{cases} -15/4, & s=1 \\ 0, & s>1 \end{cases}$$

$$B \approx B^{[q]} = (2RT)^{-1}\sum_{r=1}^{q} b_r^{[q]} S_{5/2}^{(r-1)}[\tilde{c}'^2], \quad \sum_{r=1}^{q} b_r^{[q]} b_{rs} = \begin{cases} 5, & s=1 \\ 0, & s>1 \end{cases} \tag{A.29}$$

后面可以看到，求解应力和热流只需要用到系数 $a_1$ 和 $b_1$，并且 Sonine 多项式的收敛速度很快，只保留多项式的首项也能够给出精度较高的结果。因此这里可以取 $q=1$：

$$\begin{aligned} A &\approx A^{[1]} = a_1^{[1]}\left(\frac{5}{2}-\tilde{c}'^2\right), \quad a_1^{[1]} a_{11} = -\frac{15}{4} \\ B &\approx B^{[1]} = (2RT)^{-1} b_1^{[1]}, \quad b_1^{[1]} b_{11} = 5 \end{aligned} \tag{A.30}$$

因此最后的问题转化为如何计算 $a_{11}$ 和 $b_{11}$ 的值。

3. Sonine 多项式系数求解

在式 (A.27) 中取 $r=s=1$ 可以得到 $a_{11}$ 和 $b_{11}$ 的表达式：

$$\begin{aligned} a_{11} &= \int_{-\infty}^{\infty} (5/2-\tilde{c}'^2)\tilde{c}'_i I[(5/2-\tilde{c}'^2)\tilde{c}'_i] f_{\mathrm{M}} \mathrm{d}\boldsymbol{c} \\ b_{11} &= \int_{-\infty}^{\infty} \tilde{c}'_{\langle i}\tilde{c}'_{j\rangle} I[\tilde{c}'_{\langle i}\tilde{c}'_{j\rangle}] f_{\mathrm{M}} \mathrm{d}\boldsymbol{c} \end{aligned} \tag{A.31}$$

其中，积分算符 $I[\cdot]$ 的定义见式 (A.15)。与 3.2.2 节中的过程 (式 (3.34)∼ 式 (3.40)) 类似，不难计算出对变量 $(\varepsilon,\chi)$ 积分之后 $I[\cdot]$ 的结果：

$$\begin{aligned} I[c'_i c'_j] &= \frac{3}{4}\int_{-\infty}^{\infty} c'_{\mathrm{r}\langle i} c'_{\mathrm{r}j\rangle} c_{\mathrm{r}} \sigma_\mu f_{\mathrm{M}}(\boldsymbol{c}_1)\mathrm{d}\boldsymbol{c}_1 \\ I[c'^2 c'_i] &= \frac{3}{2}\int_{-\infty}^{\infty} c'_{\mathrm{r}\langle i} c'_{\mathrm{r}j\rangle} c_{\mathrm{r}} c_{\mathrm{m}j} \sigma_\mu f_{\mathrm{M}}(\boldsymbol{c}_1)\mathrm{d}\boldsymbol{c}_1 \end{aligned} \tag{A.32}$$

代入式 (A.31) 后得到了含有相对速度和质心速度的积分。参考 2.3.2 节中对这类积分的处理方式 (见式 (2.95)∼ 式 (2.99))，可以得到最终结果

$$a_{11} = b_{11} = \frac{2}{\sqrt{\pi}}\left(\frac{m}{4k_{\mathrm{B}}T}\right)^{\frac{7}{2}} \int_0^{\infty} c_{\mathrm{r}}^7 \sigma_\mu \exp\left(-\frac{m c_{\mathrm{r}}^2}{4k_{\mathrm{B}}T}\right)\mathrm{d}c_{\mathrm{r}} \tag{A.33}$$

4. 输运系数与一阶 Chapman-Enskog 分布

到目前为止，已经得到了速度分布函数的一阶 Chapman-Enskog 展开结果

$$\begin{aligned} f^{(1)} &= -\frac{f_{\mathrm{M}}}{n}\left(Ac'_i\frac{\partial \ln T}{\partial x_i} + Bc'_{\langle i}c'_{j\rangle}\frac{\partial u_i}{\partial x_j}\right) \\ &\approx -\frac{f_{\mathrm{M}}}{n}\left[a_1^{[1]}\left(\frac{5}{2}-\frac{c'^2}{2RT}\right)c'_i\frac{\partial \ln T}{\partial x_i} + b_1^{[1]}\frac{c'_{\langle i}c'_{j\rangle}}{2RT}\frac{\partial u_i}{\partial x_j}\right] \end{aligned} \tag{A.34}$$

代入式 (3.81) 中即可得到相应的应力和热流，以及输运系数表达式：

$$\tau_{ij}^{(1)} = -2\mu\frac{\partial u_{\langle i}}{\partial x_{j\rangle}}, \quad q_i^{(1)} = -\kappa\frac{\partial T}{\partial x_i} \tag{A.35}$$

$$\begin{aligned} \mu &= \frac{1}{15}m\int_{-\infty}^{\infty} c'^4 Bf_{\mathrm{M}}\mathrm{d}\boldsymbol{c} = \frac{1}{2}k_{\mathrm{B}}Tb_1 \approx \frac{1}{2}k_{\mathrm{B}}Tb_1^{[1]} = \frac{5k_{\mathrm{B}}T}{2b_{11}} \\ \kappa &= \frac{1}{6}\frac{m}{T}\int_{-\infty}^{\infty} c'^4 Af_{\mathrm{M}}\mathrm{d}\boldsymbol{c} = -\frac{5}{2}\frac{k_{\mathrm{B}}^2}{m}Ta_1 \approx -\frac{5}{2}\frac{k_{\mathrm{B}}^2}{m}Ta_1^{[1]} = \frac{75k_{\mathrm{B}}^2T}{8ma_{11}} \end{aligned} \tag{A.36}$$

其中，$a_{11}$ 和 $b_{11}$ 见式 (A.33)。因此 Boltzmann 方程给出的一阶 Chapman-Enskog 分布也可以写为

$$f^{(1)} = -f_{\mathrm{M}}\left[\mu\frac{c'_{\langle i}c'_{j\rangle}}{2pRT}\frac{\partial u_i}{\partial x_j} + \frac{2}{5}\kappa\left(\frac{c'^2}{2RT}-\frac{5}{2}\right)\frac{c'_i}{pRT}\frac{\partial T}{\partial x_i}\right] \tag{A.37}$$

其中，输运系数

$$\mu = \frac{\frac{5}{8}\sqrt{\pi m k_{\mathrm{B}}T}}{\left(\frac{m}{4k_{\mathrm{B}}T}\right)^4\int_0^{\infty} c_{\mathrm{r}}^7\sigma_\mu \exp\left[-mc_r^2/\left(4k_{\mathrm{B}}T\right)\right]\mathrm{d}c_{\mathrm{r}}}, \quad \kappa = \frac{15}{4}\frac{k_{\mathrm{B}}}{m}\mu \tag{A.38}$$

# 附录 B　一维库埃特流动 DSMC 示例程序



```
% 一维库埃特（Couette）流动DSMC示例程序
tic
clear, clc, close all;
%% 子程序1. 运行参数
nloop = 150000;                          % 取样点和开始取样步数
startsample = 50000;                     % 开始取样步数
sampleloop = 1;                          % 每隔sampleloop步进行采样
stats = 1000;                            % 每隔stats步输出当前步数
Kn = 0.01;                               % Knudsen数
%% 子程序2. 网格划分:网格数,分子数
Ny = 200;                                % 网格数
no_molecule_each_cell = 30;               % 每个网格内粒子数
no_molecule = Ny * no_molecule_each_cell;  % 总粒子数
%% 子程序3. 物理化学常数
boltz = 1.3805e-23;          % Boltzmann常量, k, (J / K)
```

```
m_Ar = 6.63e-26;                % 氩的原子量，(kg)
R = boltz / m_Ar;               % 气体常数
Tref = 273.15;                  % 参考温度
vis_ref = 2.117e-5;             % 氩的参考黏性系数，(Ns/m^2)-- Tref = 273.15 (K)
d_HS_Ar = 3.659e-10;            % 氩的HS分子直径 (m)
sigma_T = pi*d_HS_Ar^2;         % 氩的碰撞截面 (m^2)
% 参考温度下的特征速度
cmp_ref = sqrt(2.0 * boltz * Tref / m_Ar);  % 最概然速度
cbar_ref = 2/sqrt(pi) * cmp_ref;           % 平均热运动速度
crbar_ref = sqrt(2) * cbar_ref;            % 平均相对速度
crmax = 4 * crbar_ref * ones(1, Ny);       % NTC模型中采用的参考最大相对速度
%% 子程序4. 边界条件和初始条件
% 边界条件
T_wall_u = 273; T_wall_l = 273;             % 壁面温度
U_wall_u = 100; U_wall_l =-100;            % 壁面速度
cm_l = sqrt(2.0 * boltz * T_wall_l / m_Ar);
cm_u = sqrt(2.0 * boltz * T_wall_u / m_Ar);
% 初始条件
T_ini = 273.15;                            % 初始温度
cm_0 = sqrt(2.0 * boltz * T_ini / m_Ar);
p_ini = 1.01325e5;                         % 初始压力
n_ini = p_ini / (boltz * T_ini);                  % 初始数密度
% 分子平均自由程, mean free path (mfp)
mfp0 = 1 / (sqrt(2)*n_ini*pi*d_HS_Ar^2);
% 分子平均碰撞时间, mean collision time (mct)
mct0 = mfp0 / cbar_ref;
%% 子程序5. 流场参数
Ly = mfp0 / Kn;                          % 计算域大小
dy = Ly / Ny;                            % 网格高度
dt = 0.2 * mct0;                         % 时间步长
fprintf('Mean free path = %e\n\t', mfp0)
fprintf('Mean collition time = %e\n\t', mct0)
fprintf('Cell size = %e\n\t', dy)
fprintf('Time step = %e\n\t', dt)
yc = (0.5 : Ny - 0.5) * dy;              % 网格中心的坐标
Area = no_molecule / (n_ini * Ly);       % Area是相应于模拟分子数的，一维问题中
    观察流场的代表截面积
Vol_c = Area * dy;                       % 网格体积
wp = n_ini*Vol_c / no_molecule_each_cell;  % 粒子权重
Mean free path = 6.256498e-08
```

```
Mean collition time = 1.643990e-10
Cell size = 3.128249e-08
Time step = 3.287980e-11
%% 子程序6. 碰撞数初始化
Nbar = no_molecule_each_cell .* ones(1, Ny); % 网格内粒子数的时间平均
Ncoll = zeros(1, Ny);                       % 网格中总碰撞数
N_coll_remain = rand(1, Ny);                % 每网格的剩余碰撞数，初始取为随机
    分数
%% 子程序7. 流场清零
MI = zeros(4, no_molecule);           % MI = molecular information, MI
    (1:3,:)分别为粒子三个方向速度，MI(4,:)为y方向位置
Q_micro = zeros(14, Ny);              % Q为统计量
%% 子程序8. 设置分子初始速度与位置
ranf1 = sqrt(-log(rand(3, no_molecule)));
ranf2 = 2 * pi * rand(3, no_molecule);
MI(1:3, :) = ranf1 .* sin(ranf2) .* cm_0;
% 产生模拟分子的初始分子速度，即其初始宏观速度分量加上平衡气体中热运动速度分量
ranf3 = (mod(0 : no_molecule-1, Ny) + 0.5) .* dy;
MI(4, :) = ranf3 + (rand(1, no_molecule)-0.5) .* dy;
% 给出模拟分子在网格中的初始随机位置，考虑了减少方差原则
%% 子程序9. 主循环
for iloop = 1 : nloop
   if mod(iloop, stats) == 0
      fprintf('iloop = %d\n\t', iloop)
   end
%% 子程序10. 计算分子的运动和与壁面的碰撞
y_new = MI(4, :) + MI(2, :) .* dt;              % 分子运动
   % 判断分子是否与壁面发生碰撞
   for yy = 1 : no_molecule
      while y_new(yy) > Ly || y_new(yy) < 0
         if y_new(yy) > Ly                      % 与上壁面发生碰撞
            dtr = (y_new(yy)-Ly) / MI(2, yy);  % 计算分子与壁面碰撞后剩余
                 的运动时间
            ranf_w1 = sqrt(-log(rand)) * cm_u; ranf_w2 = 2 * pi * rand;
            MI(1, yy) = ranf_w1 * sin(ranf_w2) + U_wall_u;
            MI(3, yy) = ranf_w1 * cos(ranf_w2);
            MI(2, yy) = -sqrt(-log(rand)) * cm_u;
            y_new(yy) = Ly + dtr * MI(2, yy);
         elseif y_new(yy) < 0               % 与下壁面发生碰撞
            dtr = y_new(yy) / MI(2, yy);
```

```
                ranf_w1 = sqrt(-log(rand)) * cm_l; ranf_w2 = 2 * pi * rand;
                MI(1, yy) = ranf_w1 * sin(ranf_w2) + U_wall_l;
                MI(3, yy) = ranf_w1 * cos(ranf_w2);
                MI(2, yy) = sqrt(-log(rand)) * cm_l;
                y_new(yy) = dtr * MI(2, yy);
            end
        end
        MI(4, yy) = y_new(yy);                % 更新分子位置
    end
%% 子程序11. 分子的重新编号和网格分布
 Np = zeros(2, Ny);                     % Np(1,:)为当前每个网格中的粒子数
                                        % Np(2,:)为序号在相应网格之前的所有网格中
                                          的粒子总数
    loc = ceil(MI(4, :) ./ dy);          % 每个分子当前所在网格
    loc(loc == 0) = 1;
    for m = 1 : no_molecule
        Np(1, loc(m)) = Np(1, loc(m)) + 1;
    end
    for yy = 2 : Ny
        Np(2, yy) = Np(2, yy-1) + Np(1, yy-1);
    end
    num = ones(1, Ny);
    reidx = zeros(1, no_molecule);   % reidx为新编号对应的旧编号
    for m = 1 : no_molecule
        reidx(Np(2, loc(m)) + num(loc(m))) = m;
        num(loc(m)) = num(loc(m)) + 1;
    end
%% 子程序12. 计算分子碰撞
Cm_vec = zeros(1,3);
    Cr_vec = zeros(1,3);
    for yy = 1 : Ny
        Nbar(yy) = .9 * Nbar(yy) + Np(1, yy) * .1; % 网格内粒子数的时间平均
        if Np(1, yy) <= 1
            continue
        end
        % 碰撞对数目
        Nntc = N_coll_remain(yy) + 0.5 * Np(1, yy) * Nbar(yy) * sigma_T *
            crmax(yy) * dt * wp / Vol_c;
        Nattampt = floor(Nntc);
        N_coll_remain(yy) = Nntc - Nattampt;
```

```
        for m = 1 : Nattampt
            % 生成随机数选择碰撞对
            new_idx1 = randi(Np(1,yy));
            new_idx2 = randi(Np(1,yy));
            while new_idx1 == new_idx2
                new_idx2 = randi(Np(1,yy));
            end
            old_idx1 = reidx(Np(2, yy) + new_idx1);
            old_idx2 = reidx(Np(2, yy) + new_idx2);
            % 碰撞对质心速度和相对速度
            Cm_vec = ( MI(1:3, old_idx1) + MI(1:3, old_idx2) )/2;
            Cr_vec = MI(1:3, old_idx1) - MI(1:3, old_idx2);
            % 碰撞对相对速率
            Cr = sqrt( sum( Cr_vec.^2 ) );
            % 更新相对速度参考最大值
            crmax(yy) = max(crmax(yy), Cr .* 1.1);
            % 判断候选碰撞对是否可以发生碰撞
            if rand > Cr / crmax(yy)
                continue
            end
            Ncoll(yy) = Ncoll(yy) + 1;
            ranf_c1 = 2 * rand-1;
            ranf_c1_cos = sqrt(1-ranf_c1^2);
            ranf_c2 = 2 * pi * rand;
            % 碰撞后相对速度
            Cr_post = Cr * [ranf_c1 ; ranf_c1_cos * sin(ranf_c2) ;
                 ranf_c1_cos * cos(ranf_c2)];
            MI(1:3, old_idx1) = Cm_vec + Cr_post / 2;
            MI(1:3, old_idx2) = Cm_vec - Cr_post / 2;
        end
    end
%% 子程序13. 流场统计
   if iloop > startsample && mod(iloop, sampleloop) == 0
        for yy = 1 : Ny
            MI_pcell = MI( : , reidx(Np(2,yy) + 1 : Np(2,yy) + Np(1,yy)));
            f1_num = Np(1, yy);
            f2_cx = sum(MI_pcell(1, :));
            f3_cy = sum(MI_pcell(2, :));
            f4_cz = sum(MI_pcell(3, :));
            f5_cx_sqr = sum(MI_pcell(1, :).^2);
```

```
            f6_cy_sqr = sum(MI_pcell(2, :).^2);
            f7_cz_sqr = sum(MI_pcell(3, :).^2);
            f8_c_sqr = f5_cx_sqr + f6_cy_sqr + f7_cz_sqr;
            f9_cxcy = sum(MI_pcell(1, :).* MI_pcell(2, :));
            f10_cycz = sum(MI_pcell(2, :).* MI_pcell(3, :));
            f11_czcx = sum(MI_pcell(3, :).* MI_pcell(1, :));
            f12_cx_c_sqr = sum(MI_pcell(1, :) .* sum(MI_pcell(1 : 3, :).^2));
            f13_cy_c_sqr = sum(MI_pcell(2, :) .* sum(MI_pcell(1 : 3, :).^2));
            f14_cz_c_sqr = sum(MI_pcell(3, :) .* sum(MI_pcell(1 : 3, :).^2));
            % Q_micro为流场中网格内分子速度的0, 1, 2, 3阶矩求和
            Q_micro( : , yy) = Q_micro( : , yy) + [f1_num; f2_cx; f3_cy;
                f4_cz; f5_cx_sqr; f6_cy_sqr; f7_cz_sqr; f8_c_sqr; f9_cxcy;
                f10_cycz; f11_czcx; f12_cx_c_sqr; f13_cy_c_sqr; f14_cz_c_sqr
                ];
        end
    end
end
%% 子程序14. 统计平均
output = zeros(15, Ny);
output(1, :) = Q_micro(1, :); %网格内总样本分子数
% 数密度, n
output(2, :) = Q_micro(1, :) ./ ((nloop-startsample) / sampleloop) * wp /
    Vol_c;
% x方向速度, Ux
output(3, :) = Q_micro(2, :) ./ Q_micro(1, :);
% y方向速度, Uy
output(4, :) = Q_micro(3, :) ./ Q_micro(1, :);
% z方向速度, Uz
output(5, :) = Q_micro(4, :) ./ Q_micro(1, :);
% Txx
output(6, :) = m_Ar .* (Q_micro(5, :) ./ Q_micro(1, :) - output(3, :).^2) /
     boltz;
% Tyy
output(7, :) = m_Ar .* (Q_micro(6, :) ./ Q_micro(1, :) - output(4, :).^2) /
     boltz;
% Tzz
output(8, :) = m_Ar .* (Q_micro(7, :) ./ Q_micro(1, :) - output(5, :).^2) /
     boltz;
% 温度 Tav
output(9, :) = m_Ar .* (Q_micro(8, :) ./ Q_micro(1, :) - output(3, :).^2 -
```

```
    output(4, :).^2 - output(5, :).^2) / boltz / 3;
% 切应力 shear_xy
output(10, :) = m_Ar .* output(2, :) .* (Q_micro(9, :)./Q_micro(1, :) -
    output(3, :).*output(4, :));
% 切应力 shear_yz
output(11, :) = m_Ar .* output(2, :) .* (Q_micro(10, :)./Q_micro(1, :) -
    output(4, :).*output(5, :));
% 切应力 shear_xz
output(12, :) = m_Ar .* output(2, :) .* (Q_micro(11, :)./Q_micro(1, :) -
    output(5, :).*output(3, :));
% 热流 qx
output(13, :) = 0.5 * m_Ar .* output(2, :) .* (Q_micro(12, :) ./ Q_micro(1,
     :) ...
   - output(4, :).* Q_micro(8, :) ./ Q_micro(1, :) - 2*output(3, :) .*
       Q_micro(5, :) ./ Q_micro(1, :) ...
   - 2*output(4, :) .* Q_micro(9, :) ./ Q_micro(1, :) - 2*output(5, :) .*
       Q_micro(11, :) ./ Q_micro(1, :) + 2*output(4, :).*(output(3, :).^2+
       output(4, :).^2+output(5, :).^2));
% 热流 qy
output(14, :) = 0.5 * m_Ar .* output(2, :) .* (Q_micro(13, :) ./ Q_micro(1,
     :) ...
   - output(5, :).* Q_micro(8, :) ./ Q_micro(1, :) - 2*output(3, :) .*
       Q_micro(9, :) ./ Q_micro(1, :) ...
   - 2*output(4, :) .* Q_micro(6, :) ./ Q_micro(1, :) - 2*output(5, :) .*
       Q_micro(10, :) ./ Q_micro(1, :) + 2*output(4, :).*(output(3, :).^2+
       output(4, :).^2+output(5, :).^2));
% 热流 qz
output(15, :) = 0.5 * m_Ar .* output(2, :) .* (Q_micro(14, :) ./ Q_micro(1,
     :) ...
   - output(6, :).* Q_micro(8, :) ./ Q_micro(1, :) - 2*output(3, :) .*
       Q_micro(11, :) ./ Q_micro(1, :) ...
   - 2*output(4, :) .* Q_micro(10, :) ./ Q_micro(1, :) - 2*output(5, :) .*
       Q_micro(7, :) ./ Q_micro(1, :) + 2*output(4, :).*(output(3, :).^2+
       output(4, :).^2+output(5, :).^2));
output = output';
%% 子程序15. 输出
Case = 'DSMC-Couette';
Tecfile = ['Grid-' , Case , '.dat'];
PrintFormat = '%g %g %g %g %g %g %g %g %g %g %g %g %g %g %g %
    g\r\n';
```

```
list='VARIABLES= "Y","Nsample","n","U","V","W","Txx","Tyy","Tzz","T","sh_xy
    ","sh_yz","sh_zx","qx","qy","qz"\r\n';

data = [yc',output(:,1:15)];
data = sortrows(data,1);

fid = fopen(Tecfile,'w');
fprintf(fid,'TITLE = "Pathfinder plot"\r\n');
fprintf(fid,list);
fprintf(fid,'ZONE f=point\r\n');
fprintf(fid,PrintFormat,data');
fclose('all');
```